U0262839

滇池流域水资源系统演变及生态替代调度

顾世祥 陈 刚等 著

科学出版社
北京

内 容 简 介

本书针对云贵高原上重要的湖泊滇池、云南省昆明市及其所涉及的普渡河、牛栏江等流域，系统地开展了与水有关的自然地理、气候环境、社会经济、水资源等调查分析，全面揭示滇池流域水文水资源特性及其开发利用规律。综合运用 MIKE BASIN、ARC_WAS 等模拟-优化技术，构建高原湖泊流域的健康水循环调控模式，实现本区主要水库、地下水、城市再生水与滇中引水、牛栏江-滇池补水、掌鸠河引水、清水海引水等不同层次的外流域引调水工程，在昆明城市、滇池环湖及其下游螳螂川等不同区域的城乡生活、工农业生产及河湖生态的水资源统一配置，并已应用于云南省水资源利用、水生态修复等的规划与建设管理实践中。

本书可供资源环境、生态、工程水文、水资源高效利用与优化配置、城市规划、农业水土工程等领域的科研、教学、管理人员，水利水电工程规划设计人员，以及相关高校的高年级本科生、研究生参考使用。

审图号：云 S(2020)077 号

图书在版编目(CIP)数据

滇池流域水资源系统演变及生态替代调度/顾世祥等著. —北京：科学出版社，2020.11
 ISBN 978-7-03-056879-3

Ⅰ. ①滇…　Ⅱ. ①顾…　Ⅲ. ①滇池-流域-水资源管理-研究
Ⅳ. ①TV213.4

中国版本图书馆 CIP 数据核字(2018)第 048338 号

责任编辑：周　炜　罗　娟／责任校对：王萌萌
责任印制：师艳茹／封面设计：陈　敬

科学出版社 出版
北京东黄城根北街 16 号
邮政编码：100717
http://www.sciencep.com

北京通州皇家印刷厂印刷
科学出版社发行　各地新华书店经销
*
2020 年 11 月第　一　版　开本：720×1000 1/16
2020 年 11 月第一次印刷　印张：29 1/2；插页：4
字数：595 000
定价：**228.00** 元
(如有印装质量问题，我社负责调换)

编 委 会

序

　　湖泊作为陆地水圈的重要组成部分,具有调节区域小气候、调蓄河川径流、提供水源、灌溉农田、航运、繁衍水生动植物、维护生物多样性及旅游景观等功能。在云贵高原山区,平缓的地形、肥沃的土壤、富足的水源、优越的居住环境使湖滨区域自古以来就是人类繁衍生息的聚居地。然而,人口膨胀、城市扩大、工农业发展及用水增加与高原湖泊水生态系统自我修复的不协调性,以及水资源保护治理措施的缺失,导致高原湖泊水环境质量急剧变差,湖泊过度开发引起生态失衡、环境恶化、地区行业用水矛盾突出等问题。

　　顾世祥的研究团队基于主持完成的水体污染控制与治理国家科技重大专项子课题"外流域补水的河湖生态用水替代调度方案及滇池水质影响评估",以及项目组近 20 多年来针对滇池流域及相关区域所承担的一系列水资源综合利用、水资源保护、城乡供水、灌区规划、节约用水、防洪抗旱、水源工程调度、水资源配置、水资源论证等规划研究及工程勘测设计积累的成果,揭示了滇池流域的水文水资源演变及其开发利用规律。结合国家主体功能区划、水功能区划、水生态功能区划等刚性约束,分析合理的城市发展规模、产业布局调整及其水资源需求,构建了高原湖泊流域的健康水循环调控模式,实现了本区域的主要水库、地下水、城市再生水与滇中引水、牛栏江-滇池补水、掌鸠河引水、清水海引水等不同层次的外流域引水及河湖水系连通工程,在昆明城市、滇池环湖及其下游螳螂川等不同区域的城乡生活、工农业生产及河湖生态的水资源统一配置调度,为滇池流域的水生态修复及河湖健康提供基础依据。

　　该书的研究成果是对我国水资源高效利用、优化配置及调度管理理论技术体系的补充和拓展,特别是在高原湖泊干旱与暴雨洪水特性、河湖生态用水评估、水资源承载能力、高原湖泊流域健康水循环调控等方面的探索具有广泛的应用价值,已应用于云南省水资源配置、水资源承载能力评价、水资源保护、节约用水、水系连通、城市防洪及水资源调度等领域的规划与管理实践中,发挥了重要的技术指导作用且具有参考价值。

中国工程院院士
2020 年 1 月

前　言

　　滇池流域是云南省的社会经济文化核心区,也是我国水问题最突出的区域之一。流域内人口稠密、产业聚集,人均水资源量不足200m³。在剧烈的人类活动影响下,滇池及其主要入湖河流水质自20世纪80年代以来一直处于劣Ⅴ类,水资源短缺、水环境恶化、水生态脆弱等问题日趋突出,成为国家重点治理的"三湖"之一。为了缓解滇池流域社会经济发展与生态环境保护之间的矛盾,云南省进行了产业布局调整,实施了"环湖截污、外流域调水与节水、入湖河道整治、农业农村面源治理、生态修复、生态清淤"等水污染防治的"六大工程"措施,滇池水质恶化趋势基本得到遏制。但"六大工程"各自处于独立运行状态,水资源综合利用的效率低,缺乏对区域内地表水、地下水、再生水、外调水等的系统性配置,入湖河道生态缺水现象严重,水系河网被阻隔,原有的水资源配置体系不适应社会经济的发展格局。因此,结合国家主体功能区划、水功能区划、水生态功能区划等约束条件,合理分析城市发展规模与产业布局调整,以及对水资源的需求,研究通过水资源系统优化配置模拟技术构建高原湖泊流域健康水循环调控模式,实现滇池流域本区主要水库、地下水、城市再生水与滇中引水、牛栏江-滇池补水、掌鸠河引水、清水海引水等不同层次的外流域引调水工程,在昆明城市、滇池环湖及其下游螳螂川等不同区域的城乡生活、工农业生产及河湖生态的水资源进行统一配置,对于实现"人水和谐"发展、支撑云南建设全国生态文明排头兵等都显得十分紧迫和重要。

　　作者基于承担完成的水体污染控制与治理国家科技重大专项子课题"外流域补水的河湖生态用水替代调度方案及滇池水质影响评估"(2013ZX07102-006-01),项目组近20多年来针对滇池流域及相关区域所承担的一系列水资源综合利用、水资源保护、城乡供水、灌区规划、节约用水、防洪抗旱、水源工程调度、水资源配置、水资源论证等规划研究成果,参与完成的松华坝水库工程扩建、掌鸠河云龙水库引水供水工程、清水海水资源及环境管理工程、牛栏江-滇池补水工程、滇中引水工程等重大水利工程勘测设计的水资源配置专题,以及应对2009～2012年连续特大干旱灾害所开展的云龙水库、松华坝水库、清水海水库、牛栏江-滇池补水工程等应急供水调度实践的研究积累,进行综合应用和理论技术提升。本书重点揭示滇池流域的水资源时空变化规律,丰富和完善区域水资源高效利用、节约保护、优化配置体系,探索滇池河湖生态用水规律及水资源承载能力,形成高原湖泊流域健康水循环调控技术,提出滇池流域水资源系统生态替代调度等方面的科学问题及新技术应用。

全书分为三篇,共 15 章:第一篇为第 1~5 章,简述滇池流域水资源高效利用与节约保护,包括滇池流域概况、滇池地区社会经济用水需求态势、滇池流域生态用水调查与需求评估、滇池流域节约用水与再生水利用、滇池流域水资源保护等。第二篇为第 6~11 章,以滇池流域为核心,研究区域水资源系统优化配置模拟,涉及滇池流域及周边区域水旱趋势研究、滇池湖盆区暴雨洪水特性及过程分析、滇池流域径流还原分析、昆明市城市供水安全保障方案、高原湖泊流域水资源系统优化配置模拟、滇池流域水资源承载能力分析等。第三篇为第 12~15 章,从高原湖泊流域健康水系循环调控、水库径流随机模拟及预报方法研究、滇池流域水资源调度实践、昆明城市防洪系统调度方案研究等方面,阐述高原湖泊流域水资源系统生态替代调度模式。

本书撰写分工如下:第 1 章由陈欣、苏建广、柏绍光、成国标、解桂英、伍立群、顾世祥撰写;第 2 章由苏建广、卯昌书、张天浩、解桂英、陈刚、顾世祥撰写;第 3 章由邓雯、陈刚、李磊、顾世祥撰写;第 4 章由龚询木、马平森、雷艳娇、卢文霞、张玉蓉、顾世祥撰写;第 5 章由毛建忠、肖振国、马平森、李春永、王红鹰撰写;第 6 章由陈晶、于晓丽、马显莹、顾世祥撰写;第 7 章由李科国、柏绍光、施田昌、蒋汝成、许志敏撰写;第 8 章由周密、臧庆春、蒋汝成、许志敏撰写;第 9 章由陈刚、张天浩、赵绍熙、李俊德、周云撰写;第 10 章由杨霄、桑学锋、陈刚、苏建广、陈欣、周祖昊、顾世祥撰写;第 11 章由陈金明、葛强、顾世祥、谢波撰写;第 12 章由陈刚、金栋、张天浩、顾世祥、梅伟撰写;第 13 章由陈晶、桑学锋、周祖昊撰写;第 14 章由谢唯、牛超杰、程刚、孙维鹏、李俊德、张玉蓉、苏建广、顾世祥撰写;第 15 章由张天力、金栋、李仲、张玉蓉、浦承松撰写。此外,李游洋、刘移胜、李俊德负责附图制作,参加水系连通工程规划方案研究的还有杨林红、李杰、尤鸿、李现飞、吴琦、吴俊红等。全书由顾世祥和陈刚统稿。

本书在区域现状调查、基础资料收集整理、人工湿地植物生态用水调查、经济社会发展和水资源供需预测、节约保护、重点水源工程调度运行、城市及湖泊防洪现状、水系连通规划等的分析过程中,得到了云南省水利厅、云南省发展和改革委员会、云南省生态环境厅、云南省滇中引水工程建设管理局、云南省牛栏江-滇池补水工程建设指挥部、云南省水利水电勘测设计研究院、云南省水文水资源局、云南省环境科学研究院、昆明市水务局、昆明市滇池管理局、昆明市环境科学研究院、北京大学、中国水利水电科学研究院以及研究区内相关单位的大力支持和配合。李作洪和陈光祥等审阅了全书。中国工程院院士王浩在百忙之中欣然为本书作序。本书的出版得到了水体污染控制与治理国家科技重大专项子课题（2013ZX07102-006-01）和云南高层次科技人才及创新团队选拔专项（2018HC024）的资助。在此一并致以诚挚的感谢。

限于作者水平，书中难免存在疏漏和不足之处，敬请读者批评指正。

作　者

2020 年 1 月

目　　录

彩图

第一篇　滇池流域水资源高效利用与节约保护

第1章 滇池流域概况

1.1 自然地理

1.1.1 地理位置

滇池流域(东经 $102°29'\sim103°01'$,北纬 $24°29'\sim25°28'$)位于云贵高原中部,昆明市西南部,属金沙江水系一级支流普渡河的上游段,地处长江、珠江、红河三大水系的分水岭地带,东北部与金沙江支流牛栏江水系相邻,东南部为珠江水系南盘江流域,西部及西北部与普渡河中、下游段相连。习惯上将滇池天然的出口河道海口河中滩水文站断面以上称为滇池流域,流域总面积为 $2920km^2$,行政区划上涉及昆明市五华、盘龙、官渡、西山、呈贡、晋宁、嵩明等县(区)。

1.1.2 地形地貌

滇池流域地势北高南低,为南北长、东西窄的湖盆地形,河流走向大多自北向南,地势高差大。滇池盆地是云南东部较大的山间盆地之一,盆地四周为山地地貌形态,盆地内为堆积地貌,盆地西南为断裂下陷的洼地——滇池。滇池盆地的地质结构十分复杂,南北方向的断裂、褶皱较为发育,成为控制本区地层分布、地壳演变、湖盆形成和堆积沉积充填的主导因素。

滇池流域山川秀丽。在滇池西岸的西山,是喜马拉雅运动的结果,在激烈的地壳运动中,断层带拉张产生断陷,造就南北走向的大断层——西山(白龙飞,2011)。西山又称为碧鸡山,南起海口,往北蜿蜒至碧鸡关,连绵 35km。北部有形似长蛇的长虫山,古称禹山、蛇山,其南起黄土坡,北抵官渡区花鱼沟附近,南北长约 10km。东有金马山,在官渡区金马镇金马村北部,与西山隔湖相望。东南侧是梁王山,古称罗藏山,地处呈贡区东南。此外,流域内还有玉案山、观音山、商山、圆通山、五华山、鸣凤山、凤凰山、龙泉山、龙山、月山等诸多山丘,或像屏障拱卫滇池,或如雨后春笋般棋布其间,形成以滇池为中心独特的高原湖盆地形地貌。

滇池流域在长期的内、外营力综合作用下,基本上形成以滇池为中心,南、北、东三面宽、西面窄的不对称阶梯状地貌格局。第一级为主要以类似于三角洲平原、湖积(冲积)平原、洪积平原及湖滨围垦地组成的内环平原,区域面积 $522.8km^2$,除东部和东南部有部分低山和台地外,地势较为平坦,是滇池流域开发强度最大、人类活动最剧烈的区域。第二级为以台地、岗地、湖成阶地及丘陵为主组成的中环丘陵台地,区域面积 975.6km²,坡度相对平缓,土地垦殖率较高,也是工矿企业和城乡居民生活所在区域。第三级海拔 2100m 左右,主要为高原山地,区域面积 1136.5km²,是滇池流域的主要产流区,基岩主要有石灰岩、泥质岩、玄武岩、紫色砂岩等,地貌类型多样。

滇池流域内的地貌单元为岩溶、高原、湖泊亚区,山脉和水系呈近南北向及东北~西南向展布,与区内主要构造线基本一致。总体地形东北高西南低,由北向南呈阶梯状逐渐降低,中部隆起,东西两侧较低,海拔 1500~2500m,平均海拔约 2000m,该区地形较为复杂,水系发育,地貌景观差异明显,主要受构造、侵蚀、剥蚀、岩溶及堆积等作用控制,呈现盆地山岭相间,其中以昆明构造断陷湖积大型盆地为代表,呈南北向展布。按成因类型划分为构造侵蚀、构造侵蚀溶蚀、构造断陷盆地、侵蚀堆积、岩溶等五大地貌类型。

滇池流域受山原地貌及热带季风气候的影响,土壤类型复杂多样。整个流域共有 7 种土类,即红壤、水稻土、紫色土、棕壤、黄棕壤、冲积土和沼泽土。其中,以红壤、水稻土和紫色土的分布最为广泛。

1.1.3　水文气象

滇池流域地处低纬度高海拔区,属北亚热带高原季风气候,受大气环流和高原季风影响,干湿季分明,夏秋湿润多雨,冬春干燥少雨。受来自印度洋孟加拉湾的西南暖湿气流及太平洋北部湾的东南暖湿气流控制,每年 5~10 月为雨季,湿热、多雨;冬春季则受来自北方干燥大陆的季风控制,11 月~次年 4 月为旱季,降水少,湿度小。同时,滇池流域处于滇黔高原湖盆亚区,以浅丘缓坡地势为主,河谷切割相对较浅,属中、低山地貌,西北梁王山海拔 2800~3100m,对西南暖湿气流有抬升或部分屏障作用;东部乌蒙山海拔 2400~3100m,能有效阻滞北方寒冷气流入侵,对偏东部暖湿气流有抬升作用,致使区域较为温暖潮湿。另外,在每年11 月~次年 4 月,经常由变性的极地大陆气团和西南气流受云贵高原地形阻滞演变而形成昆明准静止锋,处于锋面西南侧的滇池流域因受单一暖气流控制,碧空万里,阳光灿烂,气温较高。正是这种独特的地形地貌和气候特点,使滇池流域四季如春,昆明更是享有"春城"的美誉。

根据昆明市气象站统计资料,滇池流域多年平均气温 14.7℃,极端最高气温32.8℃(2014 年 5 月 25 日),极端最低气温−7.8℃(1983 年 12 月 29 日),最热的7 月平均气温 19.8℃,最冷的 1 月平均气温 7.7℃;年平均日照 2448.7h,日照率47%~56%,相对湿度 73%~74%;主导风向为西南风,平均风速 2.2~3.0m/s;全年无霜期为 227 天。

1.2　社会经济发展

滇池流域行政区划属昆明市。昆明市是云南省的政治、经济、文化、交通和信息中心,是中国通往东南亚的重要门户。昆明市是云南省的省会,国家级历史文化名城;是中国重要的旅游、商贸城市和西南地区的中心城市之一,连续多次获得"中国十佳绿色生态旅游城市"、"中国最具魅力宜居宜业宜游城市"等称号;也是云南省人口最密集、生产活动最活跃、经济最发达的区域;还是中国面向东南亚、南亚开放的门户枢纽。滇池流域商贸发达,旅游环境优越,在云南省经济社会发展中具有举足轻重的地位。

1.2.1　人口与城镇化

考古表明,在距今 3 万年之前就有古人类在滇池流域繁衍生息。先秦时期,这里已出现一些部落。南诏时期,出现早期的城市,南诏置拓东城,其城址在五华山南麓,土桥以北,盘龙江西岸。明朝,云南府城为避水患,同时达到官民分离之目的,城池北移,将圆通山、五华山、祖遍山、翠湖纳入城中,形成"三山一水"的城市格局,城池以五华山、翠湖为中心,南至忠爱坊,北至圆通山一带,东边城墙在盘龙江以西,西城门在今威远、篆塘一带(白龙飞,2011)。清末民国初期,昆明城逐渐向南扩展至东寺塔一带,向东跨过盘龙江沿江拓展。1949 年滇池流域地区户籍人口约 77.72 万,其中城镇人口 34.28 万,城镇化率 44.1%。中华人民共和国成立之后,随着社会经济的不断发展,昆明城市建成区在滇池流域内快速扩大,人口也随之不断增长。1950～2015 年,滇池流域人口增长近 5 倍(图 1.1),昆明市区面积扩大了 14 倍。经调查分析,截至 2014 年底,滇池流域内总常住人口 374.00 万,其中城镇人口 337.05 万,农村人口 36.95 万,城镇化率高达 90.1%,接近全省平均水平的 2.5 倍。

1.2.2　农业发展

滇池流域内土地肥沃、林业资源较多、物产丰富。在漫长的历史时期,整个流域的社会发展程度不高,农耕社会是滇池流域的发展特征,很大程度上依赖于自然资源、生态环境,并且对流域内生态环境整体影响不大(白龙飞,2011)。4000 余年前,滇池流域的早期居民已开始种植稻谷;西汉末,益州太守文齐在今呈贡、晋宁一带"造起陂池,开通灌溉,垦田二千余顷";南宋大理国时期,滇池地区已有人工开挖的金汁河引水用于灌溉;元明时期在滇池下游疏挖海口河,降低河床,滇池水位下降,沿湖垦田"万顷";明代,云南大量屯兵、收纳移民、广开屯田,中原地区的先进农业技术逐步传入云南,滇池沿岸用木制龙骨水车提水灌溉;民国初期,海

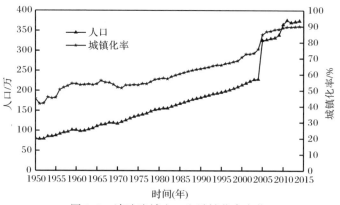

图 1.1　滇池流域人口和城镇化率变化

图中 2004 年及以前为户籍人口,2005 年起为常住人口

口河上的石龙坝电站建成后,滇池边出现了云南省第一座电力抽水站,提水灌溉湖滨 5900 多亩耕地(昆明市水利局,1993)。中华人民共和国成立之后,农业更是蓬勃发展。据调查,1978~2000 年滇池流域有效灌溉面积维持在 45.00 万~49.95 万亩[1],实际灌溉面积 40.05~45.00 万亩,其中滇池提灌面积达到约 32 万亩。2000 年后,随着滇池环湖"四退三还"的实施,昆明城市扩大、旅游和交通等基础设施建设使灌溉面积逐渐减少,其减少部分在实施"四退三还"后大部分转变为湖滨带生态湿地,提灌面积也逐年减少,2015 年降低到 16.5 万亩(图 1.2)。耕地面积减少导致大部分农作物种植产量逐渐下滑(图 1.3)。到 2014 年,流域内耕地面积 89.76 万亩,农田有效灌溉面积 34.09 万亩,农田有效灌溉程度 38.3%;农作物总播种面积 85.91 万亩,其中粮食作物播种面积 35.51 万亩,粮食总产量 11.16 万 t;大小牲畜 45.03 万头,其中大牲畜 13.83 万头,小牲畜 31.20 万头。

1.2.3　工业发展

滇池流域的近代工业始于清末,鸦片战争以后,随着洋务运动的热潮高涨,各地纷纷开办军火、兵器工业。在这样的历史背景下,1884 年清政府在昆明创办云南机械局,这是滇池流域最早的工业企业。其后,一批工业企业应运而生,1904 年创办玻璃公司,1906 年成立生产皮鞋和皮包的华盛店,1910 年开办广同昌铜铁机器局;1906 年宝云局创办造币厂;1908 年以生产鞋、帽、布匹等为主的昆明市纺织厂诞生,商办企业也随之兴起(昆明市水利志编纂委员会,1997)。抗日战争时期,昆明作为全国抗战的大后方,工业得到进一步发展,环滇池地区及螳螂川沿岸先后建起水泥厂、造纸厂、印染厂、冶炼厂、电缆厂、钢铁厂等。据统计,　1940 年昆

---

1) 1 亩≈666.7m²,下同。

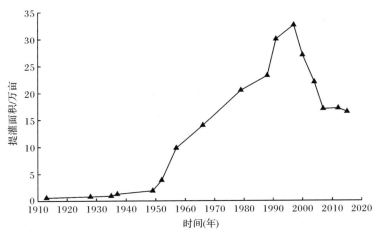

图 1.2　1913～2015 年滇池流域提灌面积变化趋势图

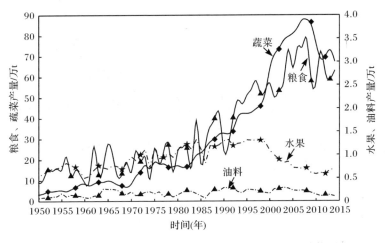

图 1.3　1950～2014 年滇池流域主要作物产量变化趋势图

明地区的工厂企业达 80 个,在西南地区仅次于重庆和成都,昆明发展成为当时西南地区最重要的工业区之一(白龙飞,2011)。中华人民共和国成立之后,滇池流域发展也进入新时期。1953 年,根据国家第一个五年计划的指导精神,滇池流域的发展规划也提上日程,但是这一时期主要以农业发展为主,通过兴修水利和大力发展农业灌溉,第一产业产值占地区生产总值(gross domestic product,GDP)的比例较大。到 20 世纪 90 年代,随着昆明市承办第三届中国艺术节、中国昆明进出口商品交易会和世界园艺博览会等大型活动,为社会经济的发展注入新的活力,昆明市的地区生产总值从 1990 年的 115 亿元增加到 1999 年的 593 亿元,滇池流域的城市与经济发展进入快速增长期(图 1.4),以工业发展为主,第二产业比例迅速增加至 60%。但滇池的水质也在这一时期急速下降到劣Ⅴ类,引起国内外的高度关注。1999 年,云南省为保护滇池流域水环境,实施滇池流域工业、企业污染治理"零点行动",要求 1999 年 5 月前,流域内所有工业污染源全部实现达标排放。2000 年后,进一步通过产业结构调整(图 1.5),将位于滇池流域污染较大的工业项目逐步搬迁到流域外的郊县区;实施城区"退二进三"工程,即让第二产业从主城区退出,引进第三产业,推动产业结构的调整,减少污染负荷,在发展工业的基础上,有效控制污染源。

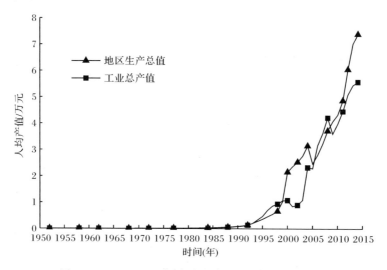

图 1.4　1950～2014 年滇池流域人均产值变化趋势图

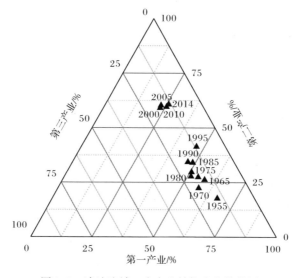

图 1.5　滇池流域三次产业结构变化趋势图

到2014年底,滇池流域内地区生产总值为2766.58亿元,其中第一产业714.33亿元,第二产业1677.73亿元,第三产业374.52亿元,三种产业结构之比为25.8∶60.6∶13.6,人均地区生产总值为73972元。工业总产值2084.77亿元,人均工业总产值55745元。

1.2.4 土地利用类型

1980～2012年滇池流域土地利用变化特征主要表现为:城镇建设用地迅速增加,草地和耕地则大幅度减少,林地增加,水体面积变化平稳;建设用地在北部、东部大面积增加,耕地和草地面积空间上均匀减少,林地面积在北部、南部和西部均匀增加。1980～1995年和1995～2012年这两个时间段内滇池流域的年综合土地利用动态度分别为0.92和1.30,表明1995～2012年比1980～1995年的土地利用变化速率更快,人类干扰强度更加剧烈(王圣瑞,2015a)。

根据全国第二次土地利用现状调查数据分析,滇池流域的林地1028km²,耕地600km²,建设用地618km²(其中,城镇建设用地365km²,交通运输用地56km²,其他建设用地56km²),水域占地332km²,草地180km²,园地115km²,未利用地40km²,其他农用地6km²,沼泽地1km²,如附图1所示。

1.3 湖 泊 水 系

滇池流域是金沙江右岸一级支流普渡河的上游区,属于长江流域金沙江水系。滇池盆地内有数十条大、小河流,以滇池为中心,从不同方向呈向心状汇入滇池。这些河流将汇集起来的地表径流源源不断地补充滇池湖水,是滇池水资源交替更新的主要来源。主要河流有盘龙江、宝象河、东白沙河、马料河、洛龙河、捞鱼河、梁王河、大河、柴河、东大河、古城河及新河等。

1.3.1 滇池

滇池是云贵高原上最大的天然湖泊,是全国13个重点保护治理的河湖水系之一,是云南省水面最大的淡水湖泊,具有工农业用水、调蓄、防洪、旅游、航运、水产养殖及后备水源地等多种功能。滇池坐落于昆明市区西南面,其巨大的水体成为昆明市的天然恒温器,使昆明夏天不至于酷热,冬天不过于寒冷,形成四季如春的气候特点。

滇池是典型的断陷构造型湖泊,迄今已有1200万年的历史。据史书记载,13世纪中叶,滇池水位约为1892m,水位线到达今黄土坡、小西门一带。元代开始疏挖海口河,致使滇池水位下降,湖滨滩地疏干,逐渐变成肥沃的良田,人们世代耕种改良,成为高原鱼米之乡。经过漫长的地质变迁,加之人为干预和影响的加剧,滇池湖面日趋缩小,特别是1969年的"围海造田"运动之后,滇池湖面面积减少近20km²。1951~1960年连续枯水期间,滇池入湖水量小于出湖水量,尤其是1960年降水量仅755mm,导致湖泊蓄水量仅有10.51亿m³,最低水位达到1885.27m。1960~1980年,流域处于丰水期,入湖水量和出湖水量的时空变化较类似,滇池蓄水量稳定在13亿m³左右;20世纪80年代,流域又进入枯水期(年均降水量仅有870mm),使得水位降低,湖泊蓄水量减少。同时,由于工业和农业发展、人口增长,对滇池水资源多次重复利用和污水直接排放,滇池水体很快达到自然净化能力的极限,导致流域内的水质急剧恶化,滇池湖体水质由20世纪80年代初期的Ⅲ类下降至Ⅴ类,人均占有水资源量为350m³;20世纪90年代,流域又进入丰水期,加上人工调控措施的加强,湖泊蓄水量不断增加,其后蓄水量稳定在15亿m³左右,但由于人口增加迅速,人均占有水资源量降至300m³以下。同时,由于污染物排放持续增多,再加上历史积累,20世纪90年代初至今滇池水质长期处于劣Ⅴ类。

目前滇池湖面略呈"弓"形,南北长约40km,东西平均宽7.5km,最宽12.5km,湖岸长约163km。当滇池在正常高水位1887.5m时,平均水深5.4m,最大水深11.0m,湖面面积311.3km²,湖容为16.2亿m³。北部有一天然湖堤将滇池分隔为南北两片水域,中间以船闸相通。北部水域俗称草海,面积12km²,最大水深2.6m,湖容0.29亿m³;南部水域俗称外海,面积约299.3km²,占滇池总面积的96.1%,是滇池的主体。位于西山区海口镇的海口河是滇池唯一的天然出口,经螳螂川、普渡河汇入金沙江。为了保护滇池外海水质,1996年在滇池北部草海开凿西园隧洞,以及草海与外海连接处设置海埂节制闸,人为将滇池分隔成相对独立两大水体。除了汛期,节制闸基本处于关闭状态,草海和外海水体互不交换,进入草海的水直接由西园隧洞外排至沙河,在安宁城区附近汇入螳螂川。

根据2013年1月1日颁布施行的《云南省滇池保护条例》,草海正常高水位1886.8m,最低工作水位1885.5m;外海正常高水位1887.5m,最低工作水位1885.5m,特枯水年对策水位1885.2m,汛期限制水位1887.2m,20年一遇最高洪水位1887.5m。

1.3.2 滇池入湖河道概况

滇池流域内河流众多,呈向心状发育,大小河流数十条,大多为源近流短的山区性河流,汇入滇池的河流集水面积大于100km²的有盘龙江、宝象河、洛龙河、大河、东大河、柴河、捞鱼河等(郭有安,2005),其中以盘龙江最大。2010年5月1日颁布施行的《昆明市河道管理条例》中认定出入滇池河道是指滇池流域范围内的螳螂川、盘龙江、新运粮河、老运粮河、乌龙河、大观河、西坝河、船房河、采莲河、金家河、大清河(明通河)、枧槽河、金汁河、海河(东白沙河)、宝象河(新宝象河)、老宝象河、六甲宝象河、小清河、五甲宝象河、虾坝河(织布营河)、马料河、洛龙河、捞鱼河(胜利河)、南冲河、大河(淤泥河)、柴河、白鱼河、茨巷河、东大河、中河(护城河)、古城河、王家堆渠、牧羊河、冷水河、姚安河、老盘龙江等河道及其支流。在2013年1月1日颁布施行的《云南省滇池保护条例》中,滇池主要入湖河道是指滇池保护范围内的盘龙江、新运粮河、老运粮河、乌龙河、大观河、西坝河、船房河、采莲河、金家河、大清河(含明通河、枧槽河)、海河(东白沙河)、宝象河(新宝象河)、老宝象河、六甲宝象河、小清河、五甲宝象河、虾坝河(织布营河)、广普大沟、马料河、洛龙河、捞鱼河、梁王河、南冲河、淤泥河、大河(白鱼河)、茨巷河(柴河)、东大河、护城河(中河)、古城河等河道及其支流。主要入滇河道及其支流概述如下。

(1)盘龙江。发源于嵩明县梁王山北麓喳啦箐白沙坡(河源高程2600m),自北向南经牧羊、阿子营、黄石岩、小河等地,在岔河嘴与右支甸尾河汇合后入松华坝水库,出库后进入昆明盆地,穿越昆明主城区后于官渡区洪家村汇入滇池。干流河道全长94km,总落差约714m,河床平均比降7.6‰,流域面积735km^2。松华坝水库以上为山区,河道呈树枝状,河长67.5km,河床平均坡降10.1‰,坝址断面多年平均流量6.57m^3/s,实测最大流量222m^3/s(1966年)。水库以下为滇池盆地,河道较顺直,长26.5km,区间面积142km^2,廖家庙以上河长11km,河床平均比降为1.8‰,已按50年一遇的防洪标准进行治理,两岸局部河段已人工渠化,河宽21.3～57.8m。廖家庙以下河长15.5km,河床平均比降0.36‰,河宽20.2～48.1m,其中,廖家庙到南坝闸段长7.6km,已按100年一遇设防标准治理,干流河段现建有节制闸3座、桥梁29座(铁路桥2座、道路桥17座、人行桥10座)。盘龙江水系较发育,呈羽状分布,汇入或分出盘龙江的主要支流有数十条。主要的入汇支流有牧羊河、甸尾河、马溺河、清水河、羊清河、花鱼沟、麻线沟、银汁河等;分流盘龙江的支流主要有金汁河、东干渠、玉带河、大观河、西坝河、永昌河、马撒营河、杨家河、陆家河、金太河、金家河、太家河等,由于城市建设及排涝系统分布,目前除玉带河承担盘龙江分洪任务外,其余分流河道与盘龙江已无水量交换,自成体系汇入滇池。

(2)新运粮河。该河是昆明主城五华区、高新区、西山区的一条主要防洪排涝河道,呈自北向南分布,发源于五华区车头山,经龙池山庄、桃园村、甸头村、沙靠村进入西北沙河水库,出库后经普吉、陈家营、海源庄、新发村、梁家河等村庄,在积下村附近汇入滇池草海。其中桃园村至龙院村段称为西北沙河,已治理完成,复式断面,宽9～15m;龙院村至成昆铁路段称为中干渠,矩形断面,宽6.1～12.3m;成昆铁路至入草海段称为新运粮河,矩形、复式相结合断面,宽6.8～24m。流域面积83.4km^2,主河长19.7km,河床平均比降2.12‰。主要支流有西边小河、小普吉排洪沟、陈家营岔沟、上峰村防洪沟、白龙河、马街大沙沟、马街小沙沟等。

（3）老运粮河。老运粮河是 1385 年,疏挖海沟和沼泽地形成的人工河道,也是由滇池运粮到大西仓的通道。原运河东起大西门外茴香堆(现昆师路昆明市第一中学附近),上联老龙河(今凤翥街东侧),东与菜海子(翠湖)相连,东南与顺城河相通,北接地藏寺来水(今西站大沟)。滇池水位降低和历代城市建设导致河系变迁,老运粮河逐渐演变成西城区的主要排涝河流。现老运粮河主要指菱角塘至滇池入口河段,经红联、春苑小区,沿云山路向西至兴苑路口与小路沟汇合,在积善村汇入草海。河长 11.3km,河床平均比降 5.62‰,汇水区面积18.7km²。现河道呈矩形,宽 6~24.8m。主要支流有小路沟、七亩沟、鱼翅沟和麻园河等。

（4）乌龙河。原由蒲草田流出,目前已被截断。现源于昆明医科大学第一附属医院附近,以暗渠形式自北向南经棕树营,至白马小区有一段明渠,穿过成昆铁路、石安公路,在明波村汇入草海。河长 3.7km,河宽 6~9.5m,河床平均比降0.63‰,汇水区面积 2.6km²。

（5）大观河。上段称篆塘河,为 0.9km 的暗河,源于大观分洪闸,向西沿西昌路经篆塘折转向南。在大观楼汇入草海,汇水区面积 2.8km²,全长 3.9km,篆塘至大观楼段称为大观,河道呈矩形断面,河宽 9.4~40.5m。

（6）西坝河。源自大观分洪闸,向南经西坝、马家堆、福海等村庄,在新河村汇入草海。汇水区面积 4.9km²,河长 7.4km,大部分河道已治理,呈矩形、复式断面,河宽 3~19m。

（7）船房河。源自昆明城区青年路圆通山,自北向南经福海乡船房村,在新河村附近汇入草海。二环南路以上由兰花沟和弥勒寺大沟组成。兰花沟源于云南省林业厅大院,沿青年路南下,至南屏街转西,经大井巷,穿宝善街,过同仁街,穿金碧路,再沿书林街南下入敬德巷后,向西流至东寺街,穿玉带河马蹄桥涵洞、西昌路至刘家营,经环城西路、西园路(以上段为暗涵河,以下为明渠),在凯旋利汽车市场北侧与弥勒寺大沟相汇,兰花沟长 5.7km,汇水区面积 2.8km²(由正义路以东、盘龙江以西、圆通山以南、环城南路以北片区组成)。弥勒寺大沟源于弥勒寺公园,经弥勒新村、王家坝,穿成昆铁路(以上为盖板沟,以下为明渠),顺二环南路南侧于凯旋利汽车市场大门北侧汇入兰花沟,河长 2.1km,汇水区面积1.2km²。两河(沟)汇合后向西先后流经船房村、河尾村等村庄在新河村南侧汇入草海。

（8）采莲河。源于黄瓜营附近,自北向南经永昌小区,穿成昆铁路后过四园庄、王家地、卢家营、李家地等,在绿世界纳永昌河,过周家地,在大坝村再纳杨家河后至河尾村,过节制闸后分为两支:左支沿滇池路南流,经渔户村,在滇池路北侧纳大清河,在渔户村纳太家河后,沿滇池路东侧过海埂公园由东门泵站抽提入滇池;右支转西后又再分为左右两支,其中右支穿滇池路于河尾村由河尾泵站抽提入船房河,左支在海埂加油站旁穿滇池路,经河尾村端仕楼侧过滇池度假村,穿云南民族村和海埂公园后入滇池。河长12.5km（二环南路至东门泵站长8.4km，宽6~32m），河床平均比降0.28‰，汇水区面积22.6km²，主要支流有永昌河、太家河、杨家河和大清河等。

（9）金家河。自四道坝经孙家湾、陆家场、李家湾村、金家村、河尾大村，于金太塘排灌站处自流入滇池，全长8.2km，河宽3.8~17.1m，河床平均比降0.21‰，汇水区面积9km²。

（10）大清河。上游分为右支明通河和左支枧槽河。两支交汇后称大清河，向南流经叶家村、梁家村、新二泵站，在福保文化城西侧汇入滇池。明通河与枧槽河交汇口以下河长6km，河床平均比降0.12‰，两岸河堤上部为土堤绿化带、下部为浆砌块石，区间汇水区面积2.8km²。汇水区面积为48.4km²，河长29.4km。

（11）海河（东白沙河）。发源于官渡区大板桥以北一撮云（河源海拔2336m），河流自东北向西南流至岔河，集鬼门关的山箐水，于三农场处进入东白沙河水库，出库后经龙池村、十里铺、羊方凹，在牛街庄转西至土桥村，沿关上昆明巫家坝老机场东缘至王家村，纳白得邑、阿角村、三家村等片区来水后称为海河，穿过广福路，于七甲村纳巫家坝老机场西侧小河后向南行，在福保村入滇池。汇水区面积66km²（含东干渠12.3km²），其中水库以下至滇池河长16.2km，河宽3.7~38m，汇水区面积31.2km²。

（12）宝象河（新宝象河）。昆明古六河之一，源于官渡区东南部老爷山，经小寨村至三岔河汇支流小河来水入宝象河水库，出库后流经大板桥、干海子等村庄，在宝丰村附近汇入滇池。河长41.4km（其中宝象河水库以下河长32.2km），汇水区面积292km²。流域内除干流上建有宝象河水库外，支流上还建有天生坝、前卫屯、铜牛寺、茨冲、复兴等小型水库，控制径流面积合计110km²。同时沿河修建了金马村、鸳鸯坝、羊甫、小板桥等13座小型拦河坝。2006年前，在羊甫分洪闸以下由干流老宝象河、宝象河、织布营河（原四甲宝象河）、五甲宝象河、六甲宝象河等组成。2006年对宝象河进行整治，并沿彩云路北侧修建宽6m、深4m的引洪渠，将彩云路北侧洪水经宝象河排泄，原来的老宝象河、织布营河、五甲宝象河、六甲宝象河则变为城区的区域排涝河道。新宝象河由干流宝象河及分流河道老宝象河组成，织布营河、五甲宝象河、六甲宝象河、小清河自成体系，各自汇入滇池。随着五甲塘片区开发建设，对六甲宝象河、小清河、五甲宝象河、织布营河及老宝象河局部河段进行了调整。

（13）老宝象河。源自羊甫分洪闸，过大街村，穿昆洛公路、彩云路，立交彩云路截洪沟，经官渡镇，穿广福路，过昆明市第六污水处理厂、龙马村、严家村后在宝丰村入滇池。河长10.7km，河宽2.5~29m，堤高2~5m，已治理，沿途河堤高于城镇，河床平均比降0.52‰，汇水区面积3.9km²。其中在季官村末端分流入杜家营大沟，经后所村、丁家村、郭家村后汇入姚安河，河长2.9km，河宽5.4~6.8m，堤高 1.5～4m,汇水区面积 1.5km²。

（14）六甲宝象河。从永丰村起,经雨龙村,穿广福路,过七甲村,沿官南大道右侧至福保村,由闸门控制既可直接入滇池,也可分流至海河,目前主要分流至海河。河道基本顺直,河长 10.8km,河宽 3.5～9.3m,汇水区面积 2.6km²。

（15）小清河。源于小板桥镇云溪村附近,流经张家沟、新二桥等村庄,于小河嘴村附近的中国科学院滇池蓝藻控制试验基地旁流入滇池。河长 8.9km,河宽 2～8.5m,汇水区面积 3.2km²。

（16）五甲宝象河。从昆明南市区世纪城片区集雨水,穿广福路,沿金刚村、楼房村南流,在小河嘴下村并入小清河后汇入滇池,沿途接纳经济技术开发区、陈旗营、雨龙村等片区的来水。河长 8.1km,河宽 3～8.3m,汇水区面积 3.28km²。

（17）虾坝河（织布营河）。从昆明南市区世纪城起（原织布营村）,穿广福路桥,经下四甲东侧南流至熊家村,在姚家坝分为两支（右支称虾坝河、左支称姚安河）。织布营河（又称为四甲宝象河）长 10.6km,河宽 4～20.7m,堤高 1.3～4m,汇水区面积 9.1km²。集水区域多为不透水或弱透水的城区。虾坝河经王家村、五甲塘,穿姚安公路后从夏之春海滨公园南侧汇入滇池,河长 2.5km,河宽 6～20.7m,汇水区面积 3.4km²;姚安河经王家村,接纳季官村末端分出的老宝象河支流（管家沟）后穿过姚安村,在螺蛳堆处汇入杜家大沟,在独家村入滇池,河长 3.6km,河宽 6.8～18m,汇水区面积 3.6km²。局部河段现已治理,其中李家村以下河堤为浆砌石。

（18）广普大沟。发源于小板桥以东洒梅山（海拔 2047m）、洋湾山（海拔 2027m）、老官山（海拔 2034.5m）、龙宝山（海拔 2049m）等群山西侧,河流大致自东向西蜿蜒而行,先后下穿南昆铁路、昆洛路、昆玉高速路、广福路和环湖公路汇入滇池。昆洛路以上流域为山坡、旱地和部分城镇居民住地,无明显河道。昆洛路以下正在进行大规模的城市建设,常年有一些生活污水汇入。昆洛路以下至滇池入口段长 6.9km,河宽 2.4～20m,河床平均比降 1.42‰,汇水区面积 21.1km²。

（19）马料河。发源于官渡区阿拉乡新村犀牛塘龙潭,自北向南过新村,至白水塘村南部进入果林水库,出库后经倪家营、望朔村（洛羊镇）,于麻莪村西约 200m 入官渡区,在小新村分洪闸分为左支矣六马料河、右支关锁马料河,平行流约 4km 后,左支于矣六甲村注入滇池,右支于回龙村注入滇池。马料河长 22.5km,河床平均比降 3.3‰,汇水区面积 69.4km²,其中果林水库以上河道长 10km,河床平均比降 3.55‰,水库以下河道长 12.4km,河床平均比降 3.1‰,现状已局部治理,河宽 3.2～11.8m。

（20）洛龙河。石夹子落水洞以上称为瑶冲河,以下称为洛龙河。发源于向阳山西南侧山箐,向西南流至石夹子落水洞经人工修筑隧洞进入石龙坝水库,在大新册村附近接纳黑、白龙潭泉水及石龙坝水库来水后穿呈贡区,于江尾村汇入滇池。干流全长29.3km,河床平均比降6.67‰,汇水区面积132km²。其中,落水洞以上流域面积为68.1km²,河长12.1km;落水洞以下流域面积63.9km²(包括石龙坝、白龙潭水库面积在内),河长18.4km,河床平均比降1.24‰,大部分河道断面为规整的矩形,河宽3.9~11m。

(21)捞鱼河。发源于呈贡区吴家营乡烟包山西侧山箐,在小松子园村后入松茂水库,出库后向西南经段家营、缪家营、郎家营,于郑家营村南接纳关山水库下泄洪水向西南经中庄、下庄、雨花村向西过大渔村,在月角小村附近再纳梁王河分洪河道,于中和村汇入滇池。干流河长30.9km,河床平均比降4.93‰,汇水区面积123km²,其中松茂水库以下段河长15.4km,河床平均比降6.1‰。现状大部分为复式断面,河宽5~40m,两岸堤脚为浆砌石,上部为土质。

(22)梁王河。发源于梁王山余脉老母猪山南麓(河源海拔2661m),自东向西蜿蜒过杨柳冲村后入横冲水库,出库后经上庄子、大营,于化城附近分左、右两支。左支进马金铺塘、穿昆玉高速公路,于大渔乡大海晏村附近注入滇池。右支自东南向西北过高家庄,穿昆玉高速公路、昆洛路,在月角小村附近汇入捞鱼河。干流河长23.3km,河床平均比降5.40‰,汇水区面积57.5km²。现状大部分为复式断面,河宽3~9m,两岸堤脚为浆砌石,上部为土质。

(23)南冲河。发源于呈贡区与澄江县分界的黑汉山西侧(河源海拔2495m),先入白云水库,出库后经浅丘坝子,于左所村处接纳韶山河,向西再穿过昆玉高速公路进入晋宁区后,于小河村附近汇入滇池。干流河长14.4km,河床平均比降28.2‰,流域面积56.9km²(含哨山河)。现状下游为矩形、复式相结合断面,河宽5.6~9m,两岸堤脚为浆砌石,上部土质。

(24)淤泥河。发源于梁王山余脉老虎山西侧(河源海拔2629m),自东向西蜿蜒入映山塘水库,出库后于石子河附近纳晋宁大河右分洪河转向北经晋城,在小河尾村汇入滇池。汇水区面积64km²,干流河长9.74km。现状多为矩形断面,河宽5.8~17.1m,两岸土堤、局部段为浆砌石。

(25)大河(白鱼河)。发源于晋宁区化乐乡老君山北侧,向北流经干洞、黄家庄,在界牌村入大河水库,在库区汇入谷堆山支流来水,出库后向北流在十里村纳马鞍塘水库出流后,经山后村,在石碑村又纳凤凰山支流来水,在小寨分洪闸处分流为两支:右支转北于石子河附近汇入淤泥河,左支向西北流在天城门村再次分流,其中老河道经永和、新街,于回龙村入滇池,干流(白鱼河)经小新村后在下海埂村汇入滇池。径流面积194km²,河长35.3km,河床平均比降3.19‰,现状河宽3.7~21.4m。

(26)茨巷河(柴河)。发源于晋宁区六街乡甸头村东北的面山箐,过沙坝水库,自东北向西南流经甸头村,至兴旺村转为西北流向,经者腻、大营、六街,在龙王潭村东北侧入柴河水库,出库后向北流经李官营、段七、竹园、细家营村,在观音山分洪闸分左、右两支,其中左支(茨巷河)在小渔村入滇池,右支自西南向东北流经小朴村,在小寨汇入晋宁大河。干流河长 33.4km,河床平均比降 3.90‰,汇水区面积 190km²。现状河宽 4.3~14.5m。

(27) 东大河。发源于晋宁区新街乡魏家箐村西南侧山箐,自西南向东北分别进入团结小(一)型、合作小(二)型水库,出库后转向北流,在小河口村处入双龙水库,出库后向东北流,纳右支流大春河水库下泄的水量,过小普家村、河埂村,再纳左支流洛武河水库下泄水量后,在河咀村入滇池。干流河长 23.3km,汇水区面积 158km²,河床平均比降 4.20‰。双龙水库以下除昆玉高速公路匝道至环湖公路段已整治,其他为天然河道。双龙水库以下至入滇池口的河段相继穿越昆洛路、昆玉铁路、环湖南路等桥涵,还建有 3 座灌溉拦河闸。

(28) 护城河(中河)。发源于晋宁城侧沙妈顶(河源海拔 2202m),上段称为石牙脚箐,自西向东流淌至大兴城后进入滇池盆地,河道海拔降至 1900m,其后纳左支白龙潭箐,至麦地村附近沿晋宁县城边缘转向北偏东,于张家村附近纳入东大河分洪河道来水,向北至有余村附近,再纳发源于砌石磨山的左支行经 560m 后,于原云南省女子监狱的西北侧汇入滇池。汇水区面积 25.3km²,干流河长 7.3km,河宽 4.2~31m,局部已治理,河床平均比降 13.8‰。

(29) 古城河。发源于晋宁区古城镇八大弯村老高山东南侧山箐,自西北向东南流至三家村转向东北,经昆阳磷矿、西汉营,在昆阳磷肥厂旁穿昆阳至晋宁老公路后,进入古城镇,在下村汇入滇池。干流河长 11km,河床平均比降 17.5‰,汇水区面积 18.3km²。古城以上为天然河道,两岸多为坡地、农田,河段比降大,沟谷杂草丛生;古城以下河道已被整治,河段顺直,河宽 5~6m。

1.4 水 资 源 量

1.4.1 降水量

根据《云南省水资源综合规划》的调查评价结果,滇池流域年降水量为 797~1007mm,多年平均降水量为 925.7mm(表 1.1),低于云南省多年平均降水量,属滇中高原半干旱半湿润地区。降水量在空间上分布不均匀,流域东北、北部的盘龙江和梁王河上游高山区域,年降水量在 1200mm 以上,最高可达 1400mm;滇池东岸宝象河、大板桥、呈贡一带年降水量为 820~890mm;滇池湖面降水量最小,仅为 800mm 左右。降水量的年内分布极其不均匀,旱季(11 月~次年 4 月)仅占全年降水量的 15% 左右,其中最小月降水量多出现在 1 月、2 月,仅占年降水量的 1%~2%;雨季(5~10 月)降水量占年降水量的 85% 左右,其中 7 月、8 月又集中了全年降水量的 40% 左右。

表 1.1　滇池流域水资源状况

水资源四级区	县级行政区	降水量/mm	地表水资源量/亿 m³	径流深/mm	地下水资源量/亿 m³	地下水资源模数/[万 m³/(km²·a)]
滇池流域	五华区	963.3	0.101	549.4	0.013	6.80
	盘龙区	921.3	0.066	538.2	0.010	8.00
	官渡区	918.2	1.896	245.6	0.540	7.00
	西山区	1032.7	0.903	393.3	0.172	7.50
	呈贡区	871.7	0.857	197.8	0.258	5.90
	晋宁区	939.2	1.975	263.2	0.509	6.80
	嵩明县*	962.3	1.244	288.3	0.286	6.60
	滇池	850.2	−1.494	−510.6	0.000	0.00
合计		925.7	5.548	188.7	1.788	6.12

* 滇池流域涉及嵩明县滇源镇(原白邑乡、大哨乡撤并而来)和阿子营乡,2011 年划归盘龙区托管。

1.4.2　蒸发量

蒸发是一个复杂的物理过程,蒸发量的大小受蒸发面上的太阳辐射、空气湿度、温度和风速等因素影响,局部地区水面蒸发与地面海拔变化关系紧密。在太阳辐射强、气温高、湿度小、风速大的地区,水汽的湍流交换较强,因此蒸发量较大;在气温低、常有云层掩盖的地区,地面的太阳辐射相对减少,因此蒸发量较小。

根据海埂站(E_{601}蒸发皿)蒸发观测资料,多年平均水面蒸发量为 1466.9mm,滇池周边的昆明、呈贡和晋宁气象站(20cm 蒸发皿)多年平均水面蒸发量观测值分别为 1368.6mm、1427.6mm 和 1567.4mm。由于滇池流域四周山区海拔较高、气温较低,蒸发量小于气温较高的平坝、河谷地区。滇池流域蒸发量的年际变化不大,海埂站历年实测最大年水面蒸发量 1806mm(1979 年),最小为 1048mm(1967 年),极值相差 1.72 倍,年水面蒸发量的变差系数为 0.10。水面蒸发量年内分配不均匀,主要集中在 2~8 月,海埂、昆明、呈贡、晋宁等气象站该时段的水面蒸发量均占全年的 70%左右。其中 3~5 月最突出,占全年的 35%~40%,年内最大月水面蒸发量均出现在 4 月,占全年的 13%左右;最小月水面蒸发量出现在 11~12 月,仅占全年的 5.5%左右。

1.4.3　地表水资源量

地表水资源量是指江河、湖泊、水库等地表水体中由当地降水形成、可逐年更新、动态的天然河川径流量,通常可用多年平均的天然河川径流量作为地表水资源量。滇池流域本区的径流量以大气降水补给为主,径流量的年际、年内丰枯变化与同期降水量具有较好对应性。根据滇池流域各水文站 1956~2000 年地表径流实测数据分析,滇池流域的年径流深 188.7mm。径流高值区位于流域北部盘龙江源头区域的大尖山一带,多年平均径流深 500mm 以上,最大可达 700mm,其次为滇池西岸的西山一带,流域四周的山区一般为 300~400mm,盆地及滇池湖区大多为 100~200mm。

按滇池入湖径流还原结果分析,1956~2012 年多年平均入湖径流量 9.72 亿 m^3,其中 8 座大中型水库坝址以上径流区产水量 2.95 亿 m^3,滇池湖面产水量 2.71 亿 m^3,其他区间陆面产水量 4.18 亿 m^3。

1.4.4　地下水资源量

地下水是区域水资源量的重要组成部分,是指赋存于浅层饱水带岩土空隙中的重力水。地下水资源量是指地下水体中能参与流域(区域)水循环且可以逐年更新的动态水量。滇池流域的地下水资源量为 1.788 亿 m^3,地下水资源模数为6.12 万 $m^3/(km^2 \cdot a)$。按照地下水补给模数的大小,滇池流域涉及的水资源区均属于地下水多水区。

滇池流域地下水资源的空间分布极不均匀,变化趋势与地表水资源量的地区分布基本一致,即地表水资源多的区域,则地下水资源也较多;地表水资源少的区域,地下水资源也相对较少。地下水资源的垂直分布与地表水一致,即对于气候和下垫面条件基本一致的地区,一般是海拔较高的区域,其地下水量大于低海拔地区,这与降水量随海拔的增加而加大密切相关;由于高海拔地区人类活动较少,植被等下垫面条件较好,地表水下渗能力强,同时降水量大,因此地下水的产水量较多。

1.4.5　水资源总量

水资源总量是指一定区域内由降水所形成的地表和地下的产水量,即地表径流量与降水入渗补给量之和。一方面,高原地区的地下水资源量是以河川基流的形式排泄,进而转变为地表水,而计算地表水资源量时,河川径流中已经包含河川基流;另一方面,对于山丘区,不计算地下水开采净耗量,即地下水资源量是地表水资源量的重复计算(井涌,2008)。因此,滇池流域的地表水资源量实际上包含浅层地下水资源量,即认为滇池流域的地表水资源量就是流域的水资源总量。

根据《云南省水资源综合规划》,按 1956~2000 年滇池流域各水文站的地表径流实测数据分析,滇池流域的年径流深 188.7mm,地表水资源量 5.55 亿 m^3。而《外流域补水的河湖生态用水替代调度方案及滇池水质影响评估》等后续项目中,按 1956~2012 年滇池入湖径流还原结果分析,多年平均入湖径流量为 9.72 亿 m^2。经分析,滇池湖面蒸发损失量约为 4.40 亿 m^3,因此滇池流域本区水资源总量为5.32 亿 m^3。

滇池流域人均水资源量不足 200m³,仅为云南省平均水平的 1/25,与我国典型的缺水地区京津唐的人均水资源量相当,属水资源极度缺乏的地区。另外,昆明城市不断扩大、人口快速增加、区域工农业经济发展等多重因素的影响,使滇池流域水环境问题日益突出,资源性和水质性缺水局面共存。当前,滇池流域水资源具有以下几个显著特点:

(1) 人均水资源量极低。滇池流域是云南省政治、经济、文化、信息和交通枢纽中心,是云南省人口最密集、人类活动最频繁、经济最发达的地区,人均水资源量不足 200m³。按照联合国"国际人口计划研究项目"的划分,人均水资源量小于 500m³ 属于水危机地区。20 世纪 80 年代,滇池流域的人均水资源量就已下降到 400m³,但当时滇池水质还处于地表水Ⅲ类左右,且可用的调蓄库容较大,流域内城乡生活用水还未受到大的影响,因此区域的缺水问题还未突显。20 世纪 90 年代,流域内人均水资源量下降到 300m³,滇池水环境快速恶化,草海水质一直处于劣Ⅴ类,外海水质也迅速从Ⅲ类下降到劣Ⅴ类水体,滇池原有的城市生活和工农业生产供水功能基本丧失,全流域性缺水和水体恶化很快受到全社会的关注。

(2) 降水少,蒸发量大。滇池流域所处的低纬度高原和独特的气候特征形成滇池流域降水量少、蒸发量大的特点。流域多年平均降水量 925.7mm,较云南省平均降水量偏小 23%;而水面蒸发量为 1226~1614mm,降水量少和蒸发量大导致流域内径流深偏低,仅为 188.7mm。

(3) 干湿季节分明。从相对湿度、干湿指数等的年内变化规律可以看出,滇池流域受区域独特的地形地貌和气候特点影响,夏秋湿润多雨,冬春干燥少雨,年内水资源量在时间上分配极不均匀。

1.5 水环境现状

1.5.1 滇池水质

目前滇池水污染严重,富营养化程度高,是我国污染最严重的湖泊之一。回顾滇池的水污染历史可见,20 世纪 60 年代,滇池草海和外海水质均为Ⅱ类,到 70 年代下降为Ⅲ类。自 70 年代后期滇池水质开始快速恶化,特别是 80 年代以后,草海水质总体变差,为劣Ⅴ类,外海水质在Ⅴ类和劣Ⅴ类之间波动(郭怀成等,2012)。随着流域内社会经济的快速发展,滇池水质逐渐恶化,对流域社会经济发展产生了较大的影响。自"九五"以来,国家及地方各级人民政府投入大量资金治理滇池,特别是"十一五"以来,滇池治理强度进一步加大,以"六大工程"措施为依托,以大幅度削减主要入湖污染物为重点,以改善湖体水质为目标,滇池治理取得一定成效(王圣瑞,2015b)。滇池流域入湖污染负荷主要由污水处理厂尾水负荷、未收集的点源、农业面源和城市面源等构成。徐晓梅等(2016)选择 1988 年、2005 年、2014 年为代表年对滇池流域污染负荷进行分析计算,主要结果如下。

1. 滇池流域点源污染现状及变化趋势

1988~2014 年,滇池流域点源污染产生量呈持续上升趋势,2014 年相对于 1988 年增长 4~6 倍,2014 年滇池流域点源污水产生量达 4.14 亿 m³。1988 年以来,点源入湖污染负荷呈上升趋势,到 20 世纪末达到峰值,随后逐渐下降。在流域人口、经济持续增长的情况下,流域内污水收集处理能力不断提高,1999 年开展了"零点行动",一批污染企业被关停,产业布局与结构不断优化,工业点源污染得到有效控制。2014 年滇池流域的点源化学需氧量(COD)、总氮(TN)、总磷(TP)污染负荷入湖量分别为 15427t、5267t 和 353t,相对于 2000 年削减了 26%~46%,相对于 2010 年削减了 7%~9%(图 1.6)。

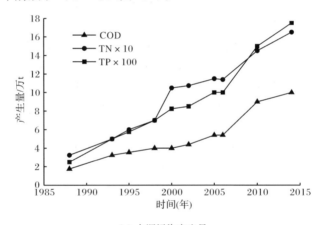

(a) 点源污染产生量

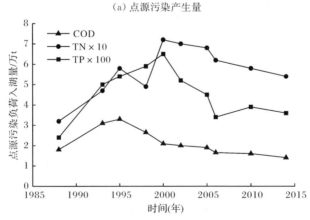

(b) 点源污染负荷入湖量

图 1.6　滇池流域点源污染负荷变化趋势(徐晓梅等,2016)

2. 滇池流域面源污染现状及变化趋势

农业面源污染与耕地面积、化肥施用量、种植结构以及畜禽养殖数量等密切相关。自 1988 年以来,滇池流域的农业面源污染入湖量先升后降,在 20 世纪 90 年代达到峰值。随着经济社会发展和人口增加,滇池流域内耕地面积逐年减小,化肥施用量相应减少;畜禽养殖也受市场波动影响,2009 年滇池流域实施“全面禁养”。从 2000 年后,农业面源污染基本呈现下降趋势(图 1.7)。2014 年滇池流域的农业面源 COD、TN 和 TP 污染负荷入湖量分别为 1800t、829t 和 175t,比 1988 年分别下降 39%、15% 和 34%,比 2000 年下降 48%、27% 和 44%。

1988~2014 年,城市面源污染负荷排放量呈现持续上升趋势。自 20 世纪 80 年代起,随着昆明城市的开发建设,城区面积迅速增长,一些地方使用再生水进行河湖补水、道路洒水和绿化用水等,污染物被雨水径流带入湖泊,导致流域内城市面源污染排放量急剧增加。2014 年滇池流域内城市面源 COD、TN 和 TP 污染负

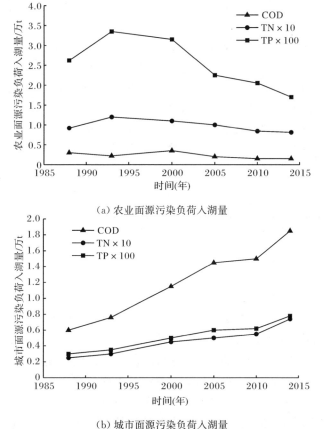

(a) 农业面源污染负荷入湖量

(b) 城市面源污染负荷入湖量

图 1.7　滇池流域面源污染负荷变化趋势(徐晓梅等,2016)

荷入湖量分别为 18669t、773t 和 83t,较 1988 年增加近两倍(图 1.7)。

根据昆明市环境保护局发布的《昆明市环境状况公报》(2001～2015 年),2001～2015 年,滇池草海和外海的水质基本处于劣 V 类,主要污染物 TN、TP、NH₃-N、BOD₅、Chla 和 COD_{Mn} 等指标基本在 III 类至劣 V 类之间波动。2015 年,滇池草海水质为劣 V 类;外海水质为劣 V 类,主要污染物指标为:TN 和 COD 为劣 V 类,TP 为 V 类,COD_{Mn} 为 IV 类,其他指标均为 III 类或优于 III 类(表 1.2)。

表 1.2　滇池 2001～2015 年湖泊水质变化

年份	水质等级		综合营养状态指数		外海主要污染物指标较上年度变化情况						
	草海	外海	草海	外海	TN	TP	NH$_3$-N	BOD$_5$	COD	Chla	COD$_{Mn}$
2001	劣 V	劣 V	—	—							
2002	劣 V	劣 V	—	—							
2003	劣 V	劣 V	—	—							
2004	劣 V	V	79.5	63.3	V	V	III	III	劣 V	III	III
2005	劣 V	V	76.1	62.5	V	V	III	III	劣 V	III	IV
2006	劣 V	劣 V	77.2	65.4	劣 V	V	上升	上升	—	III	IV
2007	劣 V	劣 V	80.0	68.0	下降	下降	—	—	—	上升	上升
2008	劣 V	劣 V	77.9	66.4	下降	下降	上升	—	上升	上升	下降
2009	劣 V	劣 V	82.4	67.6	下降	上升	上升	上升	上升	上升	上升
2010	劣 V	劣 V	72.5	69.9	上升	上升	下降		上升	上升	下降
2011	劣 V	劣 V	69.8	67.9	上升	下降	下降			下降	上升
2012	劣 V	劣 V	69.8	68.4	下降	上升	上升	下降	上升	上升	上升
2013	劣 V	劣 V	69.2	67.6	上升	下降	上升	上升	下降	下降	上升
2014	劣 V	劣 V	72.5	64.7	下降	下降	下降	下降	下降	下降	下降
2015	劣 V	劣 V	69.3	62.4	劣 V	V	III	III	劣 V	III	IV

注:资料来源于《昆明市环境状况公报》(2001～2015 年)。

1.5.2　滇池流域河道水质

根据昆明市环境保护局发布的《昆明市环境状况公报》(2007～2015 年),昆明主城周边地区出入滇池的主要河道 NH₃-N、TP、COD 和 COD_{Mn} 等 4 个水质指标的水质类别评价结果见表 1.3。2015 年,滇池 35 条主要的入湖河道中,水质优于 III 类的有松华坝水库上游的牧羊河、冷水河及呈贡区的洛龙河等 3 条;水质为 III 类和 IV 类的有 20 条,其中盘龙江和新宝象河是牛栏江-滇池补水工程的清水通道,水质改善明显,从 2013 年的 V 类或劣 V 类上升到 2015 年的 III 类水质,显著地提升了主城区河流廊道景观;水质为 V 类及劣 V 类的还有 12 条。滇池两条出湖河道的水质均为劣 V 类,到普渡河富民大桥断面水质才逐步上升为 III 类。

表 1.3　2007～2015 年滇池主要入湖和出湖河道的水质变化情况

分类	河流	2007 年	2008 年	2009 年	2010 年	2011 年	2012 年	2013 年	2014 年	2015 年
入湖河道	船房河	劣V	劣V	劣V	劣V	劣V	劣V	劣V	V	IV
	老宝象河	劣V	劣V	劣V	IV	劣V	IV	IV	IV	IV
	茨巷河	劣V	劣V	劣V	劣V	IV	V	V	V	V
	五甲宝象河	劣V	劣V	劣V	劣V	劣V	劣V	断流	断流	断流
	新宝象河	劣V	劣V	劣V	劣V	IV	IV	V	IV	III
	盘龙江	劣V	劣V	劣V	IV	IV	劣V	III	III	III
	老运粮河	劣V	劣V	劣V	劣V	劣V	劣V	劣V	V	IV
	金家河	劣V	劣V	劣V	劣V	劣V	劣V	劣V	劣V	劣V
	虾坝河	劣V	劣V	劣V	劣V	劣V	劣V	劣V	劣V	IV
	姚安河	劣V	V	劣V	劣V	劣V	劣V	劣V	劣V	劣V
	小清河	劣V	劣V	劣V	劣V	劣V	劣V	劣V	劣V	断流
	大河	V	IV	IV	V	IV	IV	IV	IV	IV
	新运粮河	劣V	劣V	劣V	劣V	劣V	劣V	劣V	劣V	V
	牧羊河	II	II	II	II	I	II	II	II	II
	马料河	劣V	劣V	劣V	V	IV	V	IV	IV	V
	白鱼河	—	劣V	劣V	劣V	V	IV	IV	IV	V
	大观河	劣V	劣V	劣V	劣V	V	劣V	V	V	IV
	柴河	劣V	IV	IV	IV	IV	IV	IV	IV	IV
	东大河	III	IV	IV	IV	IV	IV	IV	IV	IV
	海河	劣V	劣V	劣V	劣V	劣V	劣V	劣V	劣V	劣V
	洛龙河	IV	II	II	II	III	IV	II	II	II
	西坝河	劣V	劣V	劣V	劣V	劣V	劣V	V	V	IV
	中河	劣V	劣V	劣V	劣V	V	V	V	V	IV
	大清河	劣V	劣V	劣V	劣V	劣V	劣V	劣V	劣V	IV
	王家堆渠	劣V	劣V	劣V	劣V	劣V	—	—	—	—
	冷水河	II	II	II	II	I	II	II	II	II
	乌龙河	劣V	劣V	劣V	劣V	劣V	劣V	劣V	劣V	V
	南冲河	IV	V	劣V	劣V	V	V	IV	IV	IV
	六甲宝象河	劣V	劣V	劣V	劣V	劣V	劣V	断流	断流	断流
	古城河	劣V	劣V	劣V	劣V	V	V	IV	IV	IV
	捞鱼河	IV	III	III	III	劣V	劣V	劣V	V	IV
	采莲河	劣V	劣V	劣V	劣V	劣V	劣V	劣V	劣V	劣V
	老盘龙江	—	劣V	劣V	劣V	劣V	劣V	断流	断流	IV
	金汁河	—	劣V	劣V	劣V	劣V	劣V	断流	V	IV
	枧槽河	—	劣V	劣V	劣V	劣V	劣V	劣V	劣V	劣V

续表

分类	河流	2007 年	2008 年	2009 年	2010 年	2011 年	2012 年	2013 年	2014 年	2015 年
出湖河道	西园隧道	劣 V	劣 V	劣 V	劣 V	V	V	劣 V	劣 V	劣 V
	螳螂川	V	IV	IV	IV	劣 V	劣 V	劣 V	劣 V	劣 V
	普渡河	劣 V	劣 V	劣 V	劣 V	劣 V	IV	IV	III	III

注:资料来源于《昆明市环境状况公报》(2007～2015 年)。

1.6　水资源开发利用

据《滇池水利志》等记载,昆明因有滇池而"福",也因有滇池而"灾",形成"利也滇池、弊也滇池"的关系,古今皆然。长期以来,滇池流域"以农为本、水利当先",把兴水利、除水害作为发展生产的首要条件。汉代张渤倡导疏浚盘龙江,以防洪患。西汉末,益州太守文齐,注重农田水利,在滇池东南面的丘陵地区倡导"造起陂池,开通灌溉,垦田二千余顷",这是历史记载滇池流域最早的水利工程建设。唐宋时期已有人工开挖的金汁河。元代建成土木结构的谷昌坝(滚水坝),分盘龙江水入金汁河,是当时昆明较大的引水工程。元明时期在滇池下游疏挖海口河,降低河床,人为使滇池水位下降,沿湖垦田"万顷"。上治"六河",下疏海口河,直到清朝,都将治理滇池作为重点工作之一。清朝雍正时期云贵总督鄂尔泰曾有过中肯的评说,"窃以云南省会,向称山富水饶,而耕于山者不富,滨于水者不饶,则以水利之未进或进之而未尽其致。斯不能受山水之利,而徒增其害也。故筹水利,莫急于滇,而筹滇之水利,莫急于滇池之海口。其上流为昆明、呈贡、晋宁、昆阳四州县,下流为安宁、富民二州县。一水所经,为六州县所系。疏通则均受其利,壅塞则均受其害,故滇最急"。古人已知城市发展与滇池流域的水利息息相关,明晰滇池对昆明城市发展的意义重大。民国初,海口河上的石龙坝发电厂建成,是我国第一座水力发电站。中华人民共和国成立之后,逐步进行全面规划,采取上下游协调、城乡兼顾、统筹安排,分期分批次搞开发、治理工程建设,较为合理地开发利用滇池地区的水资源。

1.6.1　现状水利工程

截至 2014 年底,滇池流域内已建成松华坝大型水库,宝象河、果林、横冲、松茂、大河、柴河、双龙等 7 座中型水库,以及 29 座小(一)型水库,130 座小(二)型水库,445 座塘坝,蓄水总库容 4.37 亿 m³,兴利库容 2.73 亿 m³。小型河道引水工程 110 件,在滇池及主要支流上建有提水泵站 239 处。地下抽水井工程 134 件,外流域引调水工程 3 件,主要参数统计见表 1.4。

表 1.4　滇池流域供水设施工程特性（2014 年）

工程类别	件数/件	总库容/万 m³	兴利库容/万 m³	死库容/万 m³	供水量				
					工业供水/万 m³	农业供水/万 m³	城镇供水/万 m³	农村人畜供水/万 m³	合计/万 m³
蓄水工程	612	43713	27296	1384	7252	7250	9964	208	24674
引水工程	120	—	—	—	136	1248	726	235	2345
提水工程	239	—	—	—	3289	13233	0	0	16522
地下水工程	134	—	—	—	4122	0	3755	558	8435
引调水工程	3	—	—	—	10950	0	14502	0	25452
污水处理回用工程	418	—	—	—	0	0	3422	0	3422
合计	1526	43713	32058	1384	25749	21731	32369	1001	80850

现状年流域内的各类水利工程总供水量为 8.09 亿 m³，其中蓄水、引水、提水、水井（含机械井）、外流域引调水工程以及污水处理回用工程供水量分别为 2.47 亿 m³、0.23 亿 m³、1.65 亿 m³、0.84 亿 m³、2.55 亿 m³ 和 0.34 亿 m³，分别占总供水量的 30.5%、2.9%、20.4%、10.4%、31.5% 和 4.3%。

滇池流域现状的用水以城乡生活用水最大，其次是工业生产，农业用水只占全社会用水总量的 28% 左右，与云南省其他流域/区域的用水结构存在显著差异，这是高度城市化流域的用水特性。现状人均用水量为 211m³，万元工业增加值用水量为 53m³。目前，掌鸠河、清水海等外流域引水供水工程的运用，导致滇池流域实际用水量超过本区水资源量，水资源开发利用程度已超过 40% 的合理上限，更是高于云南省现状的开发程度。

1.6.2　主要水利工程及供水量

1. 松华坝水库

松华坝位于昆明市主城区北部的盘龙江中游，始建于元朝的滚水坝引水枢纽，已被现在的松华坝水库所淹没。于 1958 年将其建设成为一座以城市供水和防洪为主，并兼顾农业灌溉和城市水环境综合利用的中型水库。1988 年开始扩建成大型水库，于 1992 年建设完工。此后，水库主要功能变为城市生活供水，灌区被城市发展不断侵占，灌区面积逐渐萎缩，直到 2003 年后停止农业供水，坝后电站由于装机容量小，出力不稳定，也渐渐淡出昆明供电系统。从此，松华坝水库成为昆明市城区重要的饮用水水源，也是昆明市水利事业发展的标志性工程，且由于水库位于昆明城市上游，其防洪和兴利运行对城市的防洪和供水安全至关重要，因此被誉为"昆明头上的一盆水"。

松华坝水库集水面积 593km²，占盘龙江流域的 78%。水库主坝高 62m，坝顶高程 1976m，水库调洪库容 1.18 亿 m³，兴利库容 1.01 亿 m³，总库容 2.19 亿 m³，属于大（二）型水库，也是滇池流域内最大的供水水库。2006 年，昆明市制定颁布了《昆明市松华坝水库保护条例》。

2. 掌鸠河引水供水工程

1993 年 4 月，云南省人民政府召开了治理滇池的现场办公会议，决定开展外流域引水济昆的前期工作。云南省水利水电勘测设计研究院承担水源选点调查规划工作，通过对昆明市区周边 200km 范围内的 14 组水源方案的来水量、水源水质、引水的能耗、工程投资等因素进行综合比选后，推荐了以自流引水的掌鸠河云龙水库为首选的引水水源方案。1994 年 5 月，《云南省昆明市外流域引水济昆水源选点规划报告》通过省级专家评审，建议尽快实施。由此拉开了外流域引水补充昆明城市生活、工农业生产供需缺口的水资源调配方式的序幕。

掌鸠河引水供水工程由云龙水库水源工程、输水工程和净水工程组成。是在金沙江水系二级支流掌鸠河上游新建云龙大（二）型水库作为水源调蓄工程，通过全长 97.7km 输水管道（设计流量 10m³/s）自流引水至昆明市第七自来水厂净化处理后供给昆明城市生活用水。该工程已于 2007 年 3 月建成投入运行，年可调毛水量 2.20 亿 m³，年最大输水能力可达 3.15 亿 m³。

3. 清水海水资源及环境管理工程

随着现代新昆明建设，城市化、工业化进程加快，掌鸠河引水供水工程仍不能满足昆明城市发展的生活、生产用水需求，继续实施新的外流域引水工程已势在必行。根据《云南省昆明市外流域引水济昆水源选点规划报告》和 2003 年 5 月云南省水利厅组织编制的《云南省昆明市滇池流域近期外流域补水方案》分析比较，按照"由近到远、由易到难、优水先用"的原则，通过对补水水源的水量、水质、投资、运行成本及水资源开发利用进行比选，清水海引水方案是继掌鸠河引水供水工程后指标最优的水源方案。

清水海引水工程水源区主要位于金沙江一级支流小江和洗马河流域，以天然湖泊清水海为中心、汇集邻近支流来水进行调蓄的清水海水源工程组，设计供水能力 1.04 亿 m³。工程先在新田河、板桥河兴建日调节水库，在石桥河兴建无调节引水枢纽，恢复塌鼻子龙潭引水渠后将这些水源点的水量引入清水海，加上本区径流一起进行多年调节，在留足寻甸县当地用水的前提下，通过麦冲隧洞向昆明城市均匀引水 9487 万 m³，并修建金钟山调蓄水工程作为引水系统的末端事故备用水库。该工程已于 2012 年 4 月建成通水。

4. 牛栏江-滇池补水工程

牛栏江-滇池补水工程是一项水资源综合利用工程,2030水平年之前的任务是向滇池进行生态补水,配合其他的滇池水污染防治和水生态修复措施改善滇池水环境和水资源条件,以达到规划水质目标,并作为昆明市城市供水应急备用水源;2030水平年之后的任务主要是向曲靖坝区的工、农业生产供水,并与在建的滇中引水工程一起向滇池补充生态修复和水环境改善的用水量,同时仍作为昆明市城市供水应急备用水源。

工程由德泽水库水源枢纽工程、德泽干河提水泵站工程、干河提水泵站至昆明(盘龙江)的输水线路组成。德泽水库水源枢纽工程的大坝为混凝土面板堆石坝,最大坝高142.4m,水库总库容为44788万 m^3,正常蓄水位1790m,死水位1752m,死库容18902万 m^3,兴利库容21236万 m^3,调洪库容3191万 m^3。德泽干河泵站采取一级提水,安装4台机组,水泵单机功率22.5MW,总装机90MW,设计流量23 m^3/s,最大提水扬程233.3m。输水线路布置在牛栏江左岸,自德泽干河泵站出水池到昆明盘龙江左岸瀑布公园的输水线路总长度为115.9km,其中隧洞长104.5km,渠道长8.8km,倒虹吸及渡槽等长2.6km。

工程多年平均引水量为5.72亿 m^3,其中枯季水量为2.47亿 m^3,汛期水量为3.25亿 m^3,向滇池生态补水的供水保证率为70%,水量汛枯比为56.8%:43.2%。该工程已于2013年12月底建成正式通水,为滇池休养生息提供大量优质水源。

1.6.3　城市自来水供水体系

滇池周围的城乡居民生活用水,有史以来就以滇池、入滇河道及盆地内掘井作为水源。20世纪初,昆明城区已有6万多人,居民的生活用水多以井水为主、河水为辅,除私家院落有水井外,市面上还出现了以担水贩卖为生的"清泉业"。直到1917年,昆明建成五华山自来水厂,成为昆明第一个自来水厂,以翠湖九龙池为水源,日供水1000 m^3 左右,但由于水价昂贵,实际用户仅有200余户,多为机关、学校、公共场所及官绅富豪人家安装。抗日战争爆发后,许多大专院校、工厂及沦陷区居民等相继迁徙到昆明,昆明人口由原来的十余万猛增至三十多万。自来水日趋供不应求,加之电力不足,迫使九龙池泵房两台抽水机轮流工作,限时供水。中华人民共和国成立之后,昆明市的自来水事业才有了长足进步。20世纪60年代,由于滇池上游的工业废水、城市生活污水排到入滇河流,滇池草海开始遭受水污染,而且日益严重,沿湖特别是大观河及其下游草海的水体,已不能饮用,生活用水逐渐改为抽取地下水、引用龙潭水和自来水为主。昆明先后建有市第一、二、四自来水厂,以松华坝水库为取水水源。随着社会经济发展,城市扩大,人口增加,70年代之后,松华坝水库已难以保证昆明城市的生活用水。1974年建成的昆明市第三自来水厂,以滇池为水源,向西山区马街等片区提供生活和工业用水,日供水量 1 万 m³。1987 年于罗家营新建昆明市第五自来水厂,仍以滇池作为水源,日供水能力 20 万 m³(昆明市水利局,1993)。到 1990 年,昆明市已拥有 5 座自来水厂,年供水量约 1 亿 m³。但昆明仍一直处于缺水状态,城市规模不断扩大、人口急剧增加,水资源日趋紧缺,每当用水高峰时段,城区有一半地方水压不足,局部地区间歇供水。1993 年 10 月,由于滇池水质严重恶化,昆明市第三自来水厂被迫停产。1996 年,应急供水的"2258"工程开始实施,即用 2 年时间,投资 2 亿元,每年从昆明郊区调水 5000 万 m³,解决城区东部、南部和西部 80 万人的饮水问题。1997 年 10 月东线工程率先完工,1998 年 4 月和 6 月南线、西线工程也分别完工,通过挤占宝象河、沙朗河、柴河、大河等水源的农业灌溉用水,缓解昆明城市短期的供水压力。但是,滇池流域内工农业经济发展与城市生活用水的矛盾日益突出,昆明市供水量远不能满足城市发展、人口激增带来的用水需求。2001 年开工建设掌鸠河云龙水库引水工程,2007 年工程建成通水,以云龙水库作为依托,意味着昆明城市供水自此进入云龙水库时代,昆明市彻底告别了取用滇池水的历史(施伟等,2015)。2012 年 4 月清水海引水工程建成,昆明市又增加一个重要的水源点,每天可向昆明供水 20 万 m³。由此,昆明城市形成以松华坝水库、云龙水库和清水海水库等 3 座大型水库为主,其他中小型水库为辅的联合供水体系。

截至 2014 年底,昆明主城区现有自来水厂 14 座,整个滇池流域自来水厂的日供水能力 192.7 万 m³。目前昆明主城区的供水水源以掌鸠河云龙水库引水工程、松华坝大型水库和宝象河、柴河、大河水库等当地中型水库为主。滇池流域内的自来水供水水源和水厂分布等情况见表 1.5。

1.6.4 水资源开发利用存在的问题

1. 水资源供需矛盾突出

滇池流域地处长江、珠江、红河三大水系的分水岭地带,属金沙江支流普渡河的源头区,区内地势较高,无其他水量补给水资源的短缺,且流域多年平均降水量 925.7mm,较云南省平均降水量偏少 23%;多年平均水面蒸发量 1467mm,较云南省平均蒸发量多 43%。降水量少和蒸发量大的两个极端导致径流深只有云南省平均值的 33%,流域内单位耕地上的水资源量只有 600m³,仅为全国平均水平的 1/3。然而,滇池流域又是云南省政治、经济、文化中心,是人口最密集、人类活动最频繁、经济最发达的地区。流域内人均占有水资源量不足 200m³,仅相当于全国平均水平的 1/10,云南省的 1/25。掌鸠河云龙水库引水供水工程、清水海引水工程和牛栏江-滇池补水工程等一批外流域引水工程的建成通水,使滇池流域的水资

表 1.5　滇池流域自来水厂统计

运行管理机构	水厂名称	地址	水源	设计供水能力/(万 m³/d)
通用水务	一水厂	小菜园思源路	松华坝水库、云龙水库	15.0
	二水厂	穿金路菠萝村	松华坝水库、云龙水库	15.0
	四水厂	兰龙潭金凤桥	松华坝水库、云龙水库	5.5
	五水厂	春城路中段	松华坝水库、云龙水库、大河水库、柴河水库	30.0
	罗家营水厂	呈贡罗家营	大河水库、柴河水库	6.0
	六水厂	教场北路	松华坝水库、云龙水库	10.0
	七水厂	北郊凤岭山	松华坝水库、云龙水库	60.0
	宝象河水厂	官渡大板桥	宝象河水库、青龙洞	8.0
	海源寺水厂	海源寺	海源寺(泉水)	3.0
	自卫村水厂	自卫村	自卫村水库、三多水库、红坡水库	4.0
清源公司	马金铺水厂	马金铺高新产业基地	大河水库、柴河水库	4.0
	雪梨山水厂	呈黄公路	黑龙潭(泉水)	2.0
	八水厂	大板桥园艺农场	清水海	25.0
	灵元水厂	小哨	清水海	2.0
晋宁水务局	昆阳水厂	环西路小团山	洛武河水库、双龙水库	1.3
	晋城水厂	晋城镇上菜园	柴河水库、大河水库、益州水库	1.0
	石将军水厂	上蒜镇洗澡塘村	柴河水库、大冲箐水库	0.5
	宝峰水厂	昆阳镇宝峰挖矿坡村	合作水库、团结水库	0.4
合计				192.7

源可利用水量增加到 14.44 亿 m³,但人均水资源量也仅为 393m³,仍小于人均 500m³ 的水危机红线。显然,滇池流域作为全国最严重的缺水地区之一,区域内供需矛盾突出的局面在今后一段时期内仍将持续下去。

2. 水环境治理任重道远

1980 年,滇池流域人均水资源量仅为 400m³,但由于滇池水质还能达到地表水Ⅲ类标准以上,因此当时水质性缺水问题还未受到社会关注。1990 年后,流域内的人均水资源量下降到 300m³ 左右,水资源性短缺带来的相关负面影响日益突出,滇池水环境急剧恶化,草海水质一直处于劣Ⅴ类,外海水质也迅速从Ⅲ类降到劣Ⅴ类。2010 年后,滇池流域人均水资源量进一步下降至 150m³ 以下,水环境恶化导致滇池流域面临严重的水质性缺水问题。

滇池一直是国家"三湖"治理的重点之一,十多年来,当地政府对滇池的整治力度全面提升,将滇池治理列为最大的环境工程和民生工程,作为现代新昆明建设的头等大事。随着一系列水源地保护、外流域引水济昆、底泥疏浚、河道治理、环湖截污及环湖生态工程等滇池治理"六大工程"的逐步完成,进一步削减了内源污染,摆脱了外源污染的困扰,缩短了滇池水交换的周期,为持续控制流域污染源和湖泊生态修复提供了必要的基础条件。

湖泊生态系统一旦遭到破坏,要恢复其原貌或向良性转变,需要多方面的共同努力和长期治理。目前,滇池水质恶化的趋势才开始得到有效遏制,但形势依然十分严峻,要实现河湖水体水质和生态环境的修复改善,仍任重而道远。

3. 水资源调控管理水平有待提高

随着掌鸠河云龙水库引水供水、清水海引水、牛栏江-滇池补水及在建的"滇中引水"等一批外流域引水工程的逐渐建成通水,滇池流域已形成多水源联合供水的格局。同时,为防止滇池入湖的点源污染负荷增加,滇池流域的工业已经向安宁-富民工业走廊转移,区域内的三次产业及工业门类布局均发生根本性变化。滇池已从以往保障生产生活用水的水源,转变为兼有生态修复补水的用水对象,功能任务发生根本性的转变。亟待建立健全区域内河-湖-库水资源系统多水源分质供水的水资源高效配置与统一调度方案及运行机制。过去单独依靠行政措施推动节水的做法已不适应形势的要求,最终必须建立节水型社会,加大节水减排的投入,加强用水管理,开源与节流并重。

在国家实行最严格水资源管理制度的背景下,滇池流域水资源"三条红线"管理的基础更显薄弱,管理体制难以适应新形势的要求,做好水资源管理比以往任何时候都显得艰难。要综合利用工程技术、经济、法律和行政手段,有效地协调流域水资源调控和管理的各种矛盾,以适应全流域乃至整个滇中地区经济社会发展和生态环境保护的需要。

第 2 章　滇池地区社会经济用水需求态势

2.1　区位优势及主体功能区划

云南省地处中国内陆地区和东南亚、南亚的结合部,与越南、老挝、缅甸三国接壤,拥有面向"三亚"、肩挑"两洋"的独特区位优势。近年来,云南省正全力推动路网、航空网、能源保障网、水网和互联网的建设,建成互联互通、功能完备、高效安全、保障有力的现代基础设施网络体系,破解跨越式发展的瓶颈;加快构建"八出省、五出境"铁路骨架网、"七出省、五出境"高速公路主骨架网、广覆盖的航空网和"两出省、三出境"水运通道等辐射南亚和东南亚的综合交通运输体系,构建云南省互联互通的交通运输网支撑体系。

以昆明市为中心,位于滇中地区的滇中城市经济圈是中国"两横三纵"城市化格局的重要组成部分,是新时代西部大开发的重点地带,是中国面向南亚东南亚开放的辐射中心,是中国依托长江经济带建设中国经济新支撑带的重要增长极。云南滇中地区在国家对外开放格局中的地位更加突出、历史使命更加紧迫。按照国家主体功能区划定位,调整滇中城市经济圈的空间开发结构,优化区域经济布局,加快实现滇中城市经济圈的协调发展,将更有力地推进中国面向南亚东南亚辐射中心的建设,实现内外区域合作共赢发展,提升云南在我国改革开放格局中的地位。

根据《云南省主体功能区规划》的布局,云南省国家层面重点开发区域位于滇中地区,分布在昆明、玉溪、曲靖、楚雄等 4 个州(市)的 27 个县(市、区),行政区域面积 4.91 万 km^2,占云南省土地面积的 12.8%。该区域的功能定位为:中国面向南亚东南亚的辐射中心,连接南亚和东南亚国家的陆路交通枢纽,面向东南亚、南亚对外开放的重要门户;中国重要的烟草、旅游、文化、能源和商贸物流基地,以化工、有色冶炼加工、生物为重点的区域性资源深加工基地,承接产业转移基地和外向型特色优势产业基地;中国城市化发展格局中特色鲜明的高原生态宜居城市群;云南省跨越发展的引擎,中国西南地区重要的经济增长极。

2.2　滇中城市经济圈一体化发展

在《云南省主体功能区规划》提出的经济社会发展总体布局中,滇中城市经济

圈为"六大城市群"之首,是中国通向南亚东南亚辐射中心的枢纽。2014 年 9 月 23
日,云南省人民政府下发了《云南省人民政府关于印发滇中城市经济圈一体化发
展总体规划(2014—2020 年)的通知》。明确了滇中城市经济圈的空间发展格局
为:以推动滇中产业聚集区建设为核心,推进形成"一区、两带、四城、多点"的区域
发展格局,加快滇中城市经济圈一体化发展,是拓宽区域发展空间、强化区域合
作、增强区域竞争力的有效手段,是实现云南省科学发展、和谐发展、跨越发展的
重要支撑。

(1)一区。即滇中新区。滇中新区位于昆明市主城区的东西两侧,是滇中产
业聚集区的核心区域,范围包括安宁市、嵩明县和官渡区部分区域。要把滇中新
区建设成为中国面向南亚东南亚辐射中心的重要经济增长点、西部地区新型城镇
化综合试验区、全省新兴产业聚集区和高新技术产业创新策源地。

(2)两带。①昆明—玉溪拓展至红河州北部旅游文化产业经济带,以昆明主
城区和玉溪红塔区为旅游发展核心,以嵩明—通海—建水—蒙自、安宁—石林—
弥勒—蒙自的骨干交通沿线为轴线延伸,以哀牢山—红河谷和东川红土地—禄劝
罗鹜谷两条文化风情休闲度假旅游线为拓展,统一区域旅游形象、旅游营销、旅游
市场和旅游管理,构建旅游文化产业经济带;②昆明—曲靖绿色经济示范带,沿杭
瑞高速公路的昆明—嵩明—寻甸—曲靖—宣威段和南昆铁路的昆明—宜良—石
林—陆良—罗平段为轴线,规划构建昆曲绿色经济示范带。

(3)四城。即昆明、曲靖、玉溪、楚雄。以昆明为引领滇中城市经济圈跨越发
展的龙头,以曲靖为支撑滇中城市经济圈跨越发展的东部增长极,以玉溪为支撑
滇中城市经济圈跨越发展的南部增长极,以楚雄为支撑滇中城市经济圈跨越发展
的西部增长极,推进四个中心城市同城化建设,形成功能合理分配、资源有效配
置、产业相互协调、资金互为融通、技术相互渗透、人才互为流动的滇中城市群的
"大核心",带动辐射滇中城市经济圈的跨越发展。

(4)多点。充分利用滇中城市经济圈所涉及 49 个县(市、区)的地域特色和资
源优势,以县域经济跨越发展为目标,多点发展,因地制宜,全力推进特色县域经
济跨越发展,形成多点并进、功能互补、全面协调发展的新局面。

2.3　城市发展及产业布局调整

2.3.1　宏观经济背景

1. 省域经济外向型发展

2011 年 5 月,国务院出台了支持云南省加快建设面向西南开放的意见,进一
步完善国家对外开放的格局。2012 年 10 月,国家有关部门先后提出了具体的实

施指导意见：①强化交通、水利、通信等基础设施建设，提高支撑保障能力；②依托昆明等重点城市和沿边开放经济带、对外经济走廊等内外通道，优化区域发展布局；③立足资源和区位优势，做大做强特色农业，改造升级传统工业，积极培育新兴产业，加快发展物流、会展等现代服务业；推动旅游业的跨越式发展，建设外向型特色产业基地；④大力发展社会事业，切实保障和改善民生；⑤加快脱贫致富步伐，建设稳定繁荣边疆；⑥加大政策支持力度，创新机制体制。

2. 区域经济一体化发展

云南省提出的滇中城市经济圈一体化发展构想，以推动滇中产业集聚区建设为核心，构建以滇中产业经济区、昆明市、曲靖市、玉溪市、楚雄州和红河州北部 7 个县(市)为发展空间的滇中城市经济圈，形成"一区、两带、四城、多点"的区域发展格局，拓宽区域发展空间，强化区域合作，增强竞争力。

3. 流域产业集聚发展

根据《云南桥头堡滇中产业聚集区发展规划(2014—2020 年)》，滇中新区位于云南省昆明城市的东西两侧，是滇中城市经济圈重要的产业承载区域，是云南加快建设中国面向南亚东南亚开放的辐射中心。按照"两片、两轴、八组团"的总体空间布局，以外向型特色优势产业发展为重点，与昆明等中心城市互动发展，共同打造滇中城市经济圈，引领和带动云南省外向型特色优势产业基地的建设。

近期发展目标：以现代生物产业、新能源为主的汽车与高端装备制造、新材料、光电子和新一代信息技术、节能环保、家电轻纺、高原特色农业与绿色食品、现代服务业等为主的中高端外向型产业体系基本形成，科技创新引领能力、产业竞争力和发展实力明显增强，产城高度融合、生态环境优美的宜居区和推动南亚东南亚辐射中心建设的新引擎基本形成。

产业、资源、生产要素向园区集中，以工业经济发展带动城市化，构筑以工业园区为主要载体，以块状、片状形式发展，特色突出、布局合理、差别竞争、错位发展的"三圈两轴多板块"工业布局体系，实现工业布局与城市建设良性互动、与昆明特有的山林、水系等自然生态要素，交通走廊、水源保护等人工生态要素有机融合。

2.3.2　滇中一体化产业布局

1. 总体布局

充分利用区域特色资源禀赋和独特地理优势，加快滇中新区建设，积极引导优势生产要素向优势区域和各类园区聚集，优化产业布局，以高端产品和低碳发展为突破口,加快发展特色优势产业和新兴产业,培育优势产业集群,推动产业聚集和融合发展,构建分工协作、优势互补、差异竞争、合作共赢的滇中城市经济圈产业发展新格局,提升滇中城市经济圈产业整体竞争力和辐射带动力,夯实云南省跨越发展的坚实基础。

依托滇中城市经济圈"一区、两带、四城、多点"的空间发展格局,形成"一核、双廊"的产业布局。一核:昆明主城区(五华区、盘龙区、官渡区、西山区、呈贡区),发展新兴产业、现代服务业,打造总部经济、研发中心,成为引领全省工业新型化、服务业现代化的龙头。滇中新区,包括安宁市、嵩明县和官渡区部分区域。区位条件优越、科教创新实力较强、产业发展优势明显、区域综合承载能力较强,对外开放合作基础良好。将产业园区建设作为重要平台,加快培育新兴产业和现代服务业,大力发展航空枢纽服务、临空物流及保税、跨境电子商贸及离岸金融、临空国际商贸、高端装备制造、电子信息、高原特色农业、康体休闲和创意文化等中高端产业。依托滇中新区建设和发展的机遇,重点发展以休闲旅游、农业庄园、农业工业园为主的都市农业。双廊:①东西产业走廊。自东向西,以着力打造昆曲绿色经济示范带为突破口,以连接曲靖—昆明—楚雄的高速公路和铁路等交通线为依托,重点发展高原特色农业、能源、有色和黑色金属精深加工、汽车和机械制造、石化、生物制药、现代物流业、科技创新为主的东西产业走廊。②南北产业走廊。自南向北,以着力打造昆明—玉溪拓展至红河州北部旅游文化产业经济带为突破口,以昆明—玉溪—蒙自、昆明—石林—弥勒—蒙自、昆明—水富高速公路和玉溪—蒙自铁路、规划建设的渝昆铁路等交通线为依托,重点发展以旅游休闲、文化创意、信息技术、卷烟、轻工、有色金属、磷化工、现代农业、生物医药、物流、生态环保、总部经济等为主的产业走廊,形成红河州北部—玉溪—昆明—会泽的旅游文化、绿色生态和现代服务经济带,成为滇中城市经济圈向川渝腹地、长江三角洲地区发展和向南亚、东南亚辐射的重要轴线。

2. 特色产业

发展增量、优化存量,大力发展重点产业领域,打造特色优势产业群。着力围绕做优做强烟草产业,提升云烟品牌,将红云红河集团、红塔集团进一步打造成为中国国际领先的卷烟企业;高起点适度发展重化工业,以园区化、规模化、集约化为导向,依托炼油和炼化一体化项目,大力发展石化中下游产品深加工,着重发展精细磷化工,稳步发展新型煤化工。

积极培育新兴产业,依托石油炼化基地、城市轨道交通、机场建设、西电东送和云电外送等重大工程和新兴产业发展的需求,重点培育现代生物产业、电子信息产业、高端装备制造业、节能环保产业、新材料产业、新能源产业等六大新兴产业。

提升发展旅游文化产业;加快发展现代服务业,建立以昆明为中心、其他区域中心城市为依托的滇中物流核心圈,建设昆明面向东南亚、南亚的区域性金融中心。以昆曲绿色经济示范带为重点,全力推进滇中城市经济圈高原特色农业发展,将滇中建设成为云南外销精细蔬菜生产基地、温带鲜花生产基地和高效林业基地。按照《云南省高原特色现代农业产业发展规划(2016—2020 年)》的发展布局,滇中地区将围绕昆明、玉溪、曲靖等大中城市群和滇中新区,发展以农业庄园、农业工业园为主的都市农业,发展庄园农业和菜篮子经济。

2.4　水资源需求态势

2.4.1　研究范围及计算分区

滇池流域作为滇中城市经济圈和滇中经济区的核心区域,涉及昆明市五华区、盘龙区、官渡区、西山区、呈贡区、晋宁区和嵩明县。根据《昆明城市总体规划(2011—2020 年)》,西山区海口镇属于昆明市"核心-网络"城市发展协调分工和网络化格局中的二级城市,对构筑滇中城市群将起到积极作用,是昆明市近中期重点建设的区域,承担区域城市经济发展的重要配套职能。因此,将西山区海口镇也一并纳入水资源系统研究范围,确定主要的研究范围为规划拟建的海口—草铺引水工程取水口以上区域,包括滇池流域(面积 2920km²)和海口闸至海口—草铺引水工程取水口之间的区域(面积 118km²)。

此外,滇池流域城市污水处理厂外排尾水和滇池生态修复补水后通过海口河下泄的稳定水量是解决滇中新区安宁片区(西片区)工业缺水的最佳水源,在研究滇池流域的水资源配置问题时,必须考虑水资源配置方案对以城市污水处理厂尾水和滇池生态修复后海口河下泄水量为供水水源的安宁—富民工业走廊的影响。因此,也将普渡河中游段的安宁—富民工业走廊纳入研究范围,面积 2195km²。

综上所述,本书水资源需求分析的研究范围确定为滇池流域及其下游普渡河中段区域,具体包括:①海口—草铺引水工程取水口以上的区域,含滇池流域和海口闸—海口—草铺引水工程取水口之间的区域(面积 3038km²);②普渡河流域安宁—富民工业走廊(面积 2195km²)。由于到 2030 水平年,水资源配置研究成果应与滇中引水工程的相关阶段设计成果相协调,并遵照《云南省水资源区划(2004年)》对水资源分区划定的基本原则和研究范围水资源分区成果(附图 2)的一致性,进一步细分为昆明主城、五华西翥、盘龙松华、官渡小哨、西山海口、呈贡龙城、晋宁昆阳、安然连然和富民永定等 9 个计算单元。

2.4.2　社会经济主要发展指标预测

1. 预测方法

人口预测采用趋势法和人口增长率法对总人口进行预测,以增长率法为基础,综合借鉴区域内人口发展研究的相关成果资料,考虑到不同规模人均需水量以及城镇需水量指标合理性的控制,辅之以专家咨询法对成果进行必要的修正。例如,昆明主城片区增长率采用近几年统计的人口增长率,并注意到产业向安宁—富民的工业园区转移、物流市场向外搬迁引起的人口机械迁移;盘龙松华属于松华坝水源保护区,已严格限制人口的机械增长,以自然增长为主;呈贡龙城为昆明新城区,随着配套设施的完善和城市功能在各片区的调整,人口增长以机械增长为主;官渡小哨、安宁连然位于滇中产业集聚区,五华西翥、西山海口、晋宁昆阳、富民永定为昆明市“一县一园区”的工业集聚区,这些片区都应考虑工业产业集聚所引起的人口机械增长。

根据现状年研究区的国民经济发展指标,参考云南省、昆明市及相关县(市、区)的工业园区发展规划成果,预测分析未来的国民经济和工业发展规划指标。工业增加值采用增长率法进行预测,结合国家最严格水资源管理制度中用水效率红线控制指标计算的具体要求,在进行成果合理性分析时,工业增加值还需要折算到 2000 年不变价。

在分析昆明市及有关各县(市、区)水资源条件、农田灌溉规划的基础上,并与《云南省水利发展“十二五”规划》、《云南省水利发展规划(2016—2020 年)》、《云南省水中长期供求规划》等成果相协调,从需求和供给两个方面综合分析,并加入工程的概念,分析确定各个计算单元的灌溉面积。随着滇池环湖人工湿地的进一步建设,会有一部分耕地被“退田还湖”,且昆明市城市发展和流域内工业园区的建设都会使灌溉面积有一定幅度的减少,而人工湿地及其生态水塘等面积逐渐增大。

2. 主要发展指标预测结果

经分析,预测研究区在 2012～2030 水平年的人口年增长率为 13.40‰,略高于现状的人口年增长率。这是因为规划区是未来云南省和昆明市发展的核心区域,尤其是滇中城市经济圈一体化发展,经济发展将进一步领先于全省,人口聚集效应会更明显,今后一段时期内人口增长的主要原因仍然为人口机械增长。

研究区的现状年总人口为 436 万,2020 水平年总人口为 517 万,2030 水平年总人口为 571 万。现状年研究区的城镇人口为 379 万,城镇化率 86.9%;到 2020 水平年城镇人口为 478 万,2030 水平年城镇人口为 537 万,研究区 2020 水平年、

2030 水平年的城镇化率分别达到 92.4%、94.1%。根据各计算单元现状年工业增加值的经济规模,现状年研究区的工业增加值为 847 亿元(2012 年价,下同),分析预测 2020 水平年工业增加值为 2008 亿元,2030 水平年工业增加值为 3858 亿元。对 2000～2012 年该区域的 GDP 平减指数进行统计分析,换算为 2000 年不变价,2020 水平年、2030 水平年的工业增加值分别为 1226 亿元和 2355 亿元。

结合区域农业发展和高原特色农业、滇池"四退三还"等的继续推进,滇池流域现状年的有效灌溉面积为 30.6 万亩,2020 水平年减少至 29.0 万亩,2030 水平年为 27.7 万亩;林果地灌溉面积现状年为 3.5 万亩,2020 水平年增加为 5.0 万亩,2030 水平年达到 7.0 万亩;鱼塘补水面积 2012 年为 0.4 万亩,2020 水平年增加为 1.2 万亩,2030 水平年达到 1.7 万亩。普渡河流域中段现状年的有效灌溉面积为 18.9 万亩,未来将呈增长趋势,2020 水平年增加至 22.9 万亩,2030 水平年增加至 27.6 万亩;林果地的灌溉面积现状年为 1.1 万亩,2020 水平年、2030 水平年分别为 1.65 万亩和 2.4 万亩;鱼塘补水面积 2012 年为 0.1 万亩,2020 水平年、2030 水平年的鱼塘补水面积分别为 0.45 万亩和 0.8 万亩。现状年,滇池流域内共有大小牲畜 39.73 万头,其中大牲畜 4.89 万头,小牲畜 34.84 万头,主要集中在五华西翥、晋宁昆阳 2 个片区。到 2020 水平年和 2030 水平年,流域内的牲畜数量将分别发展到 41.65 万头和 43.66 万头,年均增长率仅为 0.5%～0.8%,低于全省年平均增长幅度,符合滇池流域控制养殖业污染的要求。

2.4.3　用水定额分析

1. 生活需水定额

城乡生活需水分为城镇居民需水和农村居民需水两类,可采用人均日用水量的方法进行预测。本书结合现状水平年国内外部分国家和地区的居民生活用水定额水平的调查分析,根据云南省及昆明市经济社会发展、国民收入、水价改革、节水器具推广与普及等情况,综合水资源与气候条件、城市规模和性质、民族生活习惯、现状用水水平等,参考国内外同类地区或城市生活用水定额水平,以及《城市居民生活用水量标准》(GB/T 50331—2002)、《云南省用水定额》(2019 年版)等有关技术规程,分析拟定各水平年的城乡生活需水定额。城镇生活综合净用水定额包括城镇居民家庭生活用水定额、城镇公共用水定额和城镇绿化用水定额。

根据《昆明统计年鉴(2013)》对辖区内城镇居民住房情况的调查统计数据,现状昆明市的城镇居民住房以成套住房为主,占 77.02%(其中商品房 37.68%,房改房 39.34%),原集体宿舍和普通楼房所占比例已经很小。同时,随着洗衣机、淋浴热水器等实用电器的普及,城镇居民的生活舒适度明显提高,生活用水量也随之增长。

经分析确定,现状年滇池流域的城镇居民生活用水定额为 122L/(人·d),其中昆明主城片区为 135L/(人·d),略高于其他片区。与 1995～1997 年典型调查的结果相比,现状年昆明主城片区的城镇公共用水量应该有所增长,但是变化幅度不大。由此推算,昆明主城片区现状年的城镇公共用水定额为 79L/(人·d),其他片区根据公共用水单位数量及组成情况变化略有减少,现状公共用水定额为 65～75L/(人·d)。2020 年昆明城镇公共用水定额增加到 71～85L/(人·d),2030 年城镇公共用水定额增加到 77～105 L/(人·d)。

随着城镇化进程的加快和宜居城市建设,城市公共绿地也相应增长。据调查,2005～2010 年昆明城市的绿地率由 28% 增长至 38%,绿化覆盖率由 30.6% 增长至 41.6%,人均公共绿地面积由 7.34m² 增长至 12.41m²,绿地率、绿化覆盖率年均增长 2%,人均公共绿地面积年均增长 1m²。本书研究所涉及的县(市、区)绿地率平均值为 40.23%,绿化覆盖率平均值为 44.26%,人均绿地面积为 16.18m²,由此分析得到现状年的人均城镇绿化用水定额 20～26L/(人·d)。根据昆明市主城及各县(市、区)绿化现状,分析预测到 2020 年和 2030 年各个计算单元的人均城镇绿地面积,再根据《室外给水设计规范》(GB 50013—2018)的要求,浇洒绿地用水可按浇洒面积以 1～3L/(m²·d)计。测算后得到 2020 年昆明的人均城镇绿化用水定额为 24～28L/(人·d),2030 年人均城镇绿化用水定额为 28～32 L/(人·d)。

根据云南省的地理、气候和民居等特点,农村生活用水主要受区域气候条件的影响,可分为热带、亚热带、温带等三种类型区。滇池流域及邻近地区属温带,现状农村居民生活用水定额为 55L/(人·d),随着农村城镇化加快和生活水平的提高,2020 年用水定额提高至 65L/(人·d),2030 年提高至 70L/(人·d)。现状年滇池流域的大牲畜用水定额为 40L/(头·d),小牲畜为 20L/(头·d),规划水平年维持现状。

2. 工业需水定额

在研究区内工业用水效率典型调查的基础上,按照云南省、昆明市最严格水资源管理制度的工业用水效率控制指标的规定,参考《云南省节水型社会建设"十三五"规划》、《滇中引水工程二期工程总体规划》、《云南省水中长期供求规划》等规划中的工业需水定额,预测各个计算单元的工业用水定额。研究区内现状的工业万元增加值用水定额(2000 年可比价)为 85m³/万元,预测 2020 年工业用水定额降低至 50m³/万元,2030 年进一步降低至 33m³/万元。

3. 农业灌溉定额

参照国家标准《灌溉与排水工程设计标准》(GB 50288—2018)等有关技术规

程规范,结合以往开展的相关规划及研究成果,灌溉设计保证率确定为 $P=75\%$,农业灌溉需水系列的计算长度为 59 年,即 1956~2014 年。计算时段的步长为月。

1) 典型区选择

农业灌溉需水预测参照《滇中引水工程二期工程总体规划》等成果,在分析滇中引水工程受水区 15 个典型灌区的 1956~2011 年设计灌溉制度序列的基础上,为了将最近一次发生严重干旱的 2009~2012 年包括进来,进一步延长滇池坝区和富民永定小区等两个典型灌区的系列长度到 2014 年。其中滇池流域内的计算单元采用滇池坝区的设计灌溉制度,普渡河流域中段的计算单元采用富民永定小区的设计灌溉制度。

2) 灌溉制度设计

灌溉制度设计是农业灌溉需水量预测的基础,必须因地制宜、科学合理地制定灌溉制度。在灌溉制度的设计和采用上,方法要科学可行,并与研究区的实际情况密切结合。目前云南省仍缺乏灌溉试验研究的基础数据资料,灌溉制度设计采用理论模型计算与灌区实际用水调查相结合的方法,选取丰产节水的灌溉模式,参考作物需水量的计算模型为《灌溉与排水工程设计标准》(GB 50288—2018)推荐的修正 Penman 法,综合考虑各个气象因子对作物需水量的影响。在此基础上,采用时段内田间水量平衡原理,并根据各个灌区的实际情况制定合理可行的灌溉制度。

研究区域现状播种的粮食作物主要有水稻、玉米、豆类、小麦、薯类,经济作物主要有烟草、林果、葡萄、蔬菜、油菜等。水稻是耗水量最大的作物,鉴于云南省农业灌溉试验资料残缺不全、没有进行整编和成果不能使用的现实情况,灌溉制度设计先以理论计算为主,采用修正 Penman 法计算参考作物腾发量,进行水稻生育期逐日的田间水量平衡模拟计算,考虑作物蒸腾蒸发、稻田渗漏、充分利用有效降水等,分析确定水稻灌溉净需水量,再分月进行各次灌溉需水定额的合并统计,逐年计算得到 1956~2014 年共 59 年的水稻逐月灌溉需水定额过程。对旱作物、经济作物和林牧渔灌溉用水则以典型调查为主,并考虑降水、蒸发等主要影响因素后进行相关分析,确定其灌溉制度。经合理性检查,设计灌溉制度成果与研究区实际的灌溉用水方式和田间作物水分管理等情况相吻合,并与已完成、通过国家层面和省级技术部门审查的有关流域规划、灌区工程设计等成果的取用定额相协调,综合分析后确定合理的灌溉制度。

3) 农作物种植结构调整

经调查和分析比较,2000~2015 年滇池流域内的水稻、豆类的种植比例不断减少,而蔬菜、葡萄种植比例略有增加。根据昆明市人民政府《关于滇池流域农业产业结构调整的实施意见》的要求和目标,鼓励园林园艺、经济林果木的种植,限制花卉、蔬菜等作物种植并逐步转移到滇池流域以外的宜良、嵩明等县,作为根治滇池面源污染的重要举措。从 2010～2013 年的统计资料分析,滇池流域的花卉种植比例由 2010 年的 22％减少到 2012 年的 12.5％,种植比例逐年下降,林果木种植面积大幅增长,但是作为昆明城市的"大菜篮子",流域内蔬菜的种植比例不会有大的变化。

结合农业节水规划的有关要求,综合考虑各个计算单元根据自身农业发展规划、光热气候优势和水土资源条件,以及宏观政策约束等因素调整规划水平年的作物种植结构。研究区属于水资源紧张地区,原则上应限制高耗水作物的发展,走高效节水型农业的路子,大力发展"两高一优"都市型高原特色农业。规划水平年的作物种植结构调整,在保证基本粮田的基础上,限制水稻种植面积,减小花卉种植比例,但经济林果的种植面积会逐年增长;烤烟种植主要位于盘龙松华片区,种植比例受"两烟双控"的影响,重在提高烟叶品质,适当限制发展,并稳定在一定比例;豆类、油菜等小春作物市场需求较好,随着复种指数的变化可适当上调,玉米、薯类、杂粮的种植比例适当下调,主要保留在都市观光农业种植区。滇池流域 2000 年、2007 年、2015 年、2020 年主要农作物种植结构变化情况如图 2.1 所示。

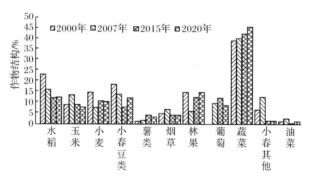

图 2.1　滇池流域主要农作物种植结构变化情况

4) 农田综合灌溉定额

根据各个典型灌区的单项作物灌溉制度设计和作物种植结构调整的规划成果,组合计算得到各个水平年的农田综合灌溉净需水定额。农田综合灌溉净需水定额主要受年降水量、年蒸发量、干旱指数及水稻种植比例、复种指数的影响。一般而言,干旱指数、水稻种植比例、复种指数越高,农田综合灌溉净需水定额相应越高,基本反映了灌溉需水定额在各类型地区之间的差异及其与影响因素之间的关系。某一时段的农田综合灌溉净需水定额的计算公式为

$$m_{净综} = \sum_{i=1}^{N} \alpha_i m_i \tag{2.1}$$

式中,$m_{净综}$ 为某一时段灌区综合灌溉净需水定额;α_i 为第 i 种农作物的种植比例;m_i 为第 i 种作物在该时段的灌水定额;$i=1,2,\cdots,N$,N 为该典型灌区内种植的作

物种类总数。

在 2030 水平年,$P=75\%$ 的滇池流域内农田综合灌溉净需水定额变幅较大,最大为呈贡龙城 504m³/亩,最小为盘龙松华 243m³/亩,平均为 413m³/亩。研究区内农田综合灌溉净需水定额与滇中地区和云南省的同期定额相比,见表 2.1。普渡河流域内的安宁连然、富民永定、五华西翥等片区采用了滇中引水工程的相关研究成果,2030 水平年 $P=75\%$ 农田综合灌溉净需水定额为 359m³/亩。

表 2.1 研究区内农田综合灌溉净需水定额对比 （单位:m³/亩）

计算单元	2012 水平年		2020 水平年		2030 水平年	
	多年平均	$P=75\%$	多年平均	$P=75\%$	多年平均	$P=75\%$
滇池流域	415	448	379	429	369	413
普渡河中段	362	377	349	368	335	359
滇中地区	326	362	297	329	280	310
云南省	498	548	499	551	455	502

5) 灌溉林果地需水定额

灌溉林果地需水量预测也采用了灌溉定额预测方法,其计算步骤类似于农田灌溉需水定额分析过程。由于林果地灌溉和鱼塘补水需水量占农业需水量的比例较小,故采用简化方法计算,参照《滇中引水工程二期工程总体规划》、《云南省水中长期供求规划》等规划,并与《云南省用水定额》(2019 年版)相协调,分别确定林果地灌溉定额和鱼塘补水定额,并忽略各个计算单元之间的差异性,采用统一的需水定额,见表 2.2。

表 2.2 研究区内林果地灌溉和鱼塘补水定额

林果地灌溉定额/(m³/亩)			鱼塘补水定额/(m³/亩)			备注
现状年	2020 水平年	2030 水平年	现状年	2020 水平年	2030 水平年	
164	151	140	1169	1020	950	—

6) 灌溉水利用系数

滇池湖滨灌区围绕滇池呈环状分布,向心状的盘龙江、东大河等入滇河流和滇池是主要的灌溉水源,以滇池为水源的湖滨灌区由泵站提水灌溉,已建有提水泵站 239 座,每座泵站控制的面积都不大,一般为几百亩至数千亩,渠道级数少,一般为一或二级即进入田间。以入滇河流为水源的河谷带灌区,中上游地区大多呈"两山夹一坝,中间一条河"的地貌,灌区多呈长条状分布,灌溉供水由多个水源组成,每个水源点所控制的灌溉面积不大,一般为二或三级渠道即进入田间。

滇池流域是云南省工农业经济最发达的地区,也是水资源极度紧缺地区,对灌区的灌排沟渠配套建设投资相对充裕,改革开放以来持续进行的农业综合开发、灌区配套及节水增产示范项目等以农田水利为主的基本建设,显著加强了滇中农业基础设施,渠系防渗衬砌率较高。同时,由于水资源极为缺乏,主要种植节水高效的经济作物,灌溉供水工程以水库和提水工程为主,供水成本较高,历来较为重视灌溉用水管理,群众节水意识较强,灌溉水的利用效率有了较大提高。经调查分析,滇池流域现状的灌溉水利用系数已达到 0.61,普渡河流域中段为 0.58。

由于研究区内水资源极为紧缺,各规划水平年按照节水型社会建设的统一要求,仍需逐步提高节水水平。农业节水措施是在加强节水管理,结合作物结构调整、农艺及生物措施节水的基础上,主要通过以渠道防渗衬砌为主的农业节水措施提高水利用效率,条件较好的地区已逐步推广先进的现代高效节水灌溉技术。预计滇池流域在 2020 水平年的灌溉水利用系数可提高到 0.64,2030 水平年进一步提高至 0.67;普渡河流域中段在 2020 水平年可提高至 0.63,2030 水平年也应提高至 0.67,均满足国家实行的最严格水资源管理用水效率红线控制规定。

2.4.4　规划期经济社会用水需求

1. 生活需水预测

1) 城镇生活需水量

城镇居民生活需水量由城镇用水人口和城镇居民家庭生活用水定额、城镇公共用水定额、城镇绿化用水定额相乘得到净需水量,再考虑城镇自来水供水管网的漏失率,即得城镇生活的毛需水量。研究区内现状年管网漏失率为 15%,2020水平年减少至 12%,2030 水平年和 2040 水平年城镇管网漏失率进一步减少为10%。经分析计算,现状年研究区内的城镇生活毛需水总量为 3.83 亿 m^3,其中,城镇居民家庭生活需水量 2.19 亿 m^3、城镇公共需水量 1.23 亿 m^3、城镇绿化需水量0.41 亿 m^3;2020 水平年城镇生活毛需水总量为 4.92 亿 m^3,其中,城镇居民家庭生活需水量2.84 亿 m^3、城镇公共需水量 1.53 亿 m^3、城镇绿化需水量 0.55 亿 m^3;2030 水平年城镇生活毛需水总量为 6.06 亿 m^3,其中,城镇居民家庭生活需水量3.34 亿 m^3、城镇公共需水量 2.03 亿 m^3、城镇绿化需水量 0.69 亿 m^3。

2) 农村生活需水量

农村居民生活的需水定额之中已包含了水量输水损失,故直接采用农村用水人口乘以相应的农村居民生活需水定额得到毛需水量。经分析计算,现状年研究区域内的农村居民生活需水量为 1148 万 m^3,2020 水平年为 911 万 m^3,2030 水平年为633 万 m^3。同理可得,现状年研究区内的农村大小牲畜需水总量为 740 万 m^3,2020 水平年为 829 万 m^3,2030 水平年为 883 万 m^3。

2. 工业需水预测

工业需水量采用万元增加值定额法进行预测,由工业增加值和万元增加值定额相乘得到净需水量,再考虑供水管网漏失率即得到工业毛需水量。鉴于研究区内的工业取水仅在有限的几个水源点,输水距离相对较短,但管道漏损较大,综合之后近似认为各个水平年的工业用水管网漏失率与城镇生活相同。现状年(2014 年)研究区内的工业需水量为 4.55 亿 m³,2020 水平年的工业需水量为 6.99 亿 m³,2030 水平年为 8.58 亿 m³。随着昆明市产业布局的调整,滇池流域的工业向安宁—富民工业园区转移,物流市场向外搬迁等,今后滇池流域的工业需水量增长幅度较小,年均增长率 0.64%;但普渡河中段的工业需水量将大幅增长,年均增长率 6.5%,增长速度是滇池流域的 10 倍。

3. 农业灌溉需水预测

农业需水量由农田灌溉需水量、林果地灌溉需水量及鱼塘补水量三部分组成。根据预测的灌溉面积、综合灌溉净需水定额即可计算出农业灌溉净需水量,再除以相应的灌溉水利用系数就可计算出农业灌溉毛需水量。在农业灌溉设计保证率 $P=75\%$ 时,研究区内现状年农业灌溉需水量为 3.69 亿 m³,2020 水平年农业灌溉需水量为 3.49 亿 m³,2030 水平年农业灌溉需水量为 3.51 亿 m³,总体上已在现状年农业用水量基础上减少了 4.88%。这表明滇池流域率先发展都市特色农业,达到农业高效节水减排的要求。

4. 需水量汇总

各个计算单元的总需水量按城镇生活、城镇工业、农村生活、农业灌溉四类进行汇总,其中城镇生活需水包括城镇居民生活、城镇生态、城镇公共等 3 个用水户的需水量,农村生活需水包括农村居民生活和农村牲畜需水。研究区现状年生产生活需水总量为 12.26 亿 m³,预测至 2020 水平年为 15.58 亿 m³,2030 水平年为 18.33 亿 m³,分别占昆明市用水总量控制指标的 47%、46%、49%。由于滇池流域在昆明市的经济核心区地位,各水平年需水总量所占比例是基本合适的。

从各行业需水比例的变化情况来看,滇池流域农业灌溉需水量所占比例呈大幅度减小的趋势,这说明昆明市周边现代都市农业发展产生的节水示范效应明显,对支撑滇池湖泊水生态修复具有重要作用。城镇生活需水量比例由现状的 40% 提高到 2030 水平年的 51%,呈刚性增长趋势,主要是由昆明市的城市发展规模和定位决定的。滇池流域内工业用水量比例略有下降,而普渡河中段工业需水大幅增加,主要是因为昆明市的工业产业布局逐渐由滇池流域转移到下游的安宁市、富民县,符合区域宏观经济发展的趋势。

滇池流域及普渡河中段各行业需水结构如图 2.2 和图 2.3 所示。

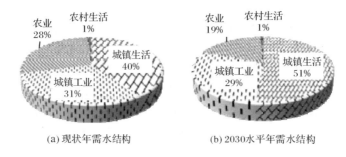

(a) 现状年需水结构　　　　　(b) 2030水平年需水结构

图 2.2　滇池流域需水结构示意图

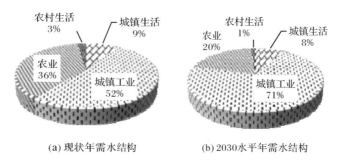

(a) 现状年需水结构　　　　　(b) 2030水平年需水结构

图 2.3　普渡河中段需水结构示意图

第3章 滇池流域生态用水调查及需求评估

生态需(或用)水是指为了维护流域生态系统的良性循环,在开发利用流域水资源时为保护与维持生态系统平衡所需的水量。生态需水属于与流域内的工业、农业、生活等需水相并列的一个用水单元(即"三生用水"范畴)。在过去传统的水资源开发管理中,对生态环境的保护力度不够,生产生活挤占生态用水,造成一系列的生态环境问题,已逐渐得到人们的关注。现代水利重视生态环境和水资源之间和谐的内在关系,强调水资源、生态系统和人类活动的互相协调与良性循环。因此,在流域(或区域)水资源配置及调度管理实践中,对生态需水进行调查与评估是不可或缺的重要内容。

滇池流域面积 2920km²,其中耕地面积 600km²,园地面积 115km²,林地1028km²,其他农用地 186km²,建设用地 618km²,水域 332km²,沼泽地 1km²,未利用地 40km²。滇池流域多年平均降水量 925.7mm,多年平均蒸发量 1466.9mm。流域内的天然植被和草场等生态用水由雨养可以解决,水库生态需水已在水利工程调节计算中加以考虑,不再单独进行论述。因此,本章重点针对滇池流域的城市与环湖人工湿地、河流及湖泊生态需水量进行分析评估。

3.1 滇池流域水生态环境修复研究现状

3.1.1 湖泊水生态问题研究现状

湖泊作为陆地水圈的重要组成部分,参与自然界水分循环,是揭示全球气候变化与区域响应的重要信息载体,具有调节河川径流、改善生态环境、提供水源、灌溉农田、航运、繁衍水生动植物、维护生物多样性及旅游观光等功能。近年来,湖泊普遍面临着生物多样性和栖息地丧失、自然景观消失、物种入侵、气候变化等威胁(World Lake Vision Project Secretariat,2003)。1985~2009 年全球 291 个主要湖泊湖面气温持续的遥感监测数据显示,有 235 个湖泊湖面温度以 0.34℃/10 年的速度上升,超过同期的气温升高速率,只有极少数湖面受温度下降影响,由此触发了生态系统变迁、蓝藻暴发和鱼类种群数减少(Witze,2015;Sharma et al.,2015)。通过综合比较全球 36 个典型湖泊及水库的总磷浓度变化发现,气候变暖对湖库物理过程的影响最为显著,其中亚热带季风气候区的湖库受此影响后更易趋于富营养化,温带季风、大陆性气候区的湖库在气候变暖驱动下存在向富营养状态发展的潜在风险(张晨等,2016)。

与问题因素相比,过程因素在湖泊区域的管理体制中起主导作用,不同利益群体的相互制约,流域内国家之间也缺乏独立的管理体制,例如,非洲最大的湖泊Victoria湖流域内,肯尼亚、乌干达、坦桑尼亚、卢旺达、布隆迪等国家在解决贫困、粮食、人口和社会经济发展等问题的过程中,过度捕鱼、围垦耕地、砍伐森林、滥用化肥农药,导致湖泊水位下降,经济价值降低(Lugo et al.,2014)。Baikal湖流域各国忽视生态恶化的后果,肆意砍伐森林,毁林造田,无序地开发水电资源,导致河道断流,地下水位下降等生态环境问题(Darbalaeva et al.,2015)。湖泊综合管理要从传统的环境、管理、组织和角色、社会经济情景四个层次的安全性、地域经济、补助补贴、外部网络等8个方面转变,政策决定者和科学研究人员应融合彼此的观点,协调行动,致力于湖泊流域综合管理方案的改进,为湖泊生态系统的可持续发展作出贡献(Lin et al.,2013)。

我国湖泊众多,水面面积1km²以上的天然湖泊有2693个,主要分布在青藏高原、西北干旱区、云贵高原、东北平原与山地、东部平原等五大湖区(马荣华等,2011)。我国也面临着因湖泊过度开发而产生的湖泊环境恶化、流域资源过度开发及生态失衡、缺乏有效的综合管理及地区行业矛盾冲突等问题,湖泊湿地演变、生态功能与调控机理、河湖关系演变与洪水灾害响应是当前湖泊及流域资源可持续利用与生态环境效应调控研究的重点之一(宋长青等,2002)。湖泊治理逐渐形成"先控源截污、改善基础环境,后实施生态恢复"的理念(秦伯强,2007)。水位是湖泊管理最主要的指标,周期性的年内季节水位变动和年际水位变动对水生植被的生态适宜性产生影响,长期的高水位和低水位及非周期性水位季节变动都会破坏水生植被长期形成的对水位周期性变化的适应性,进而影响其正常生长、繁衍和演替(刘永等,2006)。湖泊最低生态水位的确定方法主要有天然水位资料法、湖泊形态法、生物最小空间需求法、年保证率法、最低年均水位法、曲线相关法、功能法和水位历时法等(淦峰等,2015;李新虎等,2007a;赵翔等,2005;徐志侠等,2004),并应用于乌伦古湖(梁犁丽等,2011)博斯腾湖(李新虎等,2007b)、青海湖(董春雨等,2009)、纳木错(朱立平等,2010)、鄱阳湖(罗小勇,2010;胡振鹏等,2010)等湖泊生态水位的研究。

2000~2010年,我国各个高原地区中除青藏高原的湖群面积扩张外,其余高原区的湖群面积都发生了微小的萎缩,气温和降水是湖泊面积变化的主要驱动力(Sun et al.,2014)。但在数十年、百年甚至更长的时间尺度下,人口增长、城市扩张和经济发展等人类活动导致的湖泊萎缩和入湖河道断流,以及水资源短缺、水环境恶化、水生态脆弱等问题普遍存在。水生态红线是为保障水生态系统安全和社会经济可持续发展而划定的水生态系统主要支撑要素的保护底线,是从水生生物、栖息地、水文情势、水质等多个方面实现从结构到功能的全过程生态屏障,是国家划定生态红线管控体系中的组成部分(尚文绣等,2016)。水生态红线的水量部分以月均流量过程、流量脉冲、平滩及漫滩洪水流量、地下水取用量来管控,空间红线包括生态需水时空要求、河湖连通及河流蜿蜒性、土著植被生长的适宜地下水位等,水质红线又细分为水功能指标、生态需水水质要求、地下水质目标等。

3.1.2　滇池水生态修复研究现状

滇池是云南高原上重要的高原湖泊,正常高水位 1887.50m 时,湖面面积309.50km², 湖容 16.23 亿 m³。滇池位列云南高原的"九大高原湖泊"之首,环湖工农业经济发展和城市扩大,导致湖泊水资源被过度开发利用,滇池水质自 20 世纪 80 年代末降至劣Ⅴ类并一直延续至今,成为国家重点治理的"三河三湖"之一。滇池流域地处长江、珠江和红河三大水系分水岭地带,是云南省的政治、经济、文化和交通中心,是云南省人口最密集、人类活动最频繁、经济最发达的地区。滇池流域年径流深188.7mm,人均水资源量不足 200m³,属水资源严重缺乏地区。随着滇池流域经济快速发展,河湖生态环境用水长期被挤占用于满足生产、生活需水要求,导致流域水体污染、富营养化、生物多样性降低等水环境问题日益突出。同时,滇池流域生态系统封闭程度高,由于水华蓝藻的优势度持续居高,生物多样性几近丧失,自净能力减弱,生态容量弹性空间小,水生生态系统脆弱,水质恶化增大了生态恢复的难度。

由于特殊的地理位置和气候特征,滇池蓝藻生物量对营养盐增加的响应远高于其他湖泊,加之污染物持续输入,围湖造田等外力干扰加剧,导致滇池生态系统严重退化,湖泊由草型向藻型转换进程加快,生态系统相对脆弱,自我修复能力差(李根保等,2014)。滇池湖面被划分为草海重污染区、藻类聚集区、沉水植被残存区、近岸带受损区、水生植被受损区等 5 个生态区,对此研究人员有针对性地提出"南部优先恢复、北部控藻治污、西部自然保护、东部外围突破"的总体治理方案(李根保等,2014;Liu et al.,2013)。滇池流域的人口布局和产业结构调整、控源减排、湖泊生态恢复是滇池水质改善的关键,应该全面推行源头控制、工程控制和末端控制相结合的污染减排方案(刘永等,2012)。在流域尺度上,基于生态文明的农业现代化发展策略主要是通过转变农业生产方式、优化农业空间布局、调整农业产业结构、改变农村生活方式等,达到产出高效、产品安全、资源节约、环境友好的目的(尹昌斌等,2015)。

长期高水位运行使得湖泊水温降低,抑制蓝藻暴发的单纯设想在滇池是行不通的,谢国清等(2010)发现滇池蓝藻暴发的关键因子是日照和风速,关键期为 6～9 月,连续 4～5h 光照、风速小于 2m/s 的气象组合条件极易引起蓝藻暴发。对于滇池这种富营养化水体,通过一定控制条件,恢复滇池水生态系统,改善水体透明度,促进外海从浊水藻型向清水草型演替,才能有效抑制蓝藻暴发(盛虎等,2012a)。昆明城市的发展和环湖工农业生产活动的日趋频繁,人为干预湖泊蓄泄过程及水位涨落使滇池一定程度上与人工湖极为相似。自 20 世纪 50 年代以来,滇池先后四次制定或调整了湖泊运行控制水位,以协调不同历史时期蓄水兴利与泄水防洪之间的矛盾。

以人口、灌溉面积、地区生产总值、COD、TN、TP 等为指标的评价认为,2003~2013 年滇池流域的水资源承载力均为负承载。虽然水环境综合治理后水环境恶化趋势基本被遏制,但由于流域社会经济过度发展,仍应提高城市污水回用率,强化流域水体置换(何佳等,2015;石建屏等,2012)。高喆等(2015)以水文、气候、土壤、植被、水生态等为评判指标,将滇池流域划分为 5 个水生态功能一级区和 10 个二级区;樊灏等(2016)在此基础上又细分至水生态功能三级区。解决滇池流域水资源严重短缺、滇池生态用水不足和换水周期过长等水生态问题,单依靠污染物控制是不可能达到治理目标的,外流域引水及节水工程是必然选择,这已在太湖等我国重要湖泊治理实践中得到了成功应用(吴浩云,2008)。

3.1.3 滇池流域水污染治理现状

自"七五"以来,国家及地方各级人民政府一直关注和高度重视滇池的水污染问题,开展了一系列地方性立法、科技攻关、治理规划及工程建设。1980 年,颁布了《滇池水系环境保护条例》,1981 年,云南省人民政府批准建立"松华坝水库水系水源保护区",作为昆明市饮用水水源保护区。1986 年,实施国家"七五"科技攻关课题"中国典型湖泊氮、磷容量与富营养化综合防治技术研究"(滇池部分),初步探索研究滇池流域水污染防治技术。1988 年,颁布实施《滇池保护条例》,标志着滇池保护工作进入系统化和法制化轨道。1989 年,昆明市人民政府决定成立滇池保护委员会。1990 年,盘龙江疏浚工作启动,滇池保护委员会召开第一次全体委员会议,审定了《综合治理滇池的"八五"计划和十年规划》草案。1991 年,昆明市第一污水处理厂通水试运行,1993 年,国家"八五"科技攻关课题依托工程之一滇池草海底泥疏浚试点工程完工,1994 年,昆明市人民政府决定禁止机动渔船在滇池上从事渔业捕捞生产活动,1995 年,滇池水域分隔工程完工,滇池实现外海与草海的分隔,同年 9 月西园隧洞全线贯通。1996 年,滇池被列为国家"三河三湖"治理重点之一,昆明第二污水处理厂通水试运行,西园隧洞通水。1997 年,昆明第三污水处理厂试运行。1998 年,国务院批复《滇池流域水污染防治"九五"计划及2010 年规划》,1999 年,国务院正式批准《昆明市城市总体规划》,将滇池保护纳入昆明城市总体规划中。2002 年在滇池保护委员会基础上,成立昆明市滇池管理局。从"十五"到"十一五"期间,为应对滇池流域日益恶化的生态环境问题,昆明市先后三次调整城市发展定位,实施了《滇池流域水污染防治"十五"计划》和《滇池流域水污染防治规划(2006—2010 年)》,"十五"期间重点实施了截污工程和生态修复,"十一五"期间重点实施了环湖截污及交通、外流域调水及节水、入湖河道整治、农业农村面源治理、生态修复与建设、生态清淤等"六大工程"。"十二五"期间,制定了《滇池流域水污染防治规划(2011—2015 年)》,进一步巩固和提升"六大工程"的治理成效,同时加强了滇池流域管理的能力建设。

云南省人民政府一直重视对滇池流域水环境问题的整治,逐步实施滇池治理"六大工程"措施,并取得了初步成效。但是滇池水环境恶化的形势依然十分严峻,主要由于城市生活和工业缺水靠挤占农业灌溉用水和河湖生态环境用水来解决,农业灌溉又只能挤占河湖生态环境用水来填补缺口,不仅使流域内工农业等部门的用水难以满足要求,而且造成流域内水环境持续恶化的趋势,水资源危机进一步加剧。滇池流域水环境治理与生态修复的难点在于对水资源过度和不合理的开发,河湖生态用水被严重挤占,导致流域水环境恶化。因此,开展滇池流域河湖生态需水量分析评估显得十分重要和迫切。

此外,掌鸠河、清水海、牛栏江等一系列外流域引水济昆工程的逐步建成,滇池流域的水资源构成发生显著变化,滇池不再承担城市生活供水任务,环湖工农业生产用水因城市化进程的加快和经济结构的调整而逐步缩减,滇池从过去的城市饮用水源地转变为急需生态修复补水的用水对象。在滇池流域下垫面硬化、城市防洪工程和河道截污工程的共同影响下,城区河流的产流和汇流机制发生了根本性转变,河流非雨天需要进行生态补水,雨天则需要考虑防洪安全。此外,盘龙江、宝象河、洛龙河等主要入滇河流上已建成的通河湿地公园,要达到规划河宽下适宜的景观水深,需满足河道和湿地公园的生态用水量要求,为滇池流域水资源合理配置提供基础依据。

3.2　滇池流域生态功能区划

生态功能区划是我国继自然区划、农业区划之后,在生态环境保护与生态建设方面的重大基础性工作,其目的是为制定区域生态环境保护与建设规划、维护区域生态安全、合理利用自然资源、布局工农业生产、保育区域生态环境、促进经济社会可持续发展提供科学依据。根据云南省环境保护厅编制完成的《云南省生态功能区划报告》,滇池流域涉及的一级生态功能区为高原亚热带北部常绿阔叶林生态区;二级生态功能区为滇中高原谷盆半湿润常绿阔叶林、暖性针叶林生态亚区;三级生态功能区有两个,即昆明、玉溪高原湖盆城镇建设生态功能区,普渡河干流、小江上游水土保持生态功能区(云南省环境保护厅,2009),见表 3.1。

表 3.1　滇池流域生态功能区划统计表

生态功能分区单元			主要生态特征	主要生态环境问题	保护措施与发展方向
生态区	生态亚区	生态功能区			
Ⅲ 高原亚热带北部常绿阔叶林生态区	Ⅲ1 滇中高原谷盆半湿润常绿阔叶林、暖性针叶林生态亚区	Ⅲ1-6 昆明、玉溪高原湖盆城镇建设生态功能区	以湖盆和丘状高原地貌为主。滇池等高原湖泊都分布在本区内,大部分地区的年降水量为 900~1000mm,现存植被以云南松林为主。土壤以红壤、紫色土和水稻土为主	农业面源污染,环境污染、水资源和土地资源短缺	调整产业结构,发展循环经济,推行清洁生产,治理高原湖泊水体污染和流域区的面源污染
		Ⅲ1-9 普渡河干流、小江上游水土保持生态功能区	以中山峡谷地貌为主。年降水量在普渡河河谷为 800mm,高原面上为 1200~1500mm,植被垂直地带性分布明显,现存植被以云南松林为主,土壤以红壤和紫色土为主	森林质量较差,水土流失严重	保护现有植被,加大封山育林的强度,营造水土保护林,严格退耕还林,提高区域的森林数量及质量

注:引自《云南省生态功能区划报告》(云南省环境保护厅,2009)。

随着对水生态系统结构和功能认识的不断深入,水环境管理逐渐从水质管理向生态系统管理演变,为满足生态系统功能识别、生态系统健康恢复以及生态系统资源可持续利用的新需求,水生态功能区日益引起人们的关注。水生态功能区是为保护流域水生态系统完整性,根据环境要素、水生态系统特征及其生态服务功能在不同地域的差异性和相似性,将流域及其水体划分为不同空间单元的过程,目的是为流域水生态系统管理、保护与修复提供依据。一方面反映水生态系统及其生境的空间分布特征,确定要保护的关键物种、濒危物种和重要生境;另一方面,反映水生态系统功能空间分布特征,明确流域水生态功能要求,确定生态安全目标,从而便于管理目标的制定和管理方案的实施(孟伟等,2013)。针对滇池流域共划分出 5 个一级区和 10 个二级区水生态功能分区(高喆等,2015)。在水生态功能二级区基础上,基于水生态系统结构特征进一步对滇池流域进行三级区划,进而反映流域水生态功能的空间异质性。滇池流域被划分为 24 个三级区(樊灏等,2016),见表 3.2。

表 3.2　滇池流域水生态功能分区（樊灏等，2016；高喆等，2015）

一级区	二级区	三级区
LGⅠ北部水源地-山区河流-水生态功能一级区	LGⅠ₁ 嵩明-松华坝水库-森林-水生态亚区	LGⅠ₁₋₁ 阿子营-牧羊河-林地-自然河道-水质调节与水源涵养功能区
		LGⅠ₁₋₂ 白邑-冷水河-林地-人工河道-水质调节与水源涵养功能区
		LGⅠ₁₋₃ 松华坝-小河-林地-自然河道-水质调节与水源涵养功能区
	LGⅠ₂ 官渡-宝象河上游-农田-水生态亚区	LGⅠ₂₋₁ 天生坝-宝象河-林地-自然河道-生境维持与水质调节功能区
		LGⅠ₂₋₂ 大板桥-宝象河-城镇农田-自然河道-水质调节与社会承载功能区
	LGⅠ₃ 官渡-宝象河水库-森林-水生态亚区	LGⅠ₃ 宝象河水库-热水河-林地-自然河道-生境维持与水源涵养功能区
LGⅡ南部水源地-山区河流-水生态功能一级区	LGⅡ 晋宁-南部水库-森林-水生态亚区	LGⅡ₁ 宝峰镇-东大河-林地-自然河道-生境维持与水源涵养功能区
		LGⅡ₂ 六街乡-柴河-林地-自然河道-生境维持与水源涵养功能区
		LGⅡ₃ 雷打坟-大河-林地-自然河道-生境维持与水源涵养功能区
LGⅢ环滇池-平原河流-水生态功能一级区	LGⅢ₁ 昆明城区-人工河流-城镇-水生态亚区	LGⅢ₁₋₁ 西山区-盘龙江-城镇-人工河道-社会承载功能区
		LGⅢ₁₋₂ 黑林铺-新运粮河-城镇林地-人工河道-社会承载功能区
		LGⅢ₁₋₃ 青云-海河-城镇林地-人工河道-社会承载功能区
		LGⅢ₁₋₄ 官渡-宝象河-城镇-人工河道-社会承载功能区

一级区	二级区	三级区
LGⅢ 环滇池-平原河流-水生态功能一级区	LGⅢ₂ 呈贡-中下游河流-农田-水生态亚区	LGⅢ₂₋₁ 呈贡-捞鱼河-城镇农田-人工河道-社会承载功能区
		LGⅢ₂₋₂ 上蒜乡-柴河-城镇林地-自然河道-生物多样性维持功能区
		LGⅢ₂₋₃ 昆阳镇-东大河-城镇林地-人工河道-社会承载功能区
	LGⅢ₃ 呈贡-上游河流-森林-水生态亚区	LGⅢ₃₋₁ 七甸乡-捞鱼河-林地-自然河道-生境维持与水源涵养功能区
		LGⅢ₃₋₂ 横冲水库-梁王河-林地-自然河道-生境维持与水源涵养功能区
		LGⅢ₃₋₃ 八家村-大河-林地-人工河道-生境维持与水源涵养功能区
LGⅣ 滇池-湖体-水生态功能一级区	LGⅣ₁ 滇池北-草海-湖体-水生态亚区	LGⅣ₁ 草海-人工湖堤-生物多样性维持功能区
	LGⅣ₂ 滇池南-外海-湖体-水生态亚区	LGⅣ₂₋₁ 外海北部-人工湖堤-水质调节功能区
		LGⅣ₂₋₂ 外海中部-人工湖堤-水质调节与生物多样性维持功能区
		LGⅣ₂₋₃ 外海南部-自然湖堤-水质调节与生物多样性维持功能区
LGⅤ 西山-海口河-水生态功能一级区	LGⅤ 西山-海口河-森林-水生态特区	LGⅤ 西山-海口河-林地-生境维持功能区

3.3　滇池流域人工湿地现状调查

　　湿地是陆地上存在有水的区域,是处于陆地和水体生态系统之间的过渡地带(杨岚等,2009)。通过对滇池流域人工湿地选择典型区域进行实地调查(图3.1),利用 ArcGIS 地理信息系统软件进行空间数据分析,结合收集的基础资料和湿地典型设计,得到滇池流域人工湿地总面积为 99035 亩,其中滇池环湖人工湿地面积 66037 亩,通湖湿地公园面积 14484 亩,通湖河流湿地面积 18514 亩,见表 3.3。

表 3.3　滇池流域各类人工湿地统计

湿地种类	面积/亩	占湿地总面积比例/%	占全流域面积比例/%
环湖人工湿地	66037	66.68	1.51
通湖湿地公园	14484	14.63	0.33
通湖河流湿地	18514	18.69	0.42
合计	99035	100	2.26

图 3.1　滇池流域典型湿地实地调查

滇池入湖河流主要有盘龙江、宝象河、洛龙河、马料河、捞鱼河、大清河、梁王河、大河、柴河等 30 余条,按照滇池流域水资源配置方案确定的研究重点,选取盘龙江、宝象河、洛龙河、马料河、捞鱼河、梁王河、东大河、大观河和五甲宝象河等河流作为主要通湖河流。根据收集的资料和实地调查研究分析,滇池流域通湖河流湿地公园主要有西凉塘公园、洛龙公园、呈贡中央公园、太平关公园、大渔公园、大观公园、西华园和五甲塘公园等 8 个湿地公园,见表 3.4。

表 3.4　　通湖河流湿地和湿地公园统计

序号	河流	湿地公园	滨河绿化带
1	盘龙江	—	盘龙江绿化带
2	宝象河	西凉塘公园	宝象河绿化带
3	洛龙河	洛龙公园	洛龙河绿化带
		呈贡中央公园	
4	马料河	—	马料河绿化带
5	捞鱼河	太平关公园	捞鱼河绿化带
6	梁王河	大渔公园	—
7	东大河	—	东大河绿化带
8	大观河	大观公园	大观河绿化带
		西华园	
9	五甲宝象河	五甲塘公园	—

3.3.1　滇池环湖人工湿地主要植物及面积

据调查,滇池环湖人工湿地位于滇池外海最低运行水位 1885.5m 等高线至环湖公路之间的滨湖区域,划分为昆明主城、呈贡龙城、晋宁昆阳三个片区,总面积为66037亩,其中昆明主城片区23311亩,呈贡龙城片区5029亩,晋宁昆阳片区37697亩,见表3.5。

表 3.5　滇池环湖人工湿地分片区各类湿地面积　（单位：亩）

片区	湖内天然湿地	湖滨天然湿地	表流湿地	复合湿地	生态景观林	合计
昆明主城	6864	4650	649	182	10966	23311
呈贡龙城	—	1579	—	—	3450	5029
晋宁昆阳	3682	10185	2577	1353	19900	37697
合计	10546	16414	3226	1535	34316	66037

滇池环湖人工湿地主要包括湖内天然湿地、湖滨天然湿地、表流湿地、复合湿地和生态景观林等,主要种植湿生植物和景观树木。由于湿生植物多为植物生长群落,群落内植物种类繁多,难以做到对群落中的每种植物都仔细研究,而每种植物群落均有其绝对优势植被,故选取植物群落中的绝对优势植被作为典型植物。通过2015年1月对滇池环湖人工湿地的典型区域进行实地调查和测量,利用ArcGIS地理信息系统软件进行空间数据分析,结合收集的基础资料和湿地典型设计成果,得到滇池环湖人工湿地内的典型植物主要有芦苇、香蒲、睡莲、菖蒲、美人蕉、水竹、慈姑和生态景观树木,总面积为66037亩,其中水生植物面积31721亩,占总面积的48%,生态景观林34316亩,占总面积的52%,各类湿地植物构成见表3.6。

表 3.6　滇池环湖人工湿地典型植物面积调查分析　（单位：亩）

湿地类型	植物	片区			
		昆明主城	呈贡龙城	晋宁昆阳	合计
湖内天然湿地	芦苇	3432		1840	5272
	香蒲	1716		921	2637
	睡莲	1716		921	2637
	合计	6864	—	3682	10546
湖滨天然湿地	芦苇	2976	1010	6519	10505
	美人蕉	620	211	1358	2189
	水竹	496	168	1086	1750
	菖蒲	558	190	1222	1970
	合计	4650	1579	10185	16414
表流湿地	芦苇	415		1649	2064
	美人蕉	87	—	344	431
	水竹	69		275	344
	菖蒲	78	—	309	387
	合计	649		2577	3226

续表

湿地类型	植物	片区			
		昆明主城	呈贡龙城	晋宁昆阳	合计
复合湿地	芦苇	82	—	607	689
	香蒲	21	—	158	179
	菖蒲	60	—	446	506
	慈姑	19	—	142	161
	合计	182	—	1353	1535
生态景观林	乔木	5483	1725	9950	17158
	灌木	5483	1725	9950	17158
	合计	10966	3450	19900	34316
合计		23311	5029	37697	66037

3.3.2　通湖湿地公园主要植物及面积

根据《昆明城市绿地系统规划(2010—2020 年)》,并结合作者课题组研究人员对本节研究的湿地公园进行实地调查和测量,利用 ArcGIS 地理信息系统软件进行空间数据分析,得到西凉塘公园、洛龙公园、呈贡中央公园、太平关公园、大渔公园、大观公园、西华园和五甲塘公园等 8 个湿地公园的总面积为 14484 亩,其中水面 4798 亩,水生植物 3503 亩,景观树木 5680 亩,公共建筑用地 503 亩,见表 3.7。湿地公园典型水生植物主要有芦苇、香蒲、菖蒲、美人蕉、水竹、慈姑、睡莲,其中芦苇种植面积 3012 亩,占水生植物面积的 86%,占湿地公园面积的 21%,滇池通湖湿地公园的主要湿生植物结构如图 3.2 所示。

表 3.7　通湖湿地公园主要地类面积统计　　　(单位:亩)

序号	湿地公园	水面	水生植物	景观树木	公共建筑用地	合计
1	西凉塘公园	1121	1458	1924	101	4604
2	洛龙公园	318	88	559	38	1003
3	呈贡中央公园	189	189	1646	123	2147
4	太平关公园	24	32	42	2	100
5	大渔公园	182	236	312	17	747
6	大观公园	268	64	302	161	795
7	西华园	19	4	224	61	308
8	五甲塘公园	2677	1432	671	—	4780
	合计	4798	3503	5680	503	14484

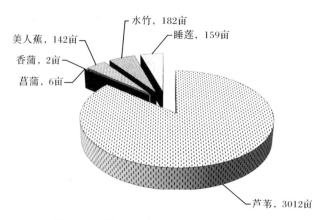

图 3.2　通湖湿地公园的主要水生植物结构

3.3.3　通湖河流湿地主要植物及面积

根据《昆明城市绿地系统规划（2010—2020 年）》，盘龙江、宝象河、洛龙河、马料河、捞鱼河、东大河和大观河等的河流生态景观带建设总长度123.4km，两侧绿化带设计宽度为50m，结合实地调查和入湖河道综合整治的设计资料，得到主要通湖河流湿地（河流滨河景观带）面积为 18514 亩，见表 3.8。河滨绿化带主要种植景观树木和草地等绿地植物。

表 3.8　通湖河流湿地（河流滨河景观带）面积统计

序号	滨河绿化带	长度/km	两侧绿化带设计宽度/m	面积/亩
1	盘龙江绿化带	26.5	50	3975
2	宝象河绿化带	8.8	50	1320
3	洛龙河绿化带	29.3	50	4395
4	马料河绿化带	22.5	50	3375
5	捞鱼河绿化带	15.5	50	2325
6	东大河绿化带	17.1	50	2569
7	大观河绿化带	3.7	50	555
	合计	123.4	—	18514

3.4　城市及环湖人工湿地生态需水量

湿地生态需水量广义上讲是指能维持湿地自身发展过程和保护生物多样性所需要的水量，从狭义上讲是指湿地每年用于生态消耗而需要补充的水量（杨志峰等,2003),本书从湿地生态需水量的狭义概念出发,滇池流域城市及环湖人工湿地生态需水量是指补充植物蒸散发消耗的水资源量,主要包括滇池环湖人工湿地生态需水量、通湖湿地公园生态需水量和通湖河流湿地生态需水量三部分。通过研究相关基础资料和现场实地调查分析,确定滇池人工湿地典型植物的生长习性及其面积,收集区域水文气象数据,采用联合国粮食及农业组织技术文件 FAO-56 中推荐的单作物系数法模拟湿地典型植物的实际蒸散量,运用水量平衡原理模拟计算得到湿地典型植物用水(灌溉补水)定额,结合《室外给水设计标准》(GB 50013—2018)、《城市给水工程规划规范》(GB 50282—2016)等技术标准及规范,最终确定滇池流域内城市及环湖人工湿地的生态需水量。滇池城市及环湖人工湿地生态需水量研究的技术流程如图 3.3 所示。

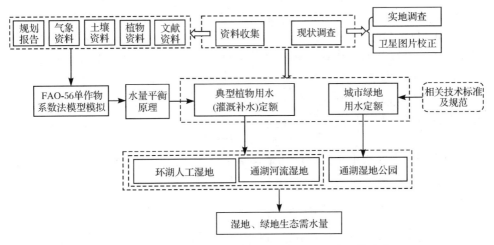

图 3.3　滇池城市及环湖人工湿地生态需水量研究的技术流程

3.4.1　环湖人工湿地生态需水量

环湖人工湿地主要由水生植物和生态景观树木等植被组成,植被作为湿地水资源的主要消耗者,由于环湖人工湿地的地下水位与滇池水位持平,湿地侧向和深层渗漏损失可忽略不计,故植被的生态消耗水量即为蒸散发量。采用 FAO-56 单作物系数法模拟湿地典型植物实际蒸散发量,运用水量平衡原理确定典型植物用水(灌溉补水)定额,环湖人工湿地的生态需水量采用定额法进行计算。

1. 湿地典型植物实际蒸散量

(1) 采用联合国粮食及农业组织推荐的 Penman-Monteith 公式计算参考作物蒸散发量。

植物需水量可近似理解为植物叶面蒸腾和棵间蒸发的水量之和,也称为蒸散发量。在正常生长状态下,采用联合国粮食及农业组织在 1998 年推荐的 Penman-Monteith 公式计算参照作物蒸散发量(Allen et al.,1998),基本公式如下:

$$ET_0 = \frac{0.408\Delta(R_n - G) + \gamma\frac{900}{T+273}u_2(e_s - e_a)}{\Delta + \gamma(1 + 0.34u_2)} \tag{3.1}$$

式中,ET_0 为参考作物蒸散发量(mm/d);Δ 为饱和水汽压与温度曲线的斜率(kPa/℃);R_n 为太阳净辐射[MJ/(m² · d)];G 为土壤热通量[MJ/(m² · d)];γ 为干湿表常数(kPa/℃);T 为平均气温(℃);u_2 为高 2m 处的风速(m/s);e_s、e_a 分别为饱和水汽压(kPa)和实际水汽压(kPa)。

(2)单作物系数法计算植物实际蒸散发量。

在标准状况下,计算得到参考作物蒸散发量 ET_0 后,采用作物系数 k_c 对 ET_0 进行修正,得到植物实际需水量 ET_c。采用单作物系数法确定标准状况下植物作物系数 k_c。单作物系数法是按植物各个生育阶段将作物系数分为初级阶段作物系数(k_{cini})、中期阶段作物系数(k_{cmid})和后期阶段作物系数(k_{cend})。各生育阶段的 k_c 在 FAO-56 推荐植物作物系数中获取。在实际运用时,需要根据当地的湿度和气候条件对推荐的作物系数进行修正。

$$ET_c = k_c(ET_0) \tag{3.2}$$

当中期和后期最小相对湿度的平均值 $RH_{min} \neq 45\%$,高 2m 处的日平均风速 $u_2 \neq 2.0m/s$ 时,按式(3.3)对 k_{cmid} 和 k_{cend} 进行调整:

$$k_c = k_{c(推荐)} + [0.04(u_2 - 2) - 0.004(RH_{min} - 45)]\left(\frac{h}{3}\right)^{0.3} \tag{3.3}$$

式中,RH_{min} 为计算时段内每日最小相对湿度的平均值(%),$20\% \leqslant RH_{min} \leqslant 80\%$;$u_2$ 为计算时段内高 2m 处的日平均风速(m/s),$1m/s \leqslant u_2 \leqslant 6m/s$;$h$ 为计算时段内的平均株高(m),$0.1m \leqslant h < 10m$。

对于间作植物的作物系数还需要再次修正,针对生态景观林中乔木和灌木间作,采用以下公式计算调整作物系数(Allen et al.,1998):

$$k_c = \frac{f_1 h_1 k_{c1} + f_2 h_2 k_{c2}}{f_1 h_1 + f_2 h_2} \tag{3.4}$$

式中,f_1、f_2 分别为植物 1 和植物 2 的种植面积比例(%);h_1、h_2 分别为植物 1 和植物 2 的平均株高(m);k_{c1}、k_{c2} 分别为植物 1 和植物 2 的作物系数。

使用 1971~2013 年昆明气象站的气温、湿度、风速、日照时数等气象数据,结合 FAO-56 推荐的植物作物系数 $k_{c(推荐)}$,计算滇池环湖人工湿地典型植物的蒸散发量,计算结果见表3.9。滇池环湖人工湿地典型水生植物实际蒸散发量为838~1471mm/a,其中水竹的实际蒸散发量最小,睡莲的最大;生态景观树木实际蒸散发量为 561~774mm/a。

表 3.9　滇池环湖人工湿地主要植物实际蒸散发计算结果 （单位：mm/a）

植物	汛期(6~10 月)	枯期(11~次年 5 月)	全年
芦苇	397~540	481~718	915~1218
香蒲	375~495	495~777	885~1225
睡莲	419~555	637~946	1098~1471
菖蒲	400~542	469~697	906~1200
美人蕉	409~557	441~668	877~1176
水竹	369~476	459~714	838~1179
慈姑	374~478	492~755	876~1195
生态景观树木	289~398	273~420	561~774

采用 FAO-56 技术文件推荐的理论公式模拟计算得到的湿地植物蒸散发量结果，有待湿地观测资料验证。由于缺乏研究区湿地植物的实测耗水试验数据，通过与我国已报道的大量湿地植物研究结果进行对比分析，本节湿地主要植物的蒸散发量模拟计算结果与已有研究结果基本相符，见表 3.10。这说明采用 FAO-56 中单作物系数法计算的滇池环湖人工湿地植物蒸散发量是合理的。

表 3.10　湿地植物实际蒸散发研究结果对比

地区	序号	湿地名称	蒸散发量/(mm/a)	备注
云南	1	滇池外海环湖人工湿地	838~1471	本节研究结果
新疆	2	阿和米克特甫	1779	贾忠华等，2013
	3	艾里克湖滨	1826	
	4	艾比湖东部湖滨	1315	
	5	石河子总场-分场沼泽	1538	
青海	6	青海湖	1113	
	7	柴达木盆地南部	2802	
宁夏	8	青铜峡水库	2086	
辽宁	9	辽河三角洲	650	李加林等，2006
	10		400~1000	
	11	双台子湿地	800~1000	罗先香等，2011
山东	12	黄河三角洲湿地	740	赵欣胜等，2005
	13	东平湖沼泽湿地	1122	
河南	14	孟津黄河湿地	1805	
	15	开封柳园口湿地	1483	
	16	吉利黄河湿地	821	
内蒙古	17	乌梁素海湿地	1805	
陕西	18	合阳恰川湿地	2102	

2. 植物用水（灌溉补水）定额

采用水量平衡原理模拟计算湿地典型植物用水定额。由于滇池环湖人工湿地主要由水生植物和生态景观树木组成，针对植物不同的生长环境，应分别采用不同的水量平衡方程进行计算（郭元裕，2005）。

水生植物水量平衡方程如下：

$$h_2 = h_1 + P + m - W_c - S - d \tag{3.5}$$

式中，h_1、h_2 分别为时段初、末湿地水层深度（mm）；P 为时段内降水量（mm）；m 为时段内灌水量（mm）；W_c 为时段内湿地耗水量；S 为时段内湿地田间渗漏量（mm）；d 为时段内排水量（mm）。

针对水生植物在后期阶段～初期阶段，植物处于休眠期，土壤基本没有作物覆盖，根茎埋藏在地面或水面以下等待来年适宜环境生长繁殖的特点，水生植物水量平衡方程可分为以下两种情景进行分析计算：情景 1 表示水生植物处于生育期，田间耗水量主要由植物蒸腾量和棵间蒸发量组成，即植物实际蒸散发量，如图 3.4(a)所示；情景 2 表示水生植物处于休眠期，田间耗水量主要为水面蒸发量，如图 3.4(b)所示。

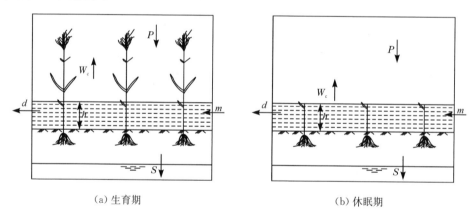

　　（a）生育期　　　　　　　　　　　　　　　（b）休眠期

图 3.4　水生植物水量平衡原理

生态景观树木水量平衡方程：

$$W_t - W_0 = W_r + P_0 + K + M - ET_c \tag{3.6}$$

式中，W_0、W_t 分别为时段初和任一时间 t 时的湿地土壤计划湿润层内的储水量（mm）；W_r 为由于土壤计划湿润层增加而增加的水量（mm）；P_0 为土壤计划湿润层内的有效降水量（mm）；K 为时段 t 内的地下水补给量（mm）；M 为时段 t 内的灌水量（mm）。

根据上述方法分析计算得到滇池环湖人工湿地的典型水生植物 1971～2013

年的平均用水定额为 624~864mm,景观树木平均用水定额为 220mm,用水定额
年际间变化率为 -40%~40%,如图 3.5 所示。湿地典型植物年际间的用水定额
变化较大,主要是由区域降水量年际间变差明显,加之不同年份间水文气象数据
的随机性特征所造成的。

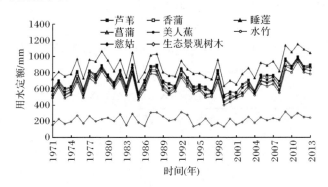

图 3.5　滇池环湖人工湿地典型植物用水定额年际变化

　　滇池环湖人工湿地典型植物多年平均用水定额的年内分配过程如图 3.6 所
示,各种典型植物用(补)水定额年内分布总体趋势基本一致,主要集中在枯期
11 月~次年 5 月,湿生植物枯期用(补)水定额占全年的 71.4%~77.0%,生态景
观树木枯期用(补)水定额占全年的 85.7%。主要原因是研究区域内的年内降水
分配不均,枯期降水量较小,而汛期降水量较大。

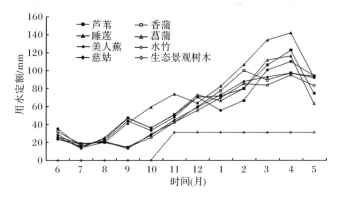

图 3.6　滇池环湖人工湿地典型植物多年平均用水定额的年内分配过程

3. 湿地生态需水量

　　湿地生态需水量一般采用定额法进行计算,以某一类型植被的用水定额乘以
其种植面积计算得到,其公式为

$$W = \sum m_i A_i \tag{3.7}$$

式中,m_i 为 i 类植物的用水定额(m^3/亩);A_i 为 i 类植物的面积(亩);W 为湿地生态需水量(m^3)。

经模拟计算,滇池环湖人工湿地生态需水量为 1379 万～2832 万 m^3/a,其中主城片区的生态需水量为 519 万～1060 万 m^3/a,呈贡片区为 83 万～176 万 m^3/a,晋宁片区为 777 万～1596 万 m^3/a。滇池环湖人工湿地典型植物中芦苇生态需水量最大,生态景观树木次之,慈姑最小。

表 3.11 滇池环湖人工湿地生态需水量

片区	生态需水量/(万 m^3/a)								合计
	芦苇	香蒲	睡莲	菖蒲	美人蕉	水竹	慈姑	生态景观树木	
昆明主城	238～456	51～114	72～131	24～45	23～46	15～35	0～1	96～232	519～1060
呈贡龙城	35～66	—	—	7～13	7～14	4～10	—	30～73	83～176
晋宁昆阳	367～702	32～71	39～70	69～129	56～110	36～83	4～10	174～421	777～1596
合计	640～1224	83～185	111～201	100～187	86～170	55～128	4～11	300～726	1379～2832

3.4.2 通湖湿地公园生态需水量

通湖湿地公园主要包括水面、水生植物、景观树木和公共建筑等四种地类,通湖湿地公园的生态需水量主要包括水面生态需水量、水生植物需水量、景观树木需水量和公园公共设施需水量。

$$W_{sg} = W_{sm} + W_{zw} + W_{js} + W_{gg} \tag{3.8}$$

式中,W_{sm} 为水面生态需水量(m^3);W_{zw} 为水生植物需水量(m^3);W_{js} 为景观树木需水量(m^3);W_{gg} 为公园公共设施需水量(m^3)。

(1) 通湖湿地公园的水面生态需水量以补充水量损失为主,采用水量损失法进行计算。水面水量损失法考虑蒸发渗漏损失,水面蒸发损失水量采用滇池流域水面蒸发数据;渗漏系数根据土壤质地和地下水位等边界条件综合确定,一般为 1～3mm/d。

(2) 湿地公园的水生植物、景观树木和公园公共设施需水量均采用定额法计算。湿地公园内的各类水生植物和景观树木的用水定额与环湖人工湿地相同。根据《城市给水工程规划规范》(GB 50282—2016),由于湿地公园的公共设施需水量主要是指公厕、道路和小广场等设施的用水量,滇池流域的通湖湿地公园计算公园公共用水定额取 20～30m^3/(hm^2·d)。

(3) 通湖湿地公园生态需水量。将上述四项需水量求和,得到滇池流域通湖湿地公园的生态需水量为 788.3 万～1138.3 万 m^3/a,见表 3.12。其中西凉塘公园生态需水量为 211 万～319 万 m³/a,洛龙公园为 49 万～71 万 m³/a,呈贡中央公园为 49 万～86 万 m³/a,太平关公园为 4.5 万～7.1 万 m³/a,大渔公园为 35.7 万～53 万 m³/a,大观公园为 47 万～65 万 m³/a,西华园为 6.1 万～12.2 万 m³/a,五甲塘公园为 385 万～525 万 m³/a。

表 3.12　通湖湿地公园生态需水量构成

序号	湿地公园	生态需水量/(万 m³/a)				
		水面生态	水生植物	景观树木	公园公共设施	合计
1	西凉塘公园	139～176	50～94	17～41	5～8	211～319
2	洛龙公园	39～50	3～6	5～12	2～3	49～71
3	呈贡中央公园	23～30	6～12	14～35	6～9	49～86
4	太平关公园	3～4	1～2	0.4～1	0.1	4.5～7.1
5	大渔公园	23～29	9～16	3～7	0.7～1	35.7～53
6	大观公园	33～42	3～5	3～6	8～12	47～65
7	西华园	2～3	0.1～0.2	2～5	3～4	6.1～12.2
8	五甲塘公园	331～420	48～91	6～14	—	385～525
	合计	593～754	120.1～226.2	50.4～121	24.8～37	788.3～1138.3

3.4.3　通湖河流滨河景观带生态需水量

滇池流域的通湖河流滨河景观带主要种植景观树木、草地等绿地植物,因此,通湖河流滨河景观带生态需水量是指河流绿化带种植的植被生长所需水量。

(1)滇池流域的通湖河流滨河景观带生态需水量亦采用定额法计算。通湖河流滨河绿化带植被用水定额按与滇池环湖人工湿地景观树木用水定额相同进行计算,一般取值为 88～211m³/(亩·a)。

(2)滇池流域的通湖河流滨河景观带生态需水量。滇池流域通湖河流滨河绿化带总需水量为 161 万～391 万 m³/a,见表 3.13。其中盘龙江绿化带 35 万～84 万 m³/a,宝象河绿化带 12 万～28 万 m³/a,洛龙河绿化带 38 万～93 万 m³/a,马料河绿化带 29 万～71 万 m³/a,捞鱼河绿化带 20 万～49 万 m³/a,东大河绿化带 22 万～54 万 m³/a,大观河绿化带 5 万～12 万 m³/a。

表 3.13　通湖河流滨河景观带生态需水量

序号	滨河绿化带	面积/亩	生态需水量/(万 m³/a)
1	盘龙江绿化带	3975	35～84
2	宝象河绿化带	1320	12～28
3	洛龙河绿化带	4395	38～93

序号	滨河绿化带	面积/亩	生态需水量/(万 m³/a)
4	马料河绿化带	3375	29～71
5	捞鱼河绿化带	2325	20～49
6	东大河绿化带	2569	22～54
7	大观河绿化带	555	5～12
	合计	18514	161～391

3.4.4　城市及环湖湿地生态需水量

　　滇池流域城市及环湖湿地生态需水量由环湖人工湿地生态需水量、通湖湿地公园生态需水量和通湖河流湿地生态需水量组成,均属于消耗性用水。经计算得出滇池流域的城市及环湖湿地生态需水量为 2329.3 万～4361.3 万 m³/a,其中环湖湿地生态需水量为 1380 万～2832 万 m³/a,通湖湿地公园生态需水量为 788.3 万～1138.3 万 m³/a,通湖河流滨河绿化带总需水量为 162 万～391 万 m³/a,见表 3.14。

表 3.14　城市及环湖湿地生态需水量

项目	环湖人工湿地	通湖湿地公园	通湖河流湿地	合计
生态需水量/(万 m³/a)	1380～2832	788.3～1138.3	161～391	2329.3～4361.3
所占比例/%	59～65	26～34	7～9	100

3.5　入湖河流生态需水量

　　河流系统具有资源功能、纳污能力和生态功能,河流系统功能的健康需要水来呵护。因此,维持河流生态环境平衡需要在水资源开发利用过程中,把河流系统作为一个有机整体,兼顾河流的经济、环境和生态功能,使三者协调发展(杨志峰等,2003)。长期以来,滇池流域的水资源开发利用集中于满足城市生活、工业和农业的需求,一直占用了河道生态环境水量,使得河流系统的功能和结构遭到严重破坏,致使河流生态环境恶化和一些物种灭绝。经过近几年的建设,滇池北岸和东岸的主要入滇河流的河道截污、河道断面整改、底泥清淤等工程已逐步完成,城区河流在河道截污工程和防洪工程实施后就没有地表径流汇入河道,难以满足河道生态流量的要求。随着昆明加速建设世界知名旅游城市,着力将昆明打造为中国春城、历史文化名城、高原湖滨生态城市、西南开放城市,提升城区河流生态景观的需求越来越迫切。因此,对滇池流域入湖河流生态需水量进行研究十分紧迫且必要。

3.5.1　入湖河流功能定位

滇池主要入湖河流有盘龙江、宝象河、洛龙河、马料河、梁王河、大河、柴河等30 余条,河流呈向心状注入湖区。根据《昆明市城市防洪总体规划报告(2008—2020 年)》《昆明市污水处理厂尾水外排及资源化利用可行性研究》和《滇池流域城镇水系专项规划》等滇池流域相关规划,滇池主要入湖河流已成为集防洪、排涝、景观、清水补水、再生水外排等功能为一体的城市生态廊道。对于某一条河流,显然不可能具备所有功能,有些功能之间是互斥的,必须根据河流特性、下垫面状况、河道截污及综合治理、景观要求等因素,结合滇池流域排水、再生水利用、水系、防洪等方面的规划布局,对各条河流重新进行功能定位。本节在滇池主要入湖河流现有功能定位的基础上,将滇池流域的主要河流划分为城市尾水外排河流和清水补水河流。城市尾水外排河流是指昆明市主城区污水处理厂的尾水排放通道。清水补水河流是指牛栏江-滇池补水工程向滇池补水的清水通道,清水补水河流的主要功能为防洪、生态、景观和清水补水,清水补水通道分类原则如下:

(1)由于牛栏江-滇池补水工程的主要补水对象为滇池外海,且工程位于昆明北市区的松华坝水库下游约 3km 处(河道距离)的盘龙江左岸,渠道末端高程为1912.0m,而汇入草海的河流多位于昆明主城的西区,距离工程落点较远,向这些河流补水需要在城区修建长距离的输水工程,代价较大。因此,汇入草海的河流本节暂不能作为清水补水通道。

(2)考虑清污分流,不同用水对象分质供水,实现污水资源化利用和滇池流域的健康水循环,作为污水处理厂尾水外排通道的河流不能作为清水补水通道。

(3)未实施或规划不实施截污及河道综合治理工程的河流,存在沿河面源及城镇污水汇入的风险,也不能作为清水补水通道。

(4)优先考虑承泄城市外来客水(清水)的河流作为清水补水通道。

(5)结合牛栏江-滇池补水工程输水线路的落点位置,清水补水通道的选择范围主要为滇池北部、东部呈贡新城区的河流。对位于滇池北岸和东岸、较易从牛栏江-滇池补水工程落点分水的河流,拟采用水系连通工程,实现滇池的生态修复补水。

按照上述基本原则,分析比较后最终选取盘龙江、宝象河、洛龙河、马料河、捞鱼河、梁王河、东大河作为清水补水河流,本节中的入湖河流特指对滇池清水补水的河流,下面将对清水补水河流的生态用水量进行研究。

3.5.2　入湖河流生态需水量计算

滇池入湖河流的主要功能为防洪、生态、景观和清水补水等,根据入湖河流设定的功能,河流的生态需水量包括生态基流量、河流景观需水量、蒸发耗水量和通湖河流湿地需水量。采用环境功能设定法按照一定原则对各类生态需水量进行整合,计算河流生态需水量。通湖河流湿地需水量采用 3.4.3 节研究结果。

1. 生态基流量

由于牛栏江-滇池补水工程向滇池生态补水的供水保证率为 $P=50\%\sim75\%$,故选取有保证率概念的河流生态基流量计算方法与之衔接。具有保证率概念的生态基流量计算方法有 90% 保证率法、7Q10 法、流量历史曲线法、改进的月保证率法等。考虑到滇池入湖河流生态需水量在年内分配的差异性,本节采用改进的月保证率法计算河流生态基流量,具体计算过程如下(马育军等,2011):

(1)根据水文系列观测资料,对各月天然径流量和年平均径流量按照从小到大的顺序排列。

(2)计算 i 保证率下的月平均径流量和年平均径流量,见表 3.15。

表 3.15　i 保证率下的月平均径流量和多年平均径流量

保证率	月份							年平均径流量
	1	⋯ ⋮	$j-1$	j	$j+1$	⋯	12	
⋮	⋮		⋮	⋮	⋮		⋮	⋮
$i-1$	$R_{i-1,1}$	⋯	$R_{i-1,j-1}$	$R_{i-1,j}$	$R_{i-1,j+1}$	⋯	$R_{i-1,12}$	$R_{i-1,ave}$
i	$R_{i,1}$	⋯	$R_{i,j-1}$	$R_{i,j}$	$R_{i,j+1}$	⋯	$R_{i,12}$	$R_{i,ave}$
$i+1$	$R_{i+1,1}$	⋯	$R_{i+1,j-1}$	$R_{i+1,j}$	$R_{i+1,j+1}$	⋯	$R_{i+1,12}$	$R_{i+1,ave}$
⋮	⋮		⋮	⋮	⋮		⋮	⋮
月平均径流量	$R_{ave,1}$	⋯	$R_{ave,j-1}$	$R_{ave,j}$	$R_{ave,j+1}$	⋯	$R_{ave,12}$	$R_{ave,ave}$

(3)在上述分析结果的基础上,分 5 个流量等级(极好、非常好、好、中、最小)计算各月的生态基流量。对应于极好、非常好、好、中、最小流量等级,分别预留 i 保证率下年天然径流量的 100%、60%、40%、30%、10% 作为相应的河道内用水,并将系列年天然径流量的平均值作为河道生态环境需水的最高上限,认为只有高于系列年平均天然径流量的月份可以向河道外引水。生态基流量的计算分两种情况进行:一是高于系列年平均天然径流量的月份,取其年均值,二是低于系列年平均天然径流量的月份,取 i 保证率下该月天然径流量的 100%、60%、40%、30%、10% 作为各个等级对应的河道生态流量。

(4)在上述假设情况下,可能会出现月生态基流量占月天然径流量的百分比小于 10% 的情况,应依照式(3.9)进行修正:

$$Q_{i,j,k}=R_{ave,j}\times10\%\left[1+\frac{R_{i,j}(w-10\%)}{100R_{ave,ave}}\right] \tag{3.9}$$

由修正公式(3.9)得到的生态基流量不仅满足流量不能小于 10% 的下限要

求,而且考虑了不同保证率年份生态基流量的差异性。

根据牛栏江-滇池补水工程的湖泊生态修复补水量与滇池流域自产水量的关系,采用改进的月保证率法计算入湖河流生态基流量时,拟定生态基流量的供水保证率为 $P=75\%$,推荐流量的目标等级为"极好(100%)"。

2. 河流景观需水量

入湖河流具备景观功能时,则需要满足一定的水环境质量和景观水深、景观水面。由于滇池入湖河流的河段断面较为规整,断面数据较易获取,而滇池流域入湖河流详细的物种-生境关系数据较为缺乏,加之定位为清水补水河流后,水体都是Ⅲ类以上地表水,水质上满足水景观的要求。因此,采用 R2-Cross 法计算满足一定河道水力条件下的河流景观需水量。

R2-Cross 法采用河流宽度、平均水深、湿周率及平均流速等指标来评估河流栖息地的保护水平,从而确定河流生态流量,见表 3.16。该方法的优点是只需要进行简单的现场测量,不需要再获取详细的物种-生境关系数据;缺点是根据研究水域的水力喜好度(动植物的偏爱流速、水深等)确定生态流量(Armstrong et al.,2001)。

表 3.16　R2-Cross 法确定最小流量的标准

河流宽度/m	平均水深/m	湿周率/%	平均流速/(m/s)
0.3~6.0	0.061	50	0.3048
6.0~12	0.061~0.122	50	0.3048
12~18	0.122~0.183	50~60	0.3048
18~31	0.183~0.305	≥70	0.3048

3. 蒸发耗水量

河道水面的蒸发耗水量采用蒸发蒸损法计算,即根据水面面积、降水量、水面蒸发量,由水量平衡原理计算蒸发耗水量,计算公式如下:

$$W_{\mathrm{E}}=\begin{cases}A(E-P), & E>P\\0, & E\leqslant P\end{cases} \quad (3.10)$$

式中,W_{E} 为计算时段内水面的净蒸发量;A 为计算时段内水体平均水面面积(m^2);E 为计算时段内水体蒸发量(mm);P 为计算时段内水体接收降水量(mm)。

4. 入湖河流生态需水量计算结果

入湖河流生态需水量包括消耗型需水量及非消耗型需水量两部分。其中,消耗型需水量是指河道内水面蒸发、植被蒸腾及河床渗漏所消耗掉的水量;非消耗型需水量是指河流为了实现并维持其物质输运、生物栖息及迁徙通道等生态功能所需的河流生态流量(金鑫等,2011)。入湖河流生态需水量采用环境功能设定法按照消耗型需水量之和与非消耗型需水量的最大值对各类生态需水量进行整合。滇池主要入湖河道的生态需水量过程见表 3.17。

表 3.17　滇池主要入湖河道的生态需水量过程　　　(单位:万 m³)

河流	1 月	2 月	3 月	4 月	5 月	6 月	7 月	8 月	9 月	10 月	11 月	12 月	合计
盘龙江	1029	935	1030	1003	1021	980	1907	2830	2137	1605	996	1029	16502
宝象河	389	360	391	388	378	354	584	884	673	534	378	390	5703
马料河	164	159	166	174	150	130	134	157	132	157	161	165	1849
洛龙河	149	140	150	152	154	142	349	441	306	275	168	149	2575
捞鱼河	152	141	153	152	147	138	146	185	138	150	148	152	1802
梁王河	89	82	90	88	88	84	136	154	120	89	87	90	1197
东大河	146	136	147	147	141	132	237	322	200	168	142	147	2065

入湖河流生态需水量按照式(3.11)计算:

$$W_r = \max(Q_{js}, Q_{jg})\Delta t + W_E + W_S \qquad (3.11)$$

式中,W_r 为入湖河流生态需水量(m^3);Q_{js} 和 Q_{jg} 分别为生态基流量和河流景观需水量(m^3/s);W_E 和 W_S 分别为蒸发耗水量和通湖河流湿地需水量(m^3)。

受城区河道截污工程、雨水工程等的影响,清水补水河流现状均出现平时河道干涸、汛期汇集城区涝水的现象,即河道处于生态缺水状态,只有通过流域内河道生态补水调度和生活、生产、生态用水的统一配置,才能恢复入滇河流的生态景观用水需求。

3.6　滇池湖泊生态需水量评估

滇池位于昆明市西南侧,是我国四大构造型湖泊,全国 13 个重点保护水系之一。长期以来,滇池是昆明市区的主要水源,也是受纳生产、生活退水排泄的水体,随着昆明城市扩大和环湖工农业经济发展,湖泊水资源被过度开发利用,滇池水质自 20 世纪 80 年代末降至劣Ⅴ类,湖泊富营养化严重,成为国家重点治理的"三河三湖"之一。王寿兵等(2016)调查研究了滇池沉水植物 1957～2010 年的变迁状况,发现 1957～1963 年滇池有 19 种沉水植物,1975～1977 年有 11 种,1981～1983 年有 13 种,1995～1997 年和 2011 年有 10 种,2008 年有 8 种,2010 年只有 7 种;有 10 种沉水植物在 1983 年以后就再未出现过,滇池沉水植物呈明显的减少趋势,其与流域水资源短缺、湖泊水污染严重、水生态状况恶化等生态环境问题直接相关。

围绕滇池的治理,"十二五"以来昆明市提出环湖截污和交通工程、外流域调水及节水工程、入湖河道整治工程、农业农村面源治理工程、生态修复与建设工程、生态清淤工程等六大工程措施。随着六大工程措施的实施滇池由过去的调蓄供水水源转变为需要进行生态修复补水的用水对象,对合理利用滇池水资源和保护湖泊水生态系统等具有非常重要的现实意义。

根据《水资源保护规划编制规程》(SL 613—2013)的规定,滇池的湖泊生态需水量包括湖区生态需水量和出湖生态需水量。

3.6.1　湖区生态需水量

湖区生态需水量包括湖泊生态蓄水量和湖区生态耗水量两个部分。

1. 湖泊生态蓄水量

湖泊生态蓄水量是指湖泊常年存蓄一定水量,满足湖泊系统正常代谢循环及基本生态环境功能。水位作为湖泊运行管理的重要指标,湖泊水位变动将对水生植被的生态适宜性产生重要影响。研究表明,长期的高水位和低水位及非周期性水位季节变动都会破坏湖泊内水生植被正常生长、繁衍和演替,确定湖泊最小生态水位对维持湖泊生态系统和谐与稳定至关重要。湖泊最低生态水位的确定方法主要有天然水位资料法、湖泊形态法、生物最小空间需求法、年保证率法、最低年均水位法、曲线相关法、功能法、水位历时法等。

随着掌鸠河引水供水工程、清水海供水及水源环境管理项目供水工程、牛栏江-滇池补水工程等外流域引水工程相继建成后,基于滇池-普渡河流域现状经济社会发展、长系列水文观测、供用耗排水等数据资料,采用径流还原、湖泊径流与洪水调节模拟等方法确定滇池运行控制水位。滇池湖泊生态蓄水量采用最小生态水位法计算,最小生态水位是湖泊能够维持基本生态功能的最低水位。计算公式如下(水利水电规划设计总院,2012):

$$Z_j = \min(Z_{ij}) \tag{3.12}$$

$$W_{aj} = (Z_j - Z)S_j \tag{3.13}$$

式中,W_{aj}为第j月湖区生态蓄水量(m^3);Z_j为第j月最小水位(m);Z_{ij}为水位数据序列中第i年第j月天然月均水位(m);Z为现状水位(m);S_j为第j月的水面面积(m^2)。

2. 湖区生态耗水量

湖区生态耗水量为湖泊用于生态消耗而需补充的水量,湖面蒸散发量为湖区生态耗水量的主要组成部分。采用 1956～2012 年滇池湖泊水面蒸发量、湖面降水量系列,运用水量平衡法计算滇池湖区生态耗水量,计算公式如下(水利水电规划设计总院,2012):

$$W_{bj} = F_j \left(\sum_{j=1}^{n} E_j - \sum_{j=1}^{n} P_j + \sum_{j=1}^{n} KI \right) \tag{3.14}$$

式中,W_{bj} 为第 j 月湖区生态耗水量;F_j 为月均水面面积(m^2);E_j 为第 j 月湖面蒸发量(mm);P_j 为第 j 月湖面降水量(mm);K 为土壤渗透系数(mm/d);I 为湖泊渗流坡度。

3.6.2　出湖生态需水量

出湖生态需水量是指用来满足湖口下游河道生态需水的湖泊下泄水量,按《河湖生态环境需水计算规范》(SL/Z 712—2014)、《水利水电建设项目水资源论证导则》(SL 525—2011)等参照执行,对于下游河道生态需水量的确定,通常按照河流多年平均流量的 10%～30%确定。

为了与实行最严格水资源管理制度、维护高原河湖健康、水资源配置及河湖水系连通工程建设管理等方面的需求衔接,且滇池外海出口海口河已人工渠化,水质为劣Ⅴ类,也无特有珍稀水生生物栖息,滇池出湖生态需水量参照一般性河道用水标准确定,即枯期(12 月～次年 5 月)按海口河断面多年平均同期天然径流量的 10%、汛期(6～11 月)按海口河断面多年平均同期天然径流量的 30%得到滇池出湖生态需水量。

3.6.3　湖泊生态需水量

1. 湖泊生态水位

湖泊生态水位的论证确定涉及生态系统、水文情势、水环境、人文景观等诸多方面的因素,前述现有的各种方法都存在一定的局限性,不利于湖泊管理实践中推广运用。淦峰等(2015)以鄱阳湖为背景,根据湖泊天然水位情势,从天然水文变化中识别多项反映完整水位过程的指标,提取湖泊高低水位的历时、发生时间、变化率等水位指数来表征其生态水位。滇池在 20 世纪 50 年代时草海水深 2m 以上,清澈见底,湖底水草丰富,外湖植被覆盖度很高,群落种类较多,湖水透明度高达 2m;60 年代以后随着富营养化的加剧,湖水理化性质发生了迅速变化;70 年代滇池无论草海还是外海水质均降为Ⅲ类;到了 80 年代中后期,随着流域社会经济的快速发展,排入流域河湖水体的污染负荷也逐年显著增加,全湖的透明度显著下降,草海水质降至劣Ⅴ类,外海水质降至Ⅲ～Ⅳ类(欧阳志宏等,2015)。

总体而言,1985 年以前滇池水质总体处于良好状态,滇池外海水质处于地表水Ⅲ类以上,湖泊水位变化也属于正常的周期性波动,水生动植物种群还未出现显著的灭绝消亡。而 1986 年以后,滇池外海水质迅速恶化,经历了迅速恶化、缓慢改善、波动等阶段(何佳等,2015)。尤其是 2000 年以后,滇池水位变幅越来越小,水生动植物物种趋于单一化,只有少数几种耐污力强、抗逆性好的沉水植物存活下来,大量原生和土著的湖泊生物,如金线鱼、海菜花等逐渐消亡(王寿兵等,2016)。因此,通过收集 1961~1985 年逐月的滇池实测运行水位长序列数据,作为分析滇池湖泊生态水位的样本资料。对 1961~1985 年逐月滇池外海水位数据按照水位高程由高到低的顺序进行排列,计算不同水位高程上滇池水位达到的累积频率及经验频率,如图 3.7 所示。

一般地,湖泊生态需水量保证率为 50%~75%。采用长系列资料经验排频法,选取 50%保证率水位作为滇池适宜生态水位,75%保证率水位作为滇池最小生态水位,分别从各月的水位频率曲线中内插得到相应的滇池生态水位,与滇池外海运行特征水位过程同绘于一图中,如图 3.8 所示。

以本节确定的滇池各月适宜生态水位、最小生态水位为标准,采用实际观测得到的 1986~2014 年滇池逐月运行水位资料进行比较分析,发现滇池湖泊适宜生态水位的月保证率为 43%~48%,最小生态水位的月保证率达到 91%~93%,各月保证率如图 3.9 所示。由此可见,单纯从水位的角度来看,本节所确定的滇池适宜生态水位和最小生态水位基本合理。

另外,对 1961 年以来的滇池逐月水位资料进行进一步分析,将历年的湖泊水位消落深度序列点绘制如图 3.10 所示。显然,在 1987 年以前,滇池水位消落深度的变幅都在 1.0m 左右,年度水位最大变幅达到 1.55m,最小变幅也有 0.65m。而1987 年以来,滇池水位变幅总体趋势为逐年减少,到 2014 年只有 0.20m 左右,由

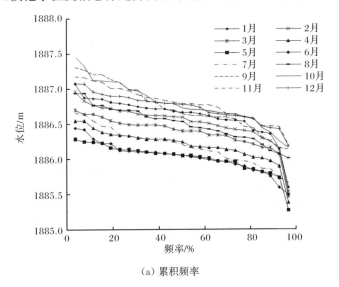

(a) 累积频率

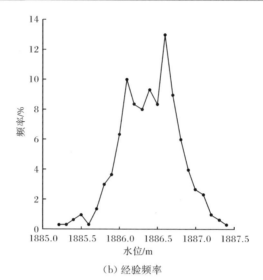

（b）经验频率

图 3.7　滇池水位累积频率及经验频率曲线

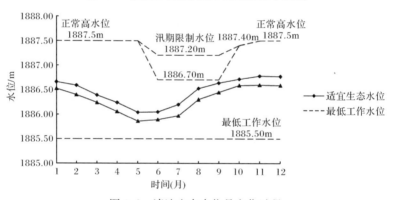

图 3.8　滇池生态水位月变化过程

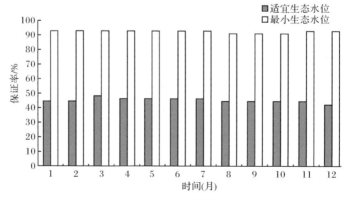

图 3.9　滇池生态水位月保证率

于湖泊长期处于高水位或低水位运行,不利于湖泊生态系统的自我修复和改善,尤其是今后牛栏江-滇池补水工程、滇中引水工程等大量外流域清洁水源进入后,流域层面的清污分流、清水入湖、再生水(尾水)外排综合利用的格局正在形成,滇池水量平衡有了充分保障。因此,在滇池水污染防治各项工程措施都建成发挥效益之后,滇池水位的调控应该恢复到 1985 年以前湖体水质优良、年内周期性涨落的近似天然状态,湖泊水生态系统的修复才能达到预期效果。

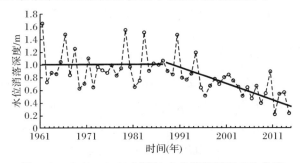

图 3.10　1961～2014 年滇池水位消落深度变化曲线

2. 湖泊生态需水总量

通过对湖泊生态蓄水量、湖区生态耗水量和出湖生态需水量的逐项分析计算,得到滇池湖泊的生态需水总量为 117745 万 m^3,滇池各月生态需水量分配过程如图 3.11 所示。

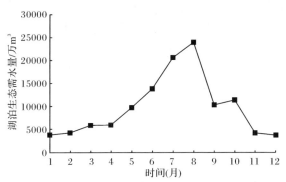

图 3.11　滇池各月生态需水量分配过程

第4章 滇池流域节约用水与再生水利用

4.1 昆明市节约用水管理体制

4.1.1 昆明市节水管理机构

位于滇池流域内的云南省会城市昆明,于 1982 年成立了昆明市计划供水节约用水办公室(以下简称昆明市节水办),负责全市计划供水节约用水管理工作,主要职能职责:①贯彻执行国家、省、市有关计划供水、节约用水的法律、法规和方针、政策,拟定节约用水的规章制度和管理措施,并监督落实。②根据相关规定和昆明水资源状况、供水情况、城市用水现状和发展,以及污水、雨水资源化、节水减排等要求,会同有关部门编制城市节约用水、再生水利用专业规划。③编制、下达和调整非居民计划用水单位的年度计划用水指标和临时计划用水指标,并按月考核执行情况,对超计划用水的,负责征收超计划用水累进加价水费。④会同有关部门制定或调整行业综合用水定额和单项用水定额,并监督实施。⑤按照国家节水型城市考核标准和验收要求,负责组织开展创建国家节水型城市的日常工作;负责组织开展和指导非居民用水单位开展节水型企业(单位)的创建工作和验收工作;负责组织开展节水型小区(社区)的创建和验收工作。⑥组织开展节约用水的宣传教育工作,对在节水工作中做出显著成绩的单位和个人给予表彰奖励。⑦按照节水"三同时"制度要求,负责指导新建、改建、扩建工程项目节约用水措施方案审查,负责指导和监督节水设施与主体工程同时设计、同时施工、同时投入使用。⑧负责节水设施(包括再生水利用设施和雨水收集利用设施)建设前的备案登记工作和竣工验收工作。⑨负责再生水利用设施的建设、运行和再生水水质的监管和指导。⑩负责监管和指导新建、改建、扩建建设工程项目雨水收集利用设施的建设、运行及日常监管工作。⑪负责指导各用水单位的节水技改、用水节水管理、节水设施的建设工作。⑫推广节水型器具、设备和先进的节约用水技术和措施。⑬指导县(市、区)节约用水工作。⑭承办中共昆明市委、昆明市人民政府和上级机关交办的其他事项。

根据上述职责,昆明市节水办内设 5 个处,业务分工如下:

(1)综合处。协助单位领导组织协调好办公室的各项工作;负责昆明市计划供水和节约用水等方面的政策、地方性法规、规章的起草和修订工作;负责人事、劳资、社保、档案、文秘工作;负责组织节水宣传教育和节水业务培训工作;负责政府信息公开工作;负责用水户各项申请、报告的收转及督办工作;负责机关事务管理和安全保卫、保密工作;完成上级和领导交办的其他工作。

(2) 计划财务处。负责计划用水单位年度用水计划的编制、下达、考核工作和单项用水定额的监督实施;负责用水、节水统计工作;负责单位的财务管理工作;负责超计划用水加价水费的收缴工作;对单位计算机设备及节水信息管理系统进行日常管理和维护;负责计划用水单位新增计划用水指标及临时计划用水指标核定的核算工作;完成上级和领导交办的其他工作。

(3) 用水管理处。负责指导各用水单位开展节水工作;负责计划用水单位计划用水指标申请的现场调查核实和参与节水设施竣工的验收工作;负责指导节水型企业(单位)的创建工作和开展节水型城市创建的相关工作;负责指导计划用水单位开展水量平衡测试工作;完成上级和领导交办的其他工作。

(4) 技术处。负责对新建、改建、扩建建设项目用水、节水评估报告的初审工作;负责新建、改建、扩建建设项目节约用水措施方案初审的前期工作;负责再生水利用设施和雨水收集利用设施建设的备案登记和节水设施的竣工验收工作;负责建设再生水利用设施资金补助的调查核实工作;负责对计划用水单位新建、改建、扩建工程临时计划用水指标申请的现场调查工作;负责会同有关部门制定或调整行业综合用水定额和单项用水定额;负责研究推广节水新技术和节水器具;负责指导用水户的节水技改工作;负责节水技术的咨询;完成上级和领导交办的其他工作。

(5) 稽查处。负责依据《昆明市城市节约用水管理条例》和有关法规、规章,对未按规定同期配套建设和使用节水设施,更换节水型器具,未办理再生水设施、雨水收集利用设施的备案登记和节水设施竣工验收,再生水水质未达到相应回用水水质标准,逾期不缴纳超计划用水加价水费以及各种浪费用水行为等开展节水监察工作;负责再生水利用设施和雨水收集利用设施的日常监管工作;负责再生水利用的抄表、水量统计,以及再生水利用资金补助的调查核实工作;完成上级和领导交办的其他工作。

2012 年,中共昆明市委机构编制委员会和昆明市水务局联合发文《关于加强计划供水节约用水工作的通知》后,昆明市下辖的 14 个县(市、区)都组建了节约用水管理工作机构,5 个开发(度假)区(即昆明高新技术产业区、昆明国家级经济技术开发区(简称经开区)、昆明国家滇池旅游度假区、昆明阳宗海风景名胜区、昆明倘甸产业园区轿子山旅游开发区)也明确了节水管理部门。通过多年建设和发展,昆明市在云南省率先完成了节水管理机构的健全和完善。节水管理机构的建立和健全还为城市和农村节水工作的深入开展提供了有力的组织保障,节水管理工作逐步全面展开,向纵深发展。

2015年8月17日,为认真贯彻落实最严格水资源管理制度,切实加强水资源监控能力建设,经中共昆明市委机构编制委员会批复,在昆明市节水办加挂"昆明市水资源信息监控中心"牌子,新增以下职责:①贯彻执行国家、省和市有关水资源监控信息的法律、法规、标准及政策;②组织编制全市水资源监控能力建设的规划、计划,开展水资源监控系统的建设、运行与维护管理;③对全市用水总量、用水效率、水功能区限制纳污情况开展日常监测、监控及分析评价等;④按照最严格水资源管理制度考核工作要求,收集、整理、汇总相关考核技术资料,并建档立案。

2016年3月,昆明市人民政府成立昆明市海绵城市建设工作领导小组,领导小组办公室设在昆明市节水办,负责统筹协调海绵城市建设的试点工作。

4.1.2　昆明市节水规章制度建设

自1996年以来昆明市制定实施了《昆明市城市节约用水管理条例》、《昆明市城市供水用水管理条例》、《昆明市城市节约用水管理处罚办法》、《昆明市城市再生水利用专项资金补助实施办法》、《昆明市城市雨水收集利用的规定》、《昆明市再生水管理办法》、《昆明市人民政府关于加快推进雨水污水和城乡垃圾资源化利用工作的实施意见》等一系列有关城市节水、污水再生利用及雨水资源化利用的法规、规章和行政规范性文件,为推进城市取用水、节水和城市污水、雨水资源化利用工作提供了制度保障。尤其在2010年以来,又制定实施了《昆明市人民政府关于落实最严格水资源管理制度的实施方案》和考核办法、《昆明市城市雨水收集利用的规定》、《昆明市节水措施方案审查、节水设施备案和竣工验收工作指南》、《昆明市城市计划用水管理工作规范(试行)》、《昆明市创建节水型企业(单位)实施细则》、《昆明市节水型小区考核办法》、《昆明市非居民用水单位水量平衡测试规范》。

4.1.3　昆明市节水管理工作

1. 认真抓好计划定额用水管理

计划用水和用水定额管理是节约用水管理的主要手段,自1982年至今,昆明市严格按照《中华人民共和国水法》、《云南省节约用水条例》、《昆明市城市节约用水管理条例》等法律、法规的规定,始终坚持对城市非居民用水实行计划与定额相结合的计划用水管理制度,对月用水量在100m³以上的非居民用水户(即用水重点监管户)继续实行计划用水管理。2013年底按照新户纳入管理程序,将呈贡区、马金铺片区、经开区达到管理要求的1000多户城市非居民用水户也纳入了计划用水管理。截至2014年底,已将主城区内近5700户城市非居民用水户纳入了计划用水管理。严格按月进行考核,对用水户超出计划用水指标的用水量,除据实缴纳水费外,由市节水管理机构根据该单位实际执行的水价标准收取超计划用水累进加价水费。继续实行居民用水户阶梯式计量水价。目前已对 79 万户居民用水户实现了一户一表,抄表到户和收费,对超过基础用水量的用水户严格收取超阶梯部分累进水费。通过实行计划定额用水管理,采用经济杠杆促使各用水户加强用水和节水管理,不断提高用水效率。

2. 稳步推进水平衡测试工作

目前,创建节水型企业(单位)已逐渐成为企事业单位和住宅小区加强内部管理、节能降耗的工作抓手。一方面积极深入用水户,指导非居民用水单位,挖掘节水潜力,科学用水,合理用水,同时继续开展水平衡测试工作,并将水平衡测试结果作为计划指标调整的重要依据。另一方面,对完成水平衡测试和健全相关用水节水管理制度的单位,积极组织创建节水型企业(单位),并给予适当奖励。自1999 年昆明市开展创建节水型企业(单位)活动以来,全市共创建了节水型企业(单位)159 家,其中有节水型企业 34 家,节水型单位 125 家,创建了节水小区56 家。

3. 严格落实节水"三同时"制度

昆明已对全市所有新建、改建、扩建的建设项目实施节水"三同时"制度,要求新建项目必须与主体工程同期配套建设节水设施,特别是符合再生水、雨水收集利用设施建设条件的单位,必须配套建设再生水利用设施和雨水收集利用设施,并与主体工程同时设计、同时施工、同时投入使用。市级规划、住建、环保、滇管等行业主管部门在各个审批和证照办理环节切实配合把关,确保了节水设施的同期配套建设,例如,2013 年和 2014 年分别审查了新建项目节水措施方案 310 个和269 个。

4. 开展洗车场节水设施把关

按照 2014 年 3 月实施的《昆明市机动车洗车场管理办法》要求,对新换证件、新办备案的洗车场开展了节水设施严格把关,要求洗车场(点)必须使用节水设备、循环用水设施等节水产品和技术。推广微水洗车方式,减少新鲜水(清洁水源)的使用。

5. 积极开展节水器具推广

2012 年和 2013 年对昆明市内市场经销的用水器具进行公告登记,在通过检验和组织专家审查的基础上,向社会公布节水型用水器具及设备名录,向市民推广使用节水产品。2014 年开展了水嘴节水装置的示范推广工作,在主城公共机构共推广安装了水嘴节水装置约 5.7 万只。

6. 加强节水执法监管

加强节水执法,及时处理违反节水法规的行为。对浪费用水、漏水举报、"12345"市长热线反映浪费用水等问题及时组织查处。加强对分散式再生水设施的日常管理,对擅自停止运行的,及时依法查处。

7. 加强对已建成再生水利用设施的日常监管

建立健全分散式再生水利用设施的日常运行台账和巡查监管台账,继续落实再生水利用专项资金补助规定,对申报再生水利用资金补助的再生水利用设施按月抄表计量和抽检水质,对符合补助条件的每半年发放一次补助资金。为规范和提高运行管理人员的管理能力,昆明市积极创新工作方式,与高校合作,组织各分散式再生水利用设施运行管理人员开展国家职业资格证书培训,对培训合格的分别颁发(初级、中级、高级)污水处理工职业资格证书,不断提高运行管理水平。

8. 加强对工矿企业的节水指导和管理

昆明市级相关部门联合下发了《关于转发〈重点工业行业用水效率指南〉的通知》和《关于进一步加强工业节水工作的通知》,进一步加强全市工业企业的节水管理指导,强化企业主体责任,积极推进节水型企业创建,开展节水技术改造,通过生产、工艺的技术革新,不断提高工业用水重复利用率,减少废污水排放量,落实最严格水资源管理制度的各项要求。

4.2　城镇生活节水

4.2.1　昆明市城镇生活供用水现状

昆明主城五区(五华区、盘龙区、西山区、官渡区、呈贡区)2014 年城镇人口约 344 万,现有自来水厂 14 座,日供水设计能力 162.5 万 m^3,输配水管网 DN100mm 以上干管总长 2600 多 km,供水区域面积约 260km²,城市自来水普及率达到了 100%,年均城镇居民生活用水量约 1.5 亿 m^3。

4.2.2　昆明市城镇生活节水措施

(1)加强计划用水管理。对非居民用水单位实行定额计划用水管理,超定额计划用水的收取累进加价水费,促使各非居民用水单位切实加强用水节水管理,不断提高水资源的综合利用效率。及时将新增的非居民用水单位纳入计划管理,确保公共供水的非居民用水计划用水率不低于 90%。建立重点监控目录,强化对月用水量 1 万 m^3 以上用水单位的监控管理。

(2) 降低城市公共供水管网漏损率。对老化的城市公共供水管网有计划地进行更新改造,切实降低城市供水管网漏损率;加强对城市公共供水管网的巡检,提高城市公共供水管网修漏及时性;通过采取工程和管理措施努力降低城市供水管网漏损率。截至 2014 年底,昆明主城区的城市公共供水管网漏损率已降至 13.38%。

(3) 实行城镇居民用水阶梯价格和工业、服务业等非居民用水超计划、超定额累进加价制度。在昆明主城区范围内对居民用水实行阶梯式水价,对月用水量超过 $10m^3$ 的家庭(按 3 口之家计)加价 100%,月用水量 15~20m^3 的加价 150%,超过 20m^3 的加价 200%。对纳入计划用水管理的非居民用水户(主要是第三产业),每年分上半年、下半年两次按月下达计划用水指标,并严格逐月进行考核,超计划用水的严格收取超计划累进加价水费。对第一个月超计划用水指标用水的,超出部分的水量按水价的 1.5 倍收取;第二个月仍然超计划用水指标用水的,按水价的 2.0 倍收取;第三个月及以上继续超计划用水指标用水的,按水价的 2.5 倍收取。

(4) 建立用水效率标识管理制度。昆明市市场监督管理局切实加强对用水器具生产环节、销售市场的监督管理,确保生产的用水器具符合国家或相关行业标准,通过对市场的清理整顿,从源头禁止销售高耗水、淘汰型用水器具。实行用水器具认证制度,不定期向社会公布"节水型用水器具名录"和"明令淘汰型用水器具名录"。节水管理部门加大节水型器具推广力度,新建工程项目必须使用一次性冲洗水量在 6L 及以下的马桶和其他节水型器具;对机关、学校、宾馆、饭店、文化体育设施等公共用水单位在已安装使用节水器具的基础上,进一步推广使用省水装置。通过加强节水宣传,引导居民用水户主动使用节水型器具或采取其他节水措施。

4.3　工　业　节　水

4.3.1　昆明市工业结构调整现状

昆明市是云南省工业发展最活跃的区域。十多年来,通过调整产业结构,重点建设支柱产业,大力发展有色金属、钢铁、磷化工等原材料工业,以及烟、糖等轻工业,同时注重发展电子工业等新兴产业,形成了烟草、冶金、采矿、机械、化工、医药等多个工业行业构成的工业体系,推动和引导区域社会经济的工业化进程。

截至 2014 年底,昆明市规模以上企业的工业增加值达到 933.12 亿元,占全省工业增加值的 23.9%。排名靠前的行业有烟草加工业、金属冶炼及压延加工业、化学原料及化学制品制造业、采矿业、机械制造业、医药制造业、食品加工和制造业、造纸及纸制品业等。与 2000 年相比,这些行业占规模以上工业增加值的比例没有发生实质性变化,仅烟草加工业和金属冶炼及压延加工业所占的比例有所调整,见表 4.1。随着中缅油气管道工程的投入运行,以石油炼化为主,向下游产业延伸的石化行业将是昆明市工业经济新的增长极。

表 4.1 昆明市工业结构发展变化

国民经济行业分类	工业增加值比例/%							
	2000 年	2008 年	2009 年	2010 年	2011 年	2012 年	2013 年	2014 年
金属冶炼及压延加工业	27.17	34.84	13.47	14.68	12.36	17.84	16.58	16.15
机械制造业	8.98	9.27	10.42	10.20	8.79	5.95	6.58	6.50
烟草加工业	22.42	11.74	30.54	29.72	28.76	27.80	28.87	30.50
食品加工和制造业	4.37	4.72	4.58	5.25	5.23	4.35	4.99	5.80
采矿业	1.54	3.92	5.20	5.72	7.35	8.18	7.80	6.91
医药制造业	4.70	3.66	5.76	4.77	5.00	5.37	5.54	5.19
造纸及纸制品业	1.12	0.25	0.19	0.28	0.28	0.27	0.26	0.28
化学原料及化学制品制造业	8.57	13.60	2.56	1.73	1.72	1.41	2.12	1.94
小计	78.87	82.00	72.72	72.35	69.49	71.17	72.74	73.27
其他行业	21.13	18.00	27.28	27.65	30.51	28.83	27.26	26.73
规模以上工业合计	100	100	100	100	100	100	100	100

4.3.2 昆明市工业节水措施

昆明市是一个严重缺水型城市,二十多年来,随着经济社会的不断发展,水资源短缺问题日趋突出,已对当地的生活和生产造成了重大影响。随着昆明市工业化进程的不断加速,工业用水量还将有所增长,水资源供需矛盾将更加突出。加强工业节水,对加快转变工业发展方式,建设资源节约型、环境友好型社会均具有重要意义。昆明市工业节水的重点工作和主要措施如下:

(1)通过技术改造等手段,加大企业节水工作力度,促进各类企业向节水型方向转变。重点抓好化工、医药、冶金、食品加工等高耗水行业的节水技术改造工程,积极发展节水型行业。

(2)按照《云南省用水定额》(2019 年版)和有关行业节水技术标准,加强对用水量大的企业进行用水目标管理和考核。强化高耗水企业在生产过程和工序用水中的管理,严格执行用水计划,对化工、冶金、造纸、医药、食品加工等重点行业,加大监管力度,对不符合标准要求的企业,限期整改。

(3)加大清洁生产的推广和审核力度,把节约用水和污水治理结合起来,促进废污水循环利用,提高水资源重复利用率,实行废水资源化,鼓励综合利用。新建、改建、扩建工业项目必须采用先进的节约用水生产工艺和水污染防治技术,其清洁生产水平应达到国家清洁生产标准中的国内先进水平。

(4) 实行新建、改建、扩建工业项目的"三同时、四到位"制度和环境影响评价制度。"三同时"即工业节水设施必须与工业主体工程同时设计、同时施工、同时投入使用;"四到位"即工业企业要做到用水计划到位、节水目标到位、节水措施到位、管水制度到位。

(5) 依据《重点工业行业取水指导指标》,对达不到取水指标要求的落后产能要加大淘汰力度。对不符合国家要求的高耗水工艺、设备和产品,要依法强制淘汰。

(6) 围绕工业节水重点,在高耗水重点行业和企业大力推广《当前国家鼓励发展的节水设备(产品)目录》,重点推广工业用水重复利用、高效冷却、热力和工艺系统节水、洗涤节水、工业给水和废水处理、非常规水资源利用等通用节水技术和生产工艺。

(7) 采用高效、安全、可靠的水处理技术工艺,大力提高水循环利用率,降低单位产品取用水量。

(8) 加强废水综合处理,实现废水资源化,减少水循环系统的废水排放量。提高企业节水管理能力和废水资源化利用率;开展废水"零"排放示范企业创建活动,树立和鼓励一批行业"零"排放示范典型。

根据《2015 年度昆明市实行最严格水资源管理制度自查报告》,2015 年昆明市万元工业增加值用水量为 47m³/万元,比 2010 年下降了 32%,其中昆明市主城区的万元工业增加值用水量仅为 8.78m³/万元,远低于云南省和全国平均水平,为昆明创建节水型城市奠定了良好的基础。

4.4　农业节水

4.4.1　农业灌溉现状

根据 1978～2015 年《云南省水利统计年鉴》等资料分析发现,滇池流域 1978～2000 年的农业灌溉面积呈波动变化,有效灌溉面积基本维持在 45 万～50 万亩,实际灌溉面积维持在 40 万～45 万亩,如图 4.1 所示。2000 年以后,随着滇池流域内城市建设的发展,农田相继用于城市建设,灌溉面积逐渐减少。结合 2012～2015 年昆明市各县(市、区)的统计年鉴,现状滇池流域的农田有效灌溉面积只有34.09 万亩,实际灌溉面积为 31.80 万亩,农田有效灌溉程度为 35.3%。根据灌溉的水源分类,位于湖盆面山和近山的耕地灌溉由水库供水灌溉,湖滨的耕地由滇池提水灌溉。

滇池沿湖提水灌溉面积主要集中在晋宁、呈贡、官渡及西山等县(市、区),

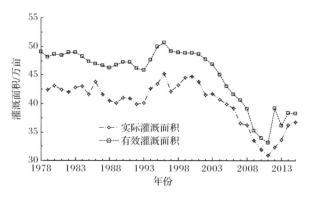

图 4.1　1978～2015 年滇池流域灌溉面积变化趋势

2002 年云南省水利水电勘测设计研究院对滇池水位进行复核时,滇池流域提水灌溉面积为 27 万亩。2007 年再次开展《滇池运行水位研究》时,根据昆明市滇池管理局等单位提供的调查资料对滇池提水灌溉面积又进行复核,滇池环湖提水灌溉面积只有 17.05 万亩,比 2000 年减少约 10 万亩,年均减少 1.25 万亩。

　　根据滇池外海环湖人工湿地建设的实际情况,环湖人工湿地建设的工程区位于滇池外海最低运行水位 1885.5m 等高线(或现状防浪堤)至环湖路之间的湖滨区域,环湖人工湿地建设将占用湖滨农田 3.53 万亩。目前,规划建设的主要环湖人工湿地建设已基本实施完成。在已完成的《滇池运行水位研究》的调查基础上,2014 年再次对滇池提水灌溉泵站及相应灌溉面积的统计资料进行复核分析,现状年滇池外海环湖的农田提水灌溉面积为 15.43 万亩,见表 4.2。今后适当考虑城市发展等建设用地后,滇池流域灌溉面积还会有一定小幅度的减少,预测到 2030 年减少至 27.70 万亩。

表 4.2　研究区域的现状灌溉面积统计

流域名称	灌溉面积/万亩					鱼塘补水/万亩
	农田有效灌溉面积			林果地	合计	
	提水灌溉	蓄引灌溉	小计			
滇池流域	15.43	15.17	30.60	3.49	34.09	0.40
普渡河流域中段	—	18.91	18.91	1.10	20.01	0.10
合计	15.43	34.08	49.51	4.59	54.10	0.50

4.4.2　农业节水规划

　　为贯彻落实《关于全面深化农村改革加快推进农业现代化的若干意见》,响应水利部提出的"东北节水增粮、西北节水增效、华北节水压采、南方节水减排",云

南省编制完成了《云南省节水减排高效节水灌溉发展总体实施方案（2016—2020
年）》，以提高农业综合生产能力为目标，以水资源高效利用为核心，加快高效节水
灌溉工程及生态改造工程建设，实施最严格的水资源管理制度，完善农业节水激励
机制，创新工程建设机制和管理体制，健全基层水利服务体系，强化农业综合节水技
术推广，实现节水、高产、减污，以水资源的可持续利用保障农业和经济社会的可持
续发展，以农业节水减排促进昆明市的水生态文明建设。

1. 主要建设任务

围绕推广先进灌溉制度、水肥高效利用技术所需的配套工程，重点规划建设
喷微灌、管道输水等高效节水灌溉工程及小型灌溉水源（坝塘、小型泵站、引水堰
塘）。对大中型灌区的末级渠系、5 万亩以下灌区的渠系工程及建筑物进行配套改
造。对节水减排监测监控系统、灌溉试验站、基层服务体系，机耕路、生产桥等配
套工程进行布局。提出各类节水灌溉的规划发展面积，分别估算小型水源工程、
高效节水灌溉工程、渠道防渗工程、配套工程等的投资，估算节水减排实施方案的
社会经济效益和生态环境效益。提出节水减排行动机制建设和改革的总体思路
及主要措施。半山区主要结合云南高原特色农业布局，以经济作物和林果为主，
在灌区内主要发展粮食作物和蔬菜。

2. 技术路线

分析评价农业节水减排及水资源利用与保护现状；在巩固现有节水灌溉面积
及水资源保护的基础上，结合水生态建设重点，大力开展节水减排，合理制定节水
灌溉发展的目标与建设任务，提出节水灌溉发展总体布局与建设内容；确定节水
灌溉发展的主要工程建设与改革管理内容，并提出相应的投资规模、实施计划和
保障措施。

3. 建设规模

根据《云南省节水减排高效节水灌溉发展总体实施方案（2016—2020 年）》，滇
池流域规划建设高效节水灌溉面积 6.83 万亩，其中管灌 1.47 万亩，喷灌 3.38 万
亩，微灌 1.98 万亩；普渡河中段规划建设高效节水灌溉面积 5.60 万亩，其中管灌
2.83 万亩，喷灌 1.08 万亩，微灌 1.69 万亩，见表 4.3。

表 4.3　研究区域高效节水灌溉面积规划统计

流域名称	高效节水灌溉面积/万亩				投资匡算/万元
	管灌	喷灌	微灌	小计	
滇池流域	1.47	3.38	1.98	6.83	14130

流域名称	高效节水灌溉面积/万亩				投资匡算/万元
	管灌	喷灌	微灌	小计	
普渡河流域中段	2.83	1.08	1.69	5.60	9305
小计	4.30	4.46	3.67	12.43	23435

4.5 城市污水处理及再生水利用

4.5.1 昆明城市污水处理

滇池流域现状已建有污水处理厂 21 座,设计处理能力 164.5 万 m^3/d。2020 水平年规划新建污水处理厂 7 座、改扩建 6 座,新增处理能力 114 万 m^3/d。2030 水平年时新增 2 座、改扩建 4 座,新增污水处理能力 24.6 万 m^3/d。

普渡河流域中段现有污水处理厂 3 座,设计处理能力 33.4 万 m^3/d。2020 水平年新建污水处理厂 1 座、改扩建 3 座,新增处理能力 6.4 万 m^3/d。2030 水平年时改扩建 4 座,新增污水处理能力 20.7 万 m^3/d。

滇池流域和普渡河流域中段区域的污水处理设施情况见表 4.4。

表 4.4 研究区域的污水处理设施统计表

流域名称	现状		2020 年		2030 年	
	数量/座	处理能力/(万 m^3/d)	数量/座	处理能力/(万 m^3/d)	数量/座	处理能力/(万 m^3/d)
滇池流域	21	164.5	28	278.5	30	303.1
普渡河流域中段	3	33.4	4	39.8	4	60.5
小计	24	197.9	32	318.3	34	363.6

1. 滇池流域

昆明主城区已初步形成城北、城西、城南、城东及城东南片区等 5 个排水系统。主城现状排水管网主要集中在建成区内,总长约 948km。目前主城已投产运行 10 座污水处理厂,现状处理能力 110.5 万 m^3/d,设计处理规模为 127.5 万 m^3/d。在建污水处理厂 2 座,设计处理规模 11.0 万 m^3/d,规划拟建污水处理厂 2 座,设计处理规模 22.0 万 m^3/d,到 2020 年,主城片区污水处理能力为 180.5m^3/d。

现状昆明市第二、四、五、六、七、八、十和经开区污水处理厂的尾水都是通过入滇河流或排污专管接入北岸排污干管,其中排入草海的有 96.5 万 m^3/d。尾水提升泵站建成后,每天大约 77.5 万 m^3 的尾水直接从排污干管提至西园隧洞排出滇池流域,还有 19 万 m³ 的尾水仍直排草海。

呈贡龙城片区现状已建有呈贡污水处理厂、洛龙河污水处理厂、捞鱼河污水处理厂和马金铺污水处理厂等 4 座污水处理厂,设计处理规模 15 万 m³/d;另外,建有洛龙河混合污水处理厂和捞鱼河混合污水处理厂等 2 座混合污水处理厂,设计处理规模 11 万 m³/d。

官渡小哨片区现状已建有空港区南污水处理厂,设计处理规模 4.0 万 m³/d。规划新建新庄污水处理厂、小哨污水处理厂和秧草凹污水处理厂,2030 年官渡小哨污水处理厂的设计处理规模为 8.2 万 m³/d。

晋宁昆阳片区现状环湖南岸干渠截污工程设置了雨水、污水处理厂共 5 座,旱季污水处理规模 19 万 m³/d,2030 年雨季污水及初期雨水处理规模为 38.0 万 m³/d。

2. 普渡河流域中段

西山海口片区的海口镇现状无污水处理厂,规划新建 2 座污水处理厂,设计处理能力为 12.4 万 m³/d。安宁市现有污水处理厂 2 座,设计处理规模 32.6 万 m³/d。规划水平年进行扩建后,设计处理能力达到 42.6 万 m³/d。富民县现有污水处理厂 1 座,设计处理规模 0.8 万 m³/d。规划新建 1 座污水处理厂,扩建 1 座污水处理厂,设计处理能力为 17.9 万 m³/d。

4.5.2　昆明城市再生水利用

昆明城市的再生水利用采用集中与分散相结合的模式。集中式再生水的利用目前主要集中在中心城区,是在污水处理厂全面提标改造出水水质为一级 A 标的基础上,以道路新建及改扩建、雨污分流工程项目等市政工程建设为依托,开展再生水站及配套管网的建设。目前,主城已建成集中式再生水处理站 10 座,总设计供水能力为 16.3 万 m³/d,建成再生水供水主干管约 560km,正在建设捞鱼河、洛龙河再生水处理厂,总设计处理规模 10.5 万 m³/d。集中式再生水主要用于城区河道生态补水、市政绿化、环卫用水、市政杂用水、公园景观补水及管网覆盖范围内的单位、小区绿化浇灌等。

到 2014 年末,滇池流域已建成 8 座集中式再生水水厂,总处理规模为 3.4 万 m³/d,主要用于以下四个方面:①市政道路冲洗、冲厕、景观、绿化用水;②河道、公园、水体景观补水;③单位小区绿化浇洒、车辆清洁;④建筑施工用水。

另外,因地制宜,由符合条件的新建项目建设单位按照相关要求投资建设分散式再生水利用设施,将再生水回用于建设项目内的绿化、道路浇洒、景观、公共设施卫生间冲厕等。自 1998 年起步建设,截至目前已建成 467 座分散式再生水利用设施,广泛分布于住宅小区、学校、机关单位、公交停车场、工矿企业等,总设计处理规模约 14.47 万 m³/d,其中 2013 年新建成 35 座,2014 年建成 39 座。据统计,2013 年和 2014 年昆明主城的城市再生水年回用量用于绿化、环卫、冲厕等的杂用水水量分别为 1140 万 m³ 和 1670 万 m³。其余排入滇池入湖河道的再生水,因其污染物负荷仍将对滇池产生累积效应,从概念上不宜认定为这些河道的生态环境用水量。今后还应进一步研究在滇池下游的螳螂川河谷区配置利用再生水作为农灌用水的可能性。

4.5.3　再生水利用设施

经调查,滇池流域和普渡河流域中段将新建集中式再生水厂 17 座,再生水厂达 25 座,处理规模 82.73 万 m³/d,杂用水管网长度 358.34km,再生水取水点 177处;远期再生水厂 28 座,处理规模 186.04 万 m³/d,杂用水管网长度 1016.96km,再生水取水点 379 处,见表 4.5。

表 4.5　再生水利用设施规划

流域名称	近期水平年		远期水平年	
	数量/座	处理规模/(万 m³/d)	数量/座	处理规模/(万 m³/d)
滇池流域	21	73.9	25	152.0
普渡河流域中段	4	8.9	4	34.0
小计	25	82.8	29	186.0

注:资料来源于《昆明市城镇再生水利用专业规划》。

4.6　再生水灌溉现状及发展趋势

流域/区域内的再生水因其具有水源稳定、供给可靠等特点,逐渐成为一种潜在待开发的可利用水资源。再生水经过技术措施处理,达到农业灌溉用水水质标准后,可以用于农业灌溉的补给水源,能在很大程度上缓解现阶段农业用水不足的紧张局面。美国、以色列、澳大利亚等国家都把再生水当作农业灌溉的一个重要水源。近年来,中国对再生水灌溉也展开了比较多的研究,一方面,再生水灌溉能增加土壤的有机质,提高土壤的肥力和生产力(Rusan et al.,2007);另一方面,由于再生水中仍含有一定量的微生物、不同种类不同浓度的化学污染物和辐射性物质,长期灌溉对生态环境、作物品质和人体健康都会有一定影响(胡洪营等,2011)。因此,如何最大化地发挥区域再生水在农业灌溉中的社会效益、经济效益和生态效益,同时规避对社会和生态环境的危害是当前研究的重点。

4.6.1　国内外再生水灌溉研究现状

1. 再生水灌溉对土壤环境的影响

通常土壤都具有一定的自净能力,但土壤的自净能力总是有限的,长期再生水灌溉将会导致污染物在土壤中累积,进而污染地下水和农作物的植株以及果实。目前,国内外研究重点包括再生水灌溉对土壤结构、孔隙率、导水率等物理性质,以及对重金属、持久性有机污染物、盐分、养分等化学性质与土壤微生物群落的影响等方面(吴文勇等,2009)。

再生水中含盐量比清洁水高,长期灌溉可能会对土壤产生不利影响。再生水短期灌溉未引起番茄地块土壤剖面盐分的累积,而对于黄瓜地块,没有监测到盐分在深层土壤中累积,但土壤中较高的 pH(>0.8)说明长期灌溉再生水可能引起土壤的碱化(薛彦东等,2012)。关于再生水浇灌小白菜对不同土层的影响,除 $0\sim$ 15cm 土层全盐量增加外,$15\sim45$cm 土壤层盐分累积现象与自来水灌溉相比无明显差异,且短期内不会显著增加土壤阳离子含量(魏益华等,2008)。长期监测数据显示,再生水灌溉产生的土壤含盐量和硼浓度的改变不会减少产量,但钠吸收率的改变对限制土壤排水进而导致盐度的升高有潜在影响(Stevens et al.,2003)。研究表明,再生水灌溉会显著增加土壤的电导率或含盐量,随着灌溉时间的增加,盐分逐渐累积,最终必然导致盐化产生(Beltrao et al.,2003)。

再生水灌溉作为土壤重金属的来源之一,会对土壤表层重金属累积和迁移有一定的影响。通过对典型污灌区进行试验发现,长期污灌导致耕作土壤中重金属累积;同时,随着土壤深度的增加,重金属含量呈先减少,后增加的趋势(陈志凡等,2013)。土柱模拟试验揭示了不同灌溉方式及小麦、玉米的种植对 As、Cd、Cu、Zn 在土壤中迁移行为的影响,即再生水灌溉和再生水、地下水轮灌之后,重金属主要在土样表层累积(杜娟等,2011)。另外,中长期的再生水灌溉会导致土壤中重金属的分布重排和含量增加,土壤 pH 显著降低对土壤会造成潜在风险,因而再生水灌溉之前应进行风险评估,以保障农业用水安全(Xu et al.,2010)。

不少学者开始关注再生水灌溉条件下土壤中氮素的运移规律。已有试验结果表明,再生水中碳含量较高时有利于氮素的转化、作物吸收利用和氮的反硝化作用,再生水灌溉系统具有较好的氮素利用潜力(程先军等,2012)。朱焱等根据氨挥发机理建立了氨挥发子模型,与氮素运移转化模型 Nitrogen-2D 进行耦合,模拟氮素转化过程,可用于农田氮素损失预测和污染分析(朱焱等,2010)。

2. 再生水灌溉对地下水环境安全的影响

研究表明,灌区内长期使用再生水进行灌溉大多存在地下水质变差的问题,有机污染物与病原微生物是造成再生水灌溉风险的主要污染物(甘一萍等,2013)。

目前,再生水中溶解新型污染物对地下水的影响日益受到关注。通过监测再生水灌区的地下水,结果显示能监测出 17 种新型污染物,污染物浓度都低于灌溉水,且灌溉 60 天后有 11 种目标污染物被降解了 80%,说明土壤含水层系统对新型有机污染物有较好的去除作用(Laws et al.,2011)。在应用 Hydrus 模型评估二甲基亚硝胺(NDMA)对地下水水质的污染风险时发现,在利用再生水灌溉的过程中,NDMA 对地下水的污染风险与土壤的水力传导系数和灌溉强度有关(Haruta et al.,2008)。在实际中可以用筛选模型来对有机污染物进行评估,结合化合物的土壤吸附常数等信息,为污染物的快速筛选提供依据。

另外,药物及个人护理品(PPCPs)对地下水的污染也受到重视。许多 PPCPs 组分具有较强的生物活性、旋光性和极性,大都以痕量浓度存在于环境中。研究显示,有多种 PPCPs 在再生水利用过程中会进入浅层地下水(Dougherty et al.,2010)。用再生水灌溉后,新型污染物吉非贝齐(Gemfibrozil)可能到达地下水,浓度可达 6.86μg/L(Fang et al.,2012)。有学者总结了污水中发现的主要 PPCPs 类物质有抗生素、消炎止痛药、消毒剂和人工合成麝香。虽然 PPCPs 类物质浓度不高,不会给人体造成直接危害,但长期使用再生水灌溉对地下水生态系统及人类健康将会带来不同程度的伤害,相关方面的研究应引起重视(薛彦东等,2012)。

再生水中含有多种病原微生物,在灌溉中可能随下渗水量汇入地下水,进而影响地下水水质。研究发现,再生水中的病原微生物对地下水水质的影响与再生水中微生物浓度、土壤温度、土壤类型、微生物种类等有关(陈卫平等,2013)。通过对欧洲再生水灌区的地下水进行监测,发现病原体检测到的数量都较小,回灌系统中土壤在一定程度上能改善再生水水质(Levantesi et al.,2010)。研究 4 个再生水回灌地下水处理工程对病原微生物去除效果的结果表明,影响病原微生物污染地下水的主要因素是再生水中病原微生物数量以及回灌水在含水层中的停留时间(Page et al.,2010)。

3. 再生水灌溉对作物产量和品质的影响

农作物的产量和品质是决定再生水灌溉可行性的重要因素。国内外学者对一年生作物、果树、牧草、人工草坪等进行了很多灌溉试验。结果显示,再生水灌溉对葡萄生长有一定影响,再生水中的营养元素可以被葡萄很好利用,但叶片中磷、钾含量的增加对葡萄生长有潜在风险(Paranychianakis et al.,2006)。用再生水对香蕉进行灌溉试验,发现清洁水、再生水混合灌溉处理下的产量较高,导电率(electrical conductivity,EC)和纳吸附比(sodium adsorption ratio,SAR)值的增加并没有导致产量下降(Palacios et al.,2000)。

与清洁水相比,利用再生水灌溉莴苣、胡萝卜、白菜、芹菜、菠菜、番茄等蔬菜,可以获得相似的产量和品质(Kaddous et al.,1986)。通过大田试验研究清水与再生水不同混合比例对番茄品质的影响,发现再生水灌溉没有影响番茄的 pH(Lahham et al.,2003)。研究再生水灌溉条件下茄子的营养物质含量、重金属含量及微生物学性质、产量等的结果表明,茄子的产量是清水灌溉并按常规施用化肥条件下产量的 2 倍(Nakshabandi et al.,1997)。通过以地下水滴灌为对照来分析不同浓度再生水滴灌对菠菜品质和产量的影响,结果显示,以 70%再生水滴灌、追肥量为传统追肥量 30%的情况下,菠菜品质最好;50%再生水滴灌、追肥量为传统追肥量的 50%情况下,菠菜产量最高(裴亮等,2013)。

通过田间试验研究再生水灌溉对冬小麦、夏玉米等粮食作物产量与品质的影响规律得出,再生水灌溉处理与清水处理相比,冬小麦和夏玉米的产量有所增加,但再生水灌溉对冬小麦和夏玉米产量未达到显著影响水平($\alpha=0.05$);再生水灌溉对冬小麦和夏玉米主要品质指标也无显著性影响($\alpha=0.05$)(刘洪禄等,2010)。短期内采用再生水灌溉小黑麦,对其品质无不良影响,且对其淀粉、粗蛋白、矿质元素含量等品质有一定的改善作用(李晓娜等,2012),苜蓿是利用再生水灌溉的最佳饲料类作物。此外,用再生水灌溉林木也逐渐成为一些学者的研究焦点,对于推动大范围再生水灌溉利用具有重要的探索意义(Murillo et al.,2000)。

4. 补偿效益

灌区实行污水灌溉是由各种原因造成的,如城市发展后的生活用水与工业用水挤占农业灌溉用水,老灌区水源退还被挤占的河道生态用水后造成可供水量减少等。用污水对灌区进行灌溉的运行方式首先会引起外部对象利益的变化,如污水处理单位负担减轻,用水户用水成本降低等;其次是灌区自身利益受到损害,长期污水灌溉后对灌区的土壤、地表水、地下水和农作物及其产品均会产生不利影响,导致其利益受损,因此有必要对灌区污灌进行效益补偿。

污水灌溉补偿效益是指灌区的污水灌溉运行或污水灌溉制度的变化,使得相关对象的利益发生变化,该类利益的变化即作为灌区污灌的补偿效益。灌区污灌的形式丰富多样,包括污水灌溉、污清轮灌和污清混灌(可按不同比例进行污水和清水稀释)等不同运行方式;结合灌溉日期和灌水定额的变化还可以得到多种污水灌溉制度(张泽中等,2010)。

灌区污灌补偿效益研究的内容和方向可以概括为以下三个主要方面:一是确定灌区补偿效益涉及的相关对象;二是研究灌区补偿效益的具体计算方法;三是选择科学合理的补偿效益分配方法。灌区污灌补偿效益问题需要农业、水利、环保等各部门的协调解决,对灌区污灌补偿效益的研究将为农业节水、保护水资源和水环境提供理论依据,实现灌区的可持续发展。

4.6.2　再生水安全灌溉技术研究

1. 灌溉方式的选择

选择合理的灌溉方式能充分吸收和利用再生水中的营养物质,同时可以减小对环境的污染。国外学者研究结果表明,采用滴灌或喷灌,使再生水缓慢下渗,能控制灌溉水尽可能长时间地停留在土壤计划湿润层内,保证作物根系吸收到维持正常生长的需水量及其携带的营养物质,并避免对地下水产生影响。同时,适量的灌溉供水不会形成地表径流,从而不会造成面源污染,所以滴灌和喷灌是很适合于再生水灌溉的灌溉方式。采用再生水对棉花、小麦、向日葵、玉米等作物进行灌溉,并开展了地下滴灌、地表滴灌和喷灌对比试验,结果表明,地下滴灌的效果较好,但它对水质要求较高,以防止滴头等被堵塞(Gideon et al.,1999)。在沟灌条件下,番茄果实表皮容易富集细菌,导致果实污染,使果实不宜生食(Lahham et al.,2003)。用再生水灌溉葡萄,对地表滴灌和地下滴灌两种灌溉方式的效果比较发现,地下滴灌的方式能较好地利用低质量的再生水(Oron et al.,1999)。

由于再生水中的悬浮物、有机质、微生物等含量较高,易导致再生水滴灌系统灌水器产生物理、化学、生物性堵塞,如何提高滴头的抗堵塞性能是近年来学者关心的重点。研究再生水滴灌系统滴头抗堵塞性能的试验结果表明,滴头流道结构差异对滴头的抗堵塞性能有显著影响,具有反冲洗功能的滴头或者滴头流道较短、流道截面较小的滴头可有效防止再生水灌溉对滴头的堵塞(吴显斌等,2008)。用单翼迷宫式、内镶式和压力补偿孔口式等 3 种滴灌设备进行自来水和再生水滴灌试验对照的结果显示,再生水滴灌条件下滴头堵塞程度要远高于自来水滴灌,且堵塞以化学堵塞为主。经研究比较发现,压力补偿孔口式滴头抗堵塞性能优于单翼迷宫式滴头和内镶式滴头(刘海军等,2009)。

2. 再生水的灌溉制度

正确拟定再生水灌溉制度是作物产量和品质的重要保障。要充分考虑各方面的影响,研究提出,不同污水类型和土壤条件下,作物在不同生长季节的污灌次数、最佳灌溉时间及灌溉定额应有所区别,以实现科学合理的污水灌溉。污水灌溉日期应尽量避开作物籽粒灌浆、黄熟等吸收养分的时段,对有淡水水源的地方,最好采用清污轮灌或混灌方式,减少污水灌溉次数和污水灌溉量,以保证灌溉作物的经济效益和环境效益持久性(张展羽等,2004)。

在充分灌、适宜灌、轻微干旱胁迫、中度干旱胁迫等 4 种水分处理条件下进行田间试验,研究再生水灌溉条件下早熟禾的灌溉制度,在水文频率 $P=25\%$、50%、75% 和 95% 等 4 种典型年下,适宜的灌溉次数分别为 2 次、7 次、10 次和

14 次,净灌溉定额分别为 42mm、198mm、298mm 和 426mm(王勇等,2012)。孙书洪等(2011)通过开展 3 年的再生水灌溉试验,灌溉水源采用再生水、清水、清水-再生水混灌等 3 种,种植作物为苜蓿和棉花,探索建立了以土壤硝态氮环境容量为控制条件的再生水灌溉制度、清水-再生水混灌及轮灌制度。

3. 再生水灌溉的水肥耦合效应初探

城市生活污水处理后的再生水中含有较多的 N、P 等营养物质,在灌溉过程中能被作物有效利用,显著提高作物产量。因此,在作物施肥的同时,也要考虑再生水中 N、P 等的补充,适量调整减小施肥量,避免农田氮素过量而导致对土壤和地下水的污染,才能使再生水灌溉和施肥的效益发挥最大。

再生水灌溉的水肥耦合也是国内外水资源高效利用研究的一个热点问题。但需要解决的关键技术问题有:一是分析确定农田氮素时空变化规律,二是分析确定作物的水肥生产函数(王仰仁等,2007)。通过田间试验,研究在污灌条件下不同灌水水量和施肥量对冬小麦生长和产量的影响,结果表明,在中等施肥条件下,污水灌溉以高灌水量处理可获得较好的产量,而清水灌溉以中等灌水量为好(冯绍元等,2003)。在使用再生水灌溉且氮肥减施 20% 和 30% 处理的情况下,有效削减了 0～30cm 根层土壤剖面的氮素损失,保证了番茄在关键生育阶段的生长时对土壤矿质的营养需求(李平等,2012)。

4.6.3　再生水灌溉发展前景

1. 适应最严格水资源管理制度需要

2012 年 2 月,国务院提出用 2～3 年时间划定覆盖流域和省市县三级行政区域的用水总量控制、用水效率控制、水功能区限制纳污三条红线,并建立相应考核制度,逐级分解全国 2015 年用水总量 6350 亿 m^3,2020 年、2030 年分别控制在 6700 亿 m^3 和 7000 亿 m^3 以内的红线指标;2015 年全国万元工业增加值用水量较 2010 年下降 30% 以上、农业灌溉水有效利用系数 0.53 以上的用水效率红线;2015 年、2020 年、2030 年全国重要江河湖泊水功能区水质达标率 60%、80%、95% 的控制目标。同时,要在总量控制基础上,力争在 2015 年前完成全国主要江河及省内跨州(市)河流的水量分配方案,水量分配中应遵循因地制宜、突出重点、水资源可持续利用和经济社会协调发展,统一配置,公平、公正与适当兼顾效益、生活和生态基本用水优先保证,民主协商和行政决策相结合等基本原则,可采用基于水资源总量、定额预测、水资源配置规划、层次分析、多目标决策等方法(顾世祥等,2013)。

对于最严格水资源管理的"三条红线"控制和水量分配而言,再生水灌溉的现实意义是减少区域内的清洁水源消耗,以适应用水总量控制;提高水重复利用效率和减少入河排污量,以满足水功能区纳污控制红线要求。特别是对于水资源开发程度超过 30% 的区域或流域,现状都不同程度地出现江河湖库水环境恶化、水功能区无纳污能力等水资源和水环境问题。因此,污水资源化已成为各地发展循环经济中重要的一个环节,但其中最重要的还是在污水处理后必须达到灌溉水质标准,以渠道或管道输送到城市下游特定灌区作为农业灌溉用水,城市林地、公园、苗圃等也有少量用水。工业利用再生水主要是通过提高内部循环利用率来实现,也有接入城市再生水厂统一供水的,但由于其退水中含有重金属及有毒物质,处理难度大,只能用于生产工艺中的循环冷却。

2. 再生水灌溉技术体系

大量利用再生水灌溉粮食或经济作物可能存在环境风险、食品安全等问题,必须采取各种措施处理,在现有试验和探索基础上,还应重点开展以下几方面的技术研究:

(1)为保证再生水能安全回用于农业灌溉,应结合农村环境综合整治和河塘清淤等措施,将农村生活污水收集后,在再生水入水口采用生态稳定塘或人工湿地等措施进行深度处理,尽可能降低污水中的氮、磷浓度,有效减小其对农田土壤和农产品的危害。

(2)发挥城市再生水、地表水、地下水等多水源的联合调蓄作用,构建区域内多水源、多用户、分质供水的水资源配置体系,并进行统一调度,包括主要水源点的蓄水计划与调度方案编制,支撑流域内或跨区域、多层次水资源统一调配的江河湖库水系连通工程建设,再生水供水水质,灌区内控制节点的主要污染物动态监测与风险评估等。

(3)建立再生水灌溉技术标准体系,涉及再生水从污水处理后出水污染物浓度限制、灌区输配水建筑物防腐蚀、净化功能,灌溉回归水利用处理,高效节水灌溉制度、作物籽实的安全评价等。

(4)开发区域再生水综合优化调度关键技术,包括成本最小化、供水量最大化、水量-水质联合模拟、用水户意愿评估、安全运行等方面,建立区域再生水资源综合利用的优化决策模型等。

(5)形成区域再生水水源系统供需之间的水量-水质协调机制,满足优水优用、分质使用的要求,最大限度地减少区域内水环境污染负荷,为流域内水质改善总体方案设计提供技术支撑和科学指导。

(6)再生水灌溉及综合利用具有节水减污、降低取用水总量的作用,是建立资源节约型、环境友好型社会和节能减排所大力倡导的资源循环利用方式,但在其集中处理、输送、供水及回归水收集处理等环节中,较一般的水利工程增加污染物降解稀释、建筑物防腐蚀、统一调度、水质监测评估等多方面的投资,用传统的效益费用比评价很难通过。建议在地方各级水务一体化和节约用水工作中,研究制定鼓励社会、集体、个人参与再生水灌溉等综合利用工程的融资及相配套的税收倾斜、财政补贴等相关的政策措施。

4.6.4　小结

在国家实行最严格水资源管理制度"三条红线"的控制背景下,再生水灌溉使城市污水资源化,减少清洁水消耗和污染物入河量,达到资源节约、环境友好的目的。再生水灌溉有明显的优点,但对土壤、地下水和作物等的风险不容忽视。因此,今后的再生水灌溉要因地制宜和系统规划,应采用生态稳定塘或人工湿地等措施进行深度处理,构建区域多水源、多用户、分质供水的水资源配置体系,建立再生水灌溉技术标准体系,开发区域再生水综合优化调度关键技术,形成区域再生水水源系统供需之间的水量-水质协调机制,建立和完善相关的法律法规,深入开展再生水农业灌溉的各项研究工作。利用区域内再生水,应当结合各方面探索研究和管理实践成果,趋利避害,在实现经济利益的同时尽量减小对环境的危害。

4.7　昆明海绵城市建设

4.7.1　海绵城市研究现状

1. 海绵城市的基本内涵

海绵城市建设的核心是雨洪管理。在国外,城市雨洪管理代表性的理念主要包括 3 个(刘昌明等,2016):①美国的低影响开发(low impact development,LID),该理念是 20 世纪 90 年代在美国马里兰州普润斯·乔治县提出的,用于城市暴雨最优化管理实践,采用源头削减、过程控制、末端处理的方法进行渗透、过滤、蓄存和滞留,防治内涝灾害,融合了基于经济及生态环境可持续发展的设计策略,其目的是维持区域天然状态下的水文机制,通过一系列的分布式措施构建与天然状态下功能相当的水文和土地景观,减轻城市化地区水文过程畸变带来的社会及生态环境负效应。②英国的可持续发展排水系统(sustainable drainage system,SUDS),侧重"蓄、滞、渗",提出了 4 种途径(储水箱、渗水坑、蓄水池、人工湿地)消纳雨水,减轻城市排水系统的压力。③澳大利亚的水敏感性城市设计(water sensitive urban design,WSUD),侧重"净、用",强调城市水循环过程的"拟自然设计"。

在国内,海绵城市的明确提出并为社会各界所熟知,始于 2013 年中共中央城镇化工作会议提出建设自然积存、自然渗透、自然净化的海绵城市。2014 年 10 月,住房和城乡建设部发布的《海绵城市建设设计指南——低影响开发雨水系统构建》指出:海绵城市是指城市能够像海绵一样,在适应环境变化和应对自然灾害等方面具有良好"弹性",下雨时吸水、蓄水、渗水、净水,需要时将蓄存的水"释放",并能加以利用。

海绵城市的内涵可以基本概括为:海绵城市是一种城市水系统综合治理模式,以城市水文及其伴生过程的物理规律为基础,以城市规划建设和管理为载体,综合采用和有机结合绿色、灰色基础设施,充分发挥植被、土壤、河湖水系等对城市雨水径流的积存、渗透、净化和缓释作用,实现城市防洪治涝、水资源利用、水环境保护与水生态修复的有机结合,使城市能够减缓或降低自然灾害和环境变化的影响,具有良好的弹性和可恢复性(张建云等,2014)。

2. 海绵城市规划的主要内容

海绵城市建设的根本问题是水的系统治理问题,这是一项复杂的系统工程,涉及全社会多部门的配合和协调。首要任务是建立多部门统筹协调机制和高效权威的统一指挥机制。充分发挥规划、水利、住建、交通、环保、园林等多部门的协同作用,提高海绵城市建设管理的系统性和综合性,结合流域、区域和城市的多个角度科学论证建设方案。

海绵城市建设的核心是城市水安全,即通过类似于海绵体的建设,提高城市防洪能力、改善水环境、提升水资源的保障能力。要高度重视气候变化、快速城镇化背景下的城市极端降雨、产汇流规律、洪水演进、水生态以及水环境等因素的演变情势分析和研究,为海绵城市建设提供坚实的科技支撑。

因此,海绵城市规划主要是以探明城市各种防洪排涝设施(如排水管网、泵站、河道水系等)排水、蓄水能力为前提条件,基于现状城市防洪排涝能力,因地制宜地通过实施或改造多种 LID 措施(如渗、滞、蓄、净、用、排等)消纳本地产水量和污染负荷,减小各区外排水量,从而减轻排水管网的排水压力以及初期雨水对受纳水体的污染;而对于超标水量,则通过地表、城市水系、水塘和湿地等进行排水和调蓄,提高城市的内涝防治能力,实现雨洪资源的合理利用。

4.7.2　规划目标

根据住房和城乡建设部发布的《海绵城市建设绩效评价与考核办法(试行)》以及水利部关于印发《推进海绵城市建设水利工作的指导意见的通知》,结合昆明市的实际问题和发展需求,选取了 6 大类共 22 项建设指标,作为昆明市海绵城市规划建设管理的指标(龚询木等,2016),具体参见表 4.6。

表 4.6　昆明市海绵城市规划建设管理的指标

类别	指标	单位	现状	近期目标 (2020 年)	远期目标 (2030 年)
水生态	年径流总量控制率	%	56	—	82
	生态岸线恢复	%	52	60	80
	城市热岛效应	—	—	缓解	明显缓解
	水面率	%	—	10.5	11.1
	降水滞留率	%	—	3.0	3.2
水安全	内涝标准	a		50	50
	防洪标准	a		城市主要河道盘龙江、新运粮河、飞虎河、海河、 宝象河、捞鱼河、洛龙河为 100 年一遇;其他河道 为 50 年一遇;松华坝水库为 500 年一遇	
	防洪堤达标率	%	—	50	100
	排涝达标率	%	—	50	100
水环境	河流水质标准	—	—	满足水功能区要求	满足水功能区要求
	城市面源污染控制(以 SS 计)	%		48	60
	滇池水质标准	—		外海基本达到Ⅳ类, TN≤2.0mg/L; 草海基本达到Ⅴ类, TN≤4.0mg/L	外海达到Ⅲ类, 草海达到Ⅳ类
水资源	雨水资源利用率	%	—	8	10
	污水再生利用率	%	20	40	50
	管网漏损控制	%	12	10	8
制度建设	规划建设管控	—	—	完善各项制度建设	完善各项制度建设
	蓝线、绿线划定与保护	—	—	完善各项制度建设	完善各项制度建设
	技术规范与标准建设	—	—	完善各项制度建设	完善各项制度建设
	投融资机制建设	—	—	完善各项制度建设	完善各项制度建设
	绩效考核与奖励机制	—	—	完善各项制度建设	完善各项制度建设
	产业化	—	—	完善各项制度建设	完善各项制度建设
显示度	连片示范效应	%	—	24	83

4.7.3　分区规划目标

根据昆明海绵城市建设的适应性分析,结合滇池流域的地形条件,大致可分为低山丘陵海绵控制区、平坝海绵控制区、滨湖海绵控制区等三个控制分区。

1. 低山丘陵海绵控制区

低山丘陵海绵控制区面积为 611.08km²，区域内河流水系主要为西北沙河、盘龙江北段、金汁河北段、宝象河北段等。规划以城镇居住用地和绿地为主，还包括商业和教育科研用地，开发后属于中等强度开发区，海绵设施选择突出雨水净化功能，其海绵城市建设强制性指标和引导性指标见表4.7和表4.8。

表 4.7　低山丘陵海绵控制区强制性指标

类别	强制性指标项目	单位	指标数值
水生态	年径流总量控制率	%	85
	水生态岸线改造率	%	76
水安全	防洪标准	a	城市主要河道为100年一遇；其他河道为50年一遇；松华坝水库为500年一遇
	管网标准	—	5年一遇
	地块外排径流峰值流量减少率	%	10
	峰现退后时间	min	10
水环境	水质目标	—	Ⅳ～Ⅴ类
	COD削减率	%	74.3～78.9
	SS削减率	%	44.1～52.4
	TP削减率	%	59.0～73.2
	NH_3-N削减率	%	80.6～86.7
水资源	雨水资源利用率	%	11

表 4.8　低山丘陵海绵控制区引导性指标

类别	引导性指标项目	单位	指标数值
水生态	下凹式绿地率	%	32～43
	透水铺装面率	%	30～48
	生物滞留设施率	%	5～12
	水生态岸线改造长度	km	54.66
水安全	雨水规划管道长度	km	2011.12
	河道治理长度	km	104.95
	内涝点个数	个	72
	终端削减所需湿地面积	hm²	40.28
水资源	雨水利用量	万 m³	6553.58

2. 平坝海绵控制区

平坝海绵控制区面积为 316.38km²，区域内河流水系主要为新运粮河、老运粮河南段、乌龙河、大观河、明通河、六甲宝象河、五甲宝象河、马料河、捞鱼河、南冲河等。规划以城镇居住用地和商业设施为主，平坝区海绵城市建设重点是缓解地表径流污染以及老城区和城中村的更新改造。海绵设施选择结合地块性质、改造难易程度、黑臭水体分布，以生态效益最大化、经济效益最优化为目标实施，其海绵城市建设强制性指标和引导性指标见表 4.9 和表 4.10。

表 4.9　平坝海绵控制区强制性指标

类别	强制性指标项目	单位	指标数值
水生态	年径流总量控制率	%	82
	水生态岸线改造率	%	80
水安全	防洪标准	a	城市主要河道为 100 年；其他河道为 50 年一遇
	管网标准	—	5 年一遇
	地块外排径流峰值流量减少率	%	10
	峰现退后时间	min	10
水环境	水质目标	—	Ⅳ～Ⅴ类
	COD 削减率	%	73.8～81.6
	SS 削减率	%	43.9～58.7
	TP 削减率	%	63.0～74.7
	NH_3-N 削减率	%	82.0～87.6
水资源	雨水资源利用率	%	9

表 4.10　平坝海绵控制区引导性指标

类别	引导性指标项目	单位	指标数值
水生态	下凹式绿地率	%	35～45
	透水铺装面率	%	35～55
	生物滞留设施率	%	8～15
	水生态岸线改造长度	km	70.29
水安全	雨水规划管道长度	km	1770.81
	河道治理长度	km	117.50
	内涝点个数	个	52
	终端削减所需湿地面积	hm²	80.57
水资源	雨水利用量	万 m³	2827.67

3. 滨湖海绵控制区

滨湖海绵控制区面积为 $150.83km^2$，区域内河流水系主要为西坝河、船房河、采莲河、金家河、盘龙江南段、大清河、小清河、虾坝河、宝象河南段、白鱼河南段等。规划以城镇居住用地和行政办公用地为主，属于中等强度开发区，滨湖海绵城市建设效益最大的制约因子是地下水位埋深，因靠近滇池，地下水位埋深较浅，海绵设施的下渗功能受限，尽量安排蓄滞型功能设施，如雨水花园、多功能调蓄塘等，与滨湖区发展定位紧密结合，其海绵城市建设强制性指标和引导性指标见表 4.11 和表 4.12。

表 4.11　滨湖海绵控制区强制性指标

类别	强制性指标项目	单位	指标数值
水生态	年径流总量控制率	%	80
	水生态岸线改造率	%	68
水安全	防洪标准	a	城市主要河道为 100 年；其他河道为 50 年
	管网标准	—	5 年一遇
	地块外排径流峰值流量减少率	%	10
	峰现退后时间	min	10
水环境	水质目标	—	Ⅳ～Ⅴ类
	COD 削减率	%	76.2～82.0
	SS 削减率	%	57.1～61.2
	TP 削减率	%	59.4～76.3
	NH_3-N 削减率	%	80.3～88.3
水资源	雨水资源利用率	%	8

表 4.12　滨湖海绵控制区引导性指标

类别	引导性指标项目	单位	指标数值
水生态	下凹式绿地率	%	30～40
	透水铺装面率	%	30～48
	生物滞留设施率	%	4～10
	水生态岸线改造长度	km	10.93
水安全	雨水规划管道长度	km	527.38
	河道治理长度	km	51.80
	内涝点个数	个	9
	终端削减所需湿地面积	hm²	282.0
水资源	雨水利用量	万 m³	1176.56

第5章 滇池流域水资源保护

5.1 地表水功能区划

5.1.1 地表水功能区划分体系

根据《水功能区划分标准》(GB/T 50594—2010)技术规程,滇池流域及普渡河流域中段的水功能区划采用二级体系,即一级区划和二级区划,如图 5.1 所示。

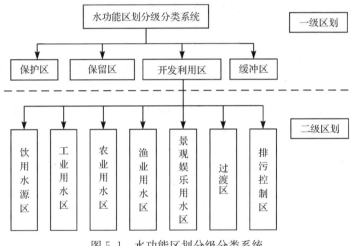

图 5.1 水功能区划分级分类系统

1. 一级水功能区

一级区划是在宏观上解决水资源开发利用与保护的问题,以协调地区之间及近期与将来的用水关系,主要满足长远、可持续发展的需要,明确水质控制目标。一级水功能区分为四类:保护区、保留区、缓冲区和开发利用区。

(1)保护区。是指对水资源保护、自然生态系统与珍稀濒危物种的保护有重要意义的水域,需划定进行保护的水域。

(2)保留区。是指目前开发利用程度不高,为今后水资源可持续利用而保留的水域。

(3)开发利用区。是指为满足城镇生活、工农业生产、渔业和景观娱乐等功能需求而划定的水域。

（4）缓冲区。是指为协调省际间、州（市）间矛盾突出的地区间用水关系而划定的水域。

2. 二级水功能区

二级区划主要协调用水部门之间的关系，明确水域的生活生产用水需求，以及相应的水质控制目标。二级水功能区划仅对一级区划中的开发利用区进行划分，可分为饮用水源区、工业用水区、农业用水区、渔业用水区、景观娱乐用水区、过渡区和排污控制区。

（1）饮用水源区。是指为城镇提供综合生活用水而划定的水域。

（2）工业用水区。是指为满足工业用水需求而划定的水域。

（3）农业用水区。是指为满足农业灌溉用水需求而划定的水域。

（4）渔业用水区。是指具有鱼、虾、蟹等水生生物养殖需求而划定的水域。

（5）景观娱乐用水区。是指以满足景观、疗养、度假和娱乐需要为目的的江河湖库等水域。

（6）过渡区。是指为满足水质有较大差异的相邻功能区间水质状况过渡衔接而划定的水域。

（7）排污控制区。是指生活、生产污废水排污口比较集中，且所接纳的废污水对水环境不产生重大不利影响的水域。

5.1.2 地表水功能区的划区条件和指标

1. 一级水功能区的划区条件和指标

1）保护区的划区条件和指标

（1）国家级、省级和州（市）级自然保护区范围内的水域，或具有典型保护意义的自然生境内的水域划分为保护区。

（2）已建和拟建（规划水平年内建设）跨流域、跨区域的引调水工程水源（包括线路）和县（市、区）级以上的重要水源地水域划分为保护区。

（3）重要河流的源头段为涵养和保护水源应划定一定范围的水域为保护区。

（4）保护区的划区指标包括集水面积、水量、调水量和保护级别等。

（5）保护区水质标准应符合《地表水环境质量标准》（GB 3838—2002）的Ⅰ类或Ⅱ类水质标准；当由于自然、地质原因不满足Ⅰ类或Ⅱ类水质标准时，维持现状水质。

2）开发利用区的划区条件和指标

（1）开发利用区的划区条件应为取水口集中、取水量达到区划指标的水域。

（2）开发利用区的划区指标包括相应的产值、人口、用水量、排污量和水域水质等。

(3) 开发利用区的划区水质标准应由二级区水功能区划类别的水质标准确定。

3) 缓冲区的划区条件和指标

(1) 跨省(自治区、直辖市)、州(市)行政区域边界的水域划分为缓冲区。

(2) 用水矛盾突出的地区之间的水域划分为缓冲区。

(3) 缓冲区的划区指标包括省界断面水域、用水矛盾突出的水域范围、水质、水量等。

(4) 缓冲区的水质标准根据实际需要执行相关水质标准或按现状水质控制。

4) 保留区的划区条件和指标

(1) 受人类活动影响较小,水资源开发利用程度较低的区域划分为保留区。

(2) 目前不具备开发利用条件的水域划分为保留区。

(3) 考虑到水资源可持续发展的需要,为今后发展保留的水域划分为保留区。

(4) 保留区水质标准应符合《地表水环境质量标准》(GB 3838—2002)的Ⅲ类水质标准或按现状水质类别控制。

2. 二级水功能区的划区条件和指标

1) 饮用水源区的划区条件和指标

(1) 现有城镇综合生活用水取水口分布较集中的水域,或在规划水平年内作为城镇发展设置的综合生活供水水源划分为饮用水源区。

(2) 每个用水户取水量不小于取水许可管理规定的取水限额的水域划分为饮用水源区。

(3) 饮用水源区的划区指标包括相应的人口、取水总量、取水口分布等。

(4) 饮用水源区的水质标准应符合《地表水环境质量标准》(GB 3838—2002)的Ⅱ类或Ⅲ类水质标准。

2) 工业用水区的划区条件和指标

(1) 现有工业用水取水口较集中的水域,或在规划水平年内需设置的工业用水供水水域划分为工业用水区。

(2) 每个用水户取水量不小于取水许可管理规定的取水限额的水域划分为工业用水区。

(3) 工业用水区的划区指标包括相应的工业产值、取水总量、取水口分布等。

(4) 工业用水区的水质标准应符合《地表水环境质量标准》(GB 3838—2002)的Ⅳ类水质标准。

3) 农业用水区的划区条件和指标

(1) 现有农业用水取水口较集中的水域,或在规划水平年内需设置的农业用水供水水域划分为农业用水区。

（2）每个用水户取水量不小于取水许可管理规定的取水限额的水域划分为农业用水区。

（3）农业用水区的划区指标包括相应的灌区面积、取水总量、取水口分布等。

（4）农业用水区的水质标准应符合《农田灌溉水质标准》（GB 5084—2005）的规定，也可执行《地表水环境质量标准》（GB 3838—2002）的Ⅴ类水质标准。

4）渔业用水区的划区条件和指标

（1）天然的或天然水域中人工营造的鱼、虾、蟹等水生生物养殖用水水域划分为渔业用水区。

（2）天然的鱼、虾、蟹、贝等水生生物的重要产卵场、索饵场、越冬场及主要洄游通道涉及的水域划分为渔业用水区。

（3）渔业用水区的划区指标包括相应的渔业生产条件、产量和产值等。

（4）渔业用水区的水质标准应符合《渔业水质标准》（GB 11607—1989）的有关规定，也可按《地表水环境质量标准》（GB 3838—2002）的Ⅱ类或Ⅲ类水质标准。

5）景观娱乐用水区的划区条件和指标

（1）休闲、娱乐、度假所涉及的水域或水上运动场需要的水域划分为景观娱乐用水区。

（2）风景名胜区所涉及的水域划分为景观娱乐用水区。

（3）景观娱乐用水区的划区指标包括景观娱乐功能和水域规模等。

（4）景观娱乐用水区的水质标准应符合《地表水环境质量标准》（GB 3838—2002）中的Ⅲ类或Ⅳ类水质标准。

6）过渡区的划区条件和指标

（1）下游水质要求高于上游水质要求的相邻功能区之间需划分出过渡区。

（2）有双向水流，且水质要求不同的相邻功能区之间需划分出过渡区。

（3）过渡区的划区指标包括水质与水量。

（4）过渡区的水质标准按出流断面水质达到相邻功能区的水质目标要求选择相应的水质控制标准。

7）排污控制区的划区条件和指标

（1）接纳可稀释降解污染物的废污水的水域划分排污控制区。

（2）水域稀释自净能力较强，其水文、生态特性适宜作为排污区的水域可划分排污控制区。

（3）排污控制区的划区指标包括污染物类型、排污量、排污口分布等。

（4）排污控制区的水质标准按出流断面水质达到相邻功能区的水质目标要求选择相应水质的控制标准。

5.1.3　区划范围

根据《昆明市和滇中产业新区水功能区划(2010—2030 年)》研究区域内的水功能区划范围为:①流域集水面积大于 50km² 的主要河流;②跨县(市、区)的主要河流;③流经重要城镇或工业集中区域、水污染较严重的主要河流;④重要湖泊及汇入湖泊的主要支流;⑤大、中型水库;⑥现状或规划的库容大于 100 万 m³ 的水库,或小于 100 万 m³ 但作为重点城市集中式供水水库或供水人口为 2 万人以上(含 2 万人)的乡镇供水水源地的水库,或作为灌区主要供水水源的水库。

5.1.4　地表水一级功能区划分

根据《云南省水功能区划》以及《昆明市和滇中产业新区水功能区划(2010—2030 年)》的要求,滇池流域共划分一级水功能区 45 个,其中属于省级水功能区划的有 21 个,占 46.67%。一级水功能区中,保护区 7 个,占15.56%;开发利用区 38 个,占 84.44%;无保留区和缓冲区。滇池流域一级水功能区划以开发利用区为主,反映了滇池流域水资源开发利用高的特点。

滇池流域划定的水功能区一级区涉及 37 条河流及滇池湖泊,如附图 3 所示。

普渡河流域中段共划分一级水功能区 78 个,其中属于省级水功能区划的有 6 个,占 7.69%。一级水功能区中,保护区 13 个,占 16.67%;保留区 41 个,占 52.56%;开发利用区 24 个,占 30.77%;无缓冲区。普渡河流域中段一级水功能区划中保留区占的比例较大,区域内还有一定的水资源开发利用空间。

普渡河流域中段划定的水功能区一级区主要涉及西山区、晋宁区、富民县、禄劝彝族苗族自治县、寻甸回族彝族自治县及倘甸产业园区、轿子山旅游开发区的 72 条河流,详见表 5.1。

表 5.1　研究区域地表水一级水功能区划统计　　　(单位:个)

流域名称	保护区	保留区	开发利用区	缓冲区	小计
滇池流域	7	—	38	—	45
普渡河流域中段	13	41	24	—	78
合计	20	41	62	—	123

5.1.5　地表水二级功能区划分

在滇池流域已划分的 38 个开发利用区中进一步划分二级水功能区 44 个,其中属于省级水功能区划的有 20 个,占 45.45%。二级水功能区中,饮用水源区 9 个,占 20.45%;工业用水区 2 个,占 4.55%;农业用水区 12 个,占 27.27%;景观娱乐用水区 19 个,占 43.18%;排污控制区 2 个,占 4.55%;无渔业用水区和过渡区,见表 5.2。

在普渡河流域中段已划分的 24 个开发利用区中进一步划分二级水功能区 31 个,其中属于省级水功能区划的有 17 个,占 54.84%。二级水功能区中:饮用水源区 17 个,占 54.84%;工业用水区 5 个,占 16.13%;农业用水区 5 个,占 16.13%;景观娱乐用水区 3 个,占 9.68%;过渡区 1 个,占 3.22%;无渔业用水区和排污控制区,见表 5.2。

表 5.2　研究区域地表水二级水功能区划统计　　　　（单位:个）

流域名称	饮用水源区	工业用水区	农业用水区	渔业用水区	景观娱乐用水区	过渡区	排污控制区	小计
滇池流域	9	2	12	—	19	—	2	44
普渡河流域中段	17	5	5		3	1	—	31
合计	26	7	17	—	22	1	2	75

5.2　地下水功能区划

5.2.1　地下水功能区划分体系

根据水利部水资源司下发的《全国地下水功能区划技术大纲》,以及云南省制定的《云南省地下水功能区划工作方案》,地下水功能区划按两级进行划分。地下水一级功能区划分为开发区、保护区和保留区共三类;在地下水一级功能区的框架内,根据地下水资源的主导功能,划分为 8 种地下水二级功能区。其中,开发区划分为集中式供水水源区和分散式开发利用区;保护区划分为生态脆弱区、地质灾害易发区和地下水水源涵养区;保留区划分为不宜开采区、储备区和应急水源区。研究区域内的地下水功能区划分体系见表 5.3。

表 5.3　地下水功能区划分体系

地下水一级功能区		地下水二级功能区	
名称	代码	名称	代码
开发区	1	集中式供水水源区	P
		分散式开发利用区	Q
保护区	2	生态脆弱区	R
		地质灾害易发区	S
		地下水水源涵养区	T
保留区	3	不宜开采区	U
		储备区	V
		应急水源区	W

5.2.2 地下水一级功能区划分

根据《昆明市地下水功能区划》,滇池流域划分地下水一级功能区43个。其中,开发区11个,占总个数的25.58%,面积为886.34km²,占总面积的30.53%;保护区27个,占总个数的62.79%,面积为1887.53km²,占总面积的65.02%;保留区5个,占总个数的11.63%,面积为129.28km²,占总面积的4.45%,见表5.4及图5.2。滇池流域地下水开发区和保护区范围如附图4所示。

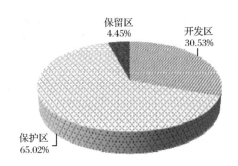

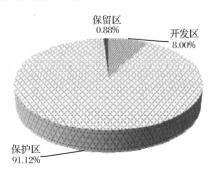

图 5.2 滇池流域地下水一级功能区面积分布示意图

图 5.3 普渡河流域中段地下水一级功能区面积分布示意图

普渡河流域中段划分地下一级水功能区49个,其中,开发区22个,占总个数的44.90%,面积为637.42km²,占总面积的8.00%;保护区21个,占总个数的42.86%,面积为7264.81km²,占总面积的91.12%;保留区6个,占总个数的12.24%,面积为70.50km²,占总面积的0.88%,见表5.4及图5.3。

表 5.4 研究区域地下水一级功能区统计结果 (单位:个)

流域名称	开发区	保护区	保留区	小计
滇池	11	27	5	43
普渡河流域中段	22	21	6	49
合计	33	48	11	92

5.2.3 地下水二级功能区划分

根据《昆明市地下水功能区划》,滇池流域划分地下水二级功能区43个。其中,集中式供水水源区6个,占总个数的13.95%,面积为598.35km²,占总面积的20.61%;分散式开发利用区5个,占总个数的11.63%,面积为287.99km²,占总面积的9.92%;生态脆弱区12个,占总个数的27.91%,面积为345.54km²,占总面积的11.90%;地质灾害易发区6个,占总个数的13.95%,面积为11.38km²,

占总面积的 0.39%；地下水水源涵养区 9 个，占总个数的 20.93%，面积为 1530.61km²，占总面积的 52.73%；应急水源区 5 个，占总个数的 11.63%，面积为 129.28km²，占总面积的 4.45%，见表 5.5 和图 5.4。

普渡河流域中段划分地下水二级水功能区 49 个，其中，集中式供水水源区 2 个，占总个数的 4.08%，面积为 20.21km²，占总面积的 0.25%；分散式开发利用区 20 个，占总个数的 40.82%，面积为 617.21km²，占总面积的 7.74%；生态脆弱区 5 个，占总个数的 10.20%，面积为 7.71km²，占总面积的 0.10%；地质灾害易发区 1 个，占总个数的 2.04%，面积为 1.98km²，占总面积的 0.03%；地下水水源涵养区 15 个，占总个数的 30.62%，面积为 7255.12km²，占总面积的 91.00%；不宜开采区 1 个，占总个数的 2.04%，面积为 16.93km²，占总面积的 0.21%；应急水源区 5 个，占总个数的 10.20%，面积为 53.57km²，占总面积的 0.67%，见表 5.5 和图 5.5。

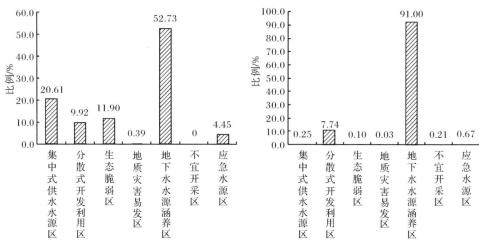

图 5.4　滇池流域地下水二级功能区面积分布示意图　　图 5.5　普渡河流域中段地下水二级功能区面积分布示意图

表 5.5　研究区域地下水二级功能区统计结果　　（单位：个）

流域名称	集中式供水水源区	分散式开发利用区	生态脆弱区	地质灾害易发区	地下水水源涵养区	不宜开采区	应急水源区	小计
滇池	6	5	12	6	9	0	5	43
普渡河流域中段	2	20	5	1	15	1	5	49
合计	8	25	17	7	24	1	10	92

5.3　水资源保护规划

5.3.1　入河排污口及污染物调查

1. 调查的范围和内容

入河排污口调查范围为直接排入滇池流域水功能区水域、年污水排放量大于 10 万 m^3 的排污口。入河排污口调查包括对主要城镇生活污水、工业废水入河排污口和市政污水处理厂、工业园区污水处理厂入河排污口的位置、排放量、污染物量、排放方式、排污去向等进行调查；对污染物入河量统计时，主要统计 NH_3-N 和 COD，涉及入湖库的排污口增加 TP 和 TN 指标。

目前，滇池流域共有 20 个入河排污口。其中，生活污水排污口 1 个，工业污水排污口 1 个，污水处理厂排污口 18 个。普渡河流域中段共有 19 个入河排污口，其中生活污水排污口 1 个，工业污水排污口 10 个，污水处理厂排污口 8 个，统计结果详见表 5.6。

表 5.6　研究区域入河排污口统计结果　　　　　（单位：个）

流域名称	排污口类型			
	生活污水排污口	工业污水排污口	污水处理厂排污口	小计
滇池流域	1	1	18	20
普渡河流域中段	1	10	8	19
合计	2	11	26	39

2. 污染物调查的统计方法

1) 入河排污口年排废污水量的计算

根据入河排污口的年污水排放时间，水量监测结果，按式（5.1）计算年实际排放废污水量（水利水电规划设计总院，2012）：

$$Q_{年排} = V \times A \times t \times 10^{-4} \qquad (5.1)$$

式中，$Q_{年排}$ 为入河排污口年排废污水量（万 m^3/a）；V 为废污水平均流速（m/s）；A 为过水断面面积（m^2）；t 为年排污水时间（s）。

2) 入河排污口污染物入河量计算

根据实测入河排污口水质水量监测结果，计算污染物的入河量，计算公式如下（水利水电规划设计总院，2011）：

$$W_{年排} = C_{排} \times Q_{年排} \times 10^{-2} \qquad (5.2)$$

式中，$W_{年排}$ 为排污口某污染物入河量（t/a）；$C_{排}$ 为排污口某污染物浓度监测值（mg/L）；$Q_{年排}$ 为入河排污口年排废污水量（万 m^3/a）。

3. 污染物入河量

根据调查统计,现状滇池流域规模以上入河排污口的废污水量为 6.0 亿 t/a,规模以上入河排污口的污染物入河量中,COD 为 12557.6t/a、NH₃-N 为 817.1t/a、TP 为 248.6t/a、TN 为 8747.1t/a;普渡河流域中段规模以上入河排污口的废污水量为 0.5 亿 t/a,规模以上入河排污口的污染物入河量中,COD 为 2077.1t/a、NH₃-N 为 316.1t/a,见表 5.7。

表 5.7　入河排污口污染物量统计结果

流域名称	入河排污量				
	废污水量/(亿 t/a)	COD/(t/a)	NH₃-N/(t/a)	TN/(t/a)	TP/(t/a)
滇池流域	6.0	12527.6	817.1	8747.1	248.6
普渡河流域中段	0.5	2077.1	316.1	—	—
合计	6.5	14604.7	1133.2	8747.1	248.6

5.3.2　水功能区纳污能力核定

1. 纳污能力核定原则

(1) 纳污能力计算依照《水域纳污能力计算规程》(GB/T 25173—2010)、《云南省水资源保护规划工作大纲》等相关技术要求,根据昆明市各水功能区实际需要,选择合适的数学模型,合理确定模型的参数,包括设计水量、水质目标值、综合衰减系数等。对所采用的水质模型应进行检验,并对计算结果进行合理性分析。

(2) 原则上,保护区和保留区应维持现状水质。当现状水质达到或优于水质目标值时,其纳污能力采用现状污染物入河量;对于现状水质劣于水质目标值、需要改善水质的保护区和保留区,采用数学模型对其纳污能力进行计算。对于无入河排污口资料的保护区和保留区,可根据水功能区代表断面水质监测资料和设计水量,采用污染负荷法计算现状入河量。也可根据水功能区径流范围内主要乡镇居住人口数量,估算入河污染物。

(3) 根据饮用水水源区原则上禁止排污,饮用水水源区纳污能力按零处理,限排总量也按零控制。对于饮用水水源区范围明显大于地方政府划定的水源保护区时,其超出范围的纳污能力计算方法和其他开发利用区纳污能力计算方法相同。同时,根据水资源保护和入河排污口设置要求,对源头水保护区、自然保护区、水生态敏感水域、风景名胜区、重要湿地等从严核定纳污能力(张建永等,2015)。

2. 计算方法

根据《水域纳污能力计算规程》(GB/T 25173—2010)的规定,结合滇池流域水功能区水质目标、现状水质、入河排污口设置、河流水文特征、流域社会经济发展、水资源开发利用的实际情况,确定除具有饮用功能以外的开发利用区,以及控制项目未达到水功能区水质目标的保护区和保留区,河流水功能区纳污能力计算采用一维模型(主要适用于 $Q<150\text{m}^3/\text{s}$ 的中小型河段),湖(库)的 COD 和 $NH_3\text{-N}$ 纳污能力计算以均匀混合模型为主,滇池受资料不足的限制,采用盒模型计算,湖(库)的 TP、TN 采用合田健模型计算。部分水功能区直接采用省级纳污能力核定结果。主要计算公式如下。

1) 河流一维模型

当污染物在横断面上均匀混合时,水域纳污能力可按式(5.3)计算:

$$M=(C_s-C_x)(Q+Q_p) \tag{5.3}$$

式中,C_x 为流经 x 距离后的污染物浓度(mg/L);M 为水域纳污能力(g/s);C_s 为水质目标浓度(mg/L);Q 为初始断面的入流流量(m^3/s);Q_p 为废污水排放量(m^3/s)。

2) 均匀混合模型(平均水深≤10m,水面面积≤5km²)

均匀混合模型适用于污染物均匀混合的小型湖(库),湖(库)纳污能力可按式(5.4)计算:

$$C(t)=\frac{m+C_0Q_L}{K_hV}+\left(C_h-\frac{m+C_0Q_L}{K_hV}\right)\exp(-K_ht) \tag{5.4}$$

式中,$C(t)$ 为计算时段 t 内的污染物浓度(mg/L);C_h 为湖(库)现状污染物浓度(mg/L);C_0 为湖(库)现状浓度(mg/L);K_h 为中间变量(L/s);V 为设计水文条件下的湖(库)容积(m^3);Q_L 为湖(库)出流量(m^3/s);t 为计算时段长(s)。

3) 合田健模型

对于水流交换能力较弱的湖(库)湾水域纳污能力计算,可采用合田健模型,按式(5.5)计算:

$$M_N=\alpha C_sZ\left(\frac{Q_a}{V}+\frac{10}{Z}\right)S \tag{5.5}$$

式中,α 为换算系数,$\alpha=2.7\times10^{-6}$;M_N 为氮或磷的水域纳污能力(t/a);Z 为湖(库)计算水域的平均水深(m);Q_a 为湖(库)年出流水量(m^3/a);S 为不同年型平均水位相应的计算水域面积(km^2),其余符号意义同前。

3. 水功能区纳污能力核定结果

经分析计算,2020 水平年滇池流域水功能区的 COD 纳污能力为 9029.1t,

NH$_3$-N 纳污能力为 554.3t,单独划分的湖库水功能区 TP 纳污能力为 210.2t,TN 纳污能力为 4202.4t。2030 水平年与 2020 水平年核定的纳污能力相同。2020 水平年普渡河流域中段水功能区的 COD 纳污能力为 12424.7t,NH$_3$-N 纳污能力为 1227.1t,单独划分的湖库水功能区 TP 纳污能力为 0.3t,TN 纳污能力为 5.3t。2030 水平年与 2020 水平年核定的纳污能力相同,见表 5.8。

表 5.8　研究区域的水功能区纳污能力统计结果

流域名称	水平年	纳污能力/t			
		COD	NH$_3$-N	TP	TN
滇池流域	2020	9029.1	554.3	210.2	4202.4
	2030	9029.1	554.3	210.2	4202.4
普渡河流域中段	2020	12424.7	1227.1	0.3	5.3
	2030	12424.7	1227.1	0.3	5.3
合计	2020	21453.8	1781.4	210.5	4207.7
	2030	21453.8	1781.4	210.5	4207.7

5.3.3　水功能区限制排污总量控制方案

1. 分解原则

根据《关于开展全国重要江河湖泊水功能区纳污能力核定和分阶段限制排污总量控制方案制定工作的通知》要求,限制排污总量的分解包括时间分解和空间分解两个部分。时间分解即分阶段分解和控制限制排污总量。为便于管理,提出了 2020 年、2030 年两个阶段的分解控制方案。空间分解是按照不同行政区单元对限制排污总量进行分解。不同流域中的各个区域和水功能区,其经济发展,污染程度以及生态、水文、地理条件不尽相同,综合考虑区域的差异性,对不同区域和水功能区设定不同的水质目标,确定限制排污总量,将限排总量对应到每一个水功能区(有条件的可以分解到入河排污口)及水功能区(或排污口)所属的行政区。

达标的水功能区,将其纳污能力作为限制排污总量。不达标的水功能区,根据调查的入河污染物量、污染程度、社会经济发展状况、污染治理现状,对水质目标的可达性进行分解。若 2020 年可以达标的,则将其纳污能力作为限制排污总量;若 2020 年不能达标,2030 年可达标的,则 2020 年限制排污总量取入河污染物量或入河污染物量的 80% 作为水功能区限制排污总量,2030 年将其纳污能力作为限制排污总量;若 2030 水平年仍不能达标,限制排污总量取入河污染物量的 50% 作为水功能区限制排污总量。

饮用水源区原则上禁止排污,饮用水源区纳污能力按零处理,限排总量也按零进行控制。

2. 分解方法

水功能区的限制排污总量,应在核定水域纳污能力的基础上,结合《云南省水功能区纳污能力核定及分阶段限制排污总量控制方案》及其他相关规划研究成果,结合区域经济技术水平、河流水资源配置方案等因素,严格控制入河排污总量,综合确定水功能区分阶段限制排污总量方案。以 2020 年为例,分为有、无污染物入河量资料两种情况。

1) 有污染物入河量

(1) 现状水质达标的水功能区,污染物入河量小于纳污能力,采用纳污能力作为 2020 年限制排污总量。

(2) 保护区、省界缓冲区、饮用水源区及其他重要水功能区,原则上应在 2020 年达到水功能区水质目标要求,以核定的纳污能力作为 2020 年限制排污总量。

(3) 现状水质不达标但入河污染物削减任务较轻的水功能区,原则上 2020 年前应优先实现水质达标,即采用核定的纳污能力作为 2020 年限制排污总量。

(4) 由于上游污染导致本水功能区水质不达标的,其水平年仍不能达标,采用本功能区纳污能力作为 2020 年限制排污总量。

(5) 现状水质不达标且入河污染物削减任务较重的水功能区,综合考虑水功能区现状水质、污染物入河量、污染物削减程度、社会经济发展水平,污染治理程度和难度及其下游水功能区的敏感性等因素,预计 2020 年仍不能实现水功能区水质达标的,按照从严控制、未来有所改善的要求,取入河污染物量或入河污染物量的 80% 作为阶段污染物排污总量。

2) 无污染物入河量

(1) 对于现状已达标但无污染物入河量资料的水功能区,将该水功能区的纳污能力作为 2020 年限制排污总量。

(2) 对于现状水质与水质目标差距较小、污染治理相对容易的水功能区,将水功能区纳污能力作为 2020 年限制排污总量。

(3) 现状水质和水质目标差距较大、2020 年达标困难的水功能区,可综合考虑水功能区水质现状、水功能区达标需求、社会经济发展水平等因素,根据上游水功能区和该水功能区现状水质估算水功能区入河污染物量,据此确定水功能区 2020 年的阶段限制排污总量。

2030 年的水功能区限制排污总量方案参照以上方法。

3. 水功能区限制排污总量控制方案

滇池流域水功能区 2020 水平年限制排污总量分解方案中 COD 为 13009.9t，NH$_3$-N 为 988.9t；湖库水功能区 TP 限制排污总量为 239.6t，TN 为 5081.4t；2030 水平年限制排污总量分解方案中 COD 为 11795.4t，NH$_3$-N 为 856.2t；湖库水功能区 TP 的限制排污总量为 231.9t，TN 为 4866.8t。普渡河流域中段水功能区 2020 水平年限制排污总量分解方案中 COD 为 12714.4t，NH$_3$-N 为 1272.0t；湖库水功能区 TP 的限制排污总量 0.3t，TN 为 5.3t；2030 水平年限制排污总量分解方案中 COD 为 12447.4t，NH$_3$-N 为 1229.6t；湖库水功能区的 TP 限制排污总量为 0.3t、TN 为 5.3t，见表 5.9。

表 5.9　限制排污总量统计结果

流域名称	水平年	限制排污总量/t			
		COD	NH$_3$-N	TP	TN
滇池流域	2020	13009.9	988.9	239.6	5081.4
	2030	11795.4	856.2	231.9	4866.8
普渡河流域中段	2020	12714.4	1272.0	0.3	5.3
	2030	12447.4	1229.6	0.3	5.3
合计	2020	25724.3	2260.9	239.9	5086.7
	2030	24242.8	2085.8	232.2	4872.1

5.3.4　水资源保护监控系统

1. 规划目标

以"全面、精干、高效、经济、快捷、准确"为目标，建立能覆盖水功能区、水源地、行政区界、入河排污口、地下水、水生态、重要取用水户、大气降水等在内的功能全面、布局合理、量质结合的水资源监测站网，为滇池流域的水资源管理提供基础依据。

2020 水平年省、市级水功能区监测覆盖率应分别达到 100%、60%以上；省界及州（市）界实现全覆盖监测，县界监测覆盖率达到 55%以上；城市集中式饮用水源地、农村饮水安全工程实现全覆盖监测；全部地下水监测站点、规模以上入河排污口实现调查监测；重要生态敏感区水生态监测覆盖率达到 80%以上，实现水质指标和部分水生生物指标的监测；重点取用水户实现取用水量化监控率达到总许可取水量的 70%以上。

到 2030 水平年，纳入规划的水功能区、行政区界、水源地、入河排污口、地下水、水生态、取用水户、大气降水等监测站点必须实现全覆盖监测；实现大部分站点水质和水量监测相结合。

2. 监测站网规划

滇池流域规划的各类水资源监测站点共计 181 个。其中，水功能区站点 75 个、行政区界站点 7 个、城镇饮用水源地站点 7 个、农村水源地站点 7 个、规模以上入河排污口站点 20 个、地下水站点 35 个、水生态监测站点 10 个、重点取用水户站点 17 个、大气降水站点 3 个。

目前，已开展监测的站点有 38 个，其中水功能区站点 19 个，行政区界站点 1 个，城市饮用水源地站点 4 个，规模以上入河排污口站点 7 个，水生态站点 7 个；近期规划实施站点 127 个，含水功能区站点 53 个、行政区界站点 6 个、城镇饮用水源地站点 3 个、农村水源地站点 7 个、规模以上入河排污口站点 13 个、地下水站点 35 个、水生态监测站点 3 个、重点取用水户站点 7 个。远期所有站点全部实施监测。

普渡河流域中段规划的各类水资源监测站点共计 212 个。其中，水功能区站点 85 个、行政区界站点 13 个、城镇饮用水源地站点 11 个、农村水源地站点 41 个、规模以上入河排污口站点 19 个、地下水站点 30 个、水生态监测站点 2 个、重点取用水户站点 11 个。

目前，已开展监测的站点有 14 个，其中水功能区站点 4 个，行政区界站点 1 个，城镇饮用水源地站点 3 个，规模以上入河排污口 6 个；近期规划实施站点 119 个，含水功能区站点 36 个、行政区界站点 4 个、城镇饮用水源地站点 8 个、农村水源地站点 41 个、规模以上入河排污口站点 13 个、地下水站点 10 个、水生态监测站点 1 个、重点取用水户站点 6 个。远期所有站点全部实施监测。

5.4　水资源保护管理

5.4.1　法规与法制建设

1. 推进水资源保护法规建设

(1) 推进适应昆明市水资源保护现状和发展需求的法规体系建设，在现有法规体系下，补充、修订、完善已有的相关法规与规章，加强地方配套法规与规章的建设，逐步建立以《昆明市地下水保护条例》《昆明市河道管理条例》《昆明市再生水管理办法》等法规为主，与涉水部门规章相配套的水资源保护法规体系。清晰划定水资源保护范围、明确水资源保护的责任和权利，从水资源保护需求出发，全面落实最严格的水资源管理制度，重点围绕水功能区管理、饮用水源地保护、水生态修复与保护、用水总量控制、纳污能力、用水效率等内容,建成综合配套、保障有力的政策法规支撑体系。

(2)把水功能区水质保护目标纳入各级政府考核,加强水源区管理,进一步落实水源区的市、县级行政区界水质目标责任制,强化县界水质通报与责任追究机制;建立跨行政区、跨部门的水源区水资源保护与水污染防治的协调机制和信息共享机制;明确各级政府、各部门管理职责,解决综合治理开发与水资源及水生态环境保护等方面的突出矛盾问题。

(3)制定主要河流控制性水利水电工程统一调度与运行管理的规定,建立跨区域和跨部门的协调机制、责任分摊机制、利益共享及信息共享机制,确立调度方案管理制度,建立分级分部门负责的监督管理机制,确保联合调度有效施行,有效保障河流生态用水及水生态环境。

(4)统一协调水资源的经济功能和生态功能的关系,协调流域与区域水资源保护和水污染防治的关系,完善流域与区域管理相结合的水管理体制,建立跨行政区、跨部门的议事协商机制、生态补偿机制、奖励机制,进一步强化水行政主管部门在水资源保护中的管理职能。加强水功能管理,对水功能区的划分、审批、纳污能力核算、限制排污总量意见、监测与信息发布等应进行细化,进一步规范饮用水源区的管理。

2. 健全水资源保护制度体系

推进和完善昆明市水资源保护管理制度建设。完善昆明市的水资源开发利用保护制度建设,强化水资源保护的法律责任制度建设,建立健全适应落实最严格水资源管理制度要求,促进水资源开发利用与生态保护协调发展的水资源保护制度体系。重点做好规划计划、水功能区管理、入河排污口管理、饮用水水源保护、生态补偿、重大水污染事故应急管理、监测预警等方面的制度建设,使水资源保护工作走向规范化。

在开展水功能区水质定期通报和达标目标考核的基础上,建立奖惩制度,考核结果应作为地方政府领导综合考核评估的重要依据;完善入河排污口管理台账,建立入河排污口统计制度和统计信息系统,逐步建立入河排污总量统计和通报制度;积极推进入河污染物总量控制指标分解及考核制度,合理确定流域和重点区域水污染物入河总量及排放总量控制目标,实现同步削减;完善饮用水水源地核准和安全评估制度,加强重要饮用水水源地安全保障达标建设,依法划定饮用水水源保护区,推进水源地综合整治,强化饮用水水源应急管理和建立备用水源;逐步开展重要水域健康评估试点工作,建立健康评估工作制度和评价指标体系;开展水生态补偿试点,探索建立对江河源头区、重要水源地和重要生态修复治理区的水生态补偿制度。

5.4.2　监督管理体制与机制建设

1. 管理体制建设

通过合理划分管理职责,建立协调机制,逐步建立协调、高效的水资源保护综合管理体制。创新水资源保护管理体制,进一步明晰昆明市级和县级各部门的管理职责,建立事权清晰、分工明确、行为规范、运转协调的水资源保护管理工作机制,强化水功能区与入河排污口监督管理,对饮用水源地保护、生态用水保障、水资源保护和水污染防治等实行统筹规划、协调实施,进一步加强水资源保护行政事务管理;通过合理调整部门与部门之间的管理职责,建立跨区域和跨部门的协调机制,积极推进昆明市的水资源保护综合管理。

2. 机制建设

1) 建立管理协调机制

推动建立昆明市水资源保护与水污染防治协调机制。探索建立牛栏江-滇池补水工程水源区,受水区及影响区的跨区域、跨部门的流域与区域相结合的水资源保护管理协调机制;推进水利、环保、住建、农业、林业、气象等部门进行水资源保护和水污染防治协同管理及信息交流,实现水质水量、污染源与入河排污口的信息共享和信息公开,强化水功能区、饮用水水源、入河排污口和市县界断面水质水量的管理。

2) 建立经济协同机制

优化水资源价格制度体系,利用价格杠杆,引导全民全社会自觉参与到水资源保护事业中来。区分供水的公益性和经营性,建立更多考虑市场供求关系的定价机制,促进节约用水,在城市二、三产业用水大户中逐步推行“合同制”节水。及时调整自来水价格、污水处理水费、污水排放费,重新制定再生水价格,推行阶梯式水价、污水排放费及污水处理费,建立超计划、超标准累进加价制度;对水资源保护及高效利用水资源产业实行税收补贴,鼓励资本流向水资源保护产业。污水处理费应针对不同性质的污水,采取差别化计费方式,合理确定居民生活、工业、商业服务以及其他行业不同的污水处理排放费标准。根据“补偿成本、合理盈利”的原则,调整城市污水处理费征收标准,污水处理费应保证污水处理企业的正常运行。在保证安全使用再生水的基础上,合理确定再生水价格,要与自来水价格、地表水资源费价格等保持适当差价,鼓励引导工业、市政设施、城市绿化、城市景观、农业灌溉等行业优先使用再生水,研究制定鼓励生产和使用再生水的相关标准优惠政策,降低再生水生产和使用成本。

3) 建立水源涵养区生态补偿机制

加强和创新河湖管理,基于"受益者付费、受限者补偿"的原则,根据生态系统服务价值、生态保护成本、发展机会成本,综合运用行政和市场手段,科学建立水生态补偿机制,促进和保障水生态系统保护与修复,实现人水和谐;重点针对云龙水库、清水海水库、松华坝水库、德泽水库等重要水库水源生态涵养区,研究制定生态补偿机制,利用生态补偿费,推进生态保护区内造林休耕、生态农业、水资源水生态保护管理工程等建设以及人民群众的生产生活补贴。水源涵养生态补偿费用应在水资源费、污水排放费中专项列支。逐步探索建立牛栏江-滇池补水工程、掌鸠河-云龙水库引水供水工程、清水海水资源及环境管理工程等引调水行为的生态补偿和财政转移支持机制。在水功能区达标评价和考核的基础上,健全流域上下游水资源保护补偿制度,推动上下游水资源水生态保护补偿与损害赔偿的双向责任机制。

4) 建立水资源承载力预警机制

加强滇池流域及整个昆明市的水资源承载力研究,科学确定水资源承载力,落实最严格的水资源管理制度,合理制定和分解"三条红线"控制指标,并加强"三条红线"贯彻落实情况的监督。

建立资源环境承载力预警响应机制,建立水资源承载力监控体系,开展定期监控;研究并设立水资源承载力综合指数,设置预警控制线和响应线;建立水资源承载力动态数据库和分析及预警系统,充分发挥水资源水环境承载力的指标作用;及时落实好限产、限排等污染防控措施;对用水总量和排污总量已经达到或者超过控制指标的地区,暂停审批建设项目新增取退水,对用水总量和排污总量已经接近控制指标的地区,限制审批建设项目的新增取退水。

5) 公众参与机制

在水资源保护和管理工作中应积极探索公众参与机制,保障公众和利益相关方的知情权、参与权和监督权。继续推进政务公开,加大政府信息公开力度,保障公众和利益相关方的知情权;加强与相关非政府组织、行业协会的联系,鼓励其参与水资源综合管理,规范其参与行为,保障公众和利益相关方的参与权;建立公众反馈意见执行监督制度,发挥新闻媒体监督作用,保障公众和利益相关方的监督权。加强公众宣传,为公众提供具有权威性的政策法规解读,形成公众自觉维护健康河湖的局面。

第二篇　高原湖泊流域水资源系统优化配置模拟

第6章 滇池流域及周边区域水旱趋势研究

6.1 滇中地区降水时空变化趋势

受全球气候变化的影响,干旱、暴雨等极端气候事件频发,由此引起的各种次生灾害已逐渐成为威胁人类生存和区域经济发展的主要自然灾害,成为国内外关注的焦点之一。以昆明为中心,覆盖曲靖、玉溪、红河、楚雄、大理等州(市)所形成的滇中城市群,集中了云南省最主要的工业产业园区和粮食主产区,位于云贵高原中西部,与全球独一无二的纵向岭谷区浑然一体,地理、生态、气候、水资源等分布复杂,地处长江、珠江、元江—红河、澜沧江四大流域的分水岭,也是云南分布范围最广的连片干旱区。西南地区2009~2012年的大旱期间,滇中高原就是全国干旱持续时间最长、危害程度和灾情损失最大的区域。西太平洋和东印度洋暖池海温状况可能是造成近50年来低纬高原汛期强降水事件的重要原因(刘丽等,2011)。研究探索滇中高原区从短历时到月、季节、年等不同时间尺度的降水量长期变化趋势及其内在联系,为掌握该区域发生极端降水事件的地区规律、制定山洪灾害防治工程与非工程措施、开展高原湖泊防洪调度及应急预案等都具有重要意义。

6.1.1 研究方法

1. 滑动平均法

许多水文资料在一定时间尺度上,连续数值间出现很大波动。为了滤去数据资料中一些短时期的随机性和不规则的变化,找出较长时间的变化规律,研究事物的变化趋势或变化周期,常采用滑动平均的方法,计算公式如下:

$$\langle \overline{X}_{m,i} \rangle = \left\{ \frac{1}{m} \sum_{j=i-m+1}^{i} X_j \right\}_i^n \tag{6.1}$$

式中,m 为滑动时间长度;n 为时间序列长度;$i=1,2,\cdots,n$;X_j 为时间序列;$\overline{X}_{m,i}$ 为滑动 m 长度统计的平均值系列。

2. Mann-Kendall 检验法

Mann-Kendall 检验法也是趋势分析的常用方法(肖名忠等,2012)。具体而言,对系列 $x_1, x_2, \cdots, x_n$(n 为系列长度)的所有对偶观测值($x_i, x_j, j > i$)中 $x_i < x_j$ 出现的个数记为 k,构造统计量:

$$U = \frac{\tau}{[\text{var}(\tau)]^{1/2}} \tag{6.2}$$

式中,$\tau = \frac{4k}{n(n-1)} - 1$;$\text{var}(\tau) = \frac{2(2n+5)}{9n(n-1)}$。

$U > 0$ 时,降水量(或其他水文、气象要素)序列呈上升趋势,变湿,$U < 0$ 时,降水量序列呈下降趋势,变干;当 n 增加时,U 很快收敛于标准正态分布。原假设为无趋势,当给定显著水平 α 后,在正态分布表中查出临界值 $U_{\alpha/2}$,当 $|U| < U_{\alpha/2}$ 时,接受原假设,即趋势不显著,当 $|U| > U_{\alpha/2}$ 时,拒绝原假设,即趋势显著。

3. 小波分析法

小波分析法是一种信号的时间-尺度(时间-频率)分析方法,研究不同尺度(周期)随时间的演变情况,具有多分辨率分析和对信号自适应性的特点,利用小波分析法的伸缩和平移等运算功能对函数或信号序列进行多尺度细化分析,研究不同尺度(周期)随时间的演变情况,以揭示降水量的变化规律和未来趋势。

通常采用 Morlet 小波(王文圣,2005a),其计算式为

$$W_f(a, b) = |a|^{-\frac{1}{2}} \Delta t \sum_{k=1}^{n} f(k\Delta t) \bar{\psi}(\frac{k\Delta t - b}{a}) \tag{6.3}$$

式中,$W_f(a, b)$ 称为小波变换系数;Δt 为取样时间间隔;$k = 1, 2, \cdots, n$;a 为尺度因子,$1/a$ 在一定意义上对应于频率 ω,反映小波的周期长度;b 为时间因子,反映时间上的平移;$\psi(t)$ 为 Morlet 小波函数,$\psi(t) = e^{ict} e^{-t^2/2}$。

Morlet 小波的时间尺度 a 与周期 T 的关系为 $T = [4\pi/(c + \sqrt{2 + c^2})] \times a$。取 $c = 6.2$ 时 $T \approx a$,据此可分析得到序列的周期。

$W_f(a, b)$ 随参数 a 和 b 变化,可作出称为小波变换系数图。通过该图可得到变量基于小波变化的时间变化特征。在尺度相同的情况下,正小波变换系数对应于偏多期,负小波变换系数对应于偏少期,小波变换系数为零对应突变点;小波变换系数绝对值越大,表明该时间尺度变化越显著;等值线中心对应的尺度为序列变化的主周期。

6.1.2　数据资料

滇中高原区昆明、楚雄、玉溪、大理、蒙自、马龙等 30 个气象站 20 世纪50 年代至 2009 年的年降水量、夏季降水量、最大月降水量、最大 1h、6h、24h 降水量等气象观测资料。

6.1.3 滇中地区不同时间尺度降水量的时空变化趋势

1. 降水量的空间变化趋势

根据滇中高原区 30 个典型气象站 20 世纪 50 年代至 2009 年降水资料分析，如图 6.1 所示，在月、季、年的中长时间尺度上，出现三个降水量低值区，分布在宾川—祥云、元谋、蒙自—建水等地，最低的宾川站年均降水量 568mm，仅为最高的蒙自—屏边一带的 40% 左右，且随着时间尺度的缩短，这种差异性在逐渐缩小。在短历时的最大 1h、6h、24h 降水量空间分布上，强降水的中心一般在大理、昆明及曲靖、红河东部地区，但不同的统计时段，其高、低值分布又会存在一定差异，如最大 24h 降水量的高值区分布在蒙自—屏边、麒麟、大理等地，多年平均值达到 80mm/24h 左右；最大 1h 降水区主要集中在曲靖市东部和红河州东南部，为 40mm/h 左右，这是因为处于东南季风分别沿黄泥河、红河—南溪河向滇中腹地扩散的水汽通道上。反之，短历时降水的低值区分布在宾川—洱源的金沙江河谷、建水南部的红河河谷一带，多年平均最大 24h、1h 降水量分别只有 50mm、23mm 左右。同时，受山地局部地形的作用，使气流的抬升和暴雨形成不具有地带性规律，短历时降水的突发性和单点性较为突出，例如，在 2010 年夏季就先后发生了马龙“6.25”、巧家“7.13”、呈贡“8.16”等特大暴雨，引发山洪泥石流等灾害。

通过对以上各个典型站点各个时段降水量系列之间的相关系数分析可得，最大 6h、24h 降水量之间的相关系数一般为 0.647～0.892，各站最大 6h 降水量占了最大 24h 降水量的 63.5～82.7%，受其影响的程度较大；但最大 1h 降水量与两者的相关性较差，最大 1h 降水量只占最大 24h 降水量的 47.7% 左右，且各个站点一些年份的最大 1h 降水量和最大 24h 降水量并不是出现在同一天；短历时最大降水量与月、夏季、年尺度降水量系列的相关性也很低，相关系数均小于 0.300。另外，夏季、年降水量之间相关性最好，达到 0.664～0.890，但最大月降水量与两者的相关性也很低。

2. 降水量的时间变化趋势

对于 20 世纪 50 年代至 2009 年蒙自、大理、马龙、昆明、楚雄等 30 个典型气象站降水量最大的月份，进行概率统计分析，主要受云南高原夏季暖湿气流来源的不同而出现时间上的差异，有 72.2% 的站点是 7 月，提前出现在 6 月是巧家、马龙两个站点，占 11.1%，其水汽来源主要是来自太平洋北部湾暖湿气流，受局部地形影响产生降水；出现在 8 月的是大理、洱源、南涧等 3 个站，只占 16.7%，是印度洋的西南暖湿气流所产生的降水。而对于最大 1h、6h、24h 的短历时降水系列，除具

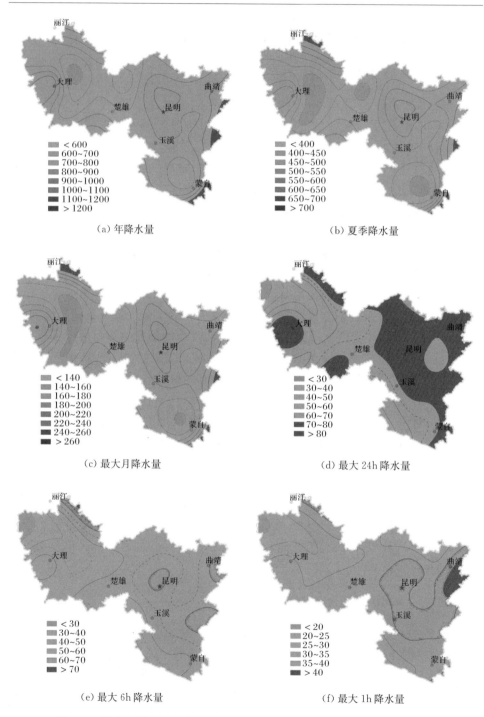

（a）年降水量　　　　　　　　　　　　　　（b）夏季降水量

（c）最大月降水量　　　　　　　　　　　　（d）最大 24h 降水量

（e）最大 6h 降水量　　　　　　　　　　　（f）最大 1h 降水量

图 6.1　滇中高原多尺度降水量多年平均值的空间分布示意图（单位：mm）

有夏季降水一般的规律外,还受短期内天气、地形等因素作用,仍有 50.0% 的站点各个短历时最大降水量集中地出现在 7 月,出现在 6 月的只占 22.2%,即楚雄、易门、巧家、马龙;出现在 8 月的为昆明、姚安、玉溪、南涧、大理,占 27.8%。

　　选取滇中地区 30 个气象站的年最大 1h、6h、24h,以及最大月、夏季(6~8 月)、年度等不同时段降水资料,采用 Mann-Kendall 检验法对上述各站诸统计时段的降水量长期变化趋势进行检验,并将检验结果 M 值的空间分布进行样条插值,结果如图 6.2(a)~(f)所示(图中 $M>0$ 为增加,$M<0$ 为减少,$|M|\geqslant 1.96$ 即表示达到 $\alpha=0.05$ 的显著性水平)。总体而言,滇中高原区各个典型气象站的短历时降水量系列中有 66.7%~76.7% 的站点呈逐渐增加的趋势,且有 23.3% 的站点最大 1h、6h、24h 降水量增加趋势已达到 $\alpha=0.05$ 显著性水平,这些也是今后一段时期内滇中高原区应重点关注的暴雨和山洪灾害多发区;呈减少趋势的气象站点少,变化不及前者剧烈,其 Mann-Kendall 检验的绝对值都小于 1.0。由此可见,过去半个世纪以来,滇中高原区的短历时最大降水量都普遍地呈增加趋势,说明全球气候变化趋势的不可逆转性,导致滇中高原区极端降水事件发生的频次不仅越来越多,其变化幅度也呈增大趋势,年最大的短历时降水量系列的 Mann-Kendall 检验结果就给予了印证。

　　在年、夏季、最大月的中长期时间尺度上,降水系列的 Mann-Kendall 检验结果空间分布如图 6.2(a)~(c)所示,却与短历时降水的变化趋势形成鲜明对比。即 46.7%~50.0% 的站点呈逐渐减少的趋势,只有洱源站和永平站的夏季,麒麟站年际、夏季降水量显著减少,其余各站、各个时段(最大月、夏季、年)均有增减,但变化都不大。各时间尺度上均为一致性增加的有楚雄、元谋、玉溪、蒙自、南涧、易门等站,表明滇中高原上各个传统干旱区的降水量都呈持续增加的趋势,与过去的研究结论相吻合(曹杰等,2009);一致性减少的气象站有马龙、洱源。其中,马龙站的短历时降水量(最大 1h、6h)显著地增大,但其最大月、夏季和年际等的降水系列都是呈减少趋势。

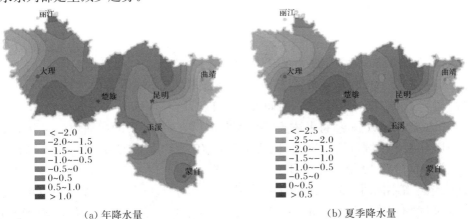

(a) 年降水量　　　　　　　　　　　　　　　(b) 夏季降水量

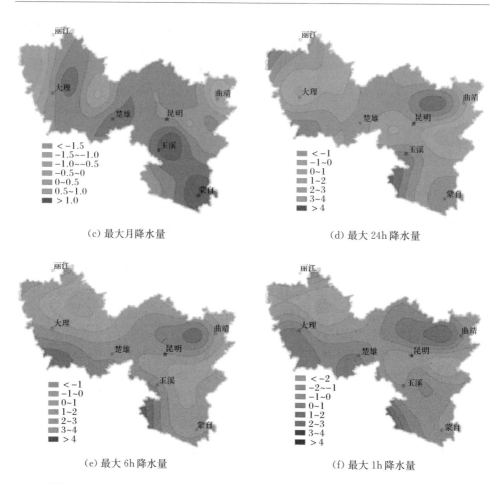

图 6.2　滇中高原多尺度降水量变化趋势检验 Mann-Kendall 值空间分布示意图

3. 降水量的周期性变化趋势

利用小波变换可得到蒙自、大理、马龙、昆明、楚雄等 30 个典型气象站短历时降水(最大 1h、6h、24h)及最大月、夏季、年际等各个时段降水量距平序列 Morlet 小波变换的模平方时频分布图、实部时频分布图以及小波方差图,揭示不同时段各时间尺度降水量的强弱分布、时间尺度的变化及变化周期。

根据研究区域特点,将上述各个典型站点小波方差图中的周期划分为短尺度(1~10 年)、中尺度(11~30 年)、长尺度(>31 年,受气象资料系列长度限制,实际的上限只能达到 45 年)。分别汇总、统计得到短历时(最大 1h、6h、24h)、最大月、夏季、年际等不同时段降水量系列在短、中、长不同尺度下的具体周期数(年)及其出现的频次(概率),如图 6.3 和图 6.4 所示。总体上看,滇中高原区各站点的短历时最大降水量在短、中、长不同时间尺度下的周期分别为 4 年(或 7 年)、23 年、37年(或 38 年),最大月、夏季、年降水系列在短、中、长不同时间尺度下的周期分别为 6 年、21 年、36 年。

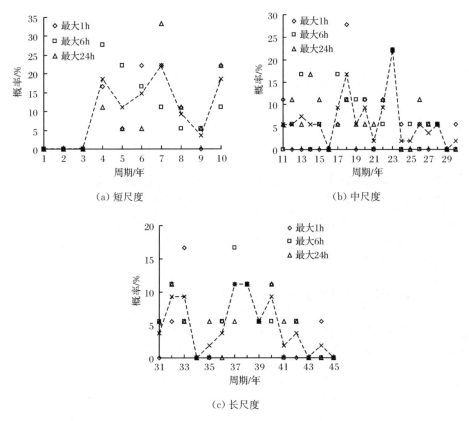

图 6.3　短历时降水量周期统计概率

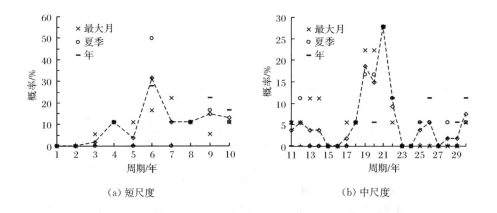

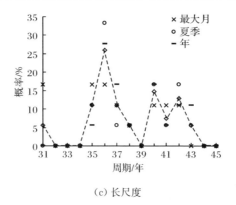

（c）长尺度

图 6.4　最大月-夏季-年降水量周期统计概率

受降水量资料条件限制，上述 Morlet 小波分析得出的有关各站点超过 45 年的周期性结论，还有待今后观测时间足够长后，再进行验证。此外，近年来各地新增设了大量的乡、村级雨量站，今后其雨量观测资料的积累和空间观测点逐步加密，必将对研究结论产生积极影响，进一步揭示滇中高原山地局部地形作用下短历时暴雨发生的时空分布规律。

6.1.4　昆明市降水序列的多时间尺度分析

1. 年降水序列的多时间尺度分析

从图 6.5 的年降水量变化趋势可以看出，1951～2014 年昆明市年降水量总体呈减少趋势，但趋势不明显。从 5 年滑动平均曲线可以看出，20 世纪 60 年代中期至 70 年代后期，90 年代后期至 21 世纪初昆明市年降水量多于常年，20 世纪 80 年代后期至 90 年代中期降水量少于常年，21 世纪初往后降水量呈明显减少趋势，2014 年开始降水量有所增多。

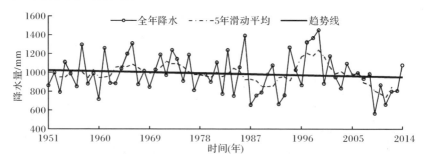

图 6.5　昆明市年降水量变化趋势

对标准化处理后的年降水序列实施 Morlet 小波变换，并绘制出小波变换的模平方、实部时频分布图和小波方差图,如图 6.6 和图 6.7 所示。

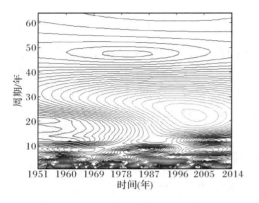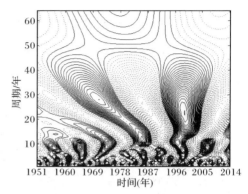

(a) 模平方时频分布图　　　　　　　　　(b) 实部时频分布图

图 6.6　昆明市年降水序列小波变换分布图

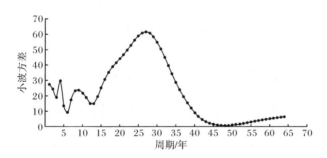

图 6.7　昆明市年降水序列小波方差图

从 6.6(a)可以看出,昆明市年降水量距平小波变换的模平方时频分布在 10 年以内的时间尺度上强烈,基本上每个年代出现一次振荡中心;在 25 年附近、50 年附近也存在明显的振荡中心,分别主要发生在 20 世纪 80 年代和 21 世纪初; 2014 年以后振荡有聚拢趋向,但由于研究资料长度有限,其振荡中心未发现。

从图 6.6(b)可以看出,年降水量在不同时间尺度上的周期振荡。在 10 年以内的时间尺度表现明显,其中心尺度为 4 年、9 年左右,正负位相交替出现;在 20～ 30 年时间尺度表现强烈,其中心尺度为 28 年左右,1951～1960 年、1981～1990 年、2005～2014 年为负位相、降水量偏少,1961～1980 年、1991～2004 年为正位相、降水量偏多;在较大尺度 60 年以上时间表现出一定的振荡,受资料长度的限制,目前尚无法确定其振荡中心。

从图 6.7 可以看出,在 28 年左右的时间尺度,小波方差达到最大值,即年降水量主要变化周期可能在 28 年左右;同时明显存在 4 年、9 年左右的变化周期;>64 年后有趋向峰值的趋势,说明可能存在大于 64 年的周期,但受资料长度的限制,目前尚无法确定。

2. 夏季降水序列的多时间尺度分析

从图 6.8 的夏季降水量变化趋势可以看出,1951～2014 年昆明市夏季降水量总体呈减少趋势,但趋势不明显。从 5 年滑动平均曲线可以看出,20 世纪 80 年代中期之前昆明市夏季降水量年际变化较小,趋于平稳;20 世纪 80 年代中后期至 90 年代初降水量较少,出现了 1987 年和 1992 年两个枯水年;90 年代中期至 21 世纪初降水量较丰,出现了 1997 年、1998 年、1999 年连续三个丰水年;21 世纪初之后降水量一直呈减少趋势,2014 年开始降水量有所增多。

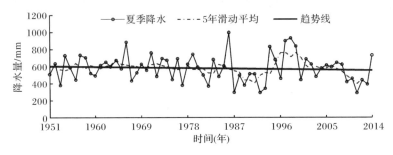

图 6.8　昆明市夏季降水量变化趋势

对标准化处理后的夏季降水序列实施 Morlet 小波变换,并绘制出小波变换的模平方、实部时频分布图和小波方差图,分别如图 6.9 和图 6.10 所示。

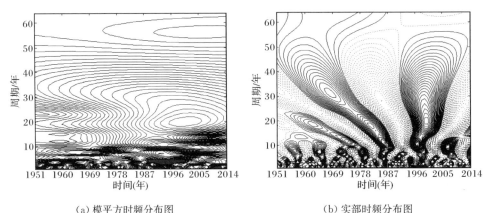

(a) 模平方时频分布图　　　　　　　　　(b) 实部时频分布图

图 6.9　昆明市夏季降水序列小波变换分布图

从 6.9(a)可以看出,昆明市夏季降水量距平小波变换的模平方时频分布在 10 年以内的时间尺度上周期振荡强烈,基本每个年代出现一次振荡中心;在 20 年附近存在明显的振荡中心,主要发生在 21 世纪初;2014 年以后振荡有聚拢趋向,但

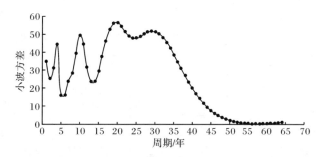

图 6.10　昆明市夏季降水序列小波方差图

由于研究资料长度有限,其振荡中心不明显。

　　从图 6.9(b)可以看出,夏季降水量在不同时间尺度上的周期振荡。在 10 年以内的时间尺度表现明显,其中心尺度为 4 年、10 年左右,正负位相交替出现;在 20～30 年时间尺度表现强烈,有两个振荡中心,分别为 20 年、30 年左右,1951～1960 年、1981～1990 年、2005～2014 年为负位相,降水量偏少,1961～1980 年、1991～2004 年为正位相,降水量偏多;在较大时间尺度 60 年以上时表现出一定的振荡,受资料长度的限制,目前尚无法确定其振荡中心。

　　从图 6.10 可以看出,在 20 年和 30 年左右的时间尺度,小波方差达到最大值和次大值,且两值接近,即夏季降水量主要变化周期可能在 20～30 年;同时明显存在 4 年、10 年左右的变化周期;大于 64 年后有趋向峰值的趋势,说明可能存在大于 64 年的周期,但受资料长度的限制,目前尚无法确定。

3. 最大月降水序列的多时间尺度分析

　　从图 6.11 的最大月降水量变化趋势可以看出,1951～2014 年昆明市最大月降水量总体呈减少趋势,但趋势不明显。从 5 年滑动平均曲线可以看出,20 世纪 80 年代以前最大月降水量的年际变化波动相对不剧烈,20 世纪 80 年代以来最大月降水量的年际变化波动加剧,峰、谷交替出现,进入 21 世纪后,变化波动又减缓,最大月降水量也出现了一段低谷段,到 2014 年开始才出现回升迹象。

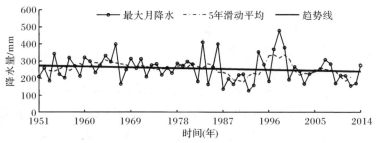

图 6.11　昆明市最大月降水量变化趋势

对标准化处理后的最大月降水序列实施 Morlet 小波变换,并绘制出小波变换的模平方、实部时频分布图和小波方差图,如图 6.12 和图 6.13 所示。

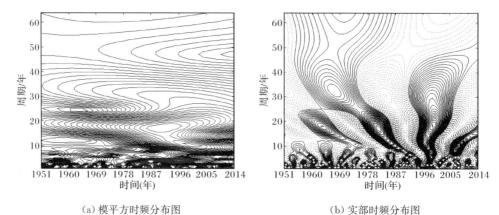

（a）模平方时频分布图　　　　　　　　（b）实部时频分布图

图 6.12　昆明市最大月降水序列小波变换分布图

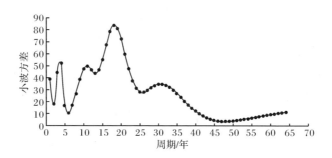

图 6.13　昆明市最大月降水序列小波方差图

从 6.12(a)可以看出,昆明市最大月降水量距平小波变换的模平方时频分布在 10 年以内的时间尺度上周期振荡强烈,基本每个年代出现一次振荡中心;在 20 年附近也存在明显的振荡中心,主要发生在 20 世纪 80 年代中后期到 90 年代中期;2014 年以后振荡有聚拢趋向,但趋向不明显,且由于研究资料长度有限,其振荡中心未发现。

从图 6.12(b)可以看出,最大月降水量在不同时间尺度上的周期振荡。在 10 年以内的时间尺度表现明显,其中心尺度为 4 年、10 年左右,正负位相交替出现;在 20 年时间尺度表现强烈,其中心尺度为 19 年左右,1951～1960 年、1970～1980 年、1987～1995 年、2005～2014 年为负位相、降水量偏少,1961～1969 年、1981～1986 年、1996～2004 年为正位相、降水量偏多;在 30 年时间尺度表现明显,其中心尺度为 32 年左右;在较大尺度 60 年以上时间表现出一定的振荡,受资料长度的限制,目前尚无法确定其振荡中心。

从图6.13可以看出,在20年左右的时间尺度,小波方差达到最大值,即最大月降水量主要变化周期可能在20年左右;同时明显存在4年、9年、32年左右的变化周期;大于64年后有趋向峰值的趋势,说明可能存在大于64年的周期,但受资料长度的限制,目前尚无法确定。

4. 最大24h降水序列的多时间尺度分析

从图6.14的最大24h降水量变化趋势可以看出,1954~2014年昆明市最大24h降水量总体呈增加趋势,趋势相对明显。从5年滑动平均曲线可以看出,最大24h降水量的年际变化幅度总体不大,特别是20世纪60年代中期到80年代中期这段时期变幅很小;20世纪50年代到60年代初、80年代中后期出现两次相对大的波动,两次持续的时间均不长;21世纪以来最大24h降水量的年际变化波动较大,并持续多年。

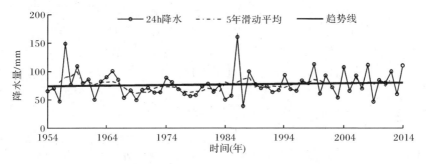

图6.14 昆明市最大24h降水量变化趋势

对标准化处理后的最大24h降水序列实施Morlet小波变换,并绘制出小波变换的模平方、实部时频分布图和小波方差图,如图6.15和图6.16所示。

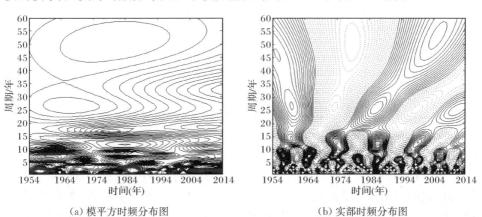

（a）模平方时频分布图　　　　　　　（b）实部时频分布图

图6.15 昆明市最大24h降水序列小波变换分布图

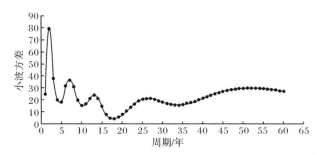

图 6.16　昆明市最大 24h 降水序列小波方差图

从 6.15(a)可以看出,昆明市最大 24h 降水量距平小波变换的模平方时频分布在 10 年以内的时间尺度表现强烈,基本上每个年代出现一次振荡中心;在 15 年附近、25 年附近也存在明显的振荡中心,主要发生在 20 世纪 80 年代和 21 世纪初;2014 年以后振荡有聚拢趋向,但受资料长度限制,其振荡中心尚不能明确。

从图 6.15(b)可以看出,最大 24h 降水量在不同时间尺度上的周期振荡。在 10 年以内的时间尺度表现强烈,其中心尺度为 2 年、7 年左右,正负位相交替出现;在 15～30 年时间尺度表现明显,其中心尺度为 13 年、25 年左右;在较大尺度 60 年以上时间表现出一定的振荡,在 55 年左右疑似振荡中心,但现阶段资料长度有限,不能对该 55 年的振荡周期进行有效判定。

从图 6.16 可以看出,在 2 年左右的时间尺度,小波方差达到最大值,即最大 24h 降水量主要变化周期可能在 2 年左右;同时明显存在 7 年、13 年、25 年左右的变化周期;在 55 年左右疑似出现峰值,说明可能存在 55 年左右的周期,但受资料长度的限制,目前尚无法确定。

5. 最大 6h 降水序列的多时间尺度分析

从图 6.17 的最大 6h 降水量变化趋势可以看出,1954～2014 年昆明市最大 6h 降水量总体呈增加趋势,趋势较明显。从 5 年滑动平均曲线可以看出,20 世纪 60 年代中期到 80 年代中期最大 6h 降水量的年际变化幅度较小;20 世纪 50 年代到 60 年代初、80 年代中后期出现两次相对较大的波动,两次持续的时间均不长;21 世纪以来最大 6h 降水量的年际变化波动较大,并持续多年。

对标准化处理后的最大 6h 降水序列实施 Morlet 小波变换,并绘制出小波变换的模平方、实部时频分布图和小波方差图,如图 6.18 和图 6.19 所示。

从 6.18(a)可以看出,昆明市最大 6h 降水量距平小波变换模平方时频分布在 10 年以内的时间尺度表现强烈,基本上每个年代出现一次振荡中心;在 15 年附近存在明显的振荡中心,主要发生在 20 世纪 80 年代;2014 年以后振荡有聚拢趋向,但受资料长度限制,其振荡中心尚不能明确。

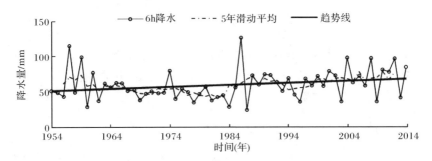

图 6.17 昆明市最大 6h 降水变化趋势

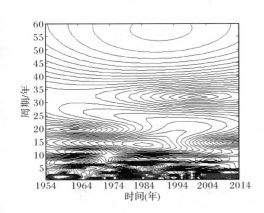

（a）模平方时频分布图

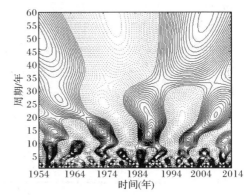

（b）实部时频分布图

图 6.18 昆明市最大 6h 降水序列小波变换分布图

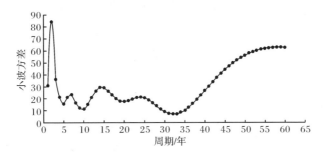

图 6.19 昆明市最大 6h 降水序列小波方差图

从图 6.18（b）可以看出，最大 6h 降水量在不同时间尺度上的周期振荡。在 10 年以内的时间尺度表现强烈，其中心尺度为 2 年、7 年左右，正负位相交替出现；在 15～30 年时间尺度表现明显，其中心尺度为 15 年、25 年左右；在较大尺度 60 年以上时间表现出一定的振荡，在 58 年左右疑似出现振荡中心，但现阶段资料长度有限,不能对该58年的振荡周期进行有效判定。

从图6.19可以看出,在2年左右的时间尺度,小波方差达到最大值,即最大6h降水量主要变化周期可能在2年左右;同时明显存在7年、15年、25年左右的变化周期;在58年左右疑似出现峰值,说明可能存在58年左右的周期,但受资料长度的限制,目前尚无法确定。

6. 最大1h降水序列的多时间尺度分析

从图6.20的最大1h降水量变化趋势可以看出,1954~2014年昆明市最大1h降水量总体呈增加趋势,趋势不明显。从5年滑动平均曲线可以看出,20世纪60年代中期到80年代中期最大1h降水量的年际变化幅度相对较小;20世纪50年代到60年代初、80年代中后期出现两次相对大的波动,两次持续的时间均不长;21世纪以来最大1h降水量的年际变化波动相对较大,并持续多年。

对标准化处理后的最大1h降水序列实施Morlet小波变换,并绘制出小波变换的模平方、实部时频分布图和小波方差图,如图6.21和图6.22所示。

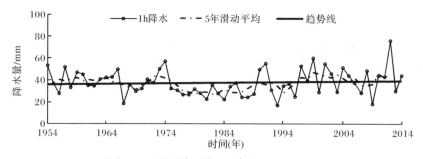

图6.20　昆明市最大1h降水量变化趋势

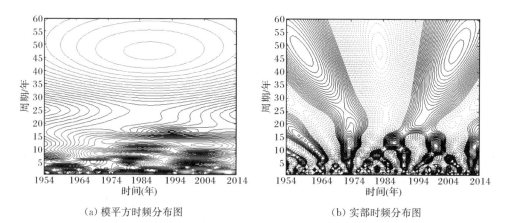

(a) 模平方时频分布图　　　　　　　　　(b) 实部时频分布图

图6.21　昆明市最大1h降水序列小波变换分布图

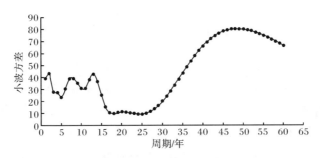

图 6.22　昆明市最大 1h 降水序列小波方差图

从 6.21(a)可以看出,昆明市最大 1h 降水量距平小波变换模平方时频分布在 10 年以内的时间尺度表现强烈,基本上每个年代出现一次振荡中心;在 15 年附近也存在明显的振荡中心,主要发生在 20 世纪 80 年代和 21 世纪初;2014 年以后振荡有聚拢趋向,但受资料长度限制,其振荡中心尚不能明确。

从图 6.21(b)可以看出,最大 1h 降水量在不同时间尺度上的周期振荡。在 10 年以内的时间尺度表现强烈,其中心尺度为 2 年、7 年左右,正负位相交替出现;在 15~30 年时间尺度表现明显,其中心尺度为 15 年左右;在较大尺度 60 年以上时间表现出一定的振荡,在 50 年左右疑似出现振荡中心,但现阶段资料长度有限,不能对该 50 年的振荡周期进行有效判定。

从图 6.22 可以看出,在 2 年左右的时间尺度,小波方差达到最大值,即最大 1h 降水量主要变化周期可能在 2 年左右;同时明显存在 7 年、13 年左右的变化周期;在 50 年左右疑似出现峰值,说明可能存在 50 年左右的周期,但受资料长度的限制,目前尚无法确定。

7. 小结

昆明市年、夏季、最大月等长历时降水序列均呈现减少趋势,体现出气候变化对降水量变化的总体影响。根据小波分析发现,长历时序列主要存在 25 年左右尺度的周期,此外明显存在 4 年、10 年左右的变化周期;可能存在大于 64 年的周期,但受资料长度的限制,目前尚无法确定。

昆明市年最大 24h、6h、1h 等短历时降水序列均呈现增长趋势,反映出在大的气候变化背景下极端降水事件趋于增多这一客观事实。根据小波分析发现,短历时序列主要存在 2 年左右尺度的周期,此外明显存在 7 年、15 年、25 年左右的变化周期;也可能存在大于 50 年左右的周期,但受资料长度的限制,目前尚无法确定。

6.2　滇池流域干旱特性研究

干旱涉及气象、水文、农业等多个领域,是制约区域社会经济发展、威胁人民生产生活的常见自然灾害。近百年来的干旱演变特征分析表明,云南省干旱成灾率、受灾率呈增长趋势,干旱强度也呈增大趋势,近 10 年间连续干旱的叠加效应更导致极端干旱事件发生(Wang et al.,2013,王林等,2012),例如,2009～2012 年的干旱影响范围及强度均达到历史同期最大值(杨晓静等,2014;周玉良等,2014)。

滇池流域地处云南省中部,径流面积 2920km²,为低纬高原半湿润半干旱地区。受全球气候变化的影响,极端干旱事件日益增多,对流域内饮水安全、工农业生产和生态环境安全的威胁越来越突出(顾世祥等,2009)。根据干旱特性进行干旱重现期研究有助于了解区域干旱灾害的发生规律,有利于合理进行区域水资源综合规划与调度,为应对干旱风险、保护生态环境等提供有效的理论支撑(Ghizzoni et al.,2010)。

6.2.1　数据资料

滇池流域内昆明、晋宁、呈贡等 3 个气象站 20 世纪 50 年代(建站起)至 2014年逐月(日)最高温度、最低温度和平均温度(℃),相对湿度(%),日照时数(h),风速(m/s),水面蒸发量(mm)及降水量(mm);干海子、双龙湾水文站 1982～2014 年逐月实测流量(m³/s),小河水文站 1952～2014 年逐月实测流量(m³/s)及降水量(mm);海埂、中滩水位站 1953～2014 年逐月(日)水位(m)、出流量(m³/s)、蒸发量(mm)等观测数据;松华坝、宝象河、果林、松茂、横冲、双龙、柴河、大河等 14 座主要水库 1953～2014 年逐月实测径流系列(m³/s)及还原结果;干旱灾害调查统计及史料文献(唐一清等,1999)。

6.2.2　流域干旱识别

1. 降水量变化对干旱事件的揭示

滇池流域内昆明气象站 1951～2014 年观测的昆明市年降水量总体呈减少趋势(图 6.5)。60 多年来,昆明站的年降水量减少了 20.75mm,平均每 10 年减少3.52mm。从 5 年滑动平均曲线可以看出,20 世纪 60 年代中期至 70 年代后期,20世纪 90 年代后期至 21 世纪初昆明市年降水量多于常年,80 年代后期至 90 年代中期年降水量少于常年,21 世纪初之后降水量呈明显减少趋势。而分析昆明站最大月降水量(图 6.11)可以看出,最大月降水量的年际变化较大:20 世纪 50 年代、80～90 年代中期(除 1986 年),降水较少;60～70 年代中期、90 年代至 21 世纪初,降水较丰;2002～2008 年降水量与常年大致持平,2009 年后降水量大幅减少。

　　昆明气象站 1951～2014 年观测的逐月降水量显示,2001～2013 年降水量逐年持续减少,最大降幅达 47.2%,11 月～次年 4 月、5～10 月的枯、雨季的降幅分别为 64.5%、48.5%;最为剧烈的 2009～2013 年较多年均值减少了 11.6%～42.4%,2009 年、2011 年分别达到系列最小值 565.8mm、次小值 659mm;2014 年降水量超过平均值 3.7%,开始平水偏丰。

　　从昆明气象站观测的降水量变化可以看出,滇池流域最近一次连续气象干旱及其在农业、水文情势上引发的农业、水文干旱持续至 2013 年底才基本结束。

2. 确定干旱特征变量

　　一般而言,按干旱在不同社会领域造成的影响,大致可分为气象、水文、农业等三类干旱。分别采用标准化降水指数(standardized precipitation index,SPI)、标准化径流指数(standardized runoff index,SRI)和干湿指数(I_a)作为三类干旱指标的输入因子。

　　(1) SPI 是表征某时段降水量出现概率的指标,适用于月以上时间尺度下气象干旱的监测与评估,能较好地揭示干旱强度和持续时间(McKee et al.,1993)SPI 计算公式为

$$\text{SPI}=S\frac{t-(c_2t+c_1)t+c_0}{[(d_3t+d_2)t+d_1]t+1.0} \tag{6.4}$$

式中,$c_0=2.515517$;$c_1=0.802853$;$c_2=0.010328$;$d_1=1.432788$;$d_2=0.189269$;$d_3=0.001308$。$t=\sqrt{\ln\frac{1}{F^2}}$;$F$ 为降水量的 Γ 分布累积概率,$F>0.5$ 时,$S=1$;$F\leqslant0.5$ 时,$S=-1$。

　　(2) SRI 是表征某时段径流量出现概率的指标,等于径流量累积频率所对应的标准正态分布分位数(Vicente-Serrano et al.,2012)。水文变量 X 服从 P-Ⅲ型曲线分布,通过分析所研究区域实际旱情的发生频率,以该频率所对应的水文变量值 x_p 为干旱发生阈值:

$$x_p=(1+C_v\Phi_p)\bar{x} \tag{6.5}$$

式中,$\bar{x}$,C_v,Φ_p 分别为水文变量序列的均值、变差系数和离均系数。

　　(3) I_a 定义为参考作物腾发量(ET_0)与同期降水量的比值(Wu et al.,2005),ET_0 采用 Penman-Monteith 方程计算(顾世祥等,2009)。

$$\text{ET}_{0i}=\frac{0.408\Delta_i(R_{ni}-G_i)+\gamma\dfrac{900}{T_i+273}U_{2i}(e_{ai}-e_{di})}{\Delta_i+\gamma(1+0.34U_{2i})} \tag{6.6}$$

式中,ET_{0i} 为第 i 日参照作物腾发量;Δ_i 为第 i 日饱和水汽压-温度曲线在 T_i 处的切线斜率;T_i 为第 i 日平均温度;R_{ni} 为第 i 日净辐射;G_i 为第 i 日土壤热通量;γ 为湿度常数;U_{2i} 为第 i 日 2m 高处的平均风速;e_{ai}、e_{di} 分别为第 i 日饱和水汽压和实

际水汽压。

3. 识别干旱事件及其特征变量

以月为时间尺度,参照《旱情等级标准》(SL 424—2008)、《气象干旱等级》(GB/T 20481—2017)及滇池流域的实际旱情,确定 SPI、SRI、I_a 三种干旱指标的阈值:R_0 分别为 0、0、1.5,R_1 分别为 −0.5、−0.5、4,R_2 分别为 −1.5、−1、5。如图 6.23 所示,按游程理论识别干旱事件(Mishra et al.,2010;Yevjevich et al.,1972),确定各次干旱事件的历时 D 和烈度 S 两个特征变量。其中,干旱历时为干旱事件开始至结束所持续的时间,干旱烈度为干旱过程中干旱指标与干旱指标阈值之差的累积和。确定历时 D 和烈度 S:当指标值小于 R_1 时,初步判断此月为干旱,有 a、b、c 和 d 共 4 个干旱过程;在此基础上,对于历时只有 1 个单位时段的干旱(如 a,d),若其干旱指标小于 R_2(如 a),则此月最终被确定为 1 次干旱过程,反之不计为干旱(如 d);而对于间隔为 1 个单位时段的两次相邻干旱过程(如 b,c),若间隔期的干旱指标值小于 R_0,则这两次相邻干旱可视为一次干旱过程,否则为两次独立干旱过程,合并后的干旱历时 $D=d_b+d_c+1$,烈度 $S=s_b+s_c$。

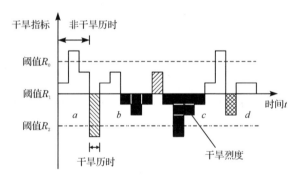

图 6.23　干旱事件游程图

4. 干旱事件识别结果分析

(1) 综合考虑气象、水文、农业干旱的指标因子 SPI、SRI 和 I_a,由游程法识别多年内的各次干旱事件,绘制滇池流域干旱频率(干旱年数与资料年数的百分比)的空间分布图,如附图 5 所示。滇池流域内大部分地区干旱发生频率在 20% 以上;流域中部昆明主城、小哨新机场、呈贡及西北沙河一带的干旱频率高达 27%,南部次之,北部松华坝水库源头区较小;盘龙江、宝象河等河流用水需求大、水资源极度紧缺,干旱频率也较高。

(2) 采用 Mann-Kendall 秩次相关法分析各水库、气象站历年各月干旱趋势如图 6.24 所示。枯水季 1~5 月显著变旱,变湿润显著的月份为 7 月和 8 月;盘龙江、宝象河一带变旱趋势最为显著,西部和南部次之,东部捞鱼河附近变旱趋势稍弱。

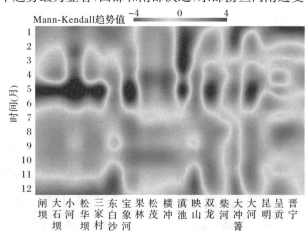

图 6.24　滇池流域主要水库及水文、气象站逐月干旱趋势

(3) 分析各次气象、水文及农业干旱历时 D 和烈度 S 的极端(最大)情况见表 6.1。滇池流域的干旱趋于严重,20 世纪 90 年代有所缓解,但 2000 年以来历时增长、烈度增大,表明受全球气候变化和控制滇池流域干湿变化的大气环流影响,流域内极端干旱逐渐增强。

表 6.1　20 世纪 50 年代以来滇池流域各时期最严重干旱的特征变量

干旱类型	干旱特征变量	1951～1959 年	1960～1969 年	1970～1979 年	1980～1989 年	1990～1999 年	2000～2013 年
气象	干旱历时/月	8	8	9	7	7	20
	干旱烈度	11.96	11.30	12.41	11.75	9.86	32.53
水文	干旱历时/月	7	7	8	11	8	21
	干旱烈度	2.33	2.31	2.79	3.31	2.56	6.79
农业	干旱历时/月	7	7	8	6	6	17
	干旱烈度	4.12	2.36	4.65	3.82	3.13	16.02

6.2.3　干旱特征变量周期性分析

根据识别的干旱历时和烈度,采用小波分析法进行多时间尺度分析,得到各种干旱类型下干旱历时和烈度的小波变换系数如图 6.25 所示。由图可以看出:

(1) 在 63 年的资料长度范围内,根据图中等值线的振荡情况,气象干旱历时和烈度具有 15 年、40 年及 60 年左右等 3 个显著的周期;水文干旱历时和烈度具有 15 年及 45 年左右等两个显著的周期;农业干旱历时和烈度具有 15 年及 40 年左右等两个显著的周期。

（2）在 63 年的资料长度范围以外，根据等值线分布趋势向外延伸到百年尺度，等值线在 90～120 年出现聚合，但振荡较之前减弱，反映出气象、水文及农业的干旱历时和烈度可能存在 90～120 年的周期，且随着时间推移，周期性趋于模糊，干旱成灾率呈减弱趋势。

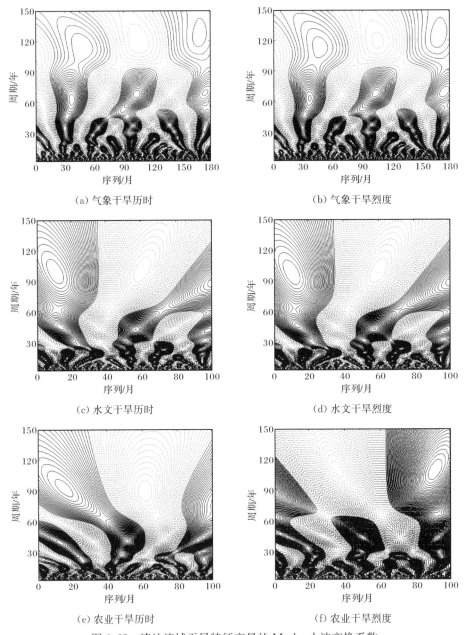

（a）气象干旱历时　　　　　　　　　　（b）气象干旱烈度

（c）水文干旱历时　　　　　　　　　　（d）水文干旱烈度

（e）农业干旱历时　　　　　　　　　　（f）农业干旱烈度

图 6.25　滇池流域干旱特征变量的 Morlet 小波变换系数

6.2.4　干旱重现期分析

1. 研究方法

Copula 函数是一类将两个或多个随机变量的任意边缘分布函数进行耦合得到两变量或多变量联合分布函数的联结函数(Shiau,2006;Sklar,1959)。

根据多元 Copula 函数的 Sklar 定理,对于任意随机变量 X_1、X_2、$\cdots$、X_M,已知其边缘分布分别为 $F_1(x_1)=P(X_1\leqslant x_1)$、$F_2(x_2)=P(X_2\leqslant x_2)$、$\cdots$、$F_M(x_M)=P(X_M\leqslant x_M)$,其联合分布函数为 $H(x_1,x_2,\cdots,x_M)$,令 $u_m=F_m(x_m)$ $(m=1,2,\cdots,M)$,则存在一个 Copula 函数 $C(\bullet,\cdots,\bullet)$,满足:

$$H(x_1,x_2,\cdots,x_m,\cdots,x_M)=C(u_1,u_2,\cdots,u_m,\cdots,u_M) \tag{6.7}$$

常用的多元 Copula 函数见表 6.2(魏艳华等,2008)。

表 6.2　多元阿基米德 Copula 函数及其参数

名称	多元阿基米德 Copula 函数
Gumbel	$C_G=C_G(u_1,u_2,\cdots,u_M)=\exp\left\{-\left[\sum\limits_{m=1}^{M}(-\ln u_m)^{1/a}\right]^a\right\}$
Clayton	$C_{Cl}(u_1,u_2,\cdots,u_M)=\left(\sum\limits_{m=1}^{M}u_m^{-\theta}-M+1\right)^{-1/\theta}$
Frank	$C_F(u_1,u_2,\cdots,u_M)=-\dfrac{1}{\lambda}\ln\left[1+\prod\limits_{m=1}^{M}(e^{-\lambda u_m}-1)/(e^{-\lambda}-1)^{M-1}\right]$

采用 Copula 函数构建干旱历时 D 和干旱烈度 S 的联合分布,通过频率分析研究各场干旱事件发生的重现期。选用 Gumbel Copula 函数,采用极大似然法(Zhang et al.,2006)估计参数 α。

然后,推求干旱历时 $D>d$ 或干旱烈度 $S>s$ 时的联合重现期 T_o、干旱历时 $D>d$ 且干旱烈度 $S>s$ 时的同现重现期 T_a:

$$T_o(d,s)=\frac{E(L)}{P(D>d\bigcup S>s)}=\frac{E(L)}{1-C(F_D(d),F_S(s))} \tag{6.8}$$

$$T_a(d,s)=\frac{E(L)}{P(Q>q\bigcap W>w)}=\frac{E(L)}{1-F_D(d)-F_S(s)+C(F_D(d),F_S(s))} \tag{6.9}$$

式中,d 和 s 分别表示干旱历时 D 和干旱烈度 S 的某一取值;$E(L)$ 为干旱间隔期望,为干旱历时与非干旱历时的平均值之和。

2. 结果分析

运用 Gumbel Copula 函数分别构建气象、水文及农业干旱历时 D 和干旱烈度

S 的联合分布,得到重现期如图 6.26 所示。分析得到以下规律:

(1) 滇池流域 1960 年、1969~1970 年、1978~1979 年、1987 年、2009~2010 年和 2011~2013 年等曾发生严重干旱,联合重现期 10 年左右,同现重现期均超过 20 年。干旱重现期随时间推移呈现增大趋势,20 世纪 80、90 年代稍有缓解,但 2000 年以来重现期急剧变大,发生了百年一遇以上的干旱。特别是 2009~2013 年,2009 年 5 月~2010 年 3 月、2012 年 2 月~2013 年 4 月连续出现两场历时超过 10 个月的干旱,联合重现期分别为 60.24 年和 120.48 年,同现重现期分别高达 66.20 年和 224.41 年。

(2) 联合、同现重现期均为气象干旱最大、农业干旱次之、水文干旱最小。说明对同一场区域干旱,气象因子(降水)最为敏感、农业因子(蒸散发、墒情等)次之,而水文因子(径流)受下垫面条件和地下水调蓄作用影响对干旱的响应延迟。

(3) 如图 6.26 所示,三类干旱的联合重现期为幅面递减的凸状扇形曲面,随着干旱历时和烈度的增大,联合重现期增大,空间分布的等值线减少,旱灾趋于严重;而同现重现期为幅面递增的凹状扇形曲面,当干旱历时或烈度增大时,同现重现期随之增大,灾情趋于严重。

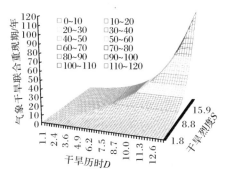

(a) 气象干旱联合重现期

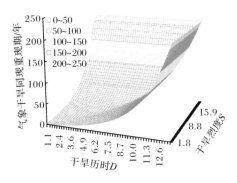

(b) 气象干旱同现重现期

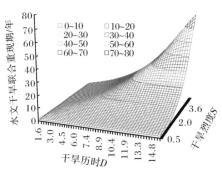

(c) 水文干旱联合重现期

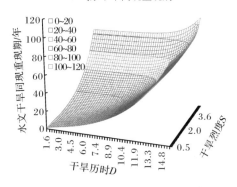

(d) 水文干旱同现重现期

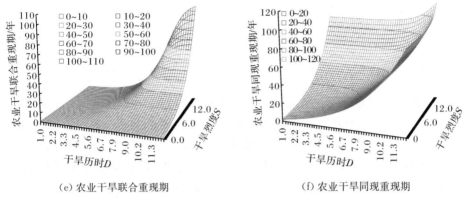

（e）农业干旱联合重现期　　　　　　（f）农业干旱同现重现期

图 6.26　滇池流域干旱特征变量的重现期空间分布图

6.2.5　干旱条件重现期分析

1. 研究方法

为了揭示流域内前一次干旱对后一次干旱的作用机制，分析后一次干旱发生的条件重现期。令前一次干旱事件的干旱历时为 D_1、干旱烈度为 S_1，边缘分布 $u_1=F_D(d_1)$、$v_1=F_S(s_1)$；后一场干旱事件的干旱历时为 D_2、干旱烈度为 S_2，边缘分布 $u_2=F_D(d_2)$、$v_1=F_S(s_2)$，则有以下结论。

（1）只考虑干旱历时，条件重现期为

$$T(D_2{\geqslant}d_2\,|\,D_1{\geqslant}d_1)=\frac{E(L)}{P(D_2{\geqslant}d_2\,|\,D_1{\geqslant}d_1)}=\frac{E(L)(1-u_1)}{1-u_1-u_2+C(u_1,u_2)}$$

$$(6.10)$$

（2）只考虑干旱烈度，条件重现期为

$$T(S_2{\geqslant}s_2\,|\,S_1{\geqslant}s_1)=\frac{E(L)}{P(S_2{\geqslant}s_2\,|\,S_1{\geqslant}s_1)}=\frac{E(L)(1-v_1)}{1-v_1-v_2+C(v_1,v_2)}\quad(6.11)$$

（3）同时考虑干旱历时和干旱烈度，条件概率为

$$P(D_2{\geqslant}d_2,S_2{\geqslant}s_2\,|\,D_1{\geqslant}d_1,S_1{\geqslant}s_1)=\frac{1-u_1-v_1-u_2-v_2+C_2-C_3-2C_4}{1-u_1-v_1+C(u_1,v_1)}$$

$$(6.12a)$$

式中

$$C_2=C(u_1,v_1)+C(u_2,v_2)+C(u_1,u_2)+C(v_1,v_2)+C(u_1,v_2)+C(u_2,v_1)$$
$$C_3=C(u_1,v_1,u_2)+C(u_1,v_1,v_2)+C(u_1,u_2,v_2)+C(v_1,v_2,u_2)$$
$$C_4=C(u_1,v_1,u_2,v_2)。$$

相应的条件重现期为

$$T(D_2 \geqslant d_2, S_2 \geqslant s_2 \mid D_1 \geqslant d_1, S_1 \geqslant s_1) = \frac{E(L)}{P(D_2 \geqslant d_2, S_2 \geqslant s_2 \mid D_1 \geqslant d_1, S_1 \geqslant s_1)}$$

$$(6.12b)$$

2. 结果分析

(1) 单一干旱特征变量的后效性影响机制分析如图 6.27~图 6.29 所示。由图可见,三类干旱的条件重现期空间分布均呈扇形曲面,大部分在 200 年以内;在一场短历时或弱烈度干旱影响下,出现长历时或强烈度干旱的情况极为罕见,条件重现期超过 600 年;单纯考虑干旱历时或干旱烈度影响,前一场干旱对后一场干旱的作用结果是相似的,后一场干旱发生的条件重现期相近。

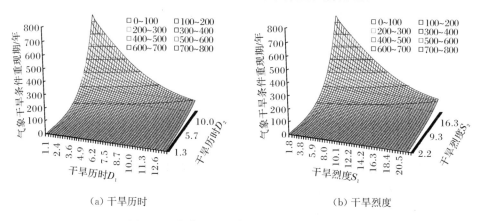

图 6.27　气象干旱的条件重现期空间分布图

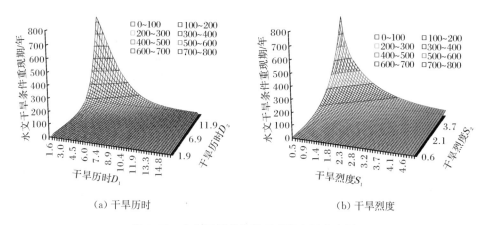

图 6.28　水文干旱的条件重现期空间分布图

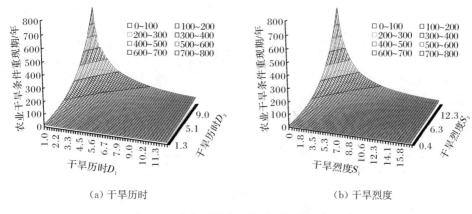

(a) 干旱历时　　　　　　　　　(b) 干旱烈度

图 6.29　农业干旱的条件重现期空间分布图

（2）干旱历时和干旱烈度同时影响下的作用机制分析如图 6.30 所示。由图可见，各类干旱的条件重现期空间分布也为扇形曲面，顶部尖细、往下渐宽，大多数等值线集中在条件重现期小于 200 年的曲面部分；前后两场严重干旱相继发生的条件重现期集中在 100~200 年，气象干旱的分布幅面最宽、农业干旱次之、水文干旱最窄，说明干旱事件叠加出现的情形以气象干旱最为普遍，农业干旱和水文干旱由于还受其他因素干扰后，故叠加出现的情形相对较少。以滇池流域 2009 年 5 月~2010 年 3 月干旱对 2012 年 2 月~2013 年 4 月干旱的影响为例，由表 6.3 可见，干旱历时和干旱烈度共同影响的条件重现期大于单一干旱特征变量影响的条件重现期，综合了前一次干旱历时和干旱烈度的作用，后一次干旱事件的极端程度更为激烈；不同干旱类型的条件重现期均为气象干旱最大，农业干旱次之，水文干旱最小。因此，在叠加效应作用下，连续发生极端干旱的致灾性显著高于一次极端干旱。

表 6.3　2009 年 5 月~2010 年 3 月干旱影响条件下 2012 年 2 月~2013 年 4 月干旱的条件重现期

干旱类型	$T(D_2 \geqslant d_2 \mid D_1 \geqslant d_1)$	$T(S_2 \geqslant s_2 \mid S_1 \geqslant s_1)$	$T(D_2 \geqslant d_2, S_2 \geqslant s_2 \mid D_1 \geqslant d_1, S_1 \geqslant s_1)$
气象干旱	217.80	215.26	271.82
水文干旱	108.63	103.12	182.79
农业干旱	157.34	151.95	258.55

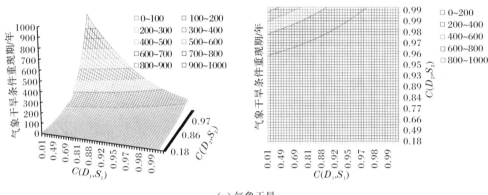

（a）气象干旱

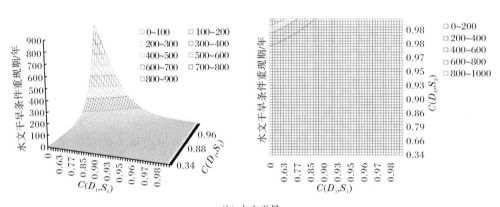

（b）水文干旱

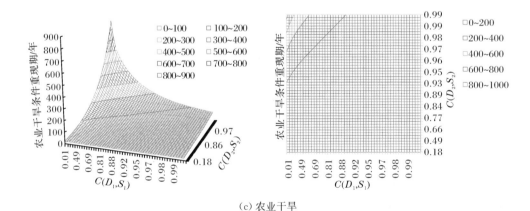

（c）农业干旱

图 6.30　综合考虑干旱历时和干旱烈度的条件重现期空间分布图

6.2.6　结果合理性分析

1. 干旱识别分析

前述分析中得到滇池流域 1960 年、1969~1970 年、1978~1979 年、1987 年、2009~2010 年和 2011~2013 年等发生严重干旱的同现重现期均超过 20 年,相关文献(唐一清等,1999)记载这些年份是大旱之年,表现为高温少雨,冬、春、夏季连旱,导致滇池水位最高下降幅度达 2.24m,出湖水量急剧减少,印证了识别出的干旱事件与实际一致,重现期大小揭示了旱情严重程度。

事实上,2009 年以来云南地区宽广的低频经向、纬向气流带出现年份增多,导致北方干冷和南方暖湿气流在云南大部分地区汇合、交绥天数少、降水骤减(孙国武等,2014)。热带西太平洋和热带印度洋处于升温状态,热带西太平洋上空产生反气旋异常环流系统,从孟加拉湾来的水汽很难到达云贵高原,导致云南大部分地区降水长期偏少;此外,中高纬度准定常行星波传播的极地波导偏强而低纬波导偏弱,冬季东亚冷空气活动强且路径偏东,到达西南地区冷空气偏弱,从而引发持续性严重干旱(黄荣辉等,2012),21 世纪前 20 年将进入冬春连旱频发期(周秀华等,2014)。此外,因滇池出湖水量受海口闸及西园隧洞(2000 年后)人为控制,以及掌鸠河(2007 年)、清水海(2012 年)、牛栏江(2013 年)等外流域引水工程建成后,每年为滇池流域增加生活工业用水 3.17 亿 m³ 和湖泊生态修复补水 5.6 亿 m³,2000 年以来滇池都维持在高水位运行;但 2009 年 11 月~2014 年 5 月滇池的水位持续下降,月平均出湖水量仅占正常时期的 19.6%,下游工农业用水严重破坏,表明滇池流域遭受了连续特大干旱灾害。

2. 旱灾重现期分析

60 多年来云南干旱灾害的范围、程度和频次均呈增加趋势,主要原因是区域气温升高、降水减少(韩兰英等,2014),直接导致气象干旱极端事件频发;虽然土壤对水分具有一定的调节作用,但长期少雨导致土壤湿度降低,使得农作物减产或绝收,引发农业干旱;而水文干旱表现为河道径流、水库蓄水和地下含水层储水量等减少,与气象干旱和农业干旱相比出现较慢、滞后性较强。几类重现期均表明,气象干旱的敏感程度最大,农业干旱次之,水文干旱相对最小,与上述一般规律相符。由于气温和降水变化是干旱的主要成因,根据过去两千年的气象变化研究,气温有准 21 年、准 65 年、准 115 年和准 200 年的变化周期(钱维宏等,2010),降水有 20~30 年和准 70 年的周期(葛全胜等,2014),因此干旱也存在相应的周期变化规律。同时,从滇池流域干旱文献史料的整理分析可得到如下结果(唐一清等,1999):

（1）1300～1949 年共计 650 年间共出现 64 场大旱灾害（饥荒、大春和小春作物收成大减甚至无收、两季连旱或 7 月始雨），平均 10 年一场次，与前述小波分析识别到干旱历时或干旱烈度有 10 年左右振荡周期的结论相印证。

（2）在上述的 64 场大旱灾中有 4 场为特大干旱，平均时间间隔为 151 年：1453 年大旱、民多饥死，1615～1621 年连续多场大旱、数月不雨、米价腾贵，1776 年大旱荒、湖水减缩，1900～1907 年旱荒持续、滇源之青龙潭涸、赤地千里、饿死者枕藉于道。本书识别的 2012 年 2 月～2013 年 4 云干旱的灾害程度与这 4 场特大干旱处于相同量级，其同现重现期之气象干旱为 224.41 年、水文干旱为 103.01 年、农业干旱为 114.66 年，与前 4 场干旱的重现期相一致。

（3）1615～1621 年、1900～1907 年 2 场特大干旱均为前、后干旱事件相叠加所致，这 2 场干旱间隔 279 年。本书识别到 2012 年 2 月～2013 年 4 月特大干旱也属于在 2009 年 5 月～2010 年 3 月旱情影响下发生，其气象干旱的条件重现期为 271.82 年、水文干旱为 182.79 年、农业干旱为 258.55 年，与此前 279 年的重现期相一致。2009～2013 年、1900～1907 年的特大干旱相隔 109 年，比 279 年的间隔急剧缩短，反映出在全球气候变化的背景下，区域性干旱极端事件趋于频发。

（4）20 世纪 90 年代对滇池沉积物进行磁化率测定的结果也揭示出一个距今 200 多年、持续 228 年的干旱期的存在（宋学良等，1998）。最近通过对云南省弥勒县小白龙洞中石笋样品的氧同位素进行研究也发现，近 250 年云南地区降水有长期下降趋势。与近 60 年观测的降水记录进行对比，发现 2009～2012 年干旱是近 250 年中的最干时期（Tan et al.，2016）。这与本节研究揭示的 2009～2012 年条件概率重现期为 258～272 年的干旱结论基本一致。

6.3 昆明市主要供水水源点径流变化趋势

6.3.1 基本情况

分别以松华坝、云龙、德泽、清水海等向昆明市或滇池供水的重要水源点（水库）1956～2012 的天然径流系列为频率分析计算样本，用矩法公式对参数进行初估，频率曲线线型采用 P-Ⅲ型，通过目估适线最终确定各径流系列的统计参数，结果见表 6.4，经验频率曲线如图 6.31 所示。

从图 6.31 可以看出，各频率曲线间是相互协调的，保持合理的间距，在使用范围内不相交，说明各水源点的径流统计参数及设计径流结果合理。

表 6.4 四大供水水源点的径流系列统计参数结果

供水水源点	多年平均径流量/万 m³	C_v	C_s/C_v	设计年径流量/万 m³				
				25%	37.5%	62.5%	75%	95%
松华坝	20088	0.46	2	25323	21665	16020	13340	7663
云龙	30275	0.44	2	37843	32482	24472	20561	12141
德泽	167141	0.34	2	201200	179124	143804	126144	85778
清水海	2397	0.38	2	2933	2576	2012	1738	1120

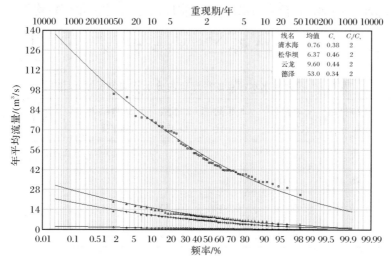

图 6.31 四大供水水源点年平均流量频率曲线

6.3.2 入库径流的年内分配

1. 年内分配百分比

受降水的季节性变化影响,各水库的入库径流年内分配极不均匀。统计四大供水水源点各月径流量占全年径流量的比例可以看出,各水源点的径流主要集中在汛期(6~11 月),7、8、9 三个月为径流最丰时期,而枯期(12 月~次年 5 月)径流量较少,尤以 3、4 月最枯。

进一步分析,上述的四个重要水源点中,松华坝、云龙、德泽的径流年内分配百分比较为相似,6~11 月径流量占年径流量的 80%~87%,其中 7 月、8 月、9 月三个月的径流量占年径流量的 50%~58%,而 12 月~次年 5 月径流量占年径流量的 13%~20%,其中最枯的 3 月或 4 月的径流量仅占年径流量的 2%左右。而清水海的汛期径流量占年径流量的 68%、7~9 月径流量占年径流量的 44%,最枯

4 月径流量占年径流量的 4% 左右,与其他三个水源点相比,清水海的汛期径流量所占百分比小,枯期则大,径流年内分配更为均匀。

2. 径流年内分配不均匀性

径流年内分配不均匀系数 C_r,也称为径流年内分配完全调节系数,定义如式(6.13)所示。据此分析四大水源点的径流年内分配不均匀性的变化特征,见表 6.5。从表中可以看出,各水源点在 20 世纪 50 年代、60 年代的年内分配相对最不均匀,而 2000 年以后各站不均匀性系数最小。四大供水水源点中,云龙水库的径流年内分配最不均匀,松华坝水库、德泽水库次之,清水海水库较均匀。

$$C_r = \sum_{t=1}^{12} \psi(t)[R(t) - \bar{R}] / \sum_{t=1}^{12} R(t), \quad \psi(t) = \begin{cases} 0, & R(t) < \bar{R} \\ 1, & R(t) \geq \bar{R} \end{cases} \tag{6.13}$$

表 6.5　四大供水水源点的径流年内分配不均匀系数 C_r 结果

供水水源点	20 世纪 50 年代	20 世纪 60 年代	20 世纪 70 年代	20 世纪 80 年代	20 世纪 90 年代	2000 年以后	平均值
松华坝	0.37	0.39	0.36	0.37	0.37	0.30	0.36
云龙	0.42	0.43	0.41	0.40	0.41	0.37	0.40
德泽	0.35	0.33	0.30	0.29	0.33	0.32	0.32
清水海	0.23	0.24	0.23	0.23	0.23	0.22	0.23

3. 典型年年内分配过程

分别对四大供水水源点的径流系列进行排频,选择频率为 71%~97% 的年份作为枯水段,为了在四个水库中选取同一年作为典型年,取四个水库枯水段的交集,为 2010 年、2009 年、1988 年、1975 年、1972 年、1963 年、1959 年,通过对比分析,最终确定以 1988 年径流作为中等干旱($P = 75\%$)以及特枯水($P = 95\%$)的典型过程,通过同频率缩放即可得到 75%、95% 的设计径流年内分配过程。

6.3.3　入库径流的年际变化

1. 年际变化幅度分析

径流的多年变化幅度通常用极值比 K_m 和变差系数 C_v 表示,统计见表 6.6。

表 6.6　四大供水水源点的径流变化幅度分析结果

供水水源点	C_v	最大年		最小年		极值比
		流量/(m³/s)	年份	流量/(m³/s)	年份	
松华坝	0.46	12.50	1974	1.29	2011	9.71
云龙	0.44	19.80	1966	3.82	1975	5.18
德泽	0.34	95.50	1968	24.60	1992	3.88
清水海	0.38	1.51	1966	0.29	2011	5.24

从表中可以看出,四个供水水源点的年径流 C_v 值以松华坝最大,说明其径流年际变化最大,其次是云龙和清水海,德泽的径流年际变化最小;各站的极值比 K_m 为 3.88~9.71,与 C_v 值体现出的规律一致,进一步说明径流的年际变化幅度同样为松华坝最大,清水海、云龙次之,德泽最小。这与四个水库控制径流面积的大小关系相对应,一般而言,水库径流面积越大,其径流的 C_v 值越小,这是其汇流的各个小流域单元的径流变差并非同步地出现丰枯变化,从而使大流域的径流变差幅度缩小。清水海还包括一个引水汇入流量,引水区径流面积占整个清水海汇水区的比例较大,都以引水渠入库,受引水渠道设计过流能力的约束,这部分水量年际变化不会太大,从而使其年径流 C_v 值是四个大型水库中最小的。

2. 连丰期、连枯期分析

自 2012 年起对各水源点的径流系列逆时序进行差积曲线分析,如图 6.32 所示。从图中可以看出,各水源点的径流系列丰、枯水段交替出现,且变化趋势相似,各水源点具体的丰、平、枯水期统计见表 6.7。

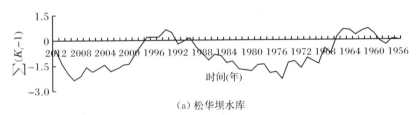

(a) 松华坝水库

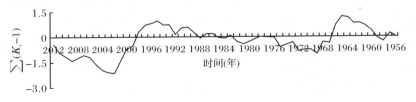

(b) 云龙水库

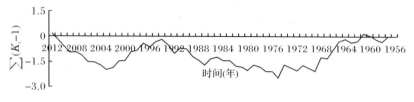

(c) 德泽水库

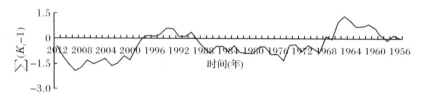

(d) 清水海水库

图 6.32　四大供水水源点的径流差积曲线

表 6.7　四大供水水源点径流系列差积曲线丰、平、枯水期统计结果

供水水源点	丰水期	平水期	枯水期
松华坝	1964~1975 年、1997~2008 年	1956~1963 年、1990~1996 年	1976~1989 年、2009~2012 年
云龙	1964~1969 年、1994~2001 年	1970~1995 年	1956~1963 年、2002~2012 年
德泽	1961~1974 年、1995~2002 年	1956~1960 年	1975~1994 年、2003~2012 年
清水海	1956~1969 年、1994~2000 年	1970~1987 年、2001~2008 年	1988~1993 年、2009~2012 年

根据水文分析计算常用的丰、枯水期的划分方法,将频率小于 37.5% 的年份划为丰水年,大于 62.5% 的划为枯水年,其余为平水年。在此基础上挑选出持续时间最长且均值最大的连续丰水期和持续时间最短且均值最小的连续枯水期,并分别计算连续丰水期和连续枯水期的平均径流及其与多年平均年径流的比值 $K_丰$ 和 $K_枯$,结果见表 6.8。可以看出,各水源点的连续丰水期一般为 3~5 年,$K_丰$ 值为 1.36~1.54;连续枯水期多为 3 年、4 年,$K_枯$ 值为 0.39~0.63。

表 6.8 四大供水水源点的径流连丰期和连枯期分析

供水水源点	多年平均流量/(m³/s)	最长连续丰水期				最长连续枯水期			
		起止时间	年数	平均流量/(m³/s)	$K_丰$	起止时间	年数	平均流量/(m³/s)	$K_枯$
松华坝	6.59	1997~1999 年	3	9.71	1.47	2009~2012 年	4	2.58	0.39
云龙	9.75	1997~2001 年	5	15.0	1.54	2009~2012 年	4	6.15	0.63
德泽	53.50	1964~1966 年	3	72.6	1.36	2006~2009 年	4	32.80	0.61
清水海	0.75	1997~1999 年	3	1.12	1.49	2009~2012 年	4	0.38	0.51

6.3.4 入库径流随机变化特性分析

1. 周期性分析

年径流的多年长期性变化趋势,主要取决于气候因素的变化,而气候因素又取决于大气环流的特点,大气环流的变化受太阳活动制约,太阳活动具有一定的循环周期,因而年径流多年变化也可能存在一定的循环周期。由于影响周期因素变化的复杂性,往往周期之间并不可通约,因此隐含在年径流序列中的这种周期一般称为近似周期。

采用小波分析法分别对昆明市四大供水水源点的年径流序列进行多时间尺度分析,绘制 Morlet 小波变换系数图(图 6.33)。从图中可以看出,各水源点的小波变换系数等值线均在 9~20 年和 25~30 年附近集中,说明在 9~20 年和 25~30 年周期振荡表现明显;其中,松华坝振荡周期的中心时间尺度分别为 15 年和 27 年左右,云龙为 12 年和 26 年左右,德泽为 14 年和 28 年左右,清水海为 17 年和 28 年左右。

2. 趋势性分析

对四大水库 1956~2012 年的天然径流系列进行 5 年滑动平均分析,如图 6.34 所示。由图可知,各水库径流系列均有 2 个或 3 个呈增加和呈减少的趋势段,具体统计结果见表 6.9。

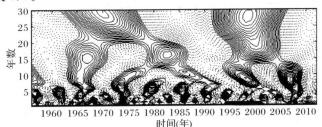

(a) 松华坝水库

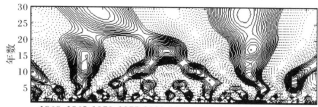

（b）云龙水库

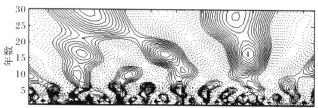

（c）德泽水库

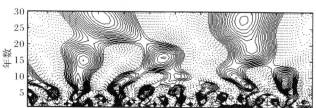

（d）清水海水库

图 6.33　Morlet 小波变换系数图

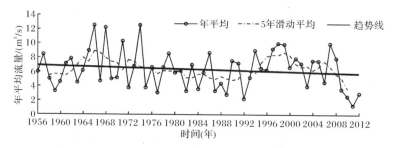

（a）松华坝水库

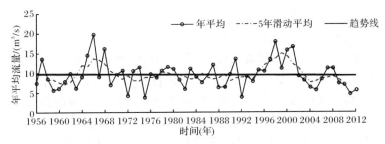

(b) 云龙水库

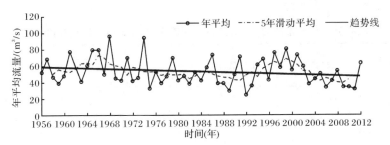

(c) 德泽水库

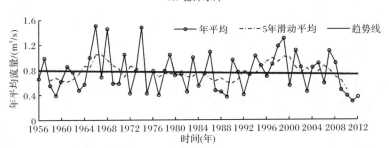

(d) 清水海水库

图 6.34　四大水库年径流趋势变化曲线

表 6.9　四大供水水源点年径流趋势变化统计结果

供水水源点	增长段	减少段
松华坝	1956~1966 年、1991~1999 年	1967~1990 年、2000~2012 年
云龙	1961~1966 年、1994~1999 年、 2005~2008 年	1967~1974 年、2000~2004 年、 2009~2012 年
德泽	1956~1967 年、1991~1999 年	1968~1990 年、2000~2012 年
清水海	1956~1966 年、1990~2000 年	1967~1989 年、2001~2012 年

进一步分析松华坝径流系列的整体变化趋势。采用 Kendall 秩次相关法，对系列 $x_1, x_2, \cdots, x_n$（n 为系列长度）的所有对偶观测值 $(x_i, x_j, j > i)$ 中 $x_i < x_j$ 出现

的个数记为 k，采用式(6.2)构造统计量 U。

经计算，各水源点径流系列的 Kendall 统计量 U 见表 6.10。从表中可以看出，各 U 值均小于 0，说明就整体而言，四个水源点的径流系列均具有下降的趋势。取显著水平 $\alpha = 5\%$，则 $U_{\alpha/2} = 1.96$，表 6.10 中各 U 值的绝对值均小于 1.96，说明趋势不显著，即各水源点的径流系列虽然从整体来看具有下降的趋势，但在 95% 的置信水平下，该下降趋势是不显著的。此外，德泽水库的统计量 U 最小，说明相对而言其径流的减小趋势更明显，松华坝水库、清水海水库次之，而云龙水库的径流减小趋势相对最不明显。

表 6.10　昆明市四大供水水库的年径流序列 Kendall 秩次相关检验表

水库	趋势性	统计量 U	显著检验		
			显著水平/%	$U_{\alpha/2}$	是否显著
松华坝	下降	−0.468	5	1.96	不显著
云龙	下降	−0.041	5	1.96	不显著
德泽	下降	−1.652	5	1.96	不显著
清水海	下降	−0.372	5	1.96	不显著

3. 变异点诊断

变异点也称为跳跃点，是水文序列从一种状态过渡到另一种状态时表现出来的急剧变化形式，由人为或自然原因引起的。

根据秩和检验法，设跳跃前后，即分割点 τ 前后，两序列总体的分布函数各为 $F_1(x)$ 和 $F_2(x)$，假设 $F_1(x) = F_2(x)$。从总体中分别抽取容量各为 n_1 和 n_2 的样本，将两个样本数据依大小次序排列并统一编号，规定每个数据在排列中所对应的序数称为该数的秩(值相同的数据则用其序数的平均值作为秩)。记容量小的样本各数值的秩之和为 W，当 n_1、$n_2 > 10$ 时，W 近似服从正态分布 $N(n_1(n_1 + n_2 + 1)/2, n_1 n_2 (n_1 + n_2 + 1)/12)$，故采用 u 检验法，构造统计量：

$$U = \frac{W - \dfrac{n_1(n_1 + n_2 + 1)}{2}}{\sqrt{\dfrac{n_1 n_2 (n_1 + n_2 + 1)}{12}}} \tag{6.14}$$

当给定显著水平 α 后，在正态分布表中查出临界值 $U_{\alpha/2}$。当 $|U| < U_{\alpha/2}$ 时，接受原假设 $F_1(x) = F_2(x)$，即分割点 τ 前后两样本是来自同一个总体，表示跳跃不显著，反之则拒绝原假设，即跳跃显著。

按秩和检验对昆明市四大供水水源点的径流序列进行分析。取显著水平 $\alpha = 5\%$，则 $U_{\alpha/2} = 1.96$，统计量大于临界值 1.96 对应的点即为可能的变异点。绘制跳

跃点检验图(图 6.35)可以看出,松华坝水库在 2008～2011 年为突变点、云龙水库
在 2008～2011 年为突变点、德泽水库在 2008～2011 年、清水海水库在 2007～

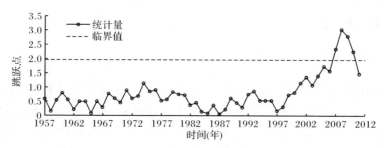

(a) 松华坝水库

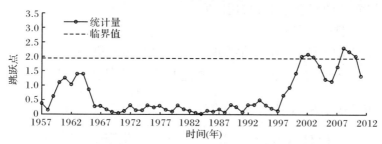

(b) 云龙水库

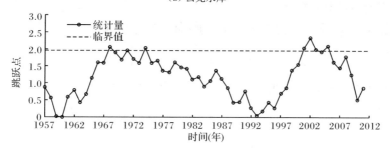

(c) 德泽水库

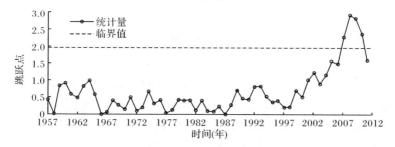

(d) 清水海水库

图 6.35　秩和检验法跳跃点检验图

2010 年为突变点。云南省自 2009 年起发生连续特大干旱,各站径流序列中存在的跳跃点就是由此自然原因引起的。

6.3.5 干旱风险分析

1. 研究方法

旱灾风险评估是定量认识旱灾风险的有效途径,是旱灾风险控制和风险管理的前提和基础,也是制定防治旱灾对策、规划防治区域、实施防治措施以及优选防灾项目、进行工程管理的基础。准确的旱灾风险评估是旱灾风险管理的决策依据,是抗旱减灾的基础环节,也是社会经济可持续发展的迫切需要。旱灾风险评估研究具有重要的理论意义和应用价值。

1) 二元条件分布概率

给定干旱历时 $D \geqslant d$ 时,干旱烈度 $S > s$ 的条件分布概率为

$$P(S > s \mid D \geqslant d) = 1 - \frac{F_S(s) - C(F_D(d), F_S(s))}{1 - F_D(d)} \tag{6.15}$$

给定干旱烈度 $S > s$ 时,干旱历时 $D \geqslant d$ 的条件分布概率为

$$P(D > d \mid S \geqslant s) = 1 - \frac{F_D(d) - C(F_D(d), F_S(s))}{1 - F_S(s)} \tag{6.16}$$

2) 多元条件分布概率

给定 $X_2 \leqslant x_2$, $X_3 \leqslant x_3$ 时,$X_1 \leqslant x_1$ 的条件分布概率为

$$P(X_1 \leqslant x_1 \mid X_2 \leqslant x_2, X_3 \leqslant x_3) = \frac{C(u_1, u_2, u_3)}{C(u_2, u_3)} \tag{6.17}$$

给定 $X_2 \leqslant x_2$, $X_3 \leqslant x_3$ 时,$X_1 > x_1$ 的条件分布概率为

$$P(X_1 > x_1 \mid X_2 \leqslant x_2, X_3 \leqslant x_3) = 1 - \frac{C(u_1, u_2, u_3)}{C(u_2, u_3)} \tag{6.18}$$

式中,$C(\cdot, \cdots, \cdot)$ 为 Copula 函数。

2. 年内干旱风险分析

以松华坝为例进行干旱年内风险分析,资料依据为松华坝 1954～2012 年各月径流系列。1～12 月径流依次记为变量 X_1、X_2、$\cdots$、X_{12},均服从 P-Ⅲ型分布,通过频率适线分别确定其 $\bar{x}$、C_v 和 C_s。根据前述 SRI 指标定义,以 30% 频率对应的变量取值 $x_p [x_p = (1 + Cv\Phi p)\bar{x}]$ 为干旱发生阈值。为提前预警,同时考虑水文分析计算的习惯,按水文分析计算中常用的丰枯划分方法,以 37.5% 频率对应的变量取值作为枯水阈值,即干旱发生的预警值;相应地以 62.5% 对应的变量取值作为丰水阈值,大于该值无干旱风险。

选用 Gumbel Copula 函数计算三元联合分布概率,根据多元条件分布概率公

式计算前两个月发生枯水条件下各月发生枯水或丰水的概率，结果见表 6.11。从表中可以看出，若连续两个月发生枯水，后一个月发生枯水的概率均在 50% 以上，其中汛期发生枯水的概率较小，非汛期特别是枯期发生的概率较大，1～4 月均达到 70% 以上；若连续两个月发生枯水，后一个月发生丰水的概率在 35% 以下，汛期概率相对较大，枯期则在 20% 以下。

表 6.11　各月干旱风险分析

概率	1 月	2 月	3 月	4 月	5 月	6 月
$P(X_1 \leqslant x_{1枯} \mid X_2 \leqslant x_{2枯}, X_3 \leqslant x_{3枯})$	79.9	77.6	74.7	71.8	69.7	50.2
$P(X_1 > x_{1丰} \mid X_2 \leqslant x_{2枯}, X_3 \leqslant x_{3枯})$	14.5	17.0	18.2	20.2	18.4	33.9
概率	7 月	8 月	9 月	10 月	11 月	12 月
$P(X_1 \leqslant x_{1枯} \mid X_2 \leqslant x_{2枯}, X_3 \leqslant x_{3枯})$	56.7	62.1	62.6	70.5	66.7	67.4
$P(X_1 > x_{1丰} \mid X_2 \leqslant x_{2枯}, X_3 \leqslant x_{3枯})$	32.4	28.4	31.2	20.6	28.7	33.0

3. 年际干旱风险分析

同样以松华坝站为例，根据前述 SRI 指标计算结果，选用 Gumbel Copula 函数计算干旱历时 D 和干旱烈度 S 的二元联合分布概率，然后根据二元条件分布概率公式计算得到年际干旱风险并绘制成等值线图（图 6.36）。

图 6.36(a)、(b) 分别描述了给定干旱历时 $D \geqslant d$ 时，干旱烈度 $S > s$ 的条件分布概率，以及给定干旱烈度 $S > s$ 时，干旱历时 $D \geqslant d$ 的条件分布概率。从图中可以查出给定 D 或 S 时另一变量的条件概率，从而为年际干旱风险判断提供一定的依据。

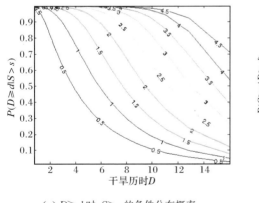
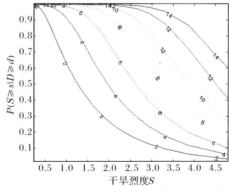

（a）$D \geqslant d$ 时，$S > s$ 的条件分布概率　　　　（b）$S > s$ 时，$D \geqslant d$ 的条件分布概率

图 6.36　年际干旱风险分析

4. 水库丰枯遭遇分析

研究滇池主要供水水源点云龙水库、德泽水库发生枯水时,松华坝水库发生枯水或丰水的概率。

松华坝水库、云龙水库、德泽水库径流依次记为变量 X_1、X_2、X_3,均服从 P-Ⅲ型分布,通过频率适线分别确定其 $\bar{x}$、C_v 和 C_s。按前述定义,以 37.5% 频率对应的变量取值作为枯水阈值,即干旱发生的预警值;相应地以 62.5% 对应的变量取值作为丰水阈值,大于该值无干旱风险。

选用 Gumbel Copula 函数推求三元联合分布概率,在此基础上计算多元条件分布概率。经计算,云龙水库、德泽水库发生枯水时松华坝水库出现枯水的概率达 77.25%、发生丰水的概率仅为 3.82%,即存在很大程度上的同丰同枯特性,表明在使用传统的"典型年"法进行各个水库供水条件组合时,存在同频率相加后超频率的可能性很小。

第7章 滇池湖盆区暴雨洪水特性及过程分析

7.1 滇池流域暴雨特性

滇池流域的暴雨一般出现在5~10月,受来自印度洋孟加拉湾水汽充沛湿层深厚的西南暖湿气流和太平洋北部湾的低层东南暖湿气流所控制,这期间降水量约占年降水量的88%,尤以6~8月最为集中。产生暴雨的主要天气系统是冷锋低槽、冷锋切变和低槽三种类型,暴雨中心常见于昆明主城区,主要是暖湿气流移动与西山地形的共同作用所致。总体而言,由于地形条件和大气环流的影响,暴雨具有次数多、分布不均匀、暴雨面积小、历时短等特点。

根据历史资料统计分析,滇池流域的暴雨主要发生在6~8月,占全年出现次数的78%;尤以8月出现次数最多,占全年出现次数的30%;5月、9月出现次数最少(14%、8%)。暴雨量的年际变化较大,C_v 值为 0.40~0.45,最大1天降水量可达到150mm。一般地,暴雨量级随积雨云笼罩面积的增大而减小,暴雨历时越长其减小程度越大。暴雨量以昆明主城区较突出,四周随地形增高而增大,以西山山顶、流域源头大尖山等地较显著。

以滇池流域内的盘龙江—滇池—海口河为主线,选择从上游至下游的中和、松华坝、昆明、海埂等4个站的历年最大1天降水量观测资料,分析发生时间与发生概率,如图7.1所示。各站发生暴雨的特点如下(邹嘉福等,2013):①最大1天降水集中于5~11月,主要为5~9月,10、11月偶有发生;②中和水文站主要发生于6月、7月、9月(各月约占1/3),5月和8月发生较少(各月约占1/10);③松华坝水文站主要发生于5~9月,各月差异不大,8月稍弱,各占1/5;④昆明气象站主要发生于5~8月,6月、8月较明显(各月约占1/3),5月稍弱;⑤海埂雨量站主要发生于6~9月,7月较明显(约占1/3)、其他各月约占1/5。

除松华坝水文站各月发生暴雨的概率差异较小外,从上游至下游各月发生暴雨概率的差异均较大:①5月,盘龙江中游发生暴雨的概率较高,以松华坝水文站最为突出,海埂雨量站不易发生;②6月和7月,盘龙江各站均属于暴雨高发期,发生概率在22%~34%;③8月,盘龙江中、下游暴雨发生的概率较高,以昆明气象站最为突出,中和水文站则很不明显;④9月,仅有昆明气象站不易发生暴雨,其他站发生的概率在20%左右。

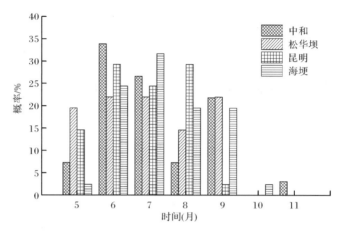

图 7.1　最大 1 天降水量发生月概率统计图

7.2　昆明市城市暴雨强度时程变化规律

昆明市城市暴雨具有历时短、强度大、笼罩面积小、变化梯度大等特点,是昆明市发生洪涝灾害的主要原因。研究暴雨强度规律对市政建设、排水工程设计、河道及城市防洪调度等都具有重要作用。

7.2.1　代表站选择

根据昆明市各站点实测降水资料的条件,选择松华坝水文站和昆明气象站为代表站,两站的实测暴雨资料完整、系列年较长(均大于 50 年),以 10min、20min、30min、45min、60min、90min、120min、180min 共 8 个时段的暴雨资料进行研究,采用目前我国通用的 P-Ⅲ型分布模型进行暴雨公式拟定。

7.2.2　暴雨强度公式率定

目前,我国运用最普遍的城市暴雨公式的数学表达式如下:

$$i = \frac{A}{(t+B)^n} \tag{7.1}$$

式中,i 为暴雨强度(mm/min);t 为降雨历时(min);n 为暴雨衰减指数;A 为雨力参数;B 为降雨历时修正参数,其值随气象条件和地区各异。经求偏导数并令其和等于零后联解,求得暴雨强度公式待定参数的计算式如下:

$$A = \left[\frac{\sum i^{\frac{2}{n}+1} \sum i^{\frac{2}{n}+1} t^2 - \left(\sum i^{\frac{2}{n}+1} t \right)^2}{\sum i^{\frac{2}{n}+1} \sum i^{\frac{1}{n}+1} t - \sum i^{\frac{1}{n}+1} \sum i^{\frac{2}{n}+1} t} \right]^n \tag{7.2}$$

$$B = \frac{\sum i^{\frac{1}{n}+1} \sum i^{\frac{2}{n}+1} t^2 - \sum i^{\frac{2}{n}+1} t \sum i^{\frac{1}{n}+1} t}{\sum i^{\frac{2}{n}+1} \sum i^{\frac{1}{n}+1} t - \sum i^{\frac{1}{n}+1} \sum i^{\frac{2}{n}+1} t} \tag{7.3}$$

$$\left(\frac{i_1}{i_0}\right)^{\frac{1}{n}} (t_2 - t_1) - \left(\frac{i_1}{i_2}\right)^{\frac{1}{n}} (t_0 - t_1) = t_2 - t_0 \tag{7.4}$$

由于不同重现期对应的待定参数不同,暴雨衰减指数 n 值也随重现期的变化而变化。但是,暴雨历时曲线呈单调递减的趋势,同时选用 P-Ⅲ型分布模型拟合得到的各历时数据点基本为双曲线类函数关系,一般采用公式进行试算求得。

设计暴雨强度总公式的数学表达式为(邵丹娜,2007):

$$i = \frac{L + k \lg P}{(t + B)^n} \tag{7.5}$$

式中,P 为重现期(a);L、k 为模式参数。同理,按上述方法和原理可推导出总公式待定参数的计算式如下:

$$L = \frac{m \sum \frac{\lg^2 P}{A} - \sum \lg P \sum \frac{\lg P}{A}}{\sum \frac{1}{A} \sum \frac{\lg^2 P}{A} - \left(\sum \frac{\lg P}{A}\right)^2} \tag{7.6}$$

$$k = \frac{\sum \frac{1}{A} \sum \lg P - m \sum \frac{\lg P}{A}}{\sum \frac{1}{A} \sum \frac{\lg^2 P}{A} - \left(\sum \frac{\lg P}{A}\right)^2} \tag{7.7}$$

式中,m 为用于拟合总公式的重现期项数。

依据松华坝水文站、昆明气象站历年暴雨资料系列,将各时段的样本系列采用数理统计方法初估统计参数,然后以 P-Ⅲ型为概率模型拟合并经分析后确定统计参数,再求得不同标准的暴雨强度,制成重现期(P)-暴雨强度(i)-历时(t)关系图,如图 7.2 和图 7.3 所示。进而分析计算得到暴雨强度分公式(表 7.1)。

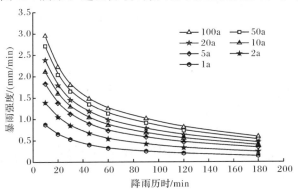

图 7.2 松华坝水文站设计暴雨强度随降雨历时的变化曲线

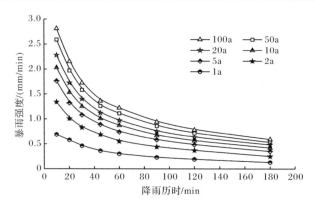

图 7.3　昆明气象站设计暴雨强度随降雨历时的变化曲线

表 7.1　松华坝水文站和昆明气象站暴雨强度公式参数率定结果

重现期/a	n		A		B	
	松华坝水文站	昆明气象站	松华坝水文站	昆明气象站	松华坝水文站	昆明气象站
1	0.842	0.821	12.22	10.74	12.80	17.14
2	0.842	0.827	20.72	20.74	14.64	17.84
5	0.781	0.780	21.08	21.59	12.84	15.26
10	0.793	0.771	26.50	24.11	14.43	15.17
20	0.783	0.769	28.87	26.75	14.49	15.02
50	0.790	0.775	34.71	31.12	15.63	15.10
100	0.788	0.761	38.23	31.90	16.34	14.68

　　根据图 7.2、图 7.3 中的数据,分别将上述公式联解即可求得总公式的数学表达式如下:

$$i=\frac{12.10+14.40\lg P}{(t+14.40)^{0.800}},\quad 松华坝水文站 \qquad (7.8)$$

$$i=\frac{10.72+13.76\lg P}{(t+15.74)^{0.786}},\quad 昆明气象站 \qquad (7.9)$$

　　根据昆明市城市发展的实际需要,各重现期的暴雨强度总公式可选择使用,并对结果进行必要的合理性分析。

7.3　昆明市"7·19"城市暴雨洪水案例分析

7.3.1　基本情况

　　2013 年 7 月 19 日(简称"7·19"),单点暴雨突袭昆明市主城区,造成主城部分片区道路受淹,局部片区重度淹积水,穿城而过的盘龙江江水暴涨,给沿岸居民生产生活及交通出行带来了极大不便,并造成重大经济损失。经调查统计,此次强降雨造成城区受淹影响面积 77.29km^2,形成了 102 个淹积水片(点),个别淹水点淹水历时最长达 49h,城区主要交通短时出现严重拥堵、中断,部分区域供电、供水中断,受淹房屋 6696 户,地下设施 3.8 万 m^2,直接经济损失 1.82 亿元。昆明市主城四区各部门共投入 5.23 万人进行一周多时间的防洪抢险及灾后恢复工作。

"7·19"暴雨中心位于主城区北部的油管桥附近,是有记录以来滇池流域内的昆明水文站(84 年)、金殿水库站(49 年)、南坝雨量站(34 年)等的最大日降水量,如图 7.4 所示,主要是受复杂天气系统影响,单点暴雨随机发生。

"7·19"暴雨历时 17h,松华坝水库坝址至盘龙江入滇池口区间(简称松—滇区间)平均面雨量 133.8mm,如图 7.4 所示,其中降水量大于 250mm 的笼罩面积为 3.78km^2,占松—滇区间总面积的 2.25%;降水量大于 200mm 的笼罩面积为 33.31km^2,占松—滇区间总面积的 19.8%;降水量大于 100mm 的笼罩面积为 113.14km^2,占松—滇区间总面积的 67.3%。

在"7·19"暴雨洪水期间,最大 6h 面暴雨量和场次面雨量分别为 88.5mm 和 133.8mm,这期间松华坝水库还未下泄水量,昆明水文站实测的洪峰 87.5m^3/s 即可认为是松华坝水库坝址至昆明水文站区间(简称松—昆区间)的洪峰,如图 7.5 所示。根据"7·19"暴雨面雨量可推算的松—昆区间最大 24h 洪量应为 604 万 m^3,而实测最大 24h 洪量为 451 万 m^3,这表明城市低洼区排水不畅,形成多个淹水区,对洪水产生了一定的蓄滞作用。

昆明水文站"7·19"实测盘龙江最高洪水位 1892.36m,为 1953 年以来的最大值,超警戒水位(1890.52m)1.84m,其最直接的原因是下游地铁和公路施工设施的阻水作用,引起盘龙江水位偏高而实际泄流量不大。

7.3.2　"7·19"暴雨洪水重现期

松—昆区间 6h、24h 面暴雨量分别比利用历史资料分析的 30 年一遇暴雨量大 3.9%、7.2%,基本为 30 年一遇。考虑到暴雨形成洪水的产汇流过程中受城区内涝、滞洪等因素影响,洪峰会偏小。综合分析后认为,"7·19"暴雨洪水的洪峰稍低于 30 年一遇,洪量基本为 30 年一遇。

7.3.3　"7·19"洪水归槽订正分析

"7·19"洪水归槽订正分析采用峰量关系法和漫滩量归槽法。

(1)"峰量关系法"。松—昆区间 30 年一遇的 24h 洪量为 691.3 万 m^3,"7·19"洪水总量(58h,691.4 万 m^3)与之基本一致,基于"7·19"6h、24h 面暴雨量基本为 30 年一遇的结论,"7·19"洪水总量应为 24h 洪量,根据松—昆区间早

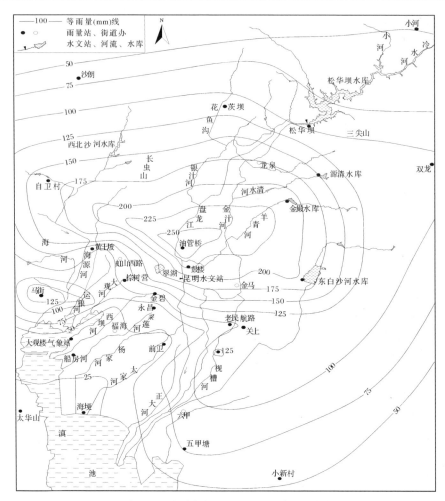

图 7.4　昆明市主城区"7·19"暴雨量分布

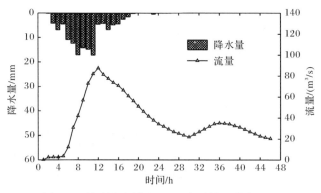

图 7.5　昆明水文站"7·19"实测暴雨洪水过程

期洪峰与 24h 洪量关系($Q_m = 0.1311W_{24} + 2.703$),"7 · 19"现状洪峰($93.3\text{m}^3/\text{s}$)大于实测洪峰($87.5\text{m}^3/\text{s}$)6.6%、也大于天然 30 年一遇洪峰($81.7\text{m}^3/\text{s}$)14.2%。考虑到峰量关系属于天然情况使用,借用到现状情况下,现状洪峰会明显偏小。

（2）漫滩量归槽法。根据分析,"7 · 19"洪水属松—昆区间自 1953 年以来仅次于 1966 年的第二大洪水,洪水总历时 58h,洪量为 691.4 万 m^3、24h 洪量为 440.4 万 m^3。经过调查及综合分析,58h 总洪量应在 1 日内排出,由于城市地下管网、地面凹地滞蓄量（总洪量与 24h 洪量之差）251.0 万 m^3 平摊于 24h 实测洪水过程,即为松—昆区间考虑地面硬化、漫滩归槽订正后的洪水过程,得到现状洪峰为 $117\text{m}^3/\text{s}$,较实测洪峰增大 33.7%。但漫滩归槽没有考虑洪峰滞后的情况,现状洪峰有可能会偏大一些。

7.4　滇池入湖洪水过程分析

7.4.1　滇池入湖洪水特性

滇池流域的洪水由暴雨形成,洪水多发生于 7 月、8 月,最大洪峰、洪量与最大暴雨量的出现时间极为对应,洪水峰型与暴雨雨型基本一致。历年的最大暴雨、洪水系列的序位也基本吻合。洪水的季节性明显,洪水发生于 5~11 月,以 7 月和 8 月出现次数最多。根据水文观测资料统计分析,年最大洪水出现在 6~8 月的概率占 81%,如图 7.6 所示;另外从 15 世纪以来的 44 次历史洪水考证可得,年最大洪水出现于 6~8 月的概率占 71%。这与暴雨发生于 5~8 月的规律基本一致。

滇池洪水主要由其北、东、南岸的诸河洪水及湖面暴雨量组成,尤以湖面显著,盘龙江次之,局部暴雨形成的地区性洪水有时所占比例较大,洪水与暴雨的地区分布规律基本一致。洪水过程的涨水历时与全历时的比值约为 1:8,呈起涨快、消退慢的特点。洪水过程一般尖瘦,24h 洪量一般占 3 天洪量的 53%,洪量集中程度较高,峰腰宽度在 34h 左右。盘龙江洪水由松华坝水库调节洪水下泄与松华坝水库坝址下游区间洪水组合而成。由于松华坝水库调节入库洪水的能力较强,盘龙江洪水主要以区间洪水为主。

滇池入湖洪水来源于暴雨,可划分为湖面入湖洪水和陆面入湖洪水。湖面入湖洪水由暴雨直接降于湖面而形成;陆面入湖洪水由暴雨经过陆地的坡面产流、河网汇流、蓄水工程调节等过程而形成,从湖泊的周边流入。

暴雨可由观测站测量和区域降水特征分析得到,以分析湖面入湖洪水。周边陆地入湖洪水区别于通常的河道断面洪水,难以直接进行实测。因此,滇池入湖洪水不可能全部由实测得到。根据滇池单位时段内的暴雨、洪水、水位等水文气象特征的相互变化依存关系,单位时段内应满足下列水量平衡关系式:

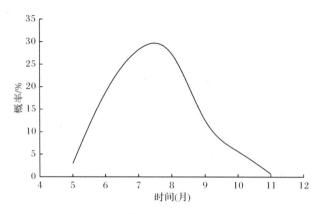

图 7.6　滇池入湖年最大洪水概率统计分布图

$$W_{t+1} = (V_{t+1} - V_t) + O_t - I_t \qquad (7.10)$$

式中，W_{t+1} 为滇池时段入湖洪量（万 m³）；V_{t+1} 为滇池时段 $t+1$ 的湖容（万 m³）；V_t 为滇池时段 t 的湖容（万 m³）；O_t 为时段 t 内从出口流出和引到外域的水量（万 m³）；I_t 为时段内外流域引入的水量（万 m³）；t 为时段长，采用 1 天、3 天、7 天、15 天、30 天。由式(7.10)推求的入湖洪量包括滇池湖面及周边在时段内的入湖水量，属于完整的入湖洪量。

　　根据 1983 年实测的滇池水位、湖容曲线等资料，完整还原逐日入湖水量，并考虑峰形的完整性，跨期选样，按照跨期不超过洪水过程历时 1/2 为限的选样原则，统计洪水的洪量系列为 50 余年，系列最大 1 天洪量为 1965 年，其他时段洪量分别排在第 2、4、16、22 位；系列最大 7 天洪量为 1971 年，其他时段洪量分别排在第 9、5、2、3 位；系列最大 30 天洪量为 1979 年，其他时段洪量分别排在第 26、18、11、4 位，详细情况见表 7.2。这反映了洪水洪量不集中、历时长的基本特点。

　　滇池入湖洪水发生在汛期 5～11 月，与流域暴雨发生的时间同步，其中主要是在 7 月和 8 月（占 61%），两个月出现的概率差异不大；5 月和 11 月发生的概率最低，分别仅占 3.0%、0.7%；6 月发生的概率达到 20%，10 月发生的概率也很小，仅为 5.9%。从滇池入湖 30 天洪量与对应的同期降水量的历年模数过程对照图（图 7.7）可以看出，两过程高低起伏基本对应，说明洪水主要取决于降水。从滇池入湖最大 1 天、7 天、30 天洪量的历年模数过程对照图（图 7.8）可以看出，三个过程均无系统性增大或减小趋势。计算模比系数的公式为

$$K_i = \frac{X_i}{\overline{X}} \qquad (7.11)$$

式中，K_i 为模比系数；X_i 为不同属性对应不同数值系列；$i = 1, 2, \cdots, n$；$\overline{X}$ 为系列的算术平均值。

表 7.2　滇池历年入湖洪水特征统计结果

最大时段	项目	1 天洪量	3 天洪量	7 天洪量	15 天洪量	30 天洪量
1 天洪量	年份	1965				
	位次	1	2	4	16	22
3 天洪量	年份		1983			
	位次	3	1	3	15	9
7 天洪量	年份			1971		
	位次	9	5	1	2	3
15 天洪量	年份				1966	
	位次	8	8	2	1	2
30 天洪量	年份					1979
	位次	26	18	11	4	1

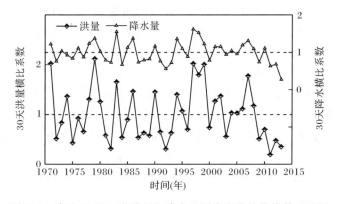

图 7.7　滇池 30 天入湖洪量与降水量同步变化趋势模数对照图

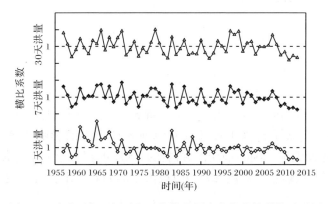

图 7.8　滇池历年不同时段入湖洪量同步变化趋势模数对照图

7.4.2　人类活动对滇池入湖洪水的影响

1. 滇池流域人类活动概况

滇池周边的人类活动频繁,特别是北、东、南面显得极为突出,主要表现为 20 世纪 60 年代修建了大量的水库工程;其次是近二三十年昆明城市建成面积(相当于流域产流的不透水下垫面)的逐年扩大,工业生活用水量增加、农业用水量减小等变化,这些因素都对滇池入湖洪水产生不同程度的影响。

滇池入湖洪水是在流域现状条件(蓄水工程和城市化)下进行分析计算的。流域内水库工程建设具有阶段性,松华坝、宝象河、果林、横冲、松茂、大河、柴河、双龙等 8 座大中型水库工程大多在 20 世纪 60 年代已建成,三十多年来建设的水库工程规模都较小、零星分布。水库通常具有调节洪水过程的功能,滇池主要支流上修建的水库会对滇池入湖洪水产生影响。城市化进程对滇池入湖洪水的影响有以下两个方面:①城市化导致滇池周边的耕地被占用,相应地农业灌溉用水量减少,城镇生活和工业用水量增加,取退水过程也发生改变,但对滇池入湖洪水的影响较小;②随着昆明城市建成区面积逐步扩大,不透水面积增加,暴雨洪水径流系数增大,增大滇池入湖洪水。

滇池入湖洪水由流域内水库泄洪、水库至滇池的区间洪水和湖面降水三部分组成。湖面降水直接形成入湖洪水,提前于前两部分洪水形成入湖洪水。因此,滇池入湖洪水过程呈复峰型,主峰在前、历时短,次峰滞后、历时较长。由于滇池湖面宽广、容积大,对入湖洪水的调节作用突出,入湖洪水过程洪峰基本不起控制作用。因此,结合资料条件分析入湖洪水洪峰,入湖洪水过程时段长采用 1 天,入湖洪水过程历时为 30 天。

2. 蓄水工程对入湖洪水的影响

滇池流域内已建成大型水库 1 座、中型水库 7 座、小型水库 157 座、坝塘 400 余座,这些蓄水工程主要是 20 世纪 60 年代所建。其中,大中型水库总的控制径流面积为 969km², 占滇池流域总面积的 33.2%, 防洪库容 1.37 亿 m³, 这些水库的调蓄作用削减了进入滇池的洪峰及短时段洪量。从常遇洪水来看,8 座大中型水库拦蓄的 7 天洪量相当于滇池入湖 7 天洪量的 15%～36%, 与它们所控制的流域面积基本相当,反映了蓄水工程建设对滇池入湖洪水的影响程度。总体来说,1957～2013 年间滇池入湖洪水受流域内已建水库的蓄水影响基本保持在一定程度,但随年代的推进,水库对洪峰及短时段洪量的调蓄作用会有一定增加(水库削减度增量)。

3. 昆明城市扩大对入湖洪水的影响

据调查,1992 年昆明主城区面积 70km^2,到 2005 年昆明主城区面积扩大到了 250km^2,基本上以每年近 14km^2 的速度增加,2012 年昆明主城区面积达到 313km^2,约占滇池流域面积的 10.7%。根据洪水产汇流特性,昆明主城区的面积逐年扩大,暴雨洪水的径流系数也将随之增大,从而使滇池入湖洪水增多;但是,受城市绿地区集水滞排、地下排水管网滞流、内涝滞流、入滇河道平缓等因素的影响,不透水面积增大导致入湖洪水的作用被削减,增大幅度也随着洪量时段的增加而减小。

4. 人类活动对滇池入湖洪水的影响

滇池入湖洪水主要来源于暴雨,点绘 1957～1992 年(简称短系列)和 1957～2012 年(简称长系列)1 天、7 天、30 天最大洪量与对应同期降水量关系,如图 7.9 所示,从图中可以看出,数据点大致分布在平均线两侧,且 1992 年前后数据点在平均线两侧的分布规律无明显差异。分析 1992 年前后各时段洪量均值和相应时段降水量均值的比值(表 7.3),1992 年后 30 天洪量短系列均值比长系列均值大 15.8%,同期的 30 天降水量短系列均值也比长系列均值增大 11.2%;而 1 天洪量短系列均值比长系列均值小 3.2%,同期的 1 天降水量短系列均值仅比长系列均值大 0.4%。历年实际洪量数据表明,昆明城市化进程和后期零星小规模水库工程的建成,对滇池入湖洪水总量无明显影响。

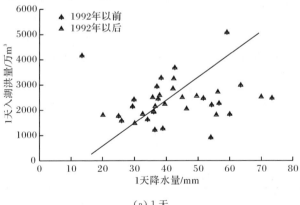

(a) 1 天

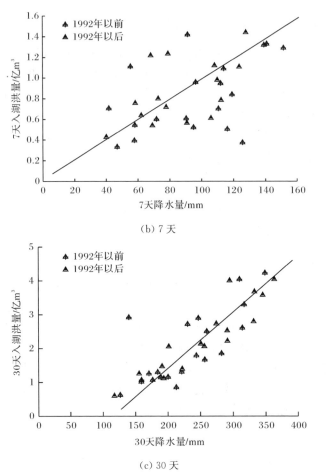

(b) 7 天

(c) 30 天

图 7.9 1992 年前后滇池 1 天、7 天、30 天最大入湖洪量与降水量的关系

表 7.3 短系列与长系列均值比值

项目时段	最大入湖洪量比值			相应降水量比值		
	1 天	7 天	30 天	1 天	7 天	30 天
1992 年前	1.022	0.797	0.893	0.997	1.019	0.924
1992 年后	0.968	1.030	1.158	1.004	0.971	1.112

总之,蓄水工程建设与不透水面积增加对滇池入湖洪水的影响基本相互抵消,结合还原的滇池入湖时段洪量及与同次时段暴雨量的系列趋势分析,发现滇池入湖洪量没有增加或减少的趋势变化。因此,根据滇池水位、暴雨、湖容曲线等资料,由水量平衡原理还原的入湖洪水系列已反映了滇池较长时期的入湖洪水特性,与1957 年以来滇池入湖设计洪水是基本一致的。

7.4.3　滇池入湖洪水组成

滇池流域面积 2920km²,滇池湖面面积 311.3km²,流域内建有大中型水库8 座、小型水库 157 座、坝塘 400 余座,其中大中型水库总控制面积 969km²。目前,基于滇池湖泊的防洪标准仅为 20 年一遇洪水设计,如果考虑发生中小洪水时水库、塘坝工程拦蓄洪水,滇池流域实际形成洪水的流域面积小于 1951km²,滇池湖面面积仅占 16%。但由于滇池湖面暴雨形成的洪水基本无损失,滇池湖面对滇池入湖洪水的作用应远大于 16%。

滇池湖面形成洪水的作用显著。滇池流域的昆明、呈贡、晋宁气象站分布于滇池湖泊的北、东、南沿岸中轴地带,用其平均降水代表湖面降水。经过分析,1 天、3 天、7 天、15 天、30 天不同时段湖面上的暴雨量(即洪水洪量)约占入湖洪量的 56%、46%、42%、42%、42%,不同时段的所占比例不同,主要受降水特性不同的影响,湖面处于西山脚下,气象站距离西山稍远,两地受西山影响程度不同,形成湖面短时段暴雨发生概率小于气象站;或是湖面短时段暴雨笼罩范围较气象站小,长时段暴雨两地发生概率差异小、笼罩范围差异不大。

盘龙江洪水仅占滇池入湖洪水的 9% 左右。盘龙江为滇池主要的水量来源,流域面积 761km²。上游已建的松华坝大型水库防洪标准高,30 多年来松华坝水库基本未开闸泄洪。因此盘龙江的洪水基本为松—滇区间洪水,松—滇区间流域面积仅占滇池集水面积的 8.6%。经过分析,不同时段的松—滇区间洪水占滇池入湖洪水的 8%~11%。

根据还原的滇池各时段洪量系列,按矩法初估统计参数,数学期望公式计算经验频率,采用 P-Ⅲ 型频率曲线为线型,以最小二乘法和数据点的带状分布规律为基本准则,适当考虑中上部的大、中洪水数据点,采用适线法确定统计参数,如图 7.10 所示。

分析各时段洪量均值、C_v 值与时段长的关系,在双对数纸上点绘后为均值与历时呈直线关系,规律明显;1 天、3 天、7 天洪量的 C_v 值随时段增长呈递减趋势,7 天洪量的 C_v 达最小值,以后的 15 天、30 天洪量的 C_v 值又呈递增趋势,从而形成 C_v 值与历时关系呈下凹曲线的独特规律,如图 7.11 所示。

滇池入湖洪水由陆面入湖洪水和湖面暴雨形成。湖面暴雨直接转换为入湖洪水。在由大面积暴雨产生的滇池入湖洪水过程中,湖面暴雨成了洪水的前峰,随后陆面暴雨经过坡面、蓄水工程、城区、河道等的调节才进入滇池。故暴雨开始即洪水开始,暴雨结束而洪水仍在继续形成,致使入湖洪水过程峰前段陡急、峰段峰型尖瘦、峰后段长而平缓,最大 1 天洪量占 3 天洪量的 50% 左右,而 15 天洪量占到 30 天洪量的 65%。洪水过程在演进至 15 天后第二次洪水已到来,所以在 30 天洪水过程中实际上已包含了两次洪水过程。因此,各时段洪量的 C_v 值呈现先

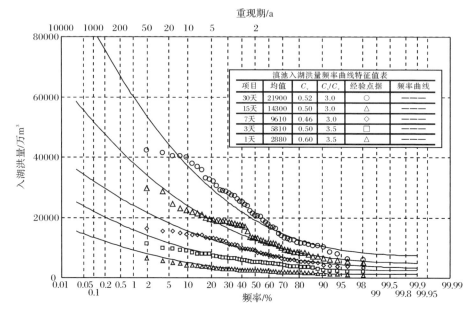

图 7.10　滇池入湖洪量频率分析图

随时段增加而减小，至 15 天后又增大的规律，如图 7.11 所示。由于洪水过程线有单峰过程和复峰过程的存在，必然地单峰过程总量较小，而复峰过程总量较大，极大值、极小值直接影响 C_v 值的大小，极差大则 C_v 值就大。故 C_v 值的上述规律与实际情况相符。

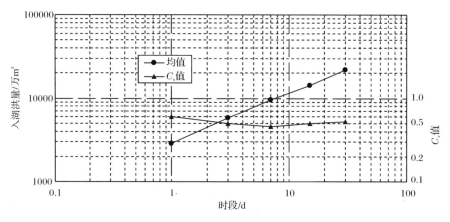

图 7.11　滇池入湖洪量统计参数随时段变化规律图

　　总之，拟定的洪水统计参数基本反映了滇池入湖洪水的客观规律，各时段洪量的相互关系以及其与上、下游洪水特性的差异揭示了滇池入湖洪水的特性。

7.4.4　入湖设计洪水过程

1. 设计洪水过程

根据滇池历年还原洪水量值及洪水过程特性的分析,从不利于滇池防洪安全的角度出发,在综合分析了 51 年洪水系列的前八场大洪水过程中,比较选择了主峰在后的 1997 年 7 月洪水过程作为对滇池调洪起控制作用的典型,按各时段洪量同频率控制放大法推求得到设计洪水过程,如图 7.12 所示。

滇池北部的人工堤坝把滇池湖面分隔成草海、外海两部分。1996 年 8 月西园隧洞竣工通水后,草海水位低于外海水位独立运行,由人工堤坝中间的节制闸调控外海水量可流入草海,从西圆隧洞下泄后经沙河在安宁城区段汇入螳螂川。为了滇池洪水调节计算的需要,须分别推求现状进入草海、外海的洪水。由于草海、外海无独立的水文观测系统,不能像整个滇池一样通过洪水还原方法计算入湖洪水,故采用暴雨洪水途径及地区综合方法分别推求草海和外海的设计洪水。

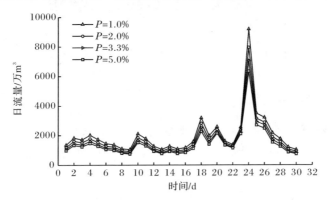

图 7.12　滇池最大入湖设计洪水过程线示意图

2. 草海设计洪水过程

草海汇水区的陆面面积 187km²,湖面面积 8km²,短历时暴雨及其汇流形成的洪水历时不长。草海汛期的控制水位为 1886.3m,对应的湖容为 1935 万 m³,正常水位 1886.8m。草海 20 年一遇洪水位 1886.9m,湖容为 2410 万 m³,即有 476 万 m³的调洪湖容。西园隧洞泄流能力约为 40m³/s,日泄流能力可达 346 万 m³。根据洪水特性并结合调洪及泄流能力,草海洪水过程按 3 天控制已基本满足使用要求,故草海洪水只计 1 天、3 天及 5 天洪量。

采用暴雨洪水途径计算草海入湖洪水,并按年最大 1h、6h、24h、3 天及 5 天暴雨控制。设计点暴雨统计参数采用最新图集查算,面暴雨采用《云南省暴雨径流查算图表》(云南省水利水电厅暴雨洪水计算办公室,1992)中的点面折减分析表计算;设计暴雨时程分配过程选择 1966 年 8 月 24~26 日实测降水过程作为典型,用 1h、6h、24h、3 天及 5 天设计面暴雨控制缩放得到。草海入湖洪水由陆面和湖面两部分组成,其中陆面洪水采用《云南省暴雨径流查算图表》中的产汇流计算方法推求(城区面积不扣雨期初损和稳渗),湖面洪水直接由面暴雨转换得到。两部分组合后得到草海的入湖洪水,草海设计洪量如图 7.13 所示。

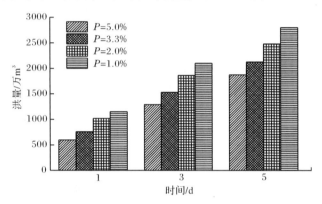

图 7.13　滇池草海最大入湖各时段设计洪量分布图

3. 外海设计洪水过程

滇池流域属普渡河流域上游,滇池外海的入湖洪水采用地区综合法推求。根据普渡河流域各水文站点洪水特性的分析,滇池和外海的流域面积与洪量的关系式可表述为

$$W_{1t}^p = \left[\alpha \left(\frac{F_{W1}}{F_{W0}} \right)^{\beta_W} + (1-\alpha) \left(\frac{F_{L1}}{F_{L0}} \right)^{\beta_L} \right] W_{0t}^p \qquad (7.12)$$

式中,W_{1t}^p 为频率 P 的外海时段洪量;W_{0t}^p 为频率 P 的滇池时段洪量;F_{L1} 为外海陆面面积(km^2);F_{L0} 为滇池陆面面积(km^2);F_{W1} 为外海湖面面积(km^2);F_{W0} 为滇池湖面面积(km^2);α 为陆面洪水系数(陆面洪水占入湖洪水的比例);β_W 为陆面洪水衰减指数;β_L 为湖面洪水折减指数。

根据滇池流域的洪水特性,还原得到滇池入湖洪水,再独立分析出滇池湖面洪水,即可推算陆面洪水系数(α 值)。由螳螂川各水文站的洪水分析结果,在双对数纸上分析设计洪量与流域面积的关系线,其斜率即为陆面洪水衰减指数 n。m 是建立在面暴雨等量情况下的湖面洪水折减指数。据此分陆面、湖面计算得到外海的入湖洪量(图 7.14)。洪水过程与滇池的一致,按各时段洪量同频率控制放大法推求得到外海的设计洪水过程。

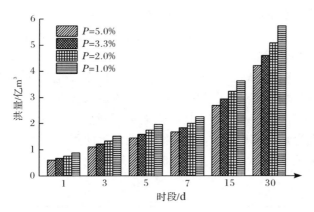

图 7.14　滇池外海最大入湖各时段设计洪量分布图

7.5　盘龙江洪水分析

7.5.1　洪水系列

松华坝水文站位于松华坝水库大坝的下游,控制了松华坝水库出流,根据水量平衡原理可还原分析得到各时段洪量。洪峰根据本站早期的峰量关系推求。

昆明水文站洪水受松华坝水库调蓄影响,以及松华坝坝下引水渠、自来水厂取水等的引水影响,根据实际资料按水量平衡法计入引水量、取水量、松华坝水库日调蓄水量,进而分析得到各时段的洪量。受资料条件限制,洪峰无法还原,洪峰根据本站早期的峰量关系推求。

对松—昆区间洪峰、洪量进行系列分析。昆明水文站洪水过程与松华坝水文站洪水过程经过河槽汇流至昆明水文站的洪水过程相减即得松—昆区间洪水过程,进而可分析得到松—昆区间的时段洪量。同样,受资料条件限制,洪峰无法还原,洪峰根据本站早期的峰量关系推求。

7.5.2　洪峰洪量一致性分析及订正

松华坝水文站的洪峰、洪量系列由还原和插补得到,为天然情况,历年具有一致性。松—昆区间、昆明水文站的洪峰、洪量系列历年不一致,其中,1983 年前地面逐年硬化速率缓慢,基本为天然状况,具有一致性。1983 年以后,受地面逐年硬化影响突出,已属于非天然状况,历年不一致。

1. 松—昆区间下垫面硬化特点

由于人类活动的影响,松—昆区间天然地表逐年减小,城市化进程的土地硬化面积(建筑物和道路)逐年扩大,下垫面情况逐年不同,影响暴雨形成洪水的机理也存在差异。如图 7.15 所示,松—昆区间土地硬化面积由 20 纪 60 年代的 29.6km² 逐年不均匀增加至 2013 年达到 71.3km²,其中,增幅不明显年代为 20 世纪的 70、80 及 90 年代,增幅较大的为 21 世纪前 10 年。土地硬化面积从 1964 年仅占松—昆区间面积的 20.8% 增加至 2013 年的 50.2%。

综合分析认为,1983 年之前土地硬化面积比例基本保持在 20.8%～24.0%,差异不大,可视为天然状况;1983 年以来,土地硬化面积比例为 24.0%～50.2%,增幅明显,视为非天然状况,故把 2013 年土地硬化水平确定为现状的下垫面状况。

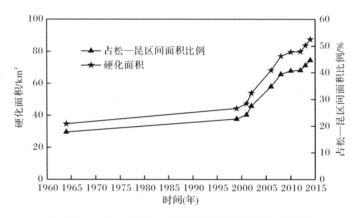

图 7.15　松—昆区间土地硬化面积历年变化趋势图

2. 松—昆区间与松华坝水文站的 1 天洪量关系特性

如图 7.16 所示,以昆明水文站与松华坝水文站同场 1 天洪量关系数据点来看,未能反映出昆明水文站 1983 年以来地面硬化突出对 1 天洪量的明显影响,这中间的原因首先是昆明水文站日径流量还原涉及测流断面多,可能存在误差累积;其次是影响幅度对洪量而言不突出;最后则是按日洪量分析,非最大 24h 洪量,也缺乏一定的对应关系。同理,分析松—昆区间与松华坝水文站 1 天洪量关系数据点,也没有反映松—昆区间 1983 年以来受地面硬化突出对 1 天洪量的明显影响。

3. 现状洪峰订正系数

根据"7.19"洪水归槽订正结果,以峰量关系法得到的现状洪峰大于实测洪峰仅 6.6%,现状洪峰明显会偏小;漫滩量归槽法的现状洪峰大于实测洪峰 33.7%,现状洪峰有偏大的可能。同时,基于目前资料条件进行综合分析认为,松—昆区

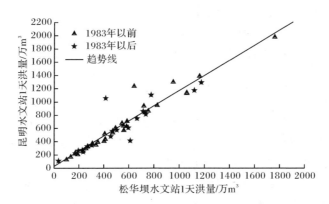

图 7.16　昆明水文站与松华坝水文站同场 1 天洪量关系点分布图

间天然洪峰订正为现状洪峰均按增加 30% 考虑,即订正系数为 1.3。昆明水文站天然洪峰订正为现状洪峰的订正系数按松—昆区间订正系数与松华坝水文站所占昆明水文站比例推求得到,为 1.06。

$$r_峰=\frac{F_{松-昆区间}}{F_昆}\times1.3+\frac{F_松}{F_昆}\times1.0=1.06 \tag{7.13}$$

式中,$F_{松-昆区间}$、$F_昆$、$F_松$ 分别表示松—昆区间、昆明水文站和松华坝水文站的流域面积。

4. 现状 24h 洪量订正系数

根据云南省暴雨洪水理论成果,松—昆区间土壤最大含水量(100mm)与土壤雨前含水量(78mm)之差为暴雨形成洪水的损失水量(22mm),松—昆区间天然地表的面积为 112.4km²,2013 年天然地表的面积减少 70.7km²,两者损失水量分别为247.3 万 m³、155.5 万 m³,两者差值 91.8 万 m³,即为下垫面硬化突变(增加)的洪量,占常遇暴雨洪水洪量的 8%~12%,平均为 10%。

综合分析,基于目前资料条件难以直接分析现状 24h 洪量订正系数,也难以区分不同量级的差异,原则上松—昆区间天然 24h 洪量均按 10% 订正为现状,现状与天然之间则按硬化面积比例大小给予考虑,订正量为 0~10%。

昆明水文站天然 24h 洪量订正为现状 24h 洪量的订正系数与洪峰推求类似,订正系数为 1.02。

5. 松—昆区间洪峰和洪量系列的一致性订正

(1) 天然洪峰、洪量系列一致性订正。把现状洪水订正为天然洪水,即 1983 年前洪峰、洪量不进行订正,2013 年洪峰减小 30%、24h 洪量减小 10%,中间年份的按地面硬化增加比例不同分别减小相应的比例。

(2) 现状洪峰、洪量系列一致性订正。把天然洪水订正为现状洪水,即 1983 年前洪峰(含历史洪水)增加 30%、24h 洪量增加 10%,2013 年的洪峰、洪量不进行订正,中间年份的按地面硬化增加比例不同分别增加相应比例。

6. 昆明水文站洪峰、洪量系列的一致性订正

(1) 天然洪峰、洪量系列一致性订正。把现状洪水订正为天然洪水,即 1983 年前洪峰、洪量不进行订正,2013 年洪峰减小 6%、24h 洪量减小 2%,中间年份按地面硬化增加比例不同分别减小相应比例。

(2) 现状洪峰、洪量系列一致性订正。把天然洪水订正为现状洪水,即 1983 年前洪峰(含历史洪水)增加 6%、24h 洪量增加 2%,2013 年洪峰、洪量不进行订正,中间年份的按地面硬化增加比例不同分别减小相应比例。

7.5.3 各站洪水洪峰、洪量系列统计参数分析

1) 松华坝水文站

松华坝水文站实测、还原和插补延长的洪峰、洪量系列为 1953～2013 年(系列长度为 61 年),再加入 1905 年和 1918 年调查的历史大洪水组成不连续系列,其中 1966 年洪水和历史洪水进行特大值处理,在与调查期 1857～2013 年(系列长度为 157 年)接近的 160 年重现期中分别排在第 3、5、6 位。

2) 昆明水文站

昆明水文站实测、还原(包括天然及现状)的洪水洪峰、洪量系列为 1957～2013 年洪水系列(系列长度为 57 年),与松华坝水文站同理,加入 1905 年和 1918 年调查的历史大洪水组成不连续系列,1966 年洪水和历史洪水特大值分别在与调查期 1857～2013 年(系列长度为 157 年)接近的 160 年重现期中排在第 3、5、6 位。

昆明水文站现状洪峰、洪量系列与天然洪峰、洪量系列频率分析一致,不再赘述。

3) 松—昆区间

松—昆区间实测、还原洪水的洪峰、洪量系列为 1957～2013 年(系列长度为 57 年),由于 1905 年和 1918 年历史洪水洪峰小于 1957 年,故 1905、1918 年历史洪水不参与排频,但洪水考证期从 2013 年上溯至 1905 年共 109 年,1957 年提为特大值,并在重现期 110 年中列第 1 位。

松—昆区间现状洪峰、洪量系列与天然洪峰、洪量系列频率分析一致,不再赘述。对松华坝水文站、昆明水文站、松—昆区间进行洪峰、洪量系列的频率分析计算,经验频率按统一排队公式计算,频率曲线采用 P-Ⅲ型,适线时侧重于上中部的点线拟合,同时既要考虑本站各时段间的协调性,又要兼顾面上的合理性,按适线法确定统计参数,如图 7.17～图 7.22 所示。

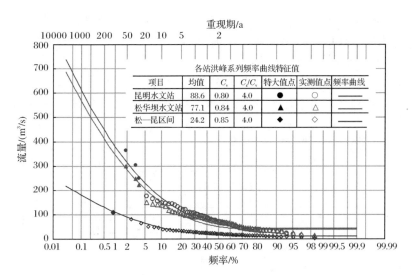

图 7.17　各站洪峰系列频率曲线

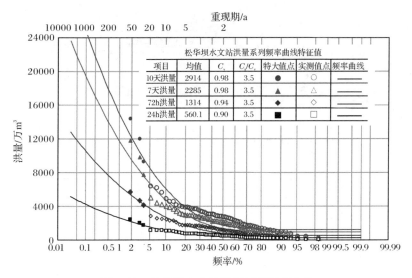

图 7.18　松华坝水文站洪量系列频率曲线

松华坝水文站的洪峰和洪量系列的 C_v 值(0.84～0.98)均较大。昆明水文站的洪峰和洪量系列的 C_v 值(0.80～0.96)均比松华坝水文站的稍小。松—昆区间洪峰系列的 C_v 值为 0.85,比松华坝水文站、昆明水文站的均大,24h 洪量系列的 C_v 值 0.90 与松华坝水文站的一致,其他时段洪量系列的 C_v 值(0.62～0.73)比松华坝水文站、昆明水文站的均小。松—昆区间洪量系列的 C_v 值随时段的增长而变小,与松华坝水文站、昆明水文站的刚好相反,也区别于其他地区区间洪量系列

的 C_v 值特性,如图 7.23 所示。松华坝水文站、昆明水文站、松—昆区间的洪峰、洪量系列统计参数均反映出盘龙江干流洪水的基本特性。洪峰系列的 C_s/C_v 值均为 4.0,洪量系列的 C_s/C_v 值均为 3.5。

昆明水文站现状洪峰、24h 洪量系列均值分别比天然的大 5.2% 和 1.5%,其他时段洪量系列均为天然状况,现状和天然的洪峰、洪量系列的 C_v 值均无差异。

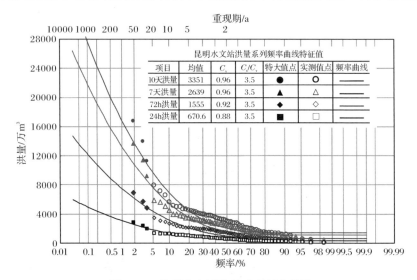

图 7.19　昆明水文站洪量系列频率曲线

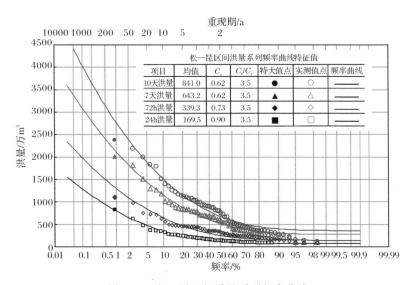

图 7.20　松—昆区间洪量系列频率曲线

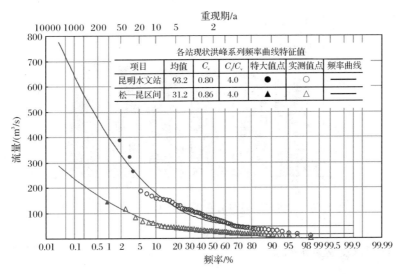

图 7.21　松—昆区间、昆明水文站现状洪峰系列频率曲线

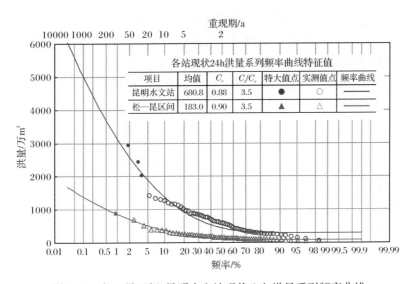

图 7.22　松—昆区间、昆明水文站现状 24h 洪量系列频率曲线

松—昆区间现状洪峰、24h 洪量系列均值分别比天然的大 28.9％和 8.0％,其他时段的洪量均值均为天然,现状洪峰系列的 C_v 值比天然的大 0.01,其他时段现状和天然的洪峰、洪量的 C_v 值均无差异。松—昆区间、昆明水文站的现状与天然的洪峰、洪量系列统计参数差异反映了硬化地面的影响程度,基本符合现状洪水实际。

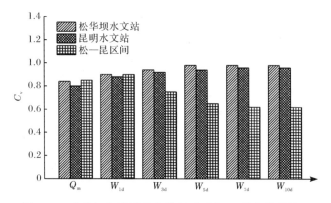

图 7.23　盘龙江各站洪峰和洪量系列的 C_v 值变化趋势图

7.5.4　昆明水文站洪水组成

1. 洪水组合方式

昆明水文站洪水由松华坝水库调节洪水下泄和松—昆区间洪水组成,洪水组成有两种方式,即松华坝水库下泄洪水加相应区间设计洪水,松华坝水库设计下泄洪水加相应区间洪水。区间相应洪量为昆明水文站设计洪量减松华坝水文站设计洪量,松华坝相应洪量为昆明水文站设计洪量减区间设计洪量。相应洪峰根据峰量关系由相应洪量求得。

2. 松华坝水库、松—昆区间设计、相应洪水过程

松华坝水文站位于松华坝水库坝下,松华坝水库洪水即松华坝水文站洪水。经过不同时期的多个项目的洪水分析、多场大洪水比较,以及多种组合和调度方法的比较之后,典型洪水过程线仍采用 1966 年型洪水。根据松华坝水文站、松—昆区间的设计、相应洪峰和洪量,按同频率控制缩放的方法推求各频率设计和相应洪水过程,如图 7.24 和图 7.25 所示。

3. 控制断面洪峰

控制断面位于盘龙江上的松华坝水库下游,松华坝水文站至控制断面区间洪峰按水文比拟法由松—昆区间洪峰推求得到。以松华坝水库的坝址作为起始里程,下游至盘龙江入湖口的河段长 26.47km,但是集雨面积主要集中在松—昆区间。因此,上游断面设计洪峰流量沿流程增长的梯度大,下游则增长梯度小,如图 7.26 所示。

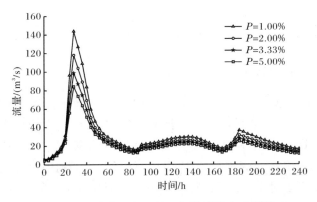

图 7.24　盘龙江松—昆区间设计洪水过程图

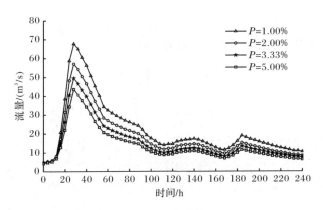

图 7.25　盘龙江松—昆区间相应洪水过程图

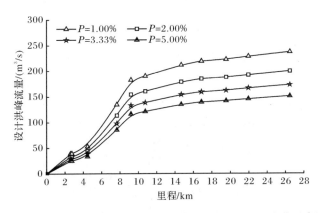

图 7.26　盘龙江干流现状控制断面设计洪峰流量沿程变化示意图

7.6　滇池流域周边山区特小流域设计洪水计算方法

7.6.1　暴雨洪水计算方法

特小流域是指流域面积小于 10km^2 的流域。在《水利水电工程设计洪水计算规范》(SL 144—2006)中,暴雨经过产汇流形成洪水,可按推理公式法、单位线法推求,单位线法即《云南省暴雨径流查算图表》中的暴雨洪水法。一般采用简单、系统性差、考虑因素单一的推理公式法进行估算。为了利用《云南省暴雨径流查算图表》分析设计洪水,考虑了设计洪水与流域面积大小、形状、河道比降及河道长的复相关关系外延推求。

1. 推理公式法

推理公式法按下列公式估算(李磊等,2016):

$$Q_m = 0.278 \frac{h}{\tau} F \tag{7.14}$$

$$\tau = 0.278 \frac{L}{mJ^{\frac{1}{3}} Q_m^{\frac{1}{4}}} \tag{7.15}$$

式中, Q_m 为设计洪峰流量(m^3/s); h 为在全面汇流时段表示相应于 τ 时段的最大净雨,在部分汇流时段表示单一洪峰的净雨(mm); F 为流域面积(km^2); τ 为流域汇流历时(h); L 为河道长,即沿主河从出口断面至分水岭的最长距离(km); J 为沿流程 L 的平均比降; m 为汇流参数,根据雨洪特性、河道特性和土壤植被条件,按级别查表取用。

2. 单位线法

单位线法是目前云南省推求无资料地区小流域洪水的主要方法(云南省水利水电厅暴雨洪水计算办公室,1992),主要有 4 个步骤:

(1) 由《云南省暴雨径流查算图表》暴雨递增指数公式、暴雨量公式,计算各时段的设计点暴雨量,暴雨递增指数公式为

$$N_{2p} = 1.285 \lg \frac{H_{6p}}{H_{1p}}, \quad t=1\sim6 \tag{7.16}$$

$$N_{3p} = 1.661 \lg \frac{H_{24p}}{H_{6p}}, \quad t=6\sim24 \tag{7.17}$$

暴雨量公式:

$$H_{(1\sim6)p} = H_{24p} 4^{-N_{3p}} 6^{-N_{2p}} t^{N_{2p}}, \quad t=1\sim6 \tag{7.18}$$

$$H_{(6\sim24)p} = H_{24p} 24^{-N_{3p}} t^{N_{3p}}, \quad t=6\sim24 \tag{7.19}$$

式中，H_{1p}、H_{6p}、H_{24p} 为设计 1h、6h、24h 暴雨量；$H_{(1\sim6)p}$、$H_{(6\sim24)p}$ 为各 1h 时段暴雨量。

（2）设计面暴雨量。根据《云南省暴雨径流查算图表》进行点、面折减系数转换。

（3）产流。即设计净雨量过程计算，先后扣除初损、稳渗、不平衡水量即得到设计净雨量过程。

（4）汇流。即设计净雨量过程形成设计洪水过程，先根据下列公式计算 m_1、n、k。

$$m_1 = C_m F^{0.262} J^{-0.171} B^{-0.476} \left(\frac{i_m}{10} \right)^{-0.84 F^{-0.109}} \tag{7.20}$$

$$B = \frac{F}{L^2} \tag{7.21}$$

$$n = C_n F^{0.161} \tag{7.22}$$

$$k = \frac{m_1}{n} \tag{7.23}$$

式中，i_m 为主雨强（mm）；C_n、C_m 为汇流系数；B 为流域形状系数；n 为调节系数；k 为调蓄系数。再由 k、t/k 查纳希瞬时单位线，推求得无因次时段单位线，与设计净雨量过程相乘后累加，最后加上基流、潜流即得设计洪水过程。

以临界特小流域（10km²）为例（河网汇流流速按 1.5m/s 计），分析单位线法在使用过程中存在的问题：若把临界特小流域概化为圆形（主流为直径），流域汇流历时（τ）仅 20min；概化为长（主流）宽比为 2 的矩形，τ 为 37min；概化为长（主流）宽比为 0.5 的矩形，τ 更短（18min）。总体而言，不同形状、临界特小流域中的汇流历时均小于《云南省暴雨径流查算图表》中暴雨洪水时段（60min），都不能满足暴雨洪水分析的基本条件（时段 60min），特小流域的流域汇流历时比《云南省暴雨径流查算图表》暴雨洪水时段 60min 更短。其次，汇流系数 C_n 为 0.65～0.80，特小流域暴雨洪水调节系数 n 值常出现小于 1 的情况，也不符合暴雨洪水的瞬时单位线基本要求。目前，在暴雨洪水分析时，当 $n<1$ 时，基本采用令 $n=1$ 的处理方式，这在理论上是存在缺陷的。最后，特小流域不属于《云南省暴雨径流查算图表》前言中明确的暴雨洪水适用基本条件（即流域面积在 10～1000km² 的中小型工程，当水文资料短缺时的设计洪水分析计算）。因此，在缺乏水文资料的特小流域，不能由《云南省暴雨径流查算图表》直接分析暴雨洪水，用推理公式法难以提高洪水计算精度，而在实际工程中却经常遇到需分析特小流域设计洪水的情况。

推理公式法仅能估算出洪峰，与单位线法的结果差异较大。以昆明市 10 座中小型水利工程的 $P=3.33\%$ 设计洪峰对比为例（表 7.4），推理公式法设计洪峰偏大可达 55%、偏小也有 15%。显然，要推求洪水过程时，按推理公式法目前无法得到较好的结果精度,难以满足工程设计和洪水调度实践的需求。

表 7.4　昆明市部分水利工程断面流域特征及洪峰结果对比

水库名称	流域面积 F/km^2	河道长 L/km	河道比降 J	洪水河道特征数 Z	流域特征数 X	$P=3.33\%$洪峰 $Q_m/(m^3/s)$		Q_m 差异/%
						单位线法	推理公式法	
凤仪	10.5	6.36	0.0333	221	1.16	39.2	54.6	39
白木箐	15.2	9.73	0.0520	340	1.23	44.7	69.1	55
龙房	21.9	9.78	0.0106	452	1.37	46.4	64.3	39
小箐口	23.9	12.19	0.0252	517	1.40	50.3	60.6	20
马料河	39.6	13.39	0.0080	858	1.79	66.5	77.0	16
箐门口	42.0	12.51	0.0195	827	2.32	80.1	110.0	37
龙箐	58.8	11.76	0.0178	1201	3.38	129.0	189.0	47
月字庄	59.0	22.12	0.0145	1379	1.86	75.6	79.3	5
大营	79.0	12.96	0.0150	1939	4.05	196.0	262.0	34
王家滩	84.7	17.63	0.0103	1861	3.10	127.0	108.0	−15

注:表中 Z、X 值为 a、b 分别取 0.1550、0.9051 时的数值。

7.6.2　特小流域暴雨洪水推求的改进方法

1. 设计洪水与流域特征关系式

云南省分为 11 个暴雨特性分区、8 个产汇流特性分区。流域特征基本不影响设计暴雨量及产流的分析,主要影响的是汇流过程(云南省水利水电厅暴雨洪水计算办公室,1992)。根据流域所处的暴雨、产流、汇流分区,选择大于 $10km^2$ 的多个流域(为了控制洪水与流域特征的非线性特点,至少选择 5 个流域),分析暴雨洪水过程。单相关公式法是建立设计洪峰与流域面积的关系,见式(7.24)。复相关公式法系统地考虑设计洪峰与流域特征关系,建立设计洪峰与流域面积、河道比降和河道长之间的关系,见式(7.25)和式(7.26)。

$$Q=cF^n, \quad 单相关公式 \tag{7.24}$$

$$Q=k\left(\frac{FJ^a}{L^b}\right)^n=kX^n, \quad 复相关公式 \tag{7.25}$$

或

$$F=\left(\frac{1}{k}\right)^{\frac{1}{n}}\frac{Q_m^{\frac{1}{n}}L^b}{J^a}=\left(\frac{1}{k}\right)^{\frac{1}{n}}Z \tag{7.26}$$

式中,Q 为设计洪水特征,如设计洪峰流量 Q_m、洪量 W;c 为单相关系数(正数);k 为复相关系数;n、a、b 为指数;X 为流域特征数,反映流域面积、河道长、河道比降的不同权重;Z 为洪水河道特征数,反映洪水特征、河道长、河道比降的不同权重。

对于单相关公式法,设计洪水特征(Q)仅与流域面积(F)大小有关,而忽略了与河道长、河道比降的关系。复相关公式法,则是在一定暴雨量级和过程条件下,考虑影响设计洪水特征(Q)最主要的 3 个因子,即流域面积(F)、河道长(L)和河道比降(J)。

2. 设计洪水与流域特征复相关分析

选择昆明市 10 座中小型水利工程断面的流域特征值及频率为 $P = 3.33\%$ 设计洪峰分析为例,分析设计洪峰流量与流域特征的相关关系。

(1)单相关公式法。设计洪峰流量(Q_m)仅与流域面积(F)相关,相关系数($R = 0.88$)虽然较大,但是数据点(F,Q_m)分布较散、带状分布特征不明显,仅有 20% 相关数据点分布在相关线的 10% 上、下限偏离线之间,如图 7.27 所示。即使采用双对数图分析,对数据点分布较散特性的改善也不明显,如图 7.28 所示。

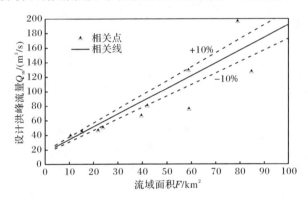

图 7.27　设计洪峰流量与流域面积单相关分析

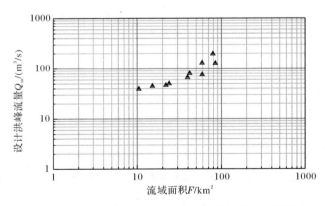

图 7.28　设计洪峰流量与流域面积单相关双对数图

（2）复相关公式法。先假定 a、b 值（一般为 $0 \sim 2$），由式（7.25）和式（7.26）可得流域特征数（X）和洪水河道特征数（Z），见表 7.5。以设计洪峰流量（Q_m）与流域特征数（X）相关数据点（X, Q_m）分布密集、呈窄带状、直线型、相关系数最大为原则，可最终拟合得到 a、b 值分别为 0.1550、0.9051，如图 7.29 所示。相关系数提高到 0.98，有 80% 的数据点分布在相关线的 10% 上、下限偏离线之间。用双对数图分析，数据点分布基本在一直线上，如图 7.30 所示。通过对式（7.25）的对数分析可求得 k、n 值，即 $a = 0.1550$、$b = 0.9051$、$k = 33.935$、$n = 1.1473$，复相关公式见式（7.27）。

$$Q_{m(P=3.33\%)} = 33.935 \left(\frac{FJ^{0.1550}}{L^{0.9051}} \right)^{1.1473} \tag{7.27}$$

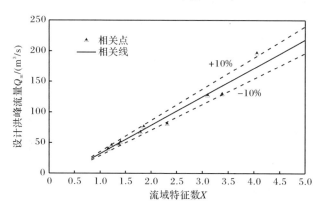

图 7.29　设计洪峰流量与流域特征数复相关分析

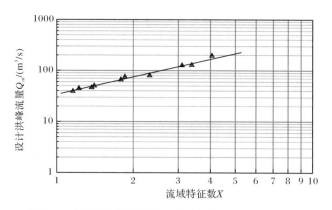

图 7.30　设计洪峰流量与流域特征数复相关双对数图

3. 设计洪水与流域特征复相关关系应用

以表 7.4 的数据为例,分析复相关公式(7.26)中洪水河道特征数(Z)与流域面积(F)的关系。由图 7.31 可以看出,在流域面积 $80 \sim 10 \mathrm{km}^2$ 范围内,相关数据点(F,Z)分布均在相关线的 10% 上、下偏离线之内,相关数据点分布密集,呈窄带状和直线型。根据一般的水文特性,流域面积从 $80 \mathrm{km}^2$ 下降至 $10 \mathrm{km}^2$,再往 $10 \mathrm{km}^2$ 以下属直线型关系,即洪水河道特征数(Z)与流域面积(F)属直线型关系。因此,可用式(7.27)往小值端外延使用,即由该式计算 F 小于 $10 \mathrm{km}^2$ 和大于 0 的设计洪峰流量,结果见表 7.5。同理,洪量也可按复相关公式法分析推求,此处不再赘述。洪水过程可由稍大于 $10 \mathrm{km}^2$ 流域的暴雨洪水过程为典型进行同频率缩放推求。

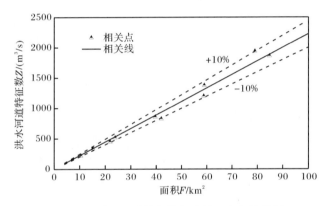

图 7.31　洪水河道特征数与流域面积相关分析

表 7.5　昆明市部分水利工程断面 $P=3.33\%$ 设计洪峰结果

工程名称	流域面积 F/km^2	河道长 L/km	河道比降 J	设计洪峰流量 $Q_\mathrm{m}/(\mathrm{m}^3/\mathrm{s})$
新甸房	1.11	1.72	0.0444	12.50
老甸房	1.46	2.74	0.0255	9.58
大山头	0.84	1.18	0.0291	12.50
石江	1.56	1.47	0.0352	20.9
水井湾	6.29	4.04	0.0507	38.6
土瓜地	4.79	3.32	0.0490	34.4

4. 方法对比

与单相关公式法相比,复相关公式法可将相关系数由 0.88 提高到 0.98,数据点分布在相关线的 10% 上、下限偏离线之间的个数比例由 20% 提高到 80%,相关数据点分布密集且呈狭窄带状明显,表明复相关公式法考虑的理论依据充分,综合因素全面,结果可靠程度较高。显然,针对《云南省暴雨径流查算图表》中暴雨洪水方法对低纬度高原山区特小流域($10km^2$ 以下)局限性的解决方法,即复相关公式法在同一暴雨、产流和汇流的特性分区,充分综合了影响暴雨洪水特性的流域面积大小、形状、河道比降及河道长,是推求特小流域设计洪水较为有效、可靠的方法。此外,与推理公式法估算洪水相比较,复相关公式法利用了《云南省暴雨径流查算图表》资料全面、考虑影响因素主次重点明确、理论依据系统性完整的各个方面,可代替推理公式法估算设计洪峰,克服其系统性差、考虑因素单一的不足。

第8章　滇池流域径流还原分析

8.1　基本资料及其"三性"分析

8.1.1　基本资料情况

1. 水文站

滇池流域内已建和曾建有昆明、小河、甸尾、中和、白邑、干海子、双龙湾、海口等 8 个水文站(附图 6),其中昆明、小河、中和、白邑、甸尾 5 个水文站位于盘龙江流域,小河水文站建于 1952 年,1993 年上迁改称中和水文站,上迁后控制径流面积减少 4%。干海子水文站位于宝象河流域,建于 1980 年,控制径流面积 216km²,建站时上游已建有宝象河中型水库,实测径流资料受宝象河水库影响,已非天然径流。双龙湾水文站位于晋宁大河流域,建于 1980 年,控制径流面积 104km²,建站时上游已建有大河中型水库,实测径流资料受大河水库影响。

2. 气象站

滇池流域内建有昆明、晋宁、呈贡和太华山 4 个气象站,观测降水、蒸发、日照、风速、湿度等气象要素。这 4 个气象站均为国家基本站,按国家相关技术规程规范的要求进行观测,并由云南省气象局负责整编、审查和刊印。因此,各气象站的气象观测资料精度较高。昆明、晋宁、呈贡 3 个气象站分别位于滇池的北部、南部、东部,与滇池周边相距在 5km 范围内,站址高程仅比滇池水面(正常高水位 1887.5m)高出 4~20m,故上述 3 个气象站的观测资料可基本反映滇池的气象特性。

3. 雨量站

滇池流域内建有 16 个雨量站,大部分位于盘龙江流域的松华坝水库库区,各站观测资料的年限见表 8.1。

4. 水位站

滇池的水位站有大观楼、海埂和中滩 3 个水位站,其中大观楼站位于草海,海埂站位于滇池外海北岸,中滩站位于滇池外海出口屡丰闸前。

5. 水库站

滇池流域内建有松华坝大（二）型水库，宝象河、松茂、果林、横冲、大河、柴河和双龙等 7 座中型水库。松华坝水库有 62 年的水文资料，另外 7 座中型水库有 16～54 年不同长度的水文资料，观测项目包括水位（库内）、流量（出库）、降水量和蒸发量等。

各站位置如附图 6 所示，基本资料情况见表 8.1。

表 8.1　滇池流域基本资料情况

站别	站名	资料时间	观测项目			
			水位	流量	降水量	蒸发量
水文站	中和	1993～2014 年	√	√	√	
	小河	1952～1992 年	√	√	√	
	甸尾	1952～1992 年	√	√	√	
	白邑	1993～2014 年	√	√	√	
	干海子	1982～2014 年	√	√	√	
	双龙湾	1982～2014 年	√	√	√	
	昆明（敷润桥）	1988～2014 年	√	√	√	
	海口（含西园隧洞）	1953～2014 年	√	√	√	
雨量站	阿达龙	1964～2014 年			√	
	阿子营	1964～1967 年、1969～2014 年			√	
	双桥	1964～2014 年			√	
	大石坝	1964～2014 年			√	
	闸坝	1964 年、1966～2014 年			√	
	平地	1973～2014 年			√	
	龙潭脑	1978～1984 年			√	
	麦冲	1979～1984 年			√	
	黄龙	1981～1984 年			√	
	金殿	1964～1969 年、1975～2014 年			√	
	西北沙河	1964 年、1966 年、1967 年、1969～2014 年			√	
	东白沙河	1964～1967 年、1969～2014 年			√	
	大板桥	1953～1955 年、1965～2014 年			√	
	梁王山	1979～2014 年			√	
	三家村	1988～2014 年			√	
	华亭寺	1966～2014 年			√	

续表

站别	站名	资料时间	观测项目			
			水位	流量	降水量	蒸发量
水位站	滇池(海埂)	1954 年、1955 年、1958~1987 年、1999~2014 年	√	√	√	√
	滇池(中滩)	1953~2014 年	√	√		
水库站	松华坝水库	1953~2014 年	√	√	√	√
	宝象河水库	1981~2014 年	√	√	√	√
	柴河水库	1964~2014 年	√	√	√	√
	双龙水库	1964~2014 年	√	√	√	√
	大河水库	1964~2014 年	√	√	√	√
	松茂水库	1961~2014 年	√	√	√	√
	横冲水库	1964~2014 年	√	√	√	√
	果林水库	1999~2014 年	√	√	√	√
气象站	昆明	1929~2014 年			√	√
	呈贡	1961~2014 年			√	√
	晋宁	1961~2014 年			√	√
	太华山	1953~2014 年			√	√

8.1.2　水文资料"三性"分析

1. 代表性分析

从滇池流域水文站、气象站和雨量站的观测资料来看,昆明气象站降水量观测起始于 1929 年,至 2014 年共有 86 年的降水系列,是流域内资料系列最长的站点。由于滇池流域的径流主要来源于降水,选择昆明气象站为代表站,近似视为年降水系列的总体。采用逆时序分析的方法,点绘该站降水量系列的累积平均曲线、累积 C_v 曲线及差积曲线(图 8.1)。

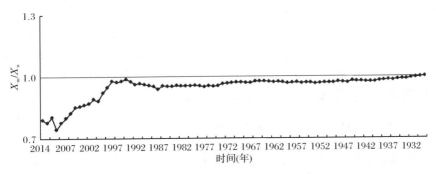

(a) 累积平均曲线

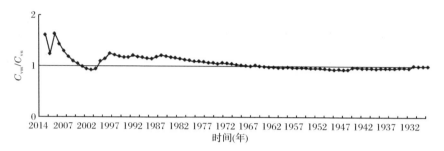

(b) 累积 C_v 曲线

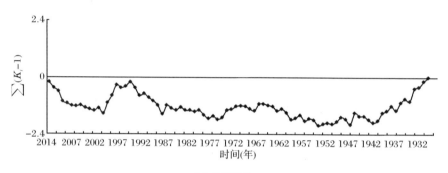

(c) 差积曲线

图 8.1　昆明气象站年降水量累积平均曲线、累积 C_v 曲线和差积曲线

在昆明气象站 86 年的降水量系列中,包含有 5～6 个丰水段、枯水段,且丰水段、枯水段交替出现,具有一定的周期性,丰水年、平水年、枯水年数统计分别有 24 年、21 年和 41 年,分别占总年数的 27.9%、24.4% 和 47.7%。而在 1956～2014 年(59 年)的降水量系列中,丰水年、平水年、枯水年分别为 15 年、27 年和 17 年,分别占总年数的 25.4%、45.8% 和 28.8%。从丰水年、平水年、枯水年组成情况来看,长系列(1929～2014 年)和短系列(1956～2014 年)的枯水年出现次数均多于丰水年,两段系列均处于相对偏枯的时期。同时,短系列(1956～2014 年)的降水量均值与长系列(1929～2014 年)相差在 3% 以内,C_v 值也仅比长系列减小 0.005。这说明 1956～2014 年共 59 年的降水量系列基本可反映总体的统计特性。由于滇池流域径流与降水的关系比较密切,1956～2014 年的径流系列所反映的特性也应能揭示总体的统计特性,具有较好的代表性。

2. 一致性分析

根据前述分析,滇池流域内的人类活动已十分频繁,在不考虑气象因素的情况下,大中型蓄水工程、河道引提水工程的建设以及城市发展等人类活动的影响,导致滇池流域内大部分河道、湖泊水域径流系列的一致性受到破坏,需进行一致性修正。根据向后还原的原则,理论上有以下要求:①从 1956 年滇池流域修建第一座中型水库(双龙水库)以来,至 1959 年共修建了 8 座中型水库,由于这 8 座工程都有自己独立的灌区与供水对象,因此应自各水库蓄水的年份起逐年扣除该水库应拦蓄而未拦蓄的水量,使滇池的天然产水量统一为这 8 座水库均竣工的情况(1959 年);②1993 年松华坝水库扩建成大(二)型水库,对滇池流域多年平均产水量、径流的年际变化及年内分配等均有较大影响,因此,必须根据历年的松华坝水库实际运行情况及今后的调度运用方案,对滇池流域的产水量进行二次订正;③1998 年以后受"2258"引水工程竣工通水的影响,滇池的生活用水减少而农灌用水增多,且流域内的调水量已达到一定规模,故应将 1997 年以前经二次订正的径流系列订正成包括"2258"工程影响的现状径流系列。

从研究区域内各个已建水文站的径流观测资料来看,盘龙江流域的小河、中和、甸尾和白邑水文站自建站以来上游人类活动较小,其实测的水文资料基本可视为具有一致性;宝象河上的干海子站建于 1980 年,上游建有中型水利工程宝象河水库(建于 1957 年),其径流面积占干海子站径流面积的 31%;大河上的双龙湾水文站建于 1980 年,上游建有中型水利工程大河水库(建于 1958 年),其径流面积占双龙湾站径流面积的 44%。因此,干海子和双龙湾两个水文站自建站之日起即受上游水库调蓄变化的影响,其资料虽具有一致性,但实测径流资料受上游水库的蓄放水过程影响,已非天然径流。昆明(敷润桥)水文站,位于松华坝水库下游,受松华坝水库调蓄影响,实测径流已非天然状态。

3. 可靠性分析

从滇池流域的实地调查情况来看,流域内各雨量站的场地选择较为规范,观测场地固定、四周开阔;从仪器设备情况来看,仪器性能良好,降水过程控制完整;各站降水量的年际丰枯变化趋势基本一致,没有明显的不协调现象,说明各站雨量资料基本可靠。流域内各水文站均为国家基本站点,各年的水位、流量测验及资料整编均按全国统一实行的技术标准、技术规定及有关规范进行,无漏测、缺测现象。过程线连续,年头年尾衔接,整编合理,资料可靠。各站流量测验均以流速仪测速为主,浮标测速次数很少,保证了测流精度,结果可靠。

松华坝、宝象河、松茂、果林、大河、柴河、横冲、双龙等 8 座大中型水库历年的库水位均由人工观测,流量根据闸门开启度和库水位直接查算读取。经检查,除横冲水库外其余各水库的水位资料观测完整、连续,库水位资料可靠。

此外,由于无法系统地调查各部门不同历史时期的用水量,本章收集的从滇池提水灌溉的农田面积、提水量,每年从滇池向城市供水量及工矿企业提水量等有关的资料精度也有限,这部分资料仅用于径流还原结果的合理性分析。

8.2 气候变化与人类活动影响

8.2.1 气候变化的影响

水是影响气候变化最直接的因子,全球变暖必然导致全球水文循环的变化,并对降水、蒸发、径流等造成直接影响,引起水资源在时空上的重新分配和水资源总量的改变,进而使得区域水资源短缺、洪涝灾害频发等问题更加突出,对水资源的开发、利用以及规划和管理等诸多环节造成影响(李峰平等,2013;夏军等,2011)。在气候变化的诸因子中,气温升高、降水变异性增强对水文系统的影响最为显著,故本次滇池流域气候变化特征分析主要针对气温和降水两个因子。

1. 降水

1) 降水统计特征

本节分析选择滇池流域内资料年限较长(1956~2014 年),观测精度较高的昆明、太华山、呈贡和晋宁等 4 个气象站的实测降水资料,对其进行整理计算与分析。从图 8.2(a)可以看出,流域内降水量主要集中在汛期(5~10 月),一般占全年降水量的 86%~88%,其中昆明气象站汛期降水量所占比例最大,为 88.1%;呈贡气象站最小,为 86.0%。各气象站最大 4 个月(6~9 月或 7~10 月)降水量占全年降水量的百分比为 67.5%~70.6%。降水量在年内分布不均,导致非汛期,特别是每年枯季的 2~5 月中旬,大气干旱等造成的缺水极为严重。

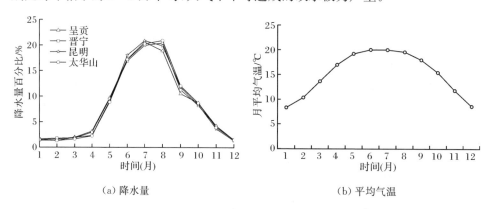

(a) 降水量　　　　　　　　　(b) 平均气温

图 8.2　1956~2014 年滇池流域主要气象站月降水量百分比和各月平均气温过程

2) 降水变化趋势

根据前述所选站点的资料序列,分析降水量在春、夏、秋、冬四季的趋势变化情况,从图 8.3 可以看出,滇池流域的春季降水量呈上升趋势,夏季和秋季降水量呈明显的下降趋势,冬季降水量则无明显变化。

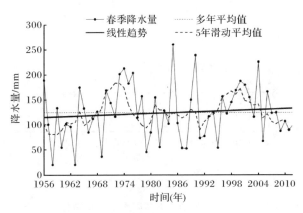

(a) 春季

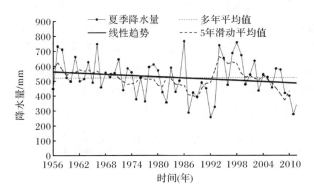

(b) 夏季

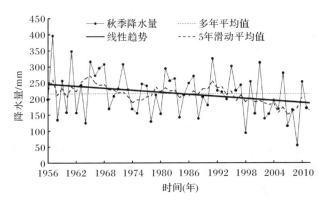

(c) 秋季

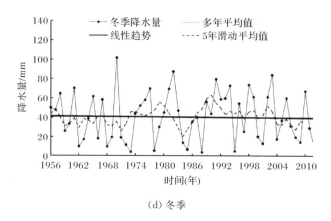

(d) 冬季

图 8.3　滇池流域年降水量变化趋势

为进一步分析滇池流域降水的变化趋势,本节采用 Mann-Kendall 检验法对流域年、四季的降水总量的变化情况进行检验,检验分析结果见表 8.2。从四季降水量来看,除春季呈一定上升趋势外,夏季、秋季和冬季的降水量均为下降趋势,其中秋季降水量下降相对明显,置信水平达到 90%,变化幅度为 −10.64mm/10a。综合来看,流域内年降水量表现出下降趋势,变化幅度为 −20.91mm/10a。但 2014 年之后流域降水量有所回升,未来一段时期内流域降水可能不会持续减少。

表 8.2　滇池流域降水量序列趋势变化

统计特征值	年	春(3~5月)	夏(6~8月)	秋(9~11月)	冬(12~2月)
b/(mm/10a)	−20.91	3.23	−13.97	−10.64	−0.33
Z	−1.275	0.667	−1.609	−1.740	0.680
显著性水平/%	—	—	—	90	—

2. 气温

1) 气温统计特征

本节分析选择昆明气象站 1956~2014 年实测气温资料,对其进行整理计算与分析。经分析,昆明气象站多年平均气温为 15.1℃,月最高气温为 21.7℃(2002 年 6 月),月最低气温为 4.9℃(1975 年 12 月)。从图 8.2(b)中可以看出,全年温度变化不大,夏季(6~8 月)平均气温 19.8℃;冬季(12~2 月)平均气温 9.1℃;春季(3~5 月)气温回升较快,平均气温为 16.5℃;秋季(9~11 月)平均气温 15.0℃。相对而言,滇池流域夏季不热、冬季不冷,四季如春。

2) 气温变化趋势

为进一步分析滇池流域的气温变化趋势,根据前述所选站点的资料序列,分析其趋势变化情况。从图 8.4 可以看出,流域年、春、夏、秋、冬四季气温均呈持续上升趋势。采用 Mann-Kendall 检验法分别对昆明气象站年、四季平均气温的变化情况进行检验,结果见表 8.3。昆明气象站年平均气温以及春、夏、秋、冬平均气温均表现为显著的上升趋势,其中春、夏、秋、冬四个季节的置信水平超过 99%,变化幅度分别为 0.31℃/10a、0.27℃/10a、0.34℃/10a 和 0.52℃/10a,未来一段时期滇池流域内气温继续上升的可能性仍然很大。

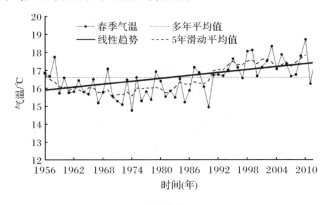

(a) 春季

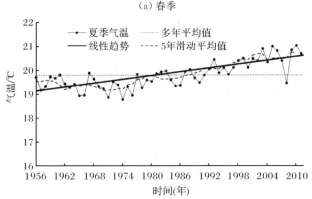

(b) 夏季

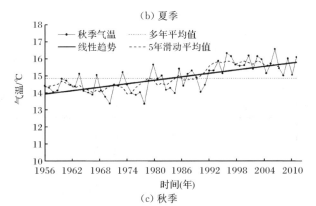

(c) 秋季

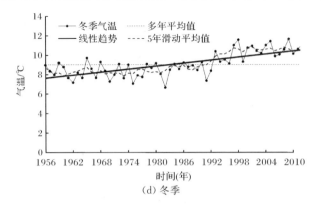

(d) 冬季

图8.4 滇池流域年平均气温变化趋势

表8.3 滇池流域年、四季平均气温序列趋势变化情况

统计特征值	年	春(3~5月)	夏(6~8月)	秋(9~11月)	冬(12~2月)
$b/(℃/10a)$	0.36	0.31	0.27	0.34	0.52
Z	6.023	4.32	6.433	5.152	5.594
显著性水平/%	99	99	99	99	90

3. 突变检验

滇池流域内的年降水量表现出下降趋势,年平均气温则表现出显著的上升趋势,运用Mann-Kendall检验法对年降水量和年平均气温序列进行突变检验(图8.5)。对得到的结果进行对比分析可知,年降水量和年平均气温的突变点分别发生在2007年和1994年,不同的突变点表明,虽然气温变化在一定程度上影响降水的变化,但降水变化过程中还受到其他因素的交互影响,如局部地形、大气环流或人类活动等因素影响,故两者变化规律存在较大差异。

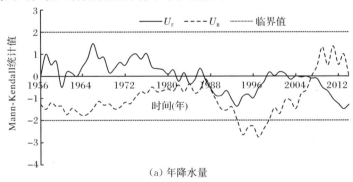

(a) 年降水量

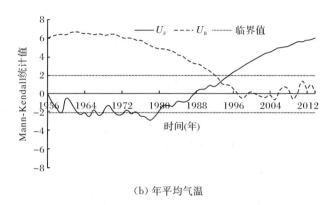

（b）年平均气温

图 8.5 滇池流域降水量与气温突变检验结果

8.2.2 人类活动对径流的影响

人类活动对径流的影响主要表现在工程措施和土地利用/土地覆盖变化,其水文效应可分为直接影响和间接影响(王浩等,2005)。不同人类活动水文效应的影响规模、变化过程以及变化性质上可否逆转等均存在差异。例如,跨流域引水、大中型水库等水利工程建设,这类活动虽然时间短、范围小,但可使水循环要素产生突变,且将产生长久的显著影响。而植树造林、城市化等长期的人类活动,其水文效应是渐变的,且对水文要素的影响也是逐渐加重的。下垫面条件变化通过改变陆面蒸散发、下渗及产汇流过程影响大气水、地表水、土壤水和地下水过程及相互转化机制(夏军等,2011),进而影响河川径流过程。

自 20 世纪 50 年代以来,滇池流域内逐步修建了大量水利工程。从 1956 年修建双龙中型水库以来,至 1959 年滇池流域相继修建了松华坝、宝象河、松茂、横冲、果林、大河、柴河、双龙等 8 座大中型水库。1993 年松华坝水库扩建成大(二)型水库,其控制径流面积为滇池径流面积的 1/5,产水量却占滇池流域产水量的 1/4,对滇池流域水资源总量、径流的年际变化及年内分配等均有较大影响。1998 年以后受"2258"引水工程竣工通水的影响,自滇池的生活取用水减少而农灌用水增大,导致进入滇池的回归水量及过程发生改变。至 2014 年,滇池流域内的松华坝等 8 座大中型水库的规模已定,"2258"引水工程已经竣工并供水,这些大中型蓄水工程、河道引提水工程很大程度上影响了滇池入湖径流的年内分配过程。此外,随着城市发展,滇池流域内的建设用地面积不断增加,耕地面积逐渐减少,也对滇池流域的水文效应产生间接影响。

综上所述,受全球气候变化和强烈的人类活动影响,滇池流域的水文循环过程发生了显著变化,流域径流序列已非一致,在进行径流还原计算时,都应加以考虑。

8.3 滇池入湖径流还原分析

8.3.1 历次滇池径流还原成果的简介

在 1987 年完成的《普渡河流域规划水文分析报告》中,根据滇池中滩和海埂水位站的水位观测资料、海口水文站的出湖实测流量资料、海埂站的蒸发观测资料及滇池流域内的工农业用水资料等,按常规的湖泊入湖水量平衡公式(不考虑渗漏)还原得到滇池 1953～1983 年的入湖径流量。在此基础上,针对滇池流域内 8 座中型水库 1956～1959 年相继建成蓄水和各水库有各自独立灌区的实际情况,对还原的天然径流量进行了第一次订正,即将滇池还原的入湖径流量统一订正为 1959 年 8 座中型水库全部竣工的情况。第二次订正是基于松华坝水库加固扩建为大(二)型水库的实际情况,以第一次订正后的历年各月入湖径流量减去松华坝水库的实际回归水量,再加上松华坝水库的设计回归水量。经第二次订正,滇池入湖径流量已被统一订正为松华坝水库加固扩建为大型水库和 7 座中型水库建成的情况。经分析计算,1953～1983 年滇池多年平均入湖径流量为 9.472 亿 m^3,其中滇池出流为 4.13 亿 m^3,农业耗水量 0.633 亿 m^3,工业耗水量 0.169 亿 m^3,湖面蒸发量 4.54 亿 m^3。此外,由于"2258"引水工程于 1998 年竣工通水,每年从柴河、大河和宝象河水库调入城区水量 4200 万 m^3 左右,这 3 座水库的部分农灌供水量调整为城市供水,因此减少的灌溉面积大部分改由滇池提灌解决,而城市供水的回归水与农灌回归水的总量和过程均不同,导致进入滇池的回归水量和过程发生改变。故将 1997 年前按第二次订正方法订正后的系列统一订正成 1998 年"2258"引水工程建成后的情况,即为滇池入湖水量的第三次订正。而 1998 年以后流域内再无新增较大水利水电工程,基本可视为与 1998 年现状一致,不需再做订正。此后,在《滇池水位复核报告》、《滇池运行水位研究》等项目中,又还原了滇池 1984～2004 入湖径流量,年平均入湖径流量为 9.9 亿 m^3。

8.3.2 本次径流还原分析的思路

1.湖泊入湖径流还原

滇池流域内大规模人类活动使河湖水域的天然水文特性遭到破坏,实测径流资料在数量和持续时间方面均不能真实地反映径流的天然分布规律。为了满足工程水文计算中对计算系列一致性的要求,需要对滇池流域主要的入湖河道以及入湖径流进行还原计算,以期为流域水资源的合理开发和科学管理提供基础信息。

湖泊径流还原计算是湖泊水资源研究的主要方法之一,常用的计算方法有分项调查还原法、降水径流关系法和水文建模方法。由于滇池流域的面积较大,水文站点稀少,较大区域内缺乏水文观测资料,限制了水文建模法在滇池流域的应用。另外,滇池流域径流以降水补给为主,理论上认为无资料地区可通过移用邻近有资料地区的降水径流关系,由降水量直接推算径流量。但滇池流域内强烈的人类活动,使得径流对降水的响应不断减弱,且受气候变化影响,流域内降水径流关系也随之发生了变化,这使得在滇池流域也难以应用降水径流关系法。因此,本次采用分项调查还原法进行滇池的入湖径流还原,其计算精度取决于基础资料的可靠性,所需的基础资料主要有水文、气象部门的降水量、蒸发量及出湖水量资料,水利、农业、城建等部门的灌溉面积、用水定额、灌溉用水量、工矿企业用水量、城镇生活用水量等调查统计资料。

就滇池而言,湖体水量收入项 W_I^t 包括陆域径流入湖水量 W_{LR}^t、湖面直接降水量 W_{LP}^t 和外流域调水工程调入水量 W_{WT}^t 的回归水,即湖泊水量收入项为

$$W_I^t = W_{LP}^t + W_{LR}^t + \alpha_T^t W_{LP}^t \tag{8.1}$$

式中,α_T^t 为外调水的退水系数。

湖泊水量的支出项 W_O^t 为海口和西园隧洞两断面出流水量 W_D^t、湖面蒸发量 W_E^t 和本区水源向工业供水 W_A^t 和农业供水 W_M^t 产生的耗水量(含环湖提水耗水量)以及湖泊渗漏量 W_L^t,即湖泊水量支出项为

$$W_O^t = W_D^t + W_E^t + \alpha_A^t W_A^t + \alpha_M^t W_M^t + W_L^t \tag{8.2}$$

式中,α_A^t 和 α_M^t 分别为工业、农业耗水系数。滇池的水量平衡方程为

$$W_I^t - W_O^t = \Delta V^t \tag{8.3}$$

式中,ΔV^t 为蓄变差,即时段末与时段初湖泊蓄水量之差。

对方程中的各个分项逐一分析确定,其中湖面降水量和蒸发量采用湖泊周边的水文站和气象站的观测值进行推算;蓄变差由水位观测资料查算滇池水位-面积-库容曲线得到;湖泊出流水量直接采用海口水文站径流资料和西园隧洞泄流水量确定;天然湖泊一般缺少渗漏观测资料,难以估算,且由于滇池水位变幅小,渗漏量相对稳定,还原计算时暂不考虑;外调水量由各自来水厂原水供水量记录资料确定;流域内农业耗水量由农田实际灌溉面积和灌溉取用水定额推算,工业耗水量由工业增加值和工业用水定额推算。

2. 陆面入湖径流还原

受强烈的人类活动影响,滇池流域内大部分河道、湖泊水域的水文特性已非天然状况,致使滇池入湖水量分析工作更加复杂。因此,为提高水利工程的安全水平,在开展滇池流域工程水文分析的过程中,应建立适应其环境变化的计算理论与方法体系。

在内、外应力的长期作用下,滇池流域基本形成了以滇池为中心,呈环形阶梯状地貌格局,大致可分为内环平坝区、中环台地丘陵区和外环高山区。内环平坝

区主要由类似于河流三角洲、湖积（冲积）扇及湖滨围垦地组成，区域面积521.3km²，占滇池陆面径流区总面积的19.8%；中环台地丘陵区由台地、岗地、湖成阶地和丘陵等组成，区域面积972.9km²，占滇池陆面径流区总面积的37.1%；外环高山区域海拔为2100m，区域面积1133.3km²，占滇池陆面径流区总面积的43.1%，是滇池流域的主要产流区。其中，外环高山区域建有松华坝、宝象河、柴河、双龙、大河、松茂、横冲、果林等8个水库站，集水总面积为962.3km²，占高山区面积的84.7%。台地丘陵区建有双龙湾和干海子两个水文站，控制的径流面积占台地丘陵区面积的21.4%。由于这两个水文站上游的水库鲜有弃水，实测径流可视为水库断面以下至水文站的区间径流过程。

滇池流域主要入湖河流的上游均建有中小型水库，各个水库邻近的无资料山区具有与其相似的气候和下垫面条件。从图8.6可看出，由于滇池流域内地形复杂、高差悬殊较大，受大的地势和局部地形的共同作用，区域内降水量的面分布和垂直分布差异均较大，降水量高值区为流域东北、北部的盘龙江和梁王河上游的高山区域，年降水量在1200mm以上，最高可达1400mm，而滇池东岸宝象河、大板桥、呈贡、南部海口一带年降水量为820~890mm，滇池湖面降水量最小，仅800mm

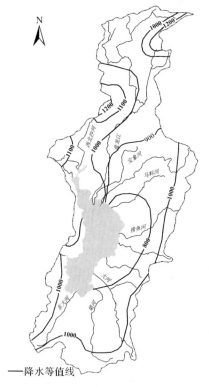

——降水等值线

图8.6　滇池流域多年平均降水量分布

左右,其他区域年降水量多为 900～1000mm。总体而言,滇池流域的降水量大致具有北大于南、西大于东的分布趋势。

基于滇池流域特殊的地形和水文气象资料条件,通过聚类分析划分水文一致区,移植相似流域水文特性的方法计算滇池天然入湖径流,其计算步骤如下:

(1) 在滇池流域河流水系分布的基础上,综合考虑地形地貌、土地利用等因素,将滇池流域划分为若干子流域,再根据各子流域的资料条件,进一步划分为有资料子流域和无资料子流域。

(2) 根据水文气象资料和水库观测资料,采用单元水量平衡法进行还原计算,得到各座大中型水库的天然径流系列。

(3) 综合考虑水文特性、土地利用、地形地貌、土壤特性等因素,将各子流域进行聚类分析。根据各有资料子流域的径流系列,采用水文比拟法计算得到与其水文特性相似的无资料子流域的径流系列。

(4) 分项计算滇池的湖面降水量、湖面蒸发量、湖泊出流量和湖泊蓄变量,以及外调水的退水量和本区水源供水产生的耗水量,通过湖泊水量平衡分析,校验径流还原分析成果的合理性。滇池流域陆面径流还原计算的技术路线如图 8.7 所示。

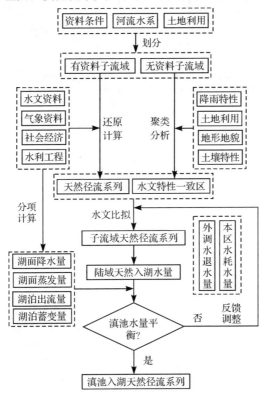

图 8.7　滇池流域陆域径流还原分析技术路线

8.3.3 陆面有资料地区径流还原

1. 水库站径流区径流还原分析

滇池流域现状已建有松华坝大型水库,以及宝象河、松茂、横冲、果林、大河、柴河、双龙等 7 座中型水库,这 8 座大中型水库均建有水库站,有满足上述径流还原分析所需的观测资料系列,可直接进行入库径流还原分析。采用以下水库水量平衡公式计算各水库的逐月入库径流,见表 8.4。

$$W_入 = W_出 + W_蒸 + W_渗 \pm \Delta V \qquad (8.4)$$

式中,$W_入$ 为水库入库水量;$W_出$ 为水库出库水量;$W_蒸$ 为水库水陆蒸发差;$W_渗$ 为水库渗漏量,一般按月均库容的 $1.0\% \sim 1.5\%$ 计。

本次所需的水文系列为 1956～2014 年,由于宝象河、松茂、横冲、果林、大河、柴河、双龙等水库还原的系列不满足长度要求,需要分别对其进行插补延长。先后采用降水径流相关法、上下游流量相关法、水文比拟法等对各水库缺测段资料进行插补延长。在经过对基础资料的"三性"分析,插补延长公式中某些参数的具体处理,相关图的合理性检查等综合分析后,从中择优选出最终采用的结果。各大中型水库的多年平均各月径流过程见表 8.4,滇池流域各大中型水库 1956～2014 年天然径流过程如图 8.8 所示。

表 8.4　各大中型水库多年平均各月径流过程　　　（单位:万 m³）

水库名称	1月	2月	3月	4月	5月	6月	7月	8月	9月	10月	11月	12月	合计
松华坝	666	475	435	388	484	1559	3479	4494	3184	2267	1463	908	19802
宝象河	74	53	48	40	76	156	327	439	297	227	158	100	1995
大河	38	28	53	44	113	122	239	321	190	146	96	56	1446
松茂	30	29	34	42	79	135	160	157	94	83	48	33	924
横冲	27	26	30	38	68	121	144	146	86	75	44	31	836
果林	21	21	24	30	55	95	113	111	66	59	34	24	653
柴河	119	112	121	145	308	471	669	655	491	312	248	155	3806
双龙	47	35	62	53	137	151	293	400	240	186	120	69	1793

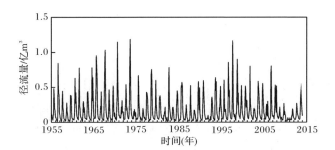

（a）松华坝水库

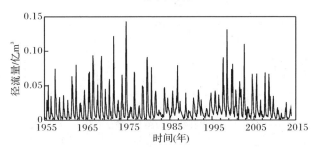

（b）宝象河水库

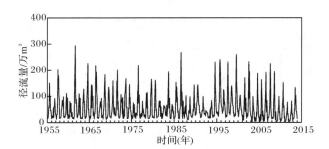

（c）果林水库

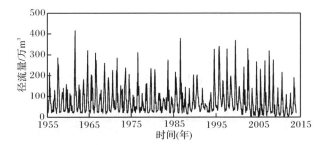

（d）松茂水库

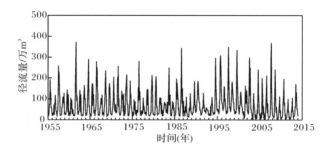

(e) 横冲水库

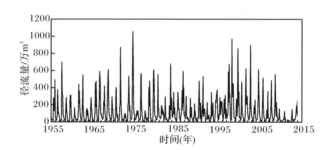

(f) 大河水库

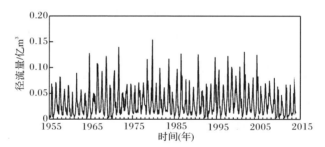

(g) 柴河水库

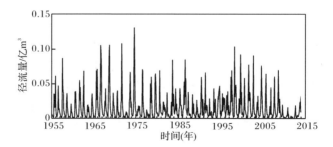

(h) 双龙水库

图 8.8　1956～2014 年滇池流域各大中型水库天然径流过程

2. 水文站径流区的径流还原分析

滇池流域内已建和曾建(搬迁或停测)有小河、甸尾、中和、白邑、干海子、双龙湾等 6 个水文站。其中小河站、中和站、白邑站、甸尾站位于盘龙江流域,中和站为小河站的上迁站,白邑站为甸尾站的上迁站,各站均位于松华坝水库上游,故其控制区的径流量已包含在松华坝水库的入库径流之内。干海子和双龙湾两个水文站均位于丘陵地区,鉴于干海子和双龙湾水文站上游的水库鲜有弃水,故可把两站实测结果作为其上游的水库以下至水文站区间的径流,在进行合理性检查修正后,再以中和站为参证站,用月径流相关法插补缺测的月份,得到最终的历年逐月径流量。

3. 无资料地区径流还原分析

在缺乏实测径流资料的山丘区,径流系列分析计算主要通过移用相似流域的水文特征参数的方法,本章以与参证流域影响径流的各项因素相似为前提,将参证流域的水文资料移置到设计流域上。具体移用时,有以下三种方法:直接移用径流深、考虑雨量修正和移用参证流域的年降水径流相关图。根据流域内无资料山区小单元分布情况,以与各子流域相似的有资料区域为参证,综合考虑面积和降水差异,将参证流域的水文资料移用于无资料各小单元。

4. 湖面降水量计算

滇池湖区水面的入湖水量计算方法为

$$W_{LP}^t = A_L^t P_L^t \qquad (8.5)$$

式中,W_{LP}^t 为第 t 月的湖面降水径流量;P_L^t 为第 t 月的湖面降水量;A_L^t 为第 t 月的湖面面积,滇池正常高水位 1887.5m 对应的湖面面积 311.3km^2,湖面无降水观测资料。湖泊以北、以东、以南三面距离湖边约 5km 范围内分布有昆明、呈贡、晋宁 3 个气象站,站址海拔依次为 1891.4m、1906.6m、1891.4m,与滇池正常蓄水位相差不大,站址与湖面同属滇池流域盆地区,气候特性基本一致。因此,以 3 个气象站平均降水量代表滇池湖面降水量,即

$$P_L^t = \frac{1}{3}(P_{KM}^t + P_{CG}^t + P_{JN}^t) \qquad (8.6)$$

式中,P_{KM}^t、P_{CG}^t 和 P_{JN}^t 分别为昆明、呈贡、晋宁 3 个气象站第 t 月的降水量。

5. 滇池入湖径流成果

由陆面径流和湖面降水量得到滇池天然入湖径流,1953～2014 年滇池多年平均入湖径流量为 10.11 亿 m^3,其中陆面径流量 7.37 亿 m^3,湖面降水量 2.74 亿 m^3。

与 1998 年完成的第三次订正成果相比(1953~1998 年),多年平均入湖径流量增加 0.39 亿 m³。多年平均降水量增加 15%,多年平均径流量增加 4%。径流系列过程如图 8.9 所示。

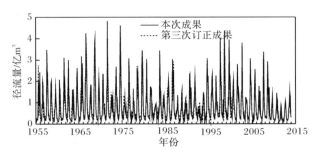

图 8.9　滇池天然入湖径流过程对比图

8.4　合理性分析

8.4.1　耗水量趋势分析

滇池流域本区供水产生的水资源消耗包括城乡生活、工业和农业灌溉的耗水量,需要历年逐月的城乡人口、实际灌溉面积、工业增加值及相应的用水定额等调查统计数据,实际的用水定额资料又较为缺乏。因此,本次通过还原的滇池天然入湖径流量、滇池湖面蒸发量、滇池出湖水量、滇池蓄变量以及外调水退水量等推算滇池的耗水量及其变化趋势,从而间接分析滇池入湖径流还原成果的合理性。

(1)滇池湖面蒸发量。

滇池周围的海口中滩站和海埂站均有蒸发观测资料。蒸发量的大小与气温、地形、方位、风力、湿度等有关。中滩站位于山凹之中,风力比湖面小,海埂站地势较为开阔,比较接近湖面情况,故蒸发量宜采用海埂站资料。20 世纪 80 年代以来,其观测采用 E_{601} 蒸发皿,观测值可近似认为湖面蒸发量。

(2)滇池出湖水量。

1996 年 7 月以前,海口河是滇池唯一出口,故 1956~1996 年 7 月的海口水文站实测流量即为滇池的出湖水量。1996 年 8 月西园隧洞竣工后,滇池出湖水量为海口、西园隧洞两个出口的流量之和。海口出流受滇池外海的蓄水和防洪调度影响,年出湖水量为 0.44 亿~10.01 亿 m³,多年平均出湖水量 3.75 亿 m³。滇池年内 8 月出流最大,占海口闸年出湖水量的 17.5%;2 月出流最小,仅占3.3%。西园隧洞出流受滇池草海调度影响,年出湖水量为 0.80 亿~3.50 亿 m³,多年平均下泄流量 1.98 亿 m³。年内 8 月出流量最大,占西园隧洞出流量的 22.2%;3 月出流量最小,仅占 2.2%。

（3）湖泊蓄变量。

湖泊蓄变量可由滇池水位观测资料查算滇池水位-面积-湖容曲线得到。滇池的水位测站有大观楼、海埂和中滩三个水位站,其中大观楼站位于草海,而滇池的主要湖容和水面面积在外海,加上滇池湖面较宽（正常水位对应的面积为311.3km²）,控制外海的海埂和中滩两站水位差一般为 $-0.02 \sim 0.17$m。因此,滇池水位应采用海埂、中滩两站实测水位的平均值。

滇池水位-面积-湖容曲线先后有 1938 年、1983 年、2009 年三次测绘成果,但2009 年的成果未公布使用,而 1938 年实测成果限于当时的技术条件,精度不高,滇池湖盆也发生了较大的变化,原测量结果已不能反映实际情况。1983 年,昆明市测绘研究院对滇池水位-面积-湖容曲线进行了第二次实测,其后草海底泥疏浚工程虽实施过两次,但总清挖量与滇池正常水位相应的湖容增量相比,比例甚小。另外,从滇池草海、外海运行水位情况来看,水位常年在 1885.50～1887.50m 变化,当水位低于 1885.50m 时,水域面积的变化也不大。这表明草海底泥疏浚对该水位以上湖容的影响甚微。因此,滇池草海和外海湖容曲线采用 1983 年昆明市测绘研究院的实测成果,对湖泊径流还原和蓄变量分析成果的影响很小。

（4）外调水退水量。

目前,滇池流域主要的外流域引调水工程有掌鸠河引水供水工程、清水海引水工程和牛栏江-滇池补水工程,各工程的调入水量均有详细记录。其中掌鸠河引水供水工程、清水海引水工程向城市供水,退水系数取为 0.75。空港经济区为清水海引水工程的受水区之一,位于滇池流域和牛栏江流域的分水岭地带,其退水量根据地形条件将分别排入滇池流域和牛栏江流域。根据《昆明中心城区排水专项规划（2009～2020）》,排入滇池流域的水量按总退水量的 58% 计。牛栏江-滇池补水工程直接向滇池生态补水,调入水量即为退水量。外调水退水量采用以下计算公式计算:

$$W_{TB}^t = \alpha_T W_{ZJH}^t + \alpha_T \beta W_{QSH}^t + W_{NLJ}^t \tag{8.7}$$

式中,W_{TB}^t 为外调水退水量;β 为常数,$\beta = 0.58$。

如图 8.10 所示,滇池历年耗水量波动较大,但整体上呈增长趋势,主要原因如下:①滇池流域人口稳定增长,增速先慢后快（图 1.1）,城乡生活综合用水定额随着生活水平的提高和第三产业的发展而增加（图 1.7）;②灌溉面积波动较大,呈先增后减的趋势（图 4.1）,灌溉用水定额随着种植结构的调整而变化（图 2.2）;③工业生产总值稳定增加,但是受滇池水环境保护的要求,工业结构变化较大（图 4.1）。综上所述,受社会经济发展的影响,滇池耗水量必然会有所波动,但是整体上应呈现逐渐增加的趋势,即本次提出的滇池入湖径流还原成果是合理的。

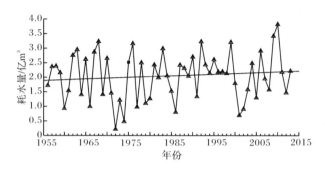

图 8.10　滇池耗水量及其变化趋势分析

8.4.2　降水与径流过程的对比分析

滇池流域的径流由大气降水补给,降水径流具有一定的对应关系。此外,滇池径流主要来源于盘龙江及周边地区,与上下游站的径流过程也具有一定的对应性,故将滇池天然入湖径流量分析结果与昆明气象站降水和松华坝水库来水过程进行对比分析。绘制昆明气象站降水与同期滇池天然径流过程及松华坝水库天然来水过程对照图,如图 8.11 所示。由图可见,滇池天然入湖与松华坝水库径流过程的峰谷对应较好,丰、枯变化基本一致,并与昆明气象站降水过程的丰、枯变化相对应,说明本次分析得到的各水库和滇池历年天然年径流量基本合理。

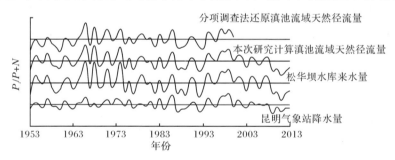

图 8.11　昆明气象站、滇池及松华坝水库降水、径流过程对照图

8.4.3　径流特征合理性分析

根据昆明气象站降水与同期滇池天然径流,以及松华坝水库天然来水系列,作逆时序的水量差积曲线,如图 8.12 所示。由图可以看出,各站过程对应丰水段、平水段、枯水段的变化规律一致,由此也说明还原及插补系列无系统误差,年际变化符合本地区的径流特性。

对本次分析的滇池天然入湖径流量采用频率曲线进行检查,并与流域内松华

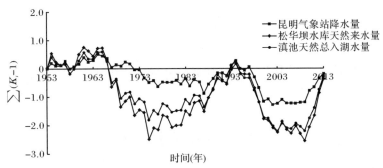

图 8.12　滇池流域降水与径流的差积曲线

坝水库相应统计参数进行比较。将松华坝水库及滇池流域前述分析得到的1956～2014 年的径流系列进行经验频率计算,并把数据点绘于频率格纸上,以 P-Ⅲ型曲线为线型,采用适线法确定其统计参数,如图 8.13 所示。

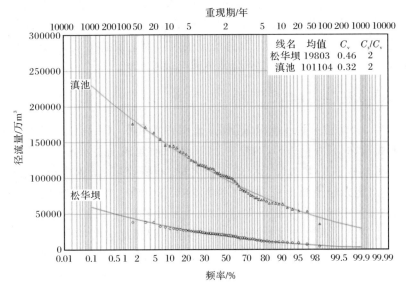

图 8.13　滇池天然入湖径流量及松华坝水库天然来水量频率曲线

从图 8.13 可以看出,松华坝水库和滇池天然年径流频率曲线间是相互协调的,保持合理的间距,不相交。说明上下游间设计年径流结果是基本合理的。从图中还可以看出,滇池天然入湖产水模数稍大于松华坝水库,分别为 34.6 万 m^3/km^2 和 33.4 万 m^3/km^2,其原因是滇池正常高水位对应的湖面面积已超过总集水面积的 10%,综合后的产水模数相对大是符合实际的。

综上所述,滇池流域的降水径流对应关系较好,丰水期、平水期、枯水期的变化规律基本一致,基本反映了滇池流域内多年平均产水模数随降水量增大而增大的一般水文规律,说明天然径流分析计算结果是合理的。

第9章　昆明市城市供水安全保障总体方案

9.1　现状供水安全保障方案

昆明市城市建成区主要位于滇池流域。滇池流域及相关区域（简称研究区）的水资源系统可划分为滇池流域及其外流域引水区和外流域供水区，其中外流域引水区是指掌鸠河引水供水工程、清水海引水工程、牛栏江-滇池补水工程等引水济昆工程的调出区。外流域供水区主要为安宁-富民工业走廊（含滇中新区西片区），主要通过螳螂川提水工程以及昆明市污水处理厂尾水外排及资源化利用工程，取用牛栏江补水滇池生态修复后下泄的水量和滇池流域城市外排的再生水，如附图7所示。其中滇池流域及其外流域供水区为上下游关系，合并进行现状水利工程调查，外流域引水区着重介绍外流域引调水工程。

9.1.1　水利工程现状调查

2000年，云南省水利厅组织编制的《云南省水利水电工程供水能力现状调查报告》（下面简称《调查报告》），对全省1997年以前建成的蓄水工程、引水工程、提水工程和机电井等4类水利工程的工程名称、所属流域、工程规模、设计供水能力、实际供水能力和灌溉面积进行了详细的调查分析。此次调查工作非常细致，要求小（二）型水库、渠道设计流量0.3m³/s及其以上的河道引水工程、装机100kW以上提水工程逐项单列统计，其余小型工程及地下水井等分项按分县（市、区）和分流域汇总统计。本章在此调查成果的基础上，对研究区的各类供水工程进行复核，还补充调查了1998年后新增的各类供水设施及其供水量、供水对象等。

1. 蓄水工程

研究区内的水库多建于1950～1970年，已在《调查报告》中进行了详细的调查。但考虑到近十多年来昆明城区范围不断扩大，造成流域内土地利用变化，进而改变本区部分水利工程的供水任务。因此，本章按照划分的水资源配置分区，逐一核实研究区内大中型水库和小型水库的供水范围、供水对象和供水能力等（表9-1）。

表 9.1　研究区内大中型水库现状调查

水库名称	建成年份	规模	总库容/万 m³	兴利库容/万 m³	供水范围	供水对象	备注
松华坝	1996*	大(二)型	21900	10500	昆明主城	城镇供水	—
宝象河	1958	中型	2070	1550	昆明主城	城镇供水	2258 工程组
果林	1958	中型	1140	395	呈贡龙城	农业灌溉	—
松茂	1958	中型	1600	973	呈贡龙城	农业灌溉	—
横冲	1958	中型	1000	693	呈贡龙城	农业灌溉	—
大河	1960	中型	1850	1600	呈贡龙城 晋宁昆阳 昆明主城	城镇供水	2258 工程组
柴河	1957	中型	2200	1590	呈贡龙城 晋宁昆阳 昆明主城	城镇供水	2258 工程组
双龙	1954	中型	1224	1216	晋宁昆阳	城镇供水	
车木河	1959	中型	4840	3590	安宁连然	城镇供水 农业灌溉	
张家坝	1995	中型	1349	1230	安宁连然	城镇工业	

* 水库原为中型水库,1996 年 10 月扩建为大(二)型水库。

2. 河道引水工程

在《调查报告》的基础上,复核了研究区内的河道引水工程,现状建有引水工程 175 件,设计供水量 9749 万 m³,其中渠首引水流量大于 0.3m³/s 的引水工程有 57 件,设计供水量 6224 万 m³;小于 0.3m³/s 的引水工程 118 件,设计供水量为 2875 万 m³。滇池流域建有河道引水工程 120 件,主要集中在盘龙松华、官渡小哨 2 个计算单元,设计供水量 2895 万 m³,主要供水对象为农业灌溉。

3. 提水工程

以 2007 年完成的"滇池运行水位研究"项目中滇池提水泵站调查成果为基础,逐一核实了滇池环湖提水的 239 座提水泵站的建、并、转、撤等情况,以及供水的范围、对象和供水能力。滇池流域的提水工程主要为滇池沿岸的西山海口、昆明主城、呈贡龙城、晋宁昆阳等 4 个片区的环湖提水,现状供水以农业灌溉为主,设计年提水量 1.29 亿 m³,设计灌溉面积 15.43 万亩,工业年供水量为 0.32 亿 m³,滇池提水泵站及提水量见表 9.2。

表 9.2　研究区内提水工程现状调查统计结果

水资源四级区	计算单元	农业灌溉			城镇工业		备注
		泵站数量/座	年提水量/万 m³	提灌面积/万亩	泵站数量/座	年提水量/万 m³	
滇池流域	西山海口	25	813	1.14	29	1542	部分从海口河提水
	昆明主城	29	2975	3.55	11	660	
	呈贡龙城	32	1044	1.24	0	0	
	晋宁昆阳	143	8029	9.50	7	1045	
	小计	229	12861	15.43	47	3247	
普渡河中段	安宁连然	239	721	1.83	15	7040	由滇池兴利调度供水
	富民永定	176	1236	2.82	15	2187	
	小计	415	1957	4.65	30	9227	
合计		644	14818	20.08	77	12474	—

4. 地下水工程

滇池流域取用地下水(包括龙潭水)作为原水的水厂有海源寺水厂和雪梨山水厂,设计处理能力分别为 3.0 万 m³/d 和 2.0 万 m³/d。根据昆明市取水许可台账资料分析,研究区内现状取用地下水 8165 万 m³,其中城镇生活供水 5220 万 m³,工业供水 2147 万 m³。分散式地下水开采主要集中在昆明主城、西山海口、呈贡龙城、安宁连然等片区。

5. 污水处理回用工程

滇池流域现已建成 8 座集中式再生水水厂,总处理规模为 3.4 万 m³/d,主要回用于以下四个方面:①市政道路冲洗、冲厕、景观、绿化用水;②部分河道、公园、水体景观补水;③企事业单位和住宅小区的绿化浇洒、车辆清洁;④建筑施工用水。

1998 年,昆明市以昆明医学院作为试点开展分散式再生水利用,紧接着有西南林学院、昆明船舶工业区等 5 家单位完成了再生水设施建设,每月节约用水近 7 万 m³。到 2014 年,滇池流域建成分散式再生水利用设施 467 座,主要为公共建筑物、居民小区、学校自建的小型污水处理回用系统,通过收集建筑物或小区内排放的废水,设计处理能力 14.47 万 m³/d,废水经过深度处理后再回用于该区域。

9.1.2　外流域引调水工程

解决滇池流域水问题的水资源开发利用方案按照由近到远、先易后难、逐步实施的原则,可以归结为三个层次:第一层次,滇池流域内本区的水资源利用措施,包括滇池流域本区的松华坝水库、宝象河水库、柴河水库、大河水库以及沙朗引水工程等为水源的"2258"工程引水;第二层次,小范围的外流域引水工程,包括掌鸠河引水供水工程、清水海引水工程、牛栏江-滇池补水工程;第三层次,大范围的跨区域跨流域长距离引水工程,即滇中引水工程。目前第一、二层次的外流域引水工程均已建成通水,第三层次的滇中引水工程已于 2017 年 8 月开工建设,其中第二层次的外流域引水工程的基本特性见表 9.3。

9.1.3　现状城市供水格局

昆明主城片区现已建有 14 座自来水厂,设计供水能力 189.5 万 m^3/d,供水水源以云龙、松华坝、清水海等 3 座大型水库为主(供水量占昆明城市现状总供水量的 82%),大河、柴河、宝象河、自卫村、红坡等中小型水库的分散小水源为补充,构成了昆明城市"七库一站"多水源联合供水的格局,城市输配水管网中 DN100mm以上的干管总长 2800 km^2,供水服务范围主要为滇池北岸的主城四区和滇池东岸的呈贡区。

滇池南岸的晋宁区现状建有 5 座自来水厂,设计日处理能力 3.51 万 m^3,其供水水源主要以大河、柴河、双龙等中型水库,洛武河、大春河等小型水库为主,由水利部门进行管理;位于滇池西岸的西山区海口镇现状无自来水厂,尚未纳入昆明市城市供水管网,城镇生活用水现状主要依靠区内大型企业开采的地下水源兼顾解决。

牛栏江-滇池补水工程于 2013 年 12 月底建成通水,该工程任务重点是向滇池补充生态修复水量,兼作昆明城市的应急备用水源,通过牛栏江应急备用水源补给工程向昆明主城第一水厂输水,原水输水规模按满足水厂 15 万 m^3/d 的设计处理能力设计。同时,还可以利用原云龙水库向昆明主城片区第五水厂的原水输水管向第五水厂应急补充原水,设计规模为 15 万 m^3/d。

综合考虑城市供水水厂的运营管理、服务范围、管网间的水力联系等因素,可将环滇池区域的城市供水管网划分为 5 个片区,各片区的水厂及水源之间的水力联系如图 9.1 所示。各片区的自来水供水管网相互水力连通,通过调整各水源工程的原水供应水量即可实现滇池流域水源水的联合调度。

(1)掌鸠河引水工程(云龙水库)的外调水主要向昆明主城片区的第五水厂和第七水厂供应原水,同时通过末端连通工程的输水管网可进入松华坝水库(水库高水位时需提水入库)。

(2)松华坝水库主要向昆明主城片区的第一水厂、第二水厂、第四水厂、第六水厂供应原水,水库高水位运行时,也可自流向第七水厂供水。

(3)宝象河水库主要向宝象河水厂供应原水,该水厂除向官渡小哨片区(大板桥)供水外,还能向昆明主城片区的小板桥、六甲、矣六、阿拉、关上等街道供水。

表 9.3 滇池流域已建引调水工程的基本特性

工程名称	建成年份	水源工程			输水工程				配水工程			
		水库名称	总库容/万 m³	兴利库容/万 m³	输水方式	输水长度/km	设计流量/(m³/s)	年引水量/亿 m³	配水水厂	处理能力/(万 m³/d)	供水范围	供水对象
掌鸠河引水供水工程	2007	云龙	48400	37940	全线自流	97.7	10	2.20	第七水厂	60	昆明主城	城镇供水
清水海引水工程*	2012	清水海	15417	10529	全线自流	50.4	6	0.97	空港北水厂	2	官渡小哨 呈贡龙城	城镇供水
									空港南水厂	25	昆明主城	
牛栏江-滇池补水工程	2013	德泽	44788	21236	渠首提水 全线自流	115.85	23	5.72	—	—	滇池 昆明主城	湖泊补水 应急备用

* 清水海水源工程组由清水海水库及向其引水的板桥河水库、石桥河水库、新田河水库和湿地鼻子龙潭(泉水)组成。

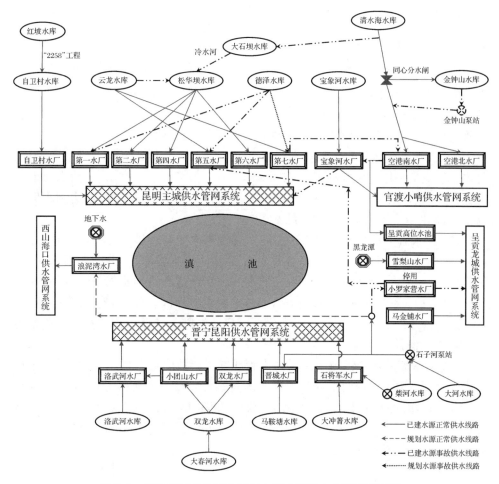

图 9.1　滇池流域各片区水厂与水源之间的水力联系示意图

（4）清水海引水工程的外调水进入水厂,水厂主要向空港供水,空港南水厂的原水既可自流进入宝象河水厂后向昆明主城片区供水,也可进入呈贡高位水池,向呈贡龙城片区供水。此外,当清水海引水工程同心闸以后的输水线路发生事故时,清水海的外调水可以自流进入松华坝水库,通过昆明主城的自来水管网加压后可进入空港片区和呈贡龙城的自来水管网。

（5）牛栏江-滇池补水工程可通过牛栏江应急备用水源补给工程向昆明主城第一水厂、第五水厂分别应急供应原水 15 万 m³/d,合计 30 万 m³/d。

（6）大河水库、柴河水库的原水现状主要进入马金铺水厂,向呈贡龙城的高新区（马金铺片区）供水。同时,在马鞍塘等水源来水不足时,可以补充晋城水厂的原水供应。此外,大河水库、柴河水库通过小罗家营泵站向昆明主城第五水厂供应原水的"2258"南线工程现已转为应急备用。

9.1.4　现状事故应急供水方案

掌鸠河引水供水工程、松华坝水库、清水海引水工程是保障昆明市城市供水安全的三大水源工程,供水量占昆明城市自来水系统原水量的82%,但其中掌鸠河、清水海为长距离单管引水工程,输水安全可靠度相对低一些。本章提出了引水管线发生事故无法正常供水时的城市事故供水应急调度方案。

(1)掌鸠河引水供水工程输水线路事故时应急供水方案:①启用牛栏江-滇池补水工程应急备用水源补给工程,向主城第一水厂、第五水厂供水;②清水海引水通过大石坝水库、冷水河引入松华坝水库,加大松华坝水库供水量;③启用小罗家营水厂,调用柴河水库、大河水库的水源。

(2)清水海引水至金钟山水库前隧洞突发事故时应急供水方案:①启用金钟山泵站,调用金钟山水库事故备用水量;②启用小罗家营水厂,调配大河水库、柴河水库水源向呈贡龙城片区供水;③清水海引水通过大石坝水库、冷水河引入松华坝水库,加大松华坝水库的供水量,通过昆明主城片区、官渡小哨片区的配水管网向空港南水厂的供水区域供水;④必要时启用牛栏江-滇池补水工程的应急备用水源补给工程。

(3)清水海引水金钟山水库后输水管线突发事故时应急供水方案:①启用小罗家营水厂,调配大河水库、柴河水库水源向呈贡龙城片区供水;②清水海引水通过大石坝水库、冷水河引入松华坝水库,加大松华坝水库的供水量,通过昆明主城片区、官渡小哨片区的配水管网向空港南水厂供水;③启用牛栏江-滇池补水工程的应急备用水源补给工程。

(4)松华坝水库突发事故应急供水方案:①启用小罗家营水厂,调配大河水库、柴河水库水源向昆明主城片区供水;②加大掌鸠河引水供水工程的供应水量;③加大清水海引水工程的供水量,开启空港南水厂与宝象河水厂的联络管阀门,调配空港南水厂通过宝象河水厂向昆明主城片区供水;④牛栏江-滇池补水工程向昆明第一水厂、第五水厂应急供水。

(5)宝象河水库突发事故时应急供水方案:①加大清水海引水工程的供水量,开启空港南水厂与宝象河水厂的联络管阀门,调配空港南水厂通过宝象河水厂向供水区域供水;②通过昆明主城片区的配水管网,由该片区的其他水厂供给宝象河水厂的供水区域。

昆明城市及环滇池地区事故应急供水调度方案如图9.2所示。

9.1.5　现状年水资源系统概化

根据研究区内水源工程、用水户分布及水力联系所形成的供用水格局,得到

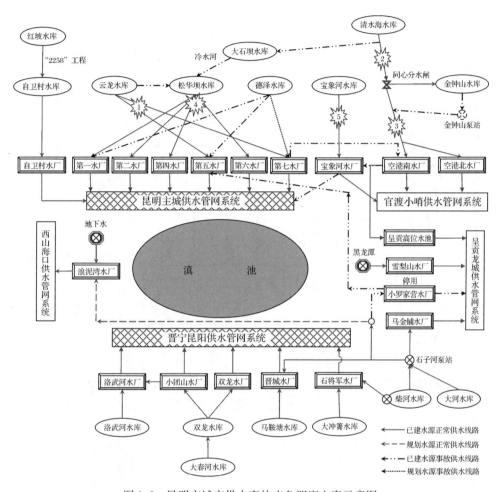

图 9.2　昆明市城市供水事故应急调度方案示意图

现状水平年滇池流域及其相关区域水资源系统概化图如图 9.3 所示。

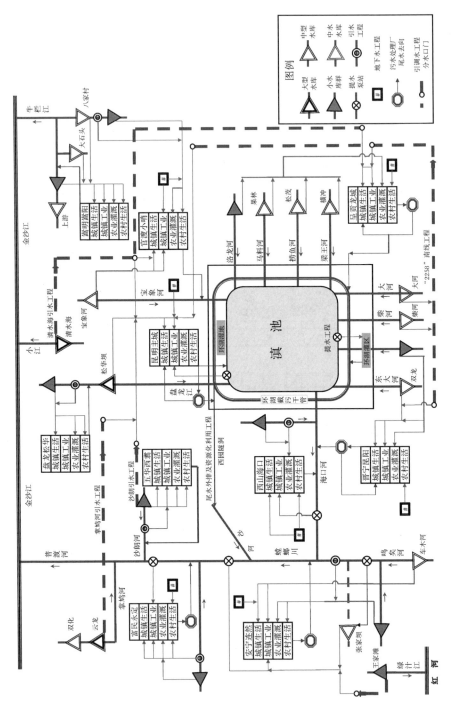

图 9.3 现状水平年滇池流域及其相关区域水资源系统概化图

9.2　2020 水平年供水安全保障方案

9.2.1　规划拟建水利工程

滇池流域现状的水资源开发利用程度已远超 40％的合理上限,今后本区内水资源进一步开发利用的潜力很小。根据《西南五省(自治区、直辖市)重点水源工程建设规划》、《云南省小康水利建设规划》、《云南省小型水库建设规划》等规划成果,滇池流域 2020 水平年规划小(一)型水库 9 座(新建 7 座,扩建 2 座),主要集中在晋宁昆阳片区,总库容 1623 万 m³,兴利库容 1130 万 m³,新增供水量 1633 万 m³。

9.2.2　2020 水平年供水保障方案的综合比选

研究区内用水需求将大幅增长,但清洁水资源的可利用增量十分有限,水资源约束趋紧,必须盘活流域内的各种水资源存量,才能在满足流域河湖生态修复用水的基础上,保障日益增长的生产生活用水需求。

1. 水源工程调整总体思路

(1)蓄水工程。按照入滇河流的生态用水保障方案,复核水库下泄河道生态流量对其供水能力的影响,确定 2020 水平年各蓄水工程的可供水量。

(2)引水工程。根据各个片区 2020 水平年蓄水工程的新建供水能力,适当压减引水工程供水量,尤其是现状以引水工程作为农村生活供水的区域。根据新建蓄水工程的供水任务和范围,减少相应片区引水工程的农村生活供水量。2020 水平年,滇池流域内的官渡小哨、晋宁昆阳新建蓄水工程,减少引水工程的农村生活的供水量。

(3)提水工程。主要集中在滇池湖滨区和滇池下游的螳螂川沿岸。2020 水平年滇池环湖提灌的面积基本维持现状,但提灌水量随着作物种植结构的调整和水利用系数的提高而减少。2020 水平年螳螂川沿线的工业用水主要由规划拟建的海口-草铺引水工程和昆明城市尾水外排及资源化工程统一解决,减少从螳螂川的提水量。

(4)地下水工程。地下水工程供水调整与引水工程基本相同,根据各个计算单元 2020 水平年的新增地表水供水量和寻找替代水源方案的条件进行相应的调整。西山海口城镇集中式供水管网覆盖后,关停当地的生活供水地下水井;晋宁昆阳片区的工业由滇池提水解决,关停所有工业供水的地下水井;官渡小哨、呈贡龙城、昆明主城等计算单元,无关停地下水的水资源条件,现状的地下水工程继续供水。

(5)污水处理回用工程。滇池流域的城市绿化、道路浇洒等市政杂用优先取用再生水,晋宁昆阳、西山海口的工业用水,再生水水质满足用户的水质要求时,应优先取用再生水。安宁连然、富民永定片区无特殊水质要求(如工业循环冷却用水)的工矿企业,应优先利用昆明市污水处理厂的外排尾水。

2. 供水情景方案比选

根据研究区供水水源工程调整思路,拟定了3个供水情景对2020水平年供水方案进行综合比选:

(1) Ⅱ-1供水情景(最不利方案)。工程组合方案=本区工程下泄生态基流(10%)+污水处理不回用(直接入河)+掌鸠河引水工程(不向禄劝供水)+清水海引水工程(不向嵩明供水)+牛栏江-滇池补水工程,该方案为最不利工程供水方案。该方案的目的是确定在按照水生态文明建设下泄生态基流的前提下,规划区不回用城市再生水情况下的缺水量。

(2) Ⅱ-2供水情景(生态优先方案)。工程组合方案=本区工程下泄生态基流(10%)+污水处理回用+掌鸠河引水工程(不向禄劝供水)+清水海引水工程(不向嵩明供水)+牛栏江-滇池补水工程。该方案为一般供水方案,主要反映在国家水生态文明建设的背景下,生产生活用水退还被挤占的河道生态用水后的缺水量。

(3) Ⅱ-3供水情景(民生优先方案)。工程组合方案=本区工程不下泄生态流量(0%)+污水处理回用+掌鸠河引水工程(不向禄劝供水)+清水海引水工程(不向嵩明供水)+牛栏江-滇池补水工程。该方案为供水最有利方案,主要反映优先保障生产生活用水,不退还被挤占的河道生态用水时的缺水量。

按照上述原则,2020水平年各供水情景的供需平衡分析结果见表9.4~表9.6。

表9.4　2020水平年Ⅱ-1供水情景方案的供需平衡分析(单位:万 m^3)

| 水资源四级区 | 计算单元 | 需水量 | 本区水源工程 | | | | 区外调水 | 生态退减水量 | 污水处理回用水量 | 缺水量 |
			蓄水工程	引水工程	提水工程	地下水工程				
滇池流域	昆明主城	54413	13317	1019	2690	3440	27896	1984	0	6051
	西山海口	6925	1189	182	4272	41	0	434	0	1241
	盘龙松华	2705	1403	537	72	36	0	217	0	657
	官渡小哨	3464	1734	157	0	476	823	117	0	274
	呈贡龙城	11302	3929	0	790	1521	3555	686	0	1507
	晋宁昆阳	17770	4521	0	11470	336	0	335	0	1443
	小计	96579	26093	1895	19294	5850	32274	3773	0	11173

续表

水资源四级区	计算单元	需水量	本区水源工程				区外调水	生态退减水量	污水处理回用水量	缺水量
			蓄水工程	引水工程	提水工程	地下水工程				
普渡河（中段）	五华西翥	3348	2147	704	0	43	0	197	0	454
	安宁连然	44262	12866	19719	0	527	0	1412	0	11150
	富民永定	11585	3838	2541	3423	80	0	430	0	1703
	小计	59195	18851	22964	3423	650	0	2039	0	13307
合计		155774	44944	24859	22717	6500	32274	5812	0	24480

表 9.5　2020 水平年 Ⅱ-2 供水情景方案的供需平衡分析（单位：万 m³）

水资源四级区	计算单元	需水量	本区水源工程				区外调水	生态退减水量	污水处理回用水量	缺水量
			蓄水工程	引水工程	提水工程	地下水工程				
滇池流域	昆明主城	54413	13317	1019	2690	3440	27896	1984	3284	2768
	西山海口	6925	1189	182	4272	41	0	434	800	441
	盘龙松华	2705	1403	537	72	36	0	217	348	309
	官渡小哨	3464	1734	157	0	476	823	117	137	137
	呈贡龙城	11302	3929	0	790	1521	3555	686	621	886
	晋宁昆阳	17770	4521	0	11470	336	0	335	1021	422
	小计	96579	26093	1895	19294	5850	32274	3773	6211	4962
普渡河（中段）	五华西翥	3348	2147	704	0	43	0	197	37	417
	安宁连然	44262	12866	19719	0	527	0	1412	9635	1515
	富民永定	11585	3838	2541	3423	80	0	430	1242	461
	小计	59195	18851	22964	3423	650	0	2039	10914	2393
合计		155774	44944	24859	22717	6500	32274	5812	17125	7355

表 9.6　2020 水平年 Ⅱ-3 供水情景方案的供需平衡分析（单位：万 m³）

水资源四级区	计算单元	需水量	本区水源工程				区外调水	生态退减水量	污水处理回用水量	缺水量
			蓄水工程	引水工程	提水工程	地下水工程				
滇池流域	昆明主城	54413	15102	1217	2690	3440	27896	0	3284	784
	西山海口	6925	1601	204	4272	41	0	0	800	7
	盘龙松华	2705	1551	605	72	36	0	0	348	93

续表

水资源四级区	计算单元	需水量	本区水源工程				区外调水	生态退减水量	污水处理回用水量	缺水量
			蓄水工程	引水工程	提水工程	地下水工程				
滇池流域	官渡小哨	3464	1804	205	0	476	823	0	137	20
	呈贡龙城	11302	4607	8	790	1521	3555	0	621	200
	晋宁昆阳	17770	4856	0	11470	336	0	0	1021	87
	小计	96579	29521	2239	19294	5850	32274	0	6211	1190
普渡河（中段）	五华西翥	3348	2292	755	0	43	0	0	37	221
	安宁连然	44262	13994	20003	0	527	0	0	9635	103
	富民永定	11585	3926	2883	3423	80	0	0	1242	31
	小计	59195	20212	23641	3423	650	0	0	10914	355
合计		155774	49733	25880	22717	6500	32274	0	17125	1545

从缺水率来看，Ⅱ-1 供水情景方案的总缺水量约 2.45 亿 m^3，缺水率 15.7%；Ⅱ-2 供水情景方案的总缺水量约 0.74 亿 m^3，缺水率 4.7%；Ⅱ-3 供水情景方案的总缺水量约 0.15 亿 m^3，缺水率 1.0%，在不考虑河湖生态环境用水需求的情况下，Ⅱ-3 供水情景方案最优。

从水环境方面来看，Ⅱ-1 供水情景方案的污水处理回用水量为 0 亿 m^3；Ⅱ-2 供水情景方案的污水处理回用水量约 1.71 亿 m^3，占总供水量的 11.5%；Ⅱ-3 供水情景方案的污水处理回用水量为 1.71 亿 m^3，占总供水量的 11.1%。污水处理回用工程能够有效地削减污染负荷入河量，有利于逐步恢复滇池、螳螂川等水域的水环境功能，使区域水功能区的水质达标，Ⅱ-2、Ⅱ-3 供水情景方案最优。

从水生态方面来看，Ⅱ-1、Ⅱ-2 供水情景方案的生态退减水量为 0.58 亿 m^3；Ⅱ-3 供水情景方案的不退减生态用水，但 Ⅱ-1 方案将污水处理后基本排放，不利于滇池、螳螂川等水源的水生态修复，因此，Ⅱ-2 供水情景方案最优。

此外，根据《牛栏江-滇池补水工程近期入湖实施方案》，牛栏江-滇池补水工程补水入湖通道对滇池湖体水动力及水质改善效果的影响较小。因此，可以通过水系连通工程，从多条入滇河流向滇池进行"多口补水"，或满足一定条件的水库下泄生态流量向滇池补水，其减少的城市供水量由牛栏江-滇池补水工程替代供水，就能实现河湖生态用水的替代配置，满足区域内河湖生态用水，此时Ⅱ-3 供水情景方案最优。但由于Ⅱ-3 供水情景方案不考虑河湖生态用水的退减，必须研究区域内的生态用水替代配置方案，以满足国家水生态文明建设的要求。

9.2.3　2020 水平年各片区的供水保障方案

1. 盘龙松华片区

盘龙松华片区在行政区划上涉及盘龙区阿子营、滇源、松华等 3 个街道。现状供水由大石坝水库、闸坝水库、黄龙水库等 3 座小(一)型水库及 21 座小(二)型水库解决,主要为农业灌溉用水。2020 水平年通过以农业灌溉模式转变、种植结构调整为重点的水源地径流区农业灌溉的高效节水,减少农业灌溉用水量和退水量。推进高效节水农业和农业灌溉用水计划管理,一方面解决区域内城镇生活用水缺口,另一方面可减少农灌用水消耗量,增加松华坝水库的入库水量。2020 年阿子营街道的城镇生活由闸坝水库供水,滇源街道由大石坝水库供水,农灌用水由其余水库和小坝塘供水,基本满足需求。

2. 五华西翥片区

五华西翥片区在行政区划上涉及五华区西翥街道(原沙朗乡、厂口乡撤并而来),是沙朗引水工程的调出区。沙朗引水工程属"2258"西线工程,设计年引水量 1200 万 m³,五华科技园西翥片区的社会经济发展后,区域的需水量大幅增长,现状年调出水量仅为 400 万 m³。到 2020 水平年,五华西翥片区由本区的 5 座小(一)型水库和 9 座小(二)型水库,加上小型河道引水工程才能基本满足本区的用水需求,无法再向主城片区调出水量。因此,2020 水平年,沙朗引水工程不再向昆明主城片区供水,转供当地的生产生活用水。

3. 西山海口片区

西山海口片区的城镇生活供水水源以晋宁昆阳引水方案最优,根据 2008 年编制的《昆明市西城海口片区水资源配置规划报告》,确定引水水源工程为双龙水库。但是,2014 年对重点水源工程调研时,发现双龙水库现状已作为晋宁昆阳小团山水厂的水源,在水库坝肩的位置正在修建一个新建水厂,提供晋宁昆阳片区的用水。同时,考虑到双龙水库若按照本次提出的生态用水替代调度方案的要求,下泄河道生态基流后,供水能力仅为 910 万 m³,无法满足西山海口片区的城镇生活用水,仍需由大河、柴河水库来补充供水,因此,双龙水库 2020 水平年仍供晋宁昆阳片区,西山海口片区的城镇生活用水应由柴河水库解决。柴河水库复核后的供水能力为 2052 万 m³,在解决西山海口片区的供水后,剩余部分提供晋城片区用水。

2020 水平年昆明城市产业布局调整后,西山海口片区的工业用水主要利用牛栏江外调水补水滇池后下泄的水量(从海口河提水),以及通过滇池南岸截污干管外排的城市污水处理厂的尾水解决。

4. 晋宁昆阳片区

晋宁昆阳片区在行政区划上涉及晋宁区位于滇池流域内的昆阳、晋城、宝峰、上蒜、六街等5镇(街道),现状城镇生活(含部分工业)主要由双龙中型水库,洛武河、大春河等5座小(一)型水库供水,农业灌溉主要由滇池提灌和本区小型水库供给,工业用水主要以地下水(机械井)和滇池提水供给。

2020水平年柴河水库调整转供西山海口片区后,剩余的供水能力,与双龙中型水库,洛武河、大春河等5座小(一)型水库,以及酸水塘、大场新塘、杨柳冲等新建水库共同解决晋宁昆阳的用水,基本满足该片区的城镇生活用水需求。

2020水平年昆明市产业布局调整后,晋宁昆阳片区工业用水将有一定的增长,拟由滇池提水解决工业缺水量。农业灌溉用水维持现状,由滇池提灌和本区小型水库解决。

5. 呈贡龙城片区

呈贡龙城片区现状的城镇用水(含工业)主要由黑龙潭(地下水)、大河水库、柴河水库和清水海引水工程解决,农业灌溉由果林水库、横冲水库、松茂水库及小型水库群供水。2020水平年柴河水库调整转供晋宁后,城镇用水(含工业)主要由黑龙潭、大河水库及清水海引水工程供水。农业灌溉需水受土地利用变化、种植结构调整等因素的影响而呈下降趋势,现状的水源工程基本满足用水需求。

6. 官渡小哨片区

官渡小哨片区现状由清水海引水工程、宝象河水库、灵源龙潭(应急)供水。2020水平年官渡小哨片区的供水水源维持现状。由于地处滇池流域和牛栏江流域的分水岭地带,无法利用过境水,只能由清水海、宝象河水库等位置较高的水源供水。宝象河水库按照本次提出的生态用水替代调度方案,下泄河道生态基流后,供水能力为1205万 m³。因此,宝象河水库应优先向官渡小哨片区供水,缺口再由清水海引水工程解决。

7. 昆明主城片区

昆明主城四区(盘龙、五华、西山、官渡)现状主要由松华坝水库、云龙水库(掌鸠河引水工程)、宝象河水库、大河水库、柴河水库等水源供水,城市东部的部分区域由清水海引水工程供水。大河水库、柴河水库属"2258"南线工程,原水进入昆明市第五水厂供水。

2020水平年调整柴河水库向晋宁昆阳片区供水,大河水库主要向呈贡龙城片区供水,沙朗引水工程不向昆明主城片区供水后,宝象河水库优先满足空港大板桥片区供水,清水海引水工程优先满足空港小哨片区和呈贡供水,剩余水量再供给昆明主城片区。因此,2020 水平年昆明主城片区的供水水源为松华坝水库、云龙水库、清水海(部分水量)、海源寺(地下水)、自卫村水库、三家村水库等 6 座小(一)型水库,以及牛栏江-滇池补水工程。

昆明主城片区通过产业布局调整,已将用水量大、对水质要求不高的产业,逐步转移到西山海口、晋宁昆阳片区的工业园区,昆明主城片区仅保留部分低污染、低耗水的产业,使得工业生产的需水量与现状基本相同,采用现状的供水设施基本能满足工业用水要求。农业灌溉用水主要集中在西山区碧鸡街道、五华区黑林铺街道、官渡区矣六、小板桥、六甲街道和盘龙区茨坝街道,灌溉面积呈减少趋势,环湖灌区主要由滇池提灌供水,其余由小型水库和小坝塘灌溉,到 2020 水平年维持现状供水措施规模即能满足农业灌溉的用水需求。

8. 安宁连然片区

安宁连然片区现状城镇用水(含工业)由车木河、张家坝等 2 座中型水库,以及 18 座小(一)型水库和 104 座小(二)型水库、螳螂川提水和地下水工程联合供水。2020 水平年新增的大营水库等蓄水工程、海口-草铺引水及水环境综合利用工程、昆明市污水处理厂尾水外排及资源化利用工程等建成供水后,应大幅度减小安宁连然片区从螳螂川的提水量和地下水开采量。

9. 富民永定片区

富民永定片区现状主要由 6 座小(一)型水库、22 座小(二)型水库和螳螂川提水工程联合供水。2020 水平年,兴贡水库、宝石洞水库、大村水库等 3 座小(一)型水库建成后,与扩建后的拖担水库、罗兔水库等共同供富民永定片区的城镇供水,工业用水仍由螳螂川提水和再生水回用工程解决。

9.2.4　2020 水平年水资源系统概化

根据上述各片区的供水方案及供、用水户之间形成的联系,得到 2020 水平年滇池流域及其相关区域水资源系统概化图(图 9.4)。

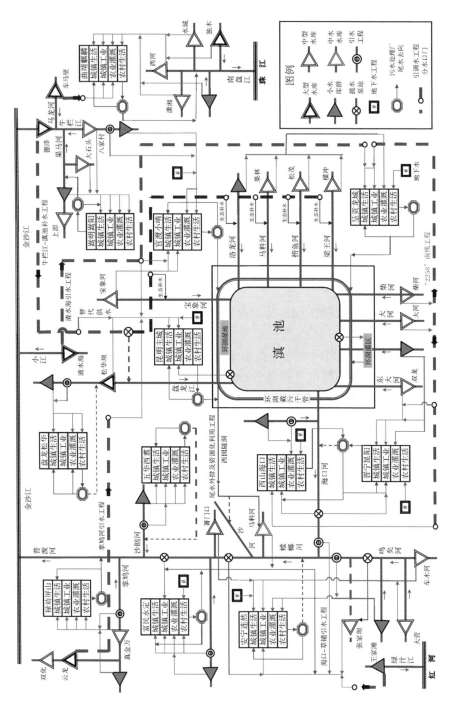

图 9.4 2020 水平年滇池流域及其相关区域水资源系统概化图

9.3　2030 水平年供水安全保障方案

9.3.1　新增水源工程简介

2030 水平年滇池流域新增的水源工程主要为滇中引水工程。滇中引水工程是解决滇中高原经济区水资源短缺的根本途径和水利基础设施,工程建设任务以城镇生活与工业供水为主,兼顾农业和生态用水。根据各受水小区缺水程度、经济社会地位的重要性、配套工程建设难度等因素进行综合分析,确定滇中引水工程的受水小区 34 个,其中直接受水小区 32 个,间接受水小区 2 个,并向滇池、杞麓湖、异龙湖等高原湖泊进行生态补水。受水区涉及 6 个州(市)的 35 个县(市、区),区内有滇中城市群、滇西南城镇群、滇东南城镇群、滇西北城镇群的全部或部分区域,是滇中乃至云南省的核心经济区,也是滇中缺水最严重的区域。解决了这些区的缺水,也就基本解决了整个滇中地区的缺水问题。

根据《滇中引水工程可行性研究报告》,2040 水平年滇中引水工程的多年平均引水量 34.03 亿 m³(渠首水量),其中城镇生活和工业供水量 22.31 亿 m³,供给农业灌溉 5.00 亿 m³,向湖泊的生态环境补水 6.72 亿 m³(滇池 5.62 亿 m³、杞麓湖 0.70 亿 m³、异龙湖 0.40 亿 m³),配置给各部门的分水比例依次为 65%、15% 和 20%。高原湖泊生态补水完全利用总干渠的空闲时间输水。

滇中引水工程渠首设计流量为 135m³/s,进入楚雄州(万家)的设计流量为 120m³/s,进入昆明市(螳螂川)的设计流量为 95m³/s,进入玉溪市(新庄)的设计流量为 40m³/s,进入红河州(跃进)的设计流量为 20m³/s,干渠末端设计流量为 20m³/s。

滇池流域属于滇中引水工程的主要受水区。按照水系独立性和行政区划完整性的原则,滇池流域划分为昆明四城区、官渡小哨、呈贡龙城、晋宁昆阳等 4 个受水小区。官渡小哨为间接受水区,2030 水平年由置换的清水海引水工程供水;其余 3 个为直接受水区,2030 水平年滇中引水工程向滇池流域生产生活供水量为 3.79 亿 m³(口门水量,下同),其中城镇生活用水 2.23 亿 m³,城镇工业用水 1.56 亿 m³。

2030 水平年牛栏江-滇池补水工程调整转供曲靖坝区的工农业用水,年均供水量 3.1 亿 m³,其向滇池的生态补水量减至 1.38 亿 m³。为实现滇池水生态修复的水质目标,滇中引水工程向滇池补充多年平均生态环境水量 3.31 亿 m³。

9.3.2　2030 水平年供水保障方案

滇中引水工程建成通水后,将云龙水库(掌鸠河引水供水工程)、清水海水源组(清水海引水工程)调整为在满足工程调出区用水需求的前提下,再向区域外供水的基本原则。云龙水库位于禄劝屏山水资源小区,禄劝屏山 2030 水平年将需水 1.74 亿 m³,云龙水库向该片区供水 1.14 亿 m³,加上区内其他中小型水源工程供水 0.45 亿 m³,基本满足禄劝屏山的用水要求。清水海引水工程水源组主要位于寻甸仁德(仅部分位于滇中区外),与其邻近的官渡小哨以及嵩明地势较高,经济发展较快,水资源供需矛盾突出,而滇中引水工程总干渠水位较低,向这两个受水小区直接供水需要再次提水。在滇中引水工程建成后,按照"高水高配,由近及远"的原则,将位置较高的清水海水源置换为向官渡小哨(昆明空港新区)以及嵩明嵩阳自流供水,剩余水量再向昆明主城供水,这两个受水小区的总需水量为 2.34 亿 m³,清水海引水工程供水 0.91 亿 m³,加上区内其他工程供水,可以满足两片区生产生活的用水需求。

　　昆明主城片区 2030 水平年的总需水量为 7.62 亿 m³,由松华坝水库供水 1.22 亿 m³,云龙水库供水 0.92 亿 m³,滇池供水 0.96 亿 m³,城市再生水回用量 0.93 亿 m³,滇中引水工程供水 3.30 亿 m³,可基本满足该片区城市供水的用水需求。

　　利用滇中引水工程输水总干渠的富余输水能力兼顾滇池等高原湖泊的生态环境需水。总干渠根据整个受水区的生产生活需要引水,年内不同时期的需引水量并不总是达到渠段的设计流量,可利用这一部分富余输水能力向滇池等高原湖泊补充生态环境用水。根据分析计算,可多年平均向滇池补充生态环境水量 5.31 亿 m³(入湖净水量),基本可以满足湖泊生态环境修复的水量需求。

9.3.3　2030 水平年水资源系统概化

　　2030 水平年滇中引水工程建成通水,根据上述各片区主要水源工程供水方案的调整及供用水力联系,得到研究区的水资源系统概化图(图 9.5)。

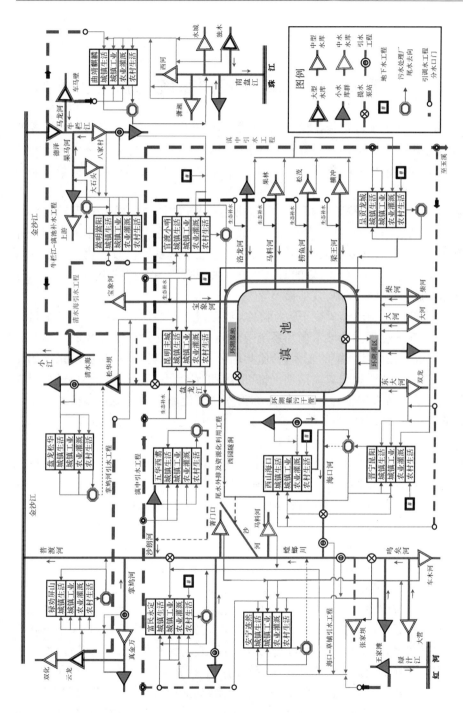

图 9.5　2030 水平年滇池流域及其相关区域水资源系统概化图

第 10 章　　高原湖泊流域水资源系统优化配置模拟

"系统"一词源于古希腊,原意有组合、整体和有序的含义,是指由元素组成的彼此相互作用的有机整体。随着现代科学的发展,系统概念包容了越来越丰富的内涵,但都具有"由相互联系、相互作用的要素部分组成的具有一定结构和功能的有机整体"的认识。

模拟又称为仿真,按照中国大百科全书的定义,是指利用模型复现实际系统中发生的本质过程,并通过对系统模型的试验来研究存在的或设计中的系统。针对系统造价昂贵、过程复杂或需要很长的时间才能了解系统参数变化所引起的后果的情况,模拟是一种特别有效的研究手段。模拟按所用模型的类型不同可以分为物理实物模拟、计算模拟、数学模拟等。

流域水循环是指流域尺度下包括降水、消耗、径流、输送运移及流域储水量等变化在内的整个过程。流域水循环系统中水分、介质和能量是水循环的基本组成要素,其中水分是循环系统的主体,介质为循环系统的环境,能量是循环系统的驱动力。在没有人类活动或人类活动干扰可忽略的情况下,流域水分循环过程只在太阳辐射、重力势能等能量下驱动,也称为"一元"流域水循环。自人类活动出现以来,随着对自然改造能力的逐步增强,人工动力显著改变了自然水循环的模式,现代环境下在部分人类活动密集区域甚至超过了自然作用力的影响,水循环过程呈现出越来越强的"自然-人工"二元特性(秦大庸等,2014)。随着人类活动的加强,原有的一元模式流域天然水循环理论受到严重挑战,人类活动不仅改变了流域降水、蒸发、入渗、产流、汇流特性,而且在原有的天然水循环内产生了人工侧支循环,形成了自然循环与人工循环此消彼长的二元动态水循环过程。具有二元结构的流域水资源演化不仅构成了社会经济发展的基础,是生态环境的控制因素,也是诸多水问题的共同症结所在。因此,建立以二元结构为基础,考虑生态环境需求的复合水资源系统框架是全面分析水资源问题的必备平台。

水资源系统建模,又称为模型化过程,就是将实际的水资源系统问题抽象简化,明确变量、系数和参数,然后根据某种规律、规则或经验建立变量、系数和参数之间的数学关系,再解析地、数值地或人机对话地求解并加以解释、验证和应用,是一个多次迭代的过程。水资源系统建模的一般过程可分为如下 6 步:①建立所研究系统的目标体系,收集有关数据;②确定系统和环境的边界条件,识别影响系统功能的主要因素、变量和参数,以及它们的变化范围、约束条件和它们相互之间的关系形式;③从整体出发将研究系统分解成若干子系统,确定这些子系统的组成要素、主要变量和主要参数,建立各子系统模型;④把各子系统模型集成为总系统模型;⑤系统模型的编程、求解、分析、解释、验证和应用;⑥重复以上步骤,并进行相应调整,直至系统模型的合理性、实用性达到满意。实际系统建模过程中,还需要广泛而深入地吸收其他研究人员的建模经验和亲身实践的长期积累。

10.1　区域水资源系统概化

水资源系统一般由多水源、多工程、多水力传输系统、多用户单元等组成(表 10.1)。多水源是指水体在自然界存在的形式多样化,包括地表水、地下水、雨水、海水、再生水等不同水源;多工程是指人工调控水量方式的多样性,一般包括蓄水工程、引水工程、提水工程、地下水工程、外流域引水工程(又称河湖水系连通工程),以及再生水利用、雨水收集等非常规水利用工程等;多水力传输系统按供水方式不同一般分为地表水传输系统、污水传输系统、地下水侧渗补给与排泄等;多用户是指人类活动对水资源需求的种类不同,可分为城市生活、农村生活、工业、农业、城市生态、农村生态、河湖生态、航运、冲沙、压咸、水力发电等用水户。

模型是在概化后的水资源系统的基础上进行模拟计算,因为真实的水资源系统非常复杂,模型不可能完全模拟真实水资源系统中的所有过程。所以要先从研究的目标出发,抓住主要矛盾,提炼出真实水资源系统中的主要特征和过程,实现水资源系统的概化。然后将水资源系统转化为计算机所能识别的网络系统。具体来讲,它是根据相似性原理,用数学计算公式及程序来描述水资源循环中的主要过程,并将这些程序按照系统的空间和时间顺序组合成一个既符合系统间复杂的相互关系又能为计算机所识别的网络系统。模型主要以点、线的方式概化区域水资源系统各要素。

表 10.1　水资源系统要素概化对应表

基本元素	类型	所代表系统实体
点元素	供水节点	供水节点,如蓄水工程、提水工程、引水工程、跨流域调水工程、再生水利用等非常规水利用工程
	用水节点	概化后的用水单元,如城市节点、农村节点、农田、工业、重大用水户等
	水汇	汇水节点及系统水源最终流出处,如海洋、湖泊尾闾等
	控制节点	有水量或水质控制要求的河道或渠道断面
线元素	河道	代表水源流向和水量相关关系的自然河流,如区域各级河道
	渠(管)道	代表人工取用水及排水渠系,如供水渠(管)道、上下游排水渠(管)道等

10.1.1　现状年水资源系统概化

根据滇池流域、普渡河流域中段及外流域引水工程调出区内的现状水利工程及供水方案,对区域水资源系统进行概化。供水水源方面,中型以上水库单列为模型节点,部分重点小(一)型水库也单列,其余小(一)型水库群按计算单元进行打捆概化成一个供水节点处理;现状的外流域引水及流域内的河湖连通工程单列,包括掌鸠河引水供水工程、清水海引水工程、沙朗引水工程、"2258"南线工程;小型的河道引水、提水、地下水工程均按计算单元整体处理。用水部门方面,每个计算单元分别归类为城镇生活、工业、农业灌溉、农村生活等四个用水部门,根据现状水利工程供水方案,各水利工程对其供水对象进行供水。

10.1.2　2020 水平年水资源系统概化

根据《滇池流域水污染防治规划(2011—2015 年)》等的分析认为,从资源环境规划优化社会经济发展的角度出发,在滇池补水区、滇池流域及其下游区域,有必要进行自然水循环与社会水循环的适当隔离,进行有针对性的管理。综合考虑外流域引水、流域外污水资源化利用、流域内节水再生水利用、滇池湖内水位调控改善水生植物生境等专业的规划,改善流域及区域的"自然-社会"二元水循环结构。此外,还要通过优化配置水资源、有效改善水环境、全面恢复水生态,才能真正构建滇池流域可持续的健康水循环调控系统。

根据 2020 水平年研究区域内新增的水利工程,以及供水安全保障方案对现状供水结构的调整,得到 2020 水平年区域的水资源系统概化图。重点新增及调整的供水方案主要包括:新增牛栏江-滇池补水工程,按照本次提出的生态替代供水(调度)理念,给昆明主城区进行部分替代供水,并通过盘龙江等清水通道对滇池进行生态修复补水;沙朗引水工程不再向主城片区供水,转供水源区的用水;规划新增海口-草铺引水及水环境综合利用工程,利用牛栏江-滇池补水工程进入滇池的生态修复补水下泄的稳定水量,从滇池出口——海口河修建引水工程,引水保障滇中新区安宁新城草铺等片区的工业用水,同时兼顾改善滇中新区的河湖生态及人居环境;将昆明主城区的再生水加入配置,具备使用再生水条件的第二产业、第三产业优先使用再生水水源;柴河水库调整为向西山海口片区供水,剩余供水能力将与双龙水库等共同解决晋宁昆阳的城镇生活用水。

牛栏江-滇池补水工程是一项水资源综合利用工程,近期任务是向滇池补充生态修复用水,改善滇池水环境和水资源条件,配合滇池水污染防治的其他五大工程措施,达到规划水平年的水质目标,还要具备为昆明城市应急供水的能力。由于牛栏江-滇池补水工程的入湖通道变化对滇池外海的平均流速和水动力特性的影响很小,滇池水环境的改善主要依靠蓄清排污,缩短换水周期,进行水体置换。

经过十余年的建设,滇池北岸和东岸主要入滇河流的河道截污、河道断面整改、底泥清淤等工程已基本完成或被列为近期实施工程,城区河流在河道截污工程和防洪工程实施后,几乎没有天然径流汇入,难以满足河流生态流量的要求。随着昆明建设世界知名旅游城市,提升城区河流的生态景观的需求越来越迫切。因此,经分析比较选取盘龙江、宝象河、洛龙河、马料河、捞鱼河、梁王河、东大河等作为清水补水通道,对滇池进行生态补水的同时,提升这些河流沿岸的生态景观。

到 2020 水平年,再生水成为区域的重要供水水源之一,其利用主要分为两部分:分散式"小中水",即公共建筑物、居民小区、学校自建的小型污水处理回用系统,通过收集建筑物或小区内排放的废水,经过处理后再回用于该小区域;集中式"大中水",即市政中水,它是将城市污水处理厂深度处理达标后的废水再深度处理,达到再生水水质标准后,通过专门的输配水系统,用于冲洗厕所、绿地浇洒、汽车洗涤、工业冷却水、农业灌溉、河湖补水等。通过西园隧洞排放的劣质水则通过规划新建马料河水库工程来存储,然后将其处理为再生水回用于安宁连然片区的工业生产。根据《再生水水质标准》(SL 368—2006),再生水回用于工业、农业、城市公共及景观等行业的水质标准见表 10.2～表 10.5。

表 10.2　再生水利用于工业用水控制项目和指标限值

污染物控制项目	工业		
	冷却用水	洗涤用水	锅炉用水
色度/度	≤30	≤30	≤30
浊度/NTU	≤5	≤5	≤5
pH	6.5～8.5	6.5～9.0	6.5～8.5
总硬度(以 $CaCO_3$ 计)/(mg/L)	≤450	≤450	≤450
悬浮物(SS)/(mg/L)	≤30	≤30	≤5
五日生化需氧量(BOD_5)/(mg/L)	≤10	≤30	≤10
化学需氧量(COD_{Cr})/(mg/L)	≤60	≤60	≤60
溶解性总固体/(mg/L)	≤1000	≤1000	≤1000
氨氮/(mg/L)	≤10.0	≤10.0	≤10.0
总磷/(mg/L)	≤1.0	≤1.0	≤1.0
铁/(mg/L)	≤0.3	≤0.3	≤0.3
锰/(mg/L)	≤0.1	≤0.1	≤0.1
粪大肠菌群/(个/L)	≤2000	≤2000	≤2000

表 10.3　再生水利用于景观用水控制项目和指标限值

污染物控制项目	观赏性景观用水		娱乐性景观用水		湿地环境用水控制指标
	河道类	湖泊类	河道类	湖泊类	
色度/度	≤30	≤30	≤30	≤30	≤30
浊度/NTU	≤5	≤5	≤5	≤5	≤5
嗅	无漂浮物,无令人不快感	无漂浮物,无令人不快感	无漂浮物,无令人不快感	无漂浮物,无令人不快感	无漂浮物,无令人不快感
pH	6.0~9.0	6.0~9.0	6.0~9.0	6.0~9.0	6.0~9.0
溶解氧/(mg/L)	≥1.5	≥1.5	≥2.0	≥2.0	≥2.0
悬浮物(SS)/(mg/L)	≤20	≤10	≤20	≤10	≤10
五日生化需氧量(BOD$_5$)/(mg/L)	≤10	≤6	≤6	≤6	≤6
化学需氧量(COD$_{Cr}$)/(mg/L)	≤40	≤30	≤30	≤30	≤30
阴离子表面活性剂(LAS)/(mg/L)	≤0.5	≤0.5	≤0.5	≤0.5	≤0.5
氨氮/(mg/L)	≤5.0	≤5.0	≤5.0	≤5.0	≤5.0
总磷/(mg/L)	≤1.0	≤0.5	≤1.0	≤0.5	≤0.5
石油类/(mg/L)	≤1.0	≤1.0	≤1.0	≤1.0	≤1.0
粪大肠菌群/(个/L)	≤10000	≤2000	≤500	≤500	≤2000

表 10.4　再生水利用于城市非饮用水控制项目和指标限值

污染物控制项目	城市非饮用水				
	冲厕	道路清扫、消防	城市绿化	车辆冲洗	建筑施工
色度/度	≤30	≤30	≤30	≤30	≤30
浊度/NTU	≤5	≤10	≤10	≤5	≤2000
嗅	无不快感	无不快感	无不快感	无不快感	无不快感
pH	6.0~9.0	6.0~9.0	6.0~9.0	6.0~9.0	6.0~9.0
溶解氧/(mg/L)	≥1.0	≥1.0	≥1.0	≥1.0	≥1.0
五日生化需氧量(BOD$_5$)/(mg/L)	≤10	≤15	≤2000	≤10	≤15
溶解性总固体/(mg/L)	≤1500	≤1500	≤1000	≤1000	≤1500
阴离子表面活性剂(LAS)/(mg/L)	≤1.0	≤1.0	≤1.0	≤0.5	≤1.0
氨氮/(mg/L)	≤10	≤10	≤20	≤10	≤20
铁/(mg/L)	≤0.3	—	—	≤0.3	—
锰/(mg/L)	≤0.1	—	—	≤0.1	—
粪大肠菌群/(个/L)	≤200	≤200	≤200	≤200	≤200

表 10.5 再生水利用于农业用水控制项目和指标限值

污染物控制项目	农业	林业	牧业
色度/度	≤30	≤30	≤30
浊度/NTU	≤10	≤10	≤10
pH	5.5~8.5	5.5~8.5	5.5~8.5
总硬度(以 $CaCO_3$ 计)/(mg/L)	≤450	≤450	≤450
悬浮物(SS)/(mg/L)	≤30	≤30	≤30
五日生化需氧量(BOD_5)/(mg/L)	≤35	≤35	≤10
化学需氧量(COD_{Cr})/(mg/L)	≤90	≤90	≤40
溶解性总固体/(mg/L)	≤1000	≤1000	≤1000
汞/(mg/L)	≤0.001	≤0.001	≤0.0005
镉/(mg/L)	≤0.01	≤0.01	≤0.005
砷/(mg/L)	≤0.05	≤0.05	≤0.05
铬/(mg/L)	≤0.10	≤0.10	≤0.05
铅/(mg/L)	≤0.10	≤0.10	≤0.05
氰化物/(mg/L)	≤0.05	≤0.05	≤0.05
粪大肠菌群/(个/L)	≤10000	≤10000	≤2000

10.1.3 2030 水平年水资源系统概化

根据 2030 水平年研究区域内新增的水利工程,结合各片区供水保障方案的调整,得到 2030 水平年区域的水资源系统概化图。重点新增及调整的水源方案主要包括:新增滇中引水工程,向昆明四城区、官渡小哨、呈贡龙城、晋宁昆阳等 4 个受水小区供水,同时,为实现滇池水质改善目标,滇中引水工程替代牛栏江-滇池补水工程向滇池补充部分生态水量;2030 年滇中引水工程通水后,牛栏江-滇池补水工程约有 3.1 亿 m^3 水将调整转供曲靖坝区的工农业用水,向滇池生态补水量减为 1.38 亿 m^3。

10.2 水资源配置原则及方法

水是人类赖以生存和发展的重要自然资源,随着城市扩大、人口增多和工农业经济的发展,水资源短缺已成为区域经济社会发展和生态环境保护的主要制约因素。城镇化、工业化、农业现代化和信息化等是当前社会经济发展的主要模式,如何合理配置有限的水资源,以协调区域内生活、生产和生态环境用水之间日趋尖锐的矛盾,是当前和今后一定时期内需要迫切解决的问题。

对水资源配置的定义为:在流域或特定区域范围内,遵循有效性、公平性和可持续性的原则,利用各种工程与非工程措施,按照市场经济的规律和资源配置原则,通过合理抑制需求、保障有效供给、维护和改善生态环境质量等手段和措施,对多种可利用水资源在区域/流域间和各用水部门间进行配置(王浩等,2016)。

因此,结合滇池流域及相关区域的特点和问题,拟定的水资源配置总体思路为:首先对区域内的河流水系、用水户、供水水源按照供水-用水-耗水-排水的水力联系进行概化,建立区域水资源系统概化网络图;在此基础上,构建水资源系统模拟模型,对区域水资源系统进行合理配置。综合考虑研究目标与要求、现有技术力量和基础资料条件,采用基于 ArcGIS 地理信息系统的规则模型 MIKE BASIN 作为水资源配置模拟的技术平台。

10.2.1　水资源配置原则

(1) 遵循高效、公平和可持续的基本原则,坚持节水优先、空间均衡、系统治理。通过区域“自然-人工”二元水资源循环系统的再生水资源合理调配,促进水资源高效利用,提高水资源承载能力、缓解水资源供需矛盾,遏制水环境恶化趋势,支撑水资源系统、社会经济系统和生态环境系统的可持续协调发展。

(2) 以水资源供需平衡分析为技术手段,通过工程与非工程措施的结合,抑制不合理的用水需求,适当增强水资源保障能力。

(3) 按照《水资源规划规范》(GB/T 51051—2014)等国家有关技术规程或规范的要求,研究区域内各用水对象的设计供水保证率,规定如下:城镇和农村生活95%以上,工业生产95%,农田灌溉为75%。城镇生活、农村生活和工业供水保证率按月时段统计,农业灌溉供水保证率按年统计。根据《调水工程设计导则》(SL 430—2008),调水工程的生态环境供水保证率为50%～90%,牛栏江-滇池补水工程向滇池生态补水的设计供水保证率为50%～75%。因此本章河湖生态补水的保证率也取为50%～75%。

(4) 水资源配置模拟计算的时间系列为1956～2014年,计算时段为月。

(5) 由于滇池流域及下游安宁、富民等地现状的水资源供需矛盾突出,各个水源点只能先解决城乡生活和工农业生产用水缺口,维系社会稳定和经济发展,故现状年水资源配置时按现状实际情况,水库暂不下泄生态流量;规划水平年现有水库和规划新建水库都拟定不同的生态流量下泄情景方案,综合考虑城乡生活用水和河湖生态用水的统一配置,比较确定最终方案。

(6) 每个计算单元内的用水户分为城镇生活、工业、农业灌溉、农村生活、河湖湿地、河道生态基流等用水部门;供水工程应预留河道生态基流,优先下泄河道生态用水量,再分别按各供水对象进行供水。各个水库针对每个供水对象都设立两条兴利调度线,即加大供水线和限制供水线,各条调度线的分析确定是以水库实际运行管理情况调查与水利计算方法相结合,逐时段求出调度线。库水位高于加大供水线时,根据联合调度和统一配置需要可以增大供水量;水位在加大供水线和限制供水线之间,属于正常供水区;低于限制供水线,则按供水优先次序由低向高逐渐削减供水量,在特枯年份还可能会大量减少甚至停止农业供水,以确保城乡居民生活用水安全。水库最高蓄水位为正常蓄水位,回落的最低水位为死水位,汛期严格遵守防洪限制水位及防洪为主、兼顾兴利蓄水的调度运行规定。

(7) 水资源配置中水库供水调度的基本规则是,首先满足防洪安全和下游河道生态用水要求,然后是各项供水任务,供水配置时应遵循优水优用、高水高用、由近及远的原则。

(8) 在水资源系统模拟模型中,可将水源工程分为四个层次:第一层次为本区的水源工程;第二层次为本流域的引调水工程;第三层次为流域外引调水工程;第四层次为滇中引水工程。遵循先本区、后外调的原则,在配置时,按照水源的优先级拟定供水次序,优先利用本区工程的水源,供水不足时再考虑第二层次的外调水工程,以此类推。但外流域调水工程首先应满足调出区的用水需求,多余水量才可调往受水区。

(9) 一般情况下,城镇生活、工农业用水的回归水将重新回到河道中,可作为下游用水户的取水水源继续使用。结合本研究区域的特点,配置计算模型中城镇生活的回归水系数为 0.70 左右;工业生产的回归水量根据各计算单元内的工业产业结构和各工业园区规划设计报告而采用不同的回归系数计算,工业回归系数为 0.2;农村生活用水比较分散,用水量小,一般无排水设施,可不计算回归水量;研究区域内的农作物以经济林果和蔬菜为主,水稻较少,农业回归系数取值 0.3,略低于云南省其他地区。环湖灌区的农业生产从滇池取水,退水又退回滇池,为了减少农业面源污染物入湖量,需水采用节水定额进行计算,回归水很少,可以忽略不计。

(10) 应结合不同用水户对水源水质的要求,分别就近进行分质供水配置。在各计算单元的水资源供需平衡和配置方案中,应严格按照各部门的用水水质标准执行:城乡生活供水水质不低于地表水Ⅲ类标准,工业供水水质不低于Ⅳ类,农田灌溉水质不低于Ⅴ类。对于水质不达标的水量,将作为不合格供水,从原来的总供水量中予以扣除,不再参与供需平衡。进行规划水平年的水资源配置时,考虑实施水资源保护和水环境治理措施后,达到水功能区划确定的水质目标的水源,可纳入进行配置。按照优水优用、节水减排的原则,部分对水质无特殊要求的工业用水(如冷却水等)应优先配置使用城市再生水。

10.2.2　水资源模拟技术平台

根据研究区域内现有及规划的主要水源工程方案、各种用水户及地下水过程,在资料收集、经济社会发展预测、需水预测、供水预测和水资源质量分析预测基础上,以河网模型的形式初步建立区域水资源信息系统。水资源信息系统是建立在先进的信息技术、网络技术、水资源模型建设的基础上,涵盖水资源管理、水源水质、水环境、供水管理、排水管理和节水管理等各个环节的技术业务,为各项管理提供统一、功能全面的查询分析平台,实现水资源的统一管理和面向各类用户的水资源信息发布。水资源信息系统是践行治水新思路,加强水资源管理的基础,是加强用水总量控制,提高水资源配置与调度水平的需要,是实行最严格水资源管理制度的重要技术手段。在水资源信息系统基础上,采用丹麦水利研究所(Danish Hydraulic Institute,DHI)开发、面向全世界推广应用的水资源配置软件MIKE BASIN 作为计算工具,建立各计算小区的水资源配置模拟模型。以电子地图为背景,根据河流水系、水源工程和用水户之间供用水逻辑关系,建立各计算单元的河流湖泊、水利工程供水及城乡用水节点概化网络模型,输入相应的径流、需水、水库运行调度特性参数等数据,进行长系列的水资源供需平衡模拟计算,输出整理后得到不同情景的水资源配置结果。

采用 MIKE BASIN 软件 2011 版本作为水资源系统模拟计算工具,软件运行同时需要 ESRI 公司开发的地理信息系统 ArcGIS 作为支持平台。采用概化的水资源系统网络图来揭示河流水系、供水设施及用水对象的空间分布和水力联系。为适应 MIKE BASIN 软件进行水资源配置方案模拟计算的需要,在 ArcGIS 地理信息系统平台上对区域水资源系统进行数字化,按照河流水系先定义河流网络,反映出实际的干支流、上下游水力关系。首先,由于研究区域范围较大,且涉及多个地(县)级行政区,各类水源点及用水户众多,可以直接建立概化的水系。其次,在河流网络上添加各类水源工程,一般分为蓄水、引水(将提水合并为动力引水,包括外流域引水)、再生水等几类,集雨工程和地下水工程的供水量很小,可直接从需水系列中扣除。再次,根据实际的用水户特点进行归类,分为城镇生活、工业、农业灌溉、农村生活、河湖生态等五类,分别按照供水和用水联系,进行水源工程和用水户的双向定义,并规定各自的供水和用水优先次序。最后,补充各种约束条件,如河道下泄最小流量限制及供水优先次序等规则。另外,各种属性数据信息和边界条件的输入,如水库、河道取水口等汇流节点的径流系列,水库特征参数及调度线、各类用水户需水量、损失水量等。对于规划水平年的新增水源工程,可直接添加到所在河流网络结构中,但必须同时在水系和用水户两部分都要定义该水源工程的取用水优先级。

10.3　供水情景方案设计

10.3.1　现状年供水情景方案

现状年只设一种供水情景方案,即根据现状年的实际供水情况,本区工程不下泄生态流量,考虑部分污水处理回用工程,掌鸠河引水工程向昆明主城区供水,不向禄劝供水;清水海引水工程向空港经济区供水,不向嵩明供水。本方案目的是反映现状供用水情况,揭示现状供水存在的问题。

10.3.2　2020 水平年供水情景方案

2020 水平年拟定 3 个供水情景,情景Ⅱ-1 为基本方案,也是工程组合最不利方案。Ⅱ-1 情景方案中,本区水源工程按断面多年平均流量的 10% 下泄生态基流量,城市再生水不考虑回用,掌鸠河引水工程向主城区供水,不向禄劝供水;清水海引水工程向空港经济区供水,不向嵩明供水,牛栏江-滇池补水工程向滇池流域补水 5.72 亿 m³。该情景方案主要反映 2020 水平年,按照水生态文明建设下泄生态基流,不分质供水(城市再生水不回用)时研究区的缺水量。

Ⅱ-2 情景的工程组合方案在Ⅱ-1 情景方案的基础上加入城市再生水回用,为一般供水方案,主要反映在国家水生态文明建设的背景下,生产生活用水退还挤占的河湖生态用水后,研究区的缺水量。

Ⅱ-3 情景的工程组合方案为生活生产供水最有利方案,在Ⅱ-2 情景方案的基础上不下泄河道生态流量,进一步增大供水量,主要反映若优先保障生产生活用水,不退还挤占的河湖生态用水时研究区的缺水量。

10.3.3　2030 水平年供水情景方案

2030 水平年,滇中引水工程将建成通水,显著缓解研究区域的供水紧张局面。因此,2030 水平年考虑本区水源工程枯期按断面多年平均流量的 10%、汛期按断面多年平均流量的 30% 下泄生态流量,各外流域引水工程根据其原设计方案供水,即掌鸠河引水工程除向滇池流域供水外,还应向禄劝供水,清水海引水工程除向滇池流域供水外还要向嵩明、寻甸供水,牛栏江-滇池补水工程向滇池流域的补水量调减至 1.38 亿 m³。

不同水平年各个供水情景方案的水源工程组合见表 10.6。根据上述分析,供水情景工程组合方案的分析重点集中在 2020 水平年,重点为在国家水生态文明建设的背景下,研究确定本区工程的河湖生态用水保障方案。

表 10.6　研究区内不同供水情景下的工程组合方案

工程方案集		供水情景工程组合方案				
		现状年	2020 水平年			2030 水平年
			情景Ⅱ-1	情景Ⅱ-2	情景Ⅱ-3	
本区水源工程生态下泄方案	0(不退减生态)	√			√	
	10%		√	√		
	10%～30%					√
污水处理回用	回用	√		√	√	√
	不回用		√			
掌鸠河引水工程	不向禄劝供水	√	√	√	√	
	向禄劝供水					√
清水海引水工程	不向嵩明供水	√	√	√	√	
	向嵩明供水					√
牛栏江-滇池补水工程	供水 5.72 亿 m^3 方案		√	√	√	
	供水 1.38 亿 m^3 方案					√
滇中引水工程	建成通水					√
	未建成通水	√	√	√	√	

10.4　现状水资源系统模拟及参数率定

10.4.1　水资源供需分析计算方法

根据现状年的水资源系统概化图,采用 MIKE BASIN 软件建立区域的水资源系统配置模拟模型。结合流域内各水源工程和用水户之间已经形成的供用水逻辑关系,建立研究区的河流、水利工程供水及城乡用水节点概化的水资源配置模型网络模型,采用 MIKE BASIN 软件建立的区域现状年水资源配置节点网络模型,如图 10.1 所示。

水资源供需分析计算的依据是水量平衡原理。因此,对系统网络图中的蓄水工程(水库及湖泊)、分水点、计算分区(进一步划分为城镇和农村)等都应建立水量平衡公式。有关水量平衡计算公式主要包括以下几类(顾世祥等,2013)。

1) 蓄水工程(湖库)水量平衡公式

$$S_{t+1}=S_t+I_t+\mathrm{UQ}_t-\mathrm{DW}_t-\mathrm{IW}_t-\mathrm{AW}_t-\mathrm{EW}_t-\mathrm{OW}_t-\mathrm{ET}_t-\mathrm{ST}_t-\mathrm{DQ}_t \tag{10.1}$$

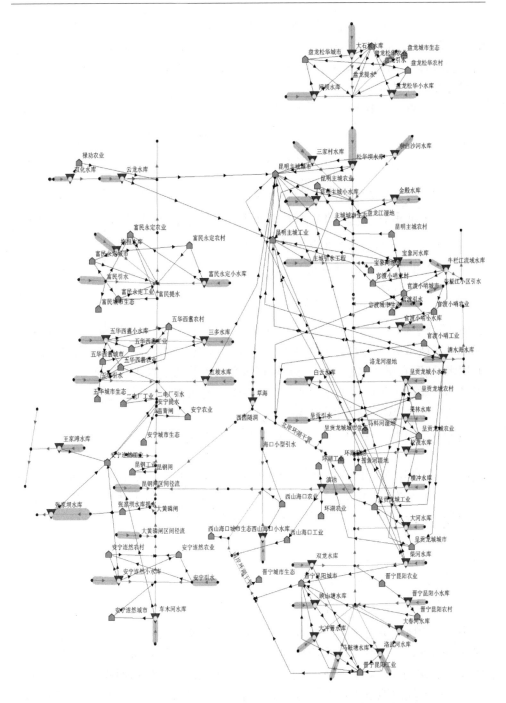

图 10.1 MIKE BASIN 软件建立的研究区现状年
水资源配置模拟模型

式中，S_{t+1}、S_t 分别为水库、湖泊的时段初、时段末蓄水量；I_t 为时段水库入流量（包括区间入流）；UQ_t 为时段上游弃泄水量；DW_t、IW_t、AW_t、EW_t、OW_t 分别为生活、工业、农业、环境和其他用水；ET_t、ST_t 分别为蒸发量和渗漏量；DQ_t 为水库弃泄水量或正常供水区外引水量。

2）分水点或控制节点水量平衡公式

$$\sum_i \mathrm{TW}_t^i = \sum_k \sum_i p(k,i,t)\,\mathrm{TW}_t^i \tag{10.2}$$

$$\sum_i \mathrm{INQ}_t^i = \sum_l \mathrm{OUT}_t^i \tag{10.3}$$

式中，TW_t^i 为分水点时段引水量；$p(k,i,t)$ 为时段 t 第 i 水源引水量向第 k 流向分配水量的分配系数；$\sum_i \mathrm{INQ}_t^i$ 为节点所有入流量；$\sum_l \mathrm{OUT}_t^i$ 为节点所有出流量。

3）计算分区地表水量平衡公式

（1）城市计算分区（地表水）。

$$\begin{aligned}\mathrm{CRW}_t+\mathrm{CLW}_t+\mathrm{CXW}_t-\mathrm{CD}_t-\mathrm{CI}_t-\mathrm{CA}_t-\mathrm{CE}_t-\mathrm{CO}_t-\mathrm{CET}_t\\-\mathrm{CFT}_t+\mathrm{CRT}_t+\mathrm{CCT}_t=0\end{aligned} \tag{10.4}$$

式中，CRW_t、CLW_t、CXW_t 分别为水库对城市供水量、城市当地可供水量以及外流域或区域对城市供水量；CD_t、CI_t、CA_t、CE_t、CO_t 分别为城市生活用水、城市工业用水、城市农业用水、城市生态环境用水和城市其他用水；CET_t、CFT_t 分别为蒸发量和渗漏量；CRT_t 为城市退水；CCT_t 为城市重复利用水量。

（2）农村计算分区（地表水）。

$$\mathrm{RRW}_t+\mathrm{RLW}_t+\mathrm{RXW}_t-\mathrm{RD}_t-\mathrm{RA}_t-\mathrm{RE}_t-\mathrm{RO}_t-\mathrm{RET}_t-\mathrm{RFT}_t+\mathrm{RCT}_t=0 \tag{10.5}$$

式中，RRW_t、RLW_t、RXW_t 分别为水库对农村供水量、农村当地可供水量以及外流域或区域对农村供水量；RD_t、RA_t、RE_t、RO_t 分别为农村生活用水、农村农业用水、农村生态环境用水和农村其他用水；RET_t、RFT_t 分别为蒸发量和渗漏量；RCT_t 为计算分区内可作为地表水利用的农业灌溉回归水等。

4）计算分区地下水量平衡公式

浅层地下水的采补关系按计算分区计算，应满足以下关系：

$$\sum_i W_i - \sum_o W_o = \mu F \Delta Z = \Delta V \tag{10.6}$$

式中，W_i 为所在单元浅层地下水的输入项，如降水、渠系、河道、灌溉入渗补给和侧渗补给等；W_o 为所在单元浅层地下水的输出项，如开采、潜水蒸发和满蓄溢流等；μ、F、ΔZ 分别为所在单元的地下水含水层的给水度、计算面积、水位变化；ΔV 为所在单元浅层地下水蓄水量的变化。与浅层地下水采补有关的各项参数，如降水入渗补给系数、灌溉入渗补给系数、渠系入渗补给系数、河道渗漏补给系数、侧渗补给系数、潜水蒸发系数、给水度等，以及这些系数与补给量、损失量的关系，按计算分区提供。

地下水平衡计算分区视城市和农村地下水分布状况而定,若城市和农村地下水分布均匀,且相互之间联系难以分割,则出于计算方便和成果可靠性考虑,计算分区以水资源四级区套县级行政区来划分为宜。

10.4.2　水资源配置模型构建

现状年的水资源配置模型中共有各类节点 129 个,其中大中型水库节点 11 个,小(一)型水库节点 19 个,合并的小水库群节点 10 个,引调水工程节点 4 个,河道引提水工程节点 15 个,各类用水户节点 47 个,各类河湖湿地节点 8 个,河流生态基流节点 15 个,详细见表 10.7。

表 10.7　现状水平年水资源配置模型节点数统计结果　　　（单位：个）

水资源四级区	小区名称	大中型水库	小(一)型水库	小水库群	引调水工程	引提水工程	用水户	河湖湿地	河流生态基流	合计
滇池	昆明主城	2	3	1	2	1	7	3	2	21
	西山海口	0	0	1	0	1	3	0	1	6
	盘龙松华	0	2	1	0	2	4	0	1	10
	官渡小哨	1	0	2	1	2	5	2	1	14
	呈贡龙城	2	4	1	1	1	5	3	3	20
	晋宁昆阳	1	5	1	0	0	5	0	1	13
	小计	6	14	7	4	7	29	8	9	84
普渡河(流域中段)	五华西翥	0	2	1	0	1	5	0	1	10
	安宁连然	5	2	1	0	5	8	0	4	25
	富民永定	0	1	1	0	2	5	0	1	10
	小计	5	5	3	0	8	18	0	6	45
合计		11	19	10	4	15	47	8	15	129

10.4.3　参数率定

MIKE BASIN 软件为用户提供了一个类似搭积木的工作平台,各种复杂的供用水关系都可以借助软件提供的河流、节点(包括用户)的不同组合关系来反映。但部分模型参数如水库蒸发渗漏损失等的计算方法与中国的技术规程不同,需反复调试,直至该模型输出结果与单个工程的规划设计成果一致。

对于模型中的各个参数,应从微观、宏观两个尺度进行率定。微观尺度是针对水库、分流(引水)、地下水等供水节点,需要按照该模型给定的计算方法,率定水库蒸发渗漏损失系数、下泄流量、引水系数等模型参数,保证单个供水节点输出的水位、供水量等与常规方法的计算结果一致,消除数据输入的误差。宏观尺度则针对区域各计算单元的实际供水情况,通过对现状年进行长系列仿真模拟,模拟结果与实际的工程供水情况进行对比,针对结果差异进行模型参数调整,验证MIKE BASIN 模型的合理性。由图 10.2 可知,MIKE BASIN 配置结果与实际供水情况拟合度高,从区域各单元供水总量来看,两者相关系数达到 0.999,从行业供水来看,配置结果与现状各行业供水基本一致,从区域各行业供水总量来看,两者相关系数也达到了 0.999。

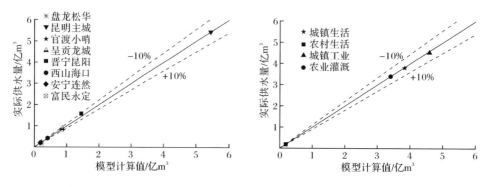

图 10.2　现状年 MIKE BASIN 模拟结果与实际供水量的对比

10.4.4　现状年水资源供需平衡分析

现状年供需分析的目的是摸清水资源开发利用在现状条件下存在的主要问题,分析水资源供需结构、利用效率和工程布局的合理性,提出水资源供需分析中的供水满足程度、余缺水量、缺水程度、缺水性质、缺水原因及其影响等指标。

根据各个片区的现状工农业生产、城乡居民生活、生态环境需水量分析,以及水利工程可供水量,对各个计算单元的现状水资源供需进行分析,结果如图 10.3 所示,缺水率见表 10.8。

研究区域现状年的需水总量 12.26 亿 m³,各类水利工程可供水总量 11.95 亿 m³,缺水 0.31 亿 m³,缺水率 2.5%。各计算单元的城镇生活、城镇工业和农村生活供需基本平衡。农业灌溉缺水 0.30 亿 m³,缺水率 8.2%,缺水区域分布在晋宁昆阳和官渡小哨两个计算单元,主要是因为城市规模和工业的迅速发展,原为农业灌溉的双龙水库、马鞍塘水库、大春河水库等水源转供城镇生活,城镇生产生活用水挤占农业用水造成缺水。

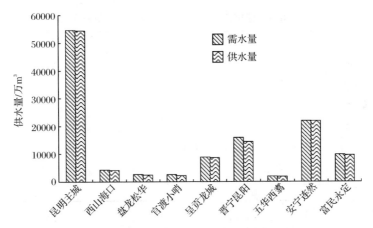

图 10.3　研究区现状年水资源供需平衡示意图（MIKE BASIN）

表 10.8　研究区现状年水资源供需平衡缺水率

水资源四级区	小区名称	缺水率/%				
		城镇生活	城镇工业	农业灌溉	农村生活	平均值①
滇池流域	昆明主城	0.0	0.0	5.3	6.6	0.4
	西山海口	0.0	0.0	12.0	0.0	1.0
	盘龙松华	0.0	0.0	12.4	4.2	10.5
	官渡小哨	0.0	0.0	26.2	0.3	14.6
	呈贡龙城	0.1	0.0	4.7	7.6	2.4
	晋宁昆阳	0.1	0.2	13.0	0.0	9.4
	平均值②	0.0	0.0	11.0	3.3	3.1
普渡河流域中段	五华西翥	0.0	1.4	9.3	0.0	4.3
	安宁连然	0.0	0.0	0.3	0.1	0.1
	富民永定	0.2	0.0	3.7	0.0	2.3
	平均值	0.0	0.1	2.5	0.0	0.9
合计		0.0	0.0	8.2	1.8	2.5

注：①表中缺水率平均值为该计算单元的 4 个用水部门缺水率的加权平均值；②表中缺水率平均值为该区域内所有计算单元缺水率的加权平均值。

按照水资源配置中拟定的供水规则，对松华坝水库、大河水库、柴河水库、宝象河水库、云龙水库、清水海、双龙水库等重点水源工程进行供水量统计分析，见表 10.9。清水海引水工程现状年供水量为 6825 万 m³，较其设计供水能力小 2859 万 m³。这是因为该工程的设计水平年为 2020 水平年，现状年水库处于运行初期，用水需求还未达到其设计的供水情景。

表 10.9   研究区重点水源工程供水量统计结果

水库名称	设计供水能力/万 m³	供水量/万 m³
宝象河水库	1427	1427
大河水库	1139	1127
柴河水库	1724	1724
云龙水库	22000	22000
清水海	9684	6825
松华坝水库	13003	11291
双龙水库	1011	978

10.5   2020 水平年水资源配置方案模拟

10.5.1   水资源配置模型

根据 2020 水平年的水资源系统概化图,采用 MIKE BASIN 软件建立规划方案的水资源配置模型,按照流域水源工程和用水户之间已经形成的供用水逻辑关系,建立研究区的河流、水利工程供水及城乡用水节点概化的水资源配置模型。如图 10.4 为采用 MIKE BASIN 软件建立的研究区 2020 水平年水资源配置节点网络模型。将环湖及河岸景观带人工湿地的生态需水、河道生态需水作为用水户,概化成用水户节点。

2020 水平年的水资源配置模型中共有各类节点 131 个,其中大中型水库节点 11 个,小(一)型水库节点 19 个,合并的小水库群节点 15 个,引调水工程节点 5 个,河道引提水工程节点 13 个,各类用水户节点 45 个,各类河湖湿地节点 8 个,河流生态基流节点 15 个,见表 10.10。

表 10.10   2020 水平年水资源配置模型节点数统计表   (单位:个)

水资源四级区	小区名称	大中型水库	小(一)型水库	小水库群	引调水工程	引提水工程	用水户	河湖湿地	河流生态基流	合计
	昆明主城	2	3	1	3	1	7	3	2	22
	西山海口	0	0	2	0	1	4	0	1	8
	盘龙松华	0	2	1	0	2	3	0	1	9
滇池	官渡小哨	1	0	2	1	1	5	2	1	13
	呈贡龙城	2	4	2	0	1	5	3	3	20
	晋宁昆阳	1	5	2	0	0	5	0	1	14
	小计	6	14	10	4	6	29	8	9	86

水资源四级区	小区名称	大中型水库	小(一)型水库	小水库群	引调水工程	引提水工程	用水户	河湖湿地	河流生态基流	合计
普渡河（流域中段）	五华西翥	0	2	1	0	1	4	0	1	9
	安宁连然	5	2	2	1	5	8	0	4	27
	富民永定	0	1	2	0	1	4	0	1	9
	小计	5	5	5	1	7	16	0	6	45
合计		11	19	15	5	13	45	8	15	131

10.5.2　2020 水平年水资源供需平衡分析

2020 水平年各供水情景方案的供需平衡分析见表 10.11。

表 10.11　2020 水平年各供水情景方案的供需平衡分析

供水情景	水资源四级区	需水量/万 m³	供水量/万 m³	缺水量/万 m³
Ⅱ-1 情景	滇池流域	96579	85405	11174
	普渡河	59195	45888	13307
	合计	155774	131293	24481
Ⅱ-2 情景	滇池流域	96579	91616	4963
	普渡河	59195	56802	2393
	合计	155774	148418	7356
Ⅱ-3 情景	滇池流域	96579	95388	1191
	普渡河	59195	58840	355
	合计	155774	154228	1546

根据《牛栏江-滇池补水工程近期入湖实施方案》，补水通道对滇池湖体水动力及水质改善效果的影响较小。因此，通过水系连通工程，从多条入滇河流向滇池"多口补水"，或满足一定条件的水库下泄生态流量向滇池补水，其减少的城市供水量由牛栏江-滇池补水工程替代供水，就能实现河湖生态用水的替代配置，满足区域内河湖生态用水。因此，Ⅱ-3 供水情景方案最优，作为 2020 水平年区域供水的推荐方案，推荐方案供需平衡结果如图 10.5 所示。但由于Ⅱ-3 供水情景方案暂未考虑生态用水退减，必须进一步研究区域内的生态用水替代配置方案，以满足国家水生态文明建设及河湖健康的要求。

在厘清现状紊乱的入滇池河流功能定位的基础上，明确清水廊道和尾水通道，实现"清污分流"。以清水廊道为纽带，整合"六大工程"中的外流域调水和入湖河道综合整治工程。通过入滇河流功能的分类，按照河流的生态需水量，将牛

图 10.4　MIKE BASIN 软件建立的研究区 2020 水平年水资源配置模拟模型

栏江-滇池补水工程生态补水量通过规划新建的水系连通工程分配到滇池北岸和东岸的主要入滇河流,实现"多口补水",在不影响滇池补水水量和水质的前提下,兼顾这些河流生态环境的改善。金汁河、大观河、船房河、运粮河等河流采用再生水回补满足河流生态流量,兼作城市尾水外排通道。经分析,选取盘龙江、宝象河、洛龙河、马料河、捞鱼河、梁王河、东大河等作为今后牛栏江-滇池补水工程生态补水的清水通道。根据本次研究成果提出的牛栏江-滇池补水工程生态用水分配方案如下:①替代宝象河水库、双龙水库向城市供水的水量(河流生态替代水量)1058 万 m³;②向宝象河、洛龙河、马料河、捞鱼河和梁王河等河流多年平均生态补水 11634 万 m³/a;③其余的生态补水水量通过盘龙江向滇池补水,多年平均补水水量为 43981 万 m³/a(含城市应急供水预留水量 10950 万 m³/a)。

　　结合各个片区 2020 水平年的工农业生产、城乡居民生活、生态环境需水量分析,以及水利工程可供水量结果,对各个计算单元的水资源供需进行分析,缺水率见表 10.12。配置结果显示,各清水补水通道的生态需水均能得到满足。

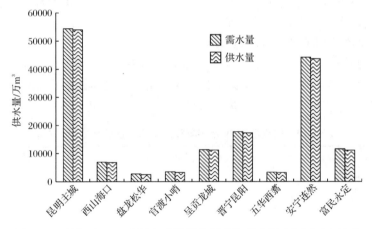

图 10.5　研究区 2020 水平年水资源供需平衡示意图(MIKE BASIN)

表 10.12　研究区 2020 水平年水资源供需平衡缺水率

水资源四级区	小区名称	缺水率/%				
		城镇生活	城镇工业	农业灌溉	农村生活	平均值
滇池流域	昆明主城	0.0	1.4	4.1	0.0	0.7
	西山海口	0.0	0.0	12.6	0.0	2.0
	盘龙松华	0.1	0.0	8.4	0.3	6.5
	官渡小哨	0.0	0.0	15.8	0.0	5.6
	呈贡龙城	0.0	0.1	3.2	0.5	1.3
	晋宁昆阳	0.0	0.0	4.7	0.0	2.5
	平均值	0.0	0.8	5.7	0.1	1.5

水资源	小区名称	缺水率/%				
四级区		城镇生活	城镇工业	农业灌溉	农村生活	平均值
普渡河	五华西翥	0.3	0.0	16.6	0.0	3.5
流域中段	安宁连然	0.0	0.0	9.0	0.5	1.3
	富民永定	0.2	0.0	7.2	0.0	4.2
	平均值	0.0	0.0	8.5	0.1	2.0
合计		0.0	0.4	6.8	0.1	1.7

根据滇池流域内的河湖生态用水替代方案,宝象河水库、双龙水库需要下泄河道生态用水。水库下泄生态流量后,宝象河水库配置生产生活供水量为 1205 万 m³,双龙水库配置生产生活供水量为 921 万 m³,其减少的城市供水量将由牛栏江-滇池补水工程替代(置换)解决。

按照前述拟定的供水规则,对松华坝水库、大河水库、柴河水库、宝象河水库、云龙水库、清水海等重点水源工程进行供水量统计分析,2020 水平年主要水源工程的供水量均达到了设计供水能力,见表 10.13。

基于现有的河湖水系连通工程,清水海、宝象河、柴河等水库具备跨区域供水的条件。因此,在配置时将优化确定各个水源工程向其供水的计算单元的分水比例,使得各个计算单元的缺水率基本相当。

表 10.13　研究区 2020 水平年重点水源工程供水量配置方案

水库名称	设计供水能力/万 m³	配置生产生活供水量/万 m³	河道生态补水	备注
宝象河水库	1427	1205	222	替代补水
大河水库	1139	1127	——	——
柴河水库	1724	1724	——	——
云龙水库	22000	22000	——	——
清水海	9684	9684	——	——
松华坝水库	13003	13003	——	——
双龙水库	1011	921	90	替代补水
牛栏江-滇池 补水工程	56673	1058	55615	——
滇池	——	16411	——	——

10.6　2030 水平年水资源配置方案模拟

10.6.1　水资源配置模型

根据 2030 水平年的水资源系统概化图,采用 MIKE BASIN 建立规划的水资源配置模型,按照流域水源工程和用水户之间的供用水逻辑关系,建立研究区的河流、水利工程供水及城乡用水节点概化的水资源配置模型,图 10.6 为采用 MIKE BASIN 建立的研究区 2030 水平年水资源配置节点网络模型。

2030 水平年水资源配置模型中共有主要节点 138 个,其中大中型水库节点 11 个,小(一)型水库节点 19 个,合并的小水库群节点 15 个,引调水工程节点 12 个,河道引提水工程节点 13 个,各类用水户节点 43 个,各类河湖湿地节点 10 个,河流生态基流节点 15 个(表 10.14)。

表 10.14　2030 水平年水资源配置模型节点数统计结果　　（单位:个）

水资源四级区	小区名称	大中型水库	小(一)型水库	小水库群	引调水工程	引提水工程	用水户	河湖湿地	河流生态基流	合计
滇池	昆明主城	2	3	1	3	1	6	3	2	21
	西山海口	0	0	2	1	1	4	0	1	9
	盘龙松华	0	2	1	0	2	3	0	1	9
	官渡小哨	1	0	2	2	1	5	2	1	14
	呈贡龙城	2	4	2	2	1	4	4	3	22
	晋宁昆阳	1	5	2	1	0	5	1	1	16
	小计	6	14	10	9	6	27	10	9	91
普渡河（流域中段）	五华西翥	0	2	1	1	1	4	0	1	10
	安宁连然	5	2	2	1	5	8	0	4	27
	富民永定	0	1	2	1	1	4	0	1	10
	小计	5	5	5	3	7	16	0	6	47
合计		11	19	15	12	13	43	10	15	138

10.6.2　2030 水平年水资源供需平衡分析

根据各个片区 2030 水平年工农业生产、城乡居民生活、生态环境需水量分析,以及水利工程可供水量结果,对各个计算单元的水资源供需进行分析,结果如图 10.7 所示,缺水率见表 10.15。

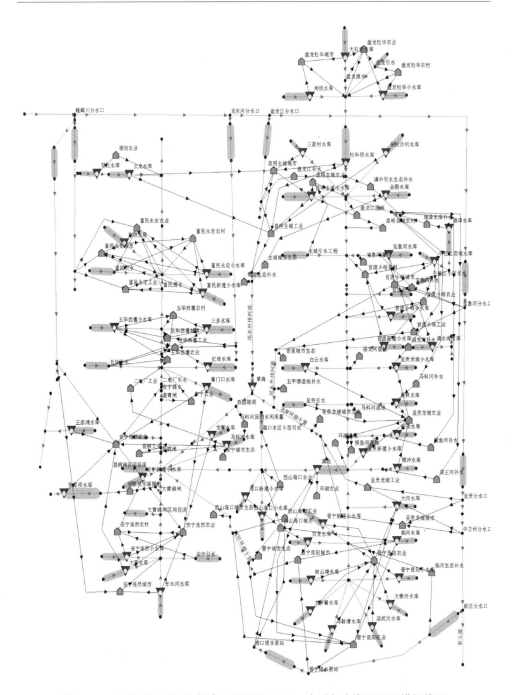

图 10.6 MIKE BASIN 软件建立的研究区 2030 水平年水资源配置模拟模型

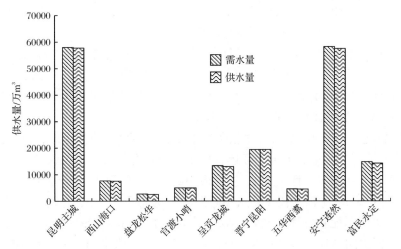

图 10.7　研究区 2030 水平年水资源供需平衡示意图（MIKE BASIN）

表 10.15　研究区 2030 水平年水资源供需平衡缺水率

水资源四级区	小区名称	缺水率/%				
		城镇生活	城镇工业	农业灌溉	农村生活	平均值
滇池流域	昆明主城	0.0	0.0	7.7	0.0	0.4
	西山海口	0.0	0.0	6.3	0.0	0.7
	盘龙松华	0.0	0.0	10.0	0.5	7.1
	官渡小哨	0.0	0.0	4.1	0.3	0.9
	呈贡龙城	0.0	0.0	8.2	0.5	2.7
	晋宁昆阳	0.0	0.0	0.0	0.1	0.0
	平均值	0.0	0.0	4.3	0.2	0.8
普渡河（流域中段）	五华西翥	0.0	0.0	12.3	0.4	1.7
	安宁连然	0.0	0.0	9.3	0.3	1.2
	富民永定	0.0	0.0	7.7	0.0	3.9
	平均值	0.0	0.0	4.3	0.1	0.9
合计		0.0	0.0	4.3	0.1	0.8

　　研究区 2030 水平年的需水总量为 18.33 亿 m³，各类水利工程可供水总量 18.18 亿 m³，缺水 0.15 亿 m³，缺水率 0.8%。各计算单元城镇生活、工业和农村生活供需基本平衡。农业灌溉缺水 0.15 亿 m³，缺水率 4.3%，缺水率较现状年减少，主要分布在呈贡龙城、官渡小哨、五华西翥等计算单元，因按照滇中引水工程的配置原则要求下泄河道生态流量，本区农业灌溉的工程供水能力会有所减小，

也无其他本区工程退出城镇生活供水转供农业灌溉退减生态用水后的缺口,且滇中引水工程也不向滇池流域的农业灌溉供水。

根据国家发展和改革委员会批复的《滇中引水工程项目建议书》,2030 水平年滇中引水工程通水后,云龙水库退回部分水量向水源区禄劝县供水 12425 万 m^3 之后,向昆明主城的供水量调减为 9575 万 m^3;同样,清水海部分水量调整转供嵩明嵩阳后,只向官渡小哨供水 1349 万 m^3。

按照前述拟定的供水规则,对松华坝水库、大河水库、柴河水库、宝象河水库、云龙水库、清水海等重点水源工程进行供水量统计分析,2030 水平年主要水源工程的供水量均达到了设计供水能力,见表 10.16。滇中引水工程对本研究区的供水 87625 万 m^3,其中滇池流域受水小区供水 44551 万 m^3。根据《滇中引水工程引水规模与水资源配置专题报告》,本次研究范围内受水小区总的供水量为 88182 万 m^3(含西山团结片区供水),其中滇池流域受水小区供水 46257 万 m^3,两者相差 3.7%,这说明本次研究与滇中引水工程设计的配置方案相吻合协调。

表 10.16　研究区 2030 水平年重点水源工程供水量配置方案

水库名称	设计供水能力 /万 m^3	配置生产生活 供水量/万 m^3	河道生态补水 /万 m^3	备注
宝象河水库	1427	935	492	—
大河水库	1139	1028	111	—
柴河水库	1724	1095	629	滇中引水工程备用水源
云龙水库	22000	9575	—	向禄劝供水 12425 万 m^3
清水海	9684	1349	—	向嵩明供水 8335 万 m^3
松华坝水库	13003	11291	1712	—
双龙水库	1011	921	90	—
滇中引水工程	88182	45742	—	向安宁连然、富民永定 供水 42440 万 m^3
滇池	—	11831	—	—

10.7　区域水资源优化配置模拟研究

10.7.1　水资源优化配置研究现状

20 世纪 90 年代初,在全球水资源严重短缺和水污染不断加重的大背景下,水资源优化配置的概念应运而生,其最初是针对水资源短缺地区及用水的竞争性问题提出的。随着可持续发展观念的深入,其研究的范畴不再仅局限于水资源短缺。对于水资源丰富地区,从资源可持续利用角度,也应该考虑水资源合理开发与生态保护问题。

　　流域水循环"自然-人工"二元演变是 30 多年来各地水问题和水危机突出的本质原因,水资源科学调控的基础是对高强度人类活动干扰下流域水循环与水资源演变内在机理及其规律的认知(Liu et al. ,2010)。构建流域二元水循环及其伴生过程综合模拟平台,模拟水资源、水生态、水环境的未来演变情势(Wang J H et al. ,2016;Wang et al. ,2013)。张守平等(2012)构建了供需平衡、耗水平衡和基于水资源优化配置的水质模拟系统,基于改进三次平衡思想的水量水质联合配置方案设置、缺水类型识别和污染物总量控制分配的决策思路(章燕喃等,2014)。以充分供水与弃水量最小为目标,在以日为时间尺度下将南水北调入水与北京市当地的地表水、地下水联合运用而建立多水源联合调度配置模型。陈晨等(2014)提出了基于综合集成平台的水资源动态配置模式,在模块化集成上采用知识图可视化来表示水资源配置系统网络图及配置业务流程,运用组件技术将配置模型方法组件化,通过知识图、组件能够快速灵活地搭建水资源配置系统。

10.7.2　水资源优化配置模型

　　本节基于二元水循环的理论及调控体系,开发区域水资源优化配置模拟模型(water allocation and simulation model,WAS),包括信息管理(基本数据库、水资源公报、水利普查信息、红线管理)和水资源优化配置(模型输入、模型运行、模型输出、采用遗传算法进行优化配置计算)两个方面的软件功能。

　　该模型可分解为五大模块,分别为水循环模拟模块(water simulation module)、蒸发计算模块(ET simulation module)、水资源配置模块(water allocation module)、再生水模块(rewater module)、行业理论用水模块(water use predication module)、统计分析模块(result output module)。

　　模型的功能及数据传输:该模型可以实现地表水和地下水、天然水循环和人工水循环联合模拟,除统计分析模块外,模型中的各模拟模块是实时反馈、相互影响的关系。

10.7.3　遗传算法

　　多目标优化问题在工程中占较大比例。一般来说,多目标优化所涉及的问题并不存在唯一最优解,多目标优化问题中的多个目标不可能同时达到最优。而不同决策者对各个目标的偏好不同,会得到不同的最优解。在多目标优化中这些可能的最优解都称为非劣解(Pareto 解)。显然,Pareto 解是多目标优化问题一个完整的解集。由于水资源优化配置的多目标性,运用传统的规划方法难以很好地解决这类问题,在求解多目标优化问题的过程中不免要用到优化算法,目前所使用的优化算法主要分为传统优化算法和智能优化算法两类。传统优化算法对目标函数是否连续可导有要求,对于复杂的非线性约束问题,一般只能采用基于迭代原理的求解算法,但这些算法通常不一定能够找到全局最优解。为了解决非线性优化问题求解过程中遇到的局部收敛问题,智能优化算法应运而生,如动态规划、遗传算法、人工神经网络法、模拟退火算法和免疫进化算法等。

由于能有效地处理目标函数的间断性及多峰性等复杂问题,增强了遗传算法在多目标搜索和优化问题方面潜在的适用性,同时遗传作用于整个种群,又强调个体的整合,其基本流程如图 10.8 所示。遗传算法相对于其他算法具有全局收敛性、自组织、自适应等特点,因而遗传算法已被认为是解决多目标优化问题的有效方法。针对遗传算法的优点,在水资源优化配置模拟中开发了基于精英策略的非支配遗传改进算法为核心的求解算法。

1. 编码方法

在遗传算法的运算过程中,不是直接对求解问题的决策变量进行操作,而是先运用编码策略对决策变量进行编码,再进行选择、交叉、变异等运算。遗传算法通过对这些个体进行反复迭代计算,最后得出满足问题要求的最优解或近似最优解,对所有解进行解法计算就得出解空间里的解。

不同的编码方法对交叉、变异等遗传算子也会有影响。到目前为止,根据所求解问题的不同,相对应地提出了许多种不同的编码方法。根据其编码策略的不同,可以分为位串编码、实数编码、结构式编码等。采用位串编码的个体染色体由一串二进制字符 0 和 1 组成的符号集组成,对于一些维数多、精度要求高的优化问题,使用位串编码来表示决策变量时会存在一些不足。采取浮点编码方法则能较好地避免这些问题,浮点编码具有精度高的特点,在用大范围搜索算法求解高维优化问题时具有很大的优势。采用实数编码的个体可以表示为 $X=(x_1, x_2, x_3, \cdots, x_n)$,其中 n 为决策变量个数。如果每一代种群中个体数都为 N,则种群表示为 N 个个体的集合 $\{X_1, X_2, \cdots, X_n\}$。

2. 适应度函数

在遗传算法中使用适应度函数对种群中每个个体进行适应度的度量,以此作为当前种群中个体能否遗传到下一代种群的判断标准,适应度大的个体基因被下一代继承的概率大;相反,适应度小的个体基因则有较大的概率被淘汰掉。适应度函数可分为原始适应度函数和标准适应度函数,原始适应度函数直接表示为问题的目标函数 $f(x)$。根据优化问题的具体求解要求,对原始适应度函数做适当的修改,使之符合最大化、最小化的形式,经过这种变化生成的适应度函数就是标准适应度函数。最优化问题主要可分为求解目标函数全局最大值问题和最小值问题,根据求解问题的不同需要构造不同的适应度函数。例如,求解目标函数的最

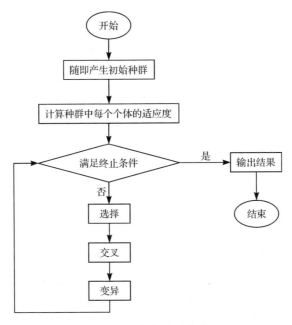

图 10.8　遗传算法基本流程

小化问题的适应度函数 $f_n(x)$ 可以构造为

$$f_n(x) = f_{max} - f(x) \tag{10.7}$$

式中，f_{max} 为 $f(x)$ 在取值范围内的最大值，若 f_{max} 未知，则可以用一个较大的数代替。对于目标函数的最大化问题，其适应度函数 $f_n(x)$ 可以构造为

$$f_n(x) = f(x) - f_{min} \tag{10.8}$$

式中，f_{min} 为 $f(x)$ 在取值范围内的最小值，如果 f_{min} 未知，则可以用一个较小的值代替。

评价个体适应度的一般方法是：①对经过编码的种群个体解码后，得到个体的表现型；②根据所得的表现型计算对应的目标函数值；③针对所有最优化问题的类型，构造相应的适应度函数并求得个体适应度。

3. 选择策略

在生物的生存发展进化过程中，对环境适应能力较强的个体生存下来并产生后代的概率较高；反之，则会有较低的生存概率，他们自身的基因也将会因为没有后代继承而被淘汰。遗传算法使用选择策略对这个过程进行模拟，具体方法是使用选择算子来对个体的适应度进行操作，适应度高的个体被保留到下一代种群的概率高，适应度低的个体被保留到下一代种群的概率较低。

选择操作主要是为了保留优秀基因，改善算法的全局收敛性以提高收敛速度。最常用选择算法是轮盘式选择算法,这种算法的基本思想是,个体适应度越大,则其被选择的概率越大。其选择过程如下。

(1)计算个体 i 的选择概率 p_i。

$$p_i = \frac{f_i}{\sum\limits_{i=1}^{N} p_i}, \quad i = 1,2,\cdots,N \tag{10.9}$$

式中,f_i 为种群中个体 i 的标准适应值。

(2)计算累积选择概率 k_i。

$$k_0 = 0, \quad k_i = \sum\limits_{i=1}^{N} p_i, \quad i = 1,2,\cdots,N \tag{10.10}$$

(3)利用函数生成一个 $(0,1)$ 区间的随机数 r,若 $k_{i-1} < r \leqslant k_i (i = 1,2,\cdots, N)$,则选择第 i 个个体。

(4)为了选择满足种群需要的 N 个个体,需要将步骤(3)重复 N 次。

基于适应值比例的选择策略,由于采用随机选择,这种操作的误差较大,可能会造成适应值大的个体被漏选,降低种群的平均适应度等问题,导致遗传算法中提前收敛或进化停滞现象的出现。为了对这种缺陷进行改进,可以采用基于排名的选择策略。即先按照种群中各个体适应度优劣程度由优到劣进行顺序排列,然后按照线性或非线性的方式来计算选择概率。选择概率确定之后再按照轮盘式选择算法来计算选择个体。

4. 交叉算子

交叉算子是一种重要的遗传算子,相互配对的个体通过交换自己的部分基因产生新的个体,从而不断扩大搜索空间,实现其全局搜索目的。交叉运算是遗传算法中产生新个体的主要方法,因此非常重要。交叉算子的设计要求在保留优良个体的前提下,产生出更多新的个体形式。

采用二进制编码时经常采用的交叉算子有多点交叉和均匀交叉。多点交叉是指在个体编码串上选择多个交叉点,然后相互交换配对个体上的基因,由此产生出新的个体。因为多点交叉可能会破坏一些优良的个体,所以并不常采用这种交叉方式,常使用的是单点交叉方式或双点交叉方式。均匀交叉与多点交叉类似,与多点交叉相比,均匀交叉更加普遍化,它将个体编码组中的每个点都作为一个潜在的交叉点。它随机地产生一串与个体编码串等长的 0-1 掩码,子个体中的基因到底来自哪个父代个体由掩码的片段决定。采用实数编码时常采用的交叉算子有离散交叉、算术交叉和启发式交叉。离散交叉又可分为整体离散交叉和部分离散交叉,整体离散交叉以 0.5 的概率对交叉个体的所有分量进行交换,部分离散交叉则是互换待交叉个体的部分分量。与离散交叉类似,算术交叉也分为整体算术交叉和部分算术交叉,在进行整体算术交叉运算时,生成一个$(0,1)$区间的随机数,然后以这个随机值为参数对父代个体进行线性组合产生子代个体。在部分算术交叉运算中,则是需要对个体中的部分变量进行上述线性运算。启发式交叉利用目标函数值来确定算法的搜索方向,与上述几种算子不同的是,它每进行一次交叉运算只产生一个后代。

5. 变异算子

所谓变异是指将个体中的变量以某一很小的概率或步长进行变换产生新个体的过程,变异的概率或步长与个体中变量的长度成反比,变异实现的是遗传算法的局部随机搜索功能,同时维护了算法中种群的多样性,防止出现早熟收敛;在变异运算中,变异率一般不大于 0.5,如果变异率取得过大,变异功能就蜕化为随机搜索功能,遗传算法的局部搜索能力也不复存在了。对二进制编码的个体而言,变异算子非常简单,按一定的概率将个体的二进制编码位按位取反即可。除上述基本的按位变异法外,还有一些其他的变异算子,如复制、插入、换位等。对采取实数编码的个体而言,变异算子是一个重要的搜索算子,而不是仅用来回复种群的多样性损失。常用的变异算子有边界变异、均匀变异、非均匀变异等。在设计算法时将多种变异算子结合起来使用会有比较好的效果。

6. 控制参数的选择

遗传算法中涉及的主要参数有种群规模 N、交叉概率 p_c、变异概率 p_m、终止演化条件、染色体长度、进化最大代数等。具体参数值的确定直接影响遗传算法的性能。对于实际的优化问题,可以通过反复试验或采取二级演化算法来寻找最优的参数,但是以上两种方法存在计算量较大的不足。因此,一般采用经验法来确定参数值。种群规模是遗传算法中重要的控制参数。种群规模过小会造成收敛停滞;而种群规模过大会造成所需计算的个体数量过多,计算量较大,使运算时间延长,运行效率变低。对于大多数问题,种群规模 N 取 $20\sim100$ 即可,如果目标函数比较复杂,约束条件较多,决策变量的取值区间很大,则 N 应根据情况取较大的值。

交叉算子用于产生新的个体,维持种群的个体多样性,增强遗传算法的全局搜索能力。采用较大的交叉概率进行运算能够拓展算法的搜索空间,减少停止在局部最优解的机会,从而避免陷入局部最优解。但是如果交叉概率取值过大,会使适应度高的个体基因容易破坏掉,减慢收敛速度,导致只能得到局部最优解。因此,交叉概率 p_c 的值应根据具体问题、具体情况谨慎选取。

变异运算也是遗传算法的重要运算方式,用于引入新的个体,增强算法的局部随机搜索能力,同时保持种群的多样性。变异概率取得过大会导致遗传算法丧失一些重要的数学性质和搜索能力,变异概率取得过小,则无法搜索到一些比较好的基因,还可能会导致早熟现象的出现。

在整个算法的进行过程中,可以根据具体进程自适应地调整参数的大小,在计算过程的初期可以选取较大的交叉概率和变异概率,以加快算法的搜索速度和搜索范围,有利于搜索到全局最优值。而在计算过程的后期则需要采用较小的遗传参数,使遗传算法有较好的收敛性和局部搜索性能。终止演化进程的条件可以根据不同的情况来设置,若对演化程序的运行时间有要求,则可以设置最大演化代数,当演化程序运行到最大演化代数时程序停止。也可采用如下条件来判断演化程序是否终止,如种群中个体最大适应度是否超过设置值,种群中个体的平均适应度是否超过设置值等。

10.7.4 目标函数及约束条件

区域供水安全和供水公平性是水资源系统优化配置所关心的核心目标,本节采用公平性最优和供水缺水率最小作为水资源优化配置模拟的目标函数。约束条件涉及各级供水节点、各级用水单元的水量平衡及约束条件。

1. 目标函数

1) 公平性最优目标

$$\min F(x) = \sum_{y=1}^{\mathrm{myr}} \sum_{n=1}^{12} \sum_{h=1}^{\mathrm{mh}} q_h \mathrm{GP}(X_h) \tag{10.11}$$

式中

$$\mathrm{GP}(X_h) = \sqrt{\frac{1}{\mathrm{mu}-1} \sum_{u=1}^{\mathrm{mu}} (x_h^u - \overline{x_h})^2} \tag{10.12}$$

式中,$F(x)$ 为公平目标;$\mathrm{GP}(X_h)$ 为公平性函数;q_h 为行业用户惩罚函数;x_h^u 为区域单元 u 中行业用户 h 的缺水率;$\overline{x_h}$ 为区域单元 u 中行业用户 h 的缺水率均值;myr 为计算时段的年数;n 为年内月值;mh 为区域行业用水类型的数目;mu 为区域单元数目。

2) 缺水率最小目标

$$\min Y(x) = \sum_{y=1}^{\mathrm{myr}} \sum_{n=1}^{12} \sum_{h=1}^{\mathrm{mh}} q_h \mathrm{SW}(X_h) \tag{10.13}$$

式中

$$\mathrm{SW}(X_h) = \frac{1}{\mathrm{mu}} \sum_{u=1}^{\mathrm{mu}} |(x_h^u - \mathrm{Sob}_h^n)| \tag{10.14}$$

式中,$Y(x)$ 为供水胁迫目标;$\mathrm{SW}(X_h)$ 为供水胁迫函数;q_h 为行业用户惩罚函数;x_h^u 为区域单元 u 中行业用户 h 的缺水率;Sob_h^n 为区域行业用户 h 的各月供水胁迫目标理想值;myr 为计算时段的年数;n 为年内月值;mh 为区域行业用水类型的数目;mu 为区域单元数目。

3) 总目标

为了将多目标问题转化为单目标求解,对配置模型中的公平性和缺水率两个目标函数进行加权求和,得到最终的总目标函数。总目标函数公式为

$$Z(x) = fF(x) + yY(x) \tag{10.15}$$

式中,$Z(x)$ 为总目标;f 为公平指标系数;$F(x)$ 为公平指标;y 为供水风险指标系数;$Y(x)$ 为供水胁迫目标。根据滇池流域的实际情况,选取公平指标系数为0.50,供水风险指标系数为1.00。根据总目标函数的定义,总目标函数越小说明配置结果越能满足全局优化。

2. 约束条件

约束条件涉及各级供水节点、各级用水单元的水量平衡及约束条件。

1) 水质约束条件

水资源系统配置时应严格执行分质供水。在水资源供需平衡中,必须按照各部门的用水水质标准执行:城乡生活供水水质为地表水Ⅲ类及以上,工业供水水质为Ⅳ类以上,农田灌溉和生态环境用水的水质标准为Ⅴ类以上。对于水质不达标的水量,将作为不合格供水,从原来的总供水量中予以扣除,不再参与供需平衡。规划水平年实施水资源保护治理措施,达到水功能区划确定的水质目标后,可纳入水资源配置。处理达标的城市再生水可用于供给农业灌溉、工业冷却用水以及河道外生态环境用水。

2) 湖泊、湿地、河道用水量约束条件

在长系列的水资源优化配置模拟中,湖泊(或人工湿地)、河道生态用水量下限采用以下几种约束:①多年平均入湖泊(或人工湿地)水量下限满足湖泊(人工湿地)最小生态需水量;②以湖泊(人工湿地)最小生态需水量的 50%~80%作为年约束;③河道最小生态需水约束,未来水平年河道最小生态需水在汛期确定为天然来流系列均值的 30%,非汛期为天然来流系列均值的 10%。因研究区域缺水形势严峻,近期 2020 年暂不下泄生态流量或仅下泄最小生态流量,2030 年则根据河道情况分别选择以上几种生态配水量约束方式。

3) 滇池水位约束条件

滇池运行调度及运行水位参照《云南省滇池保护条例》(2013 年修订版),汛期限制水位为 1887.2m,正常高水位为 1887.5m,最低工作水位为 1885.5m,特枯水期对策水位为 1885.2m。

4) 其他约束条件

其他约束条件主要包括流域各计算单元供用耗排水量平衡方程、当地供水用

水节点水量平衡方程、计算单元的水量计算平衡方程、当地可利用水量平衡方程、各类水源工程的输(供)水能力以及决策变量的非负约束等。

10.7.5 区域水资源优化配置模拟构建

根据区域水资源系统概化成果,制作 WAS 模型输入文件,模型的输入数据包括:①需水,城镇生活、农村生活、农业、工业和河湖生态的需水。②工程参数,各个计算单元的供水工程特征参数(调节库容、供水能力等);调水工程参数(调水量、分水比等)。③供用水拓扑关系,供水工程-用水户供水关系、供水工程-供水工程的弃水关系、用水户-用水户的弃水关系、行业节水或退水的转移对象关系等;④其他,污水处理率、污水处理回用率等。

模型的运算过程如下:首先通过水循环模块模拟区域的水资源系统变化,然后运用配置策略及规则进行水资源系统优化配置的计算,同时将人工侧的供水-用水-耗水-排水数据反馈给水循环模块(图 10.9),实时模拟下一时段的区域水资源系统变化,以此往复,直到计算结束,得出最终优化方案。

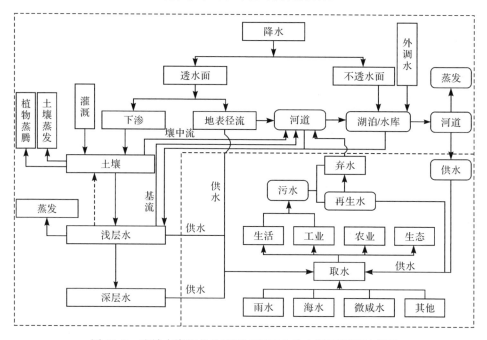

图 10.9 流域水资源优化配置系统平台的水循环模拟示意图

WAS模型将水资源系统优化配置问题模拟为生物进化问题,采用基于精英策略的非支配遗传改进算法求解,以各水源分给各用户的水量作为决策变量,对决策变量进行编码并组成可行解集,通过判断每一个体的满意程度来进行优胜劣汰,从而产生新一代可行解集,如此反复迭代来完成水资源系统的优化配置模拟。

　　配置方案设置是得到配置结果的前提,方案设置是配置模拟计算中的一项重要工作,也是各种规划决策设想的直接体现,所以合理设置配置方案尤为重要。水资源系统优化配置的方案设置涉及需水预测、供水预测等多个环节的内容。相关各个方面内容的要求一般包含多个方案的设置,而配置工作需要将以上各个方面的方案设置有机结合起来形成配置方案集,针对各种方案进行计算和调试,得出各类有针对性的配置方案,并模拟计算出各方案下合理的配置结果,再依据方案比选来选择推荐方案。由于水资源系统配置方案涉及因素的复杂性,形成了一个极为复杂的多维空间,加之配置计算所要求的多水源、多用户、多区域、多工程以及多时间尺度等因素进行调节计算,具有相当庞大的数据信息量。因此,不可能将所有可行的方案组合一一列出,只能筛选出可行且具有参考意义的各类方案组合,得到优化配置计算的基本方案集。

　　在方案设置时,首先以现状条件为基础,包括现状的用水结构和用水水平、供水结构和工程布局、现状流域及河湖水生态格局等。其次要参照各种专业规划,包括区域社会经济发展、生态环境保护、产业结构调整、水利工程及节水治污等方面的规划布局。结合滇池流域和普渡河流域中段两个分区的水资源具体情况,确定流域内各个计算单元内的地表水、地下水、再生水和外调水等不同水源的配置方案。

　　根据滇池和普渡河流域中段的水资源具体情况,结合不同水平年的相关规划,得到配置方案的初始集。进一步考虑合理配置方案的非劣特性,采用人机交互的方式排除初始方案集中代表性不够和明显较差的方案,组合成三维的水资源配置方案集。

　　滇池和普渡河流域水资源系统优化配置应遵循"蓄引提结合、以中小型蓄水工程为主,先本区、后外调"的基本原则,遵循"先节水后调水、先治污后通水、先环保后用水"的"三先三后"原则。

　　供水方案包括各类可供水源,主要为本地的地表水、地下水、再生水、非常规水和外调水等,按不同工程设计发挥效益时间及供水规模设定不同供水方案;需水方案为基于现状用水水平,由于规划区水资源极为短缺,因此考虑在现状节水水平和相应的节水措施基础上,需进一步加大节水投入力度,强化需水管理,合理调整经济结构和产业布局,抑制需水过快增长,进一步提高用水效率和节水水平。针对现状年、2020 水平年和 2030 水平年分别设定配置方案情景。在方案集可行域内,形成水资源配置计算的方案集。方案设置本身是一个动态的过程,通过方案→反馈→新方案→再反馈一系列过程完成方案设置,最后得到水资源系统优化配置模型计算的基本方案集(表 10.17)。

表 10.17　研究区水资源系统优化配置方案集

水平年	用水					产业结构调整	节水水平
	蓄水	地下水	再生水	外调水	河网水		
现状	√	√		√	√	—	高
2020	√	√	√	√	√	已调整	较高
2030	√	√	√	√	√	已调整	更高

（1）现状年。以现状用水水平为基础,调配的供水侧采用研究区现状的各类水源供水方案,需求侧考虑基于现状年水平下各用水户用水需求。目的是反映现状供水水平和滇池-普渡河流域行业用水水平下的流域水资源供需缺额程度及时空分布。

（2）2020 水平年。调配的供水侧采用在现状供水水源基础上增加规划的外调水和再生水水源供水方案,水源增加规划拟建的德泽水库、大营水库、马料河水库、龙菁水库、菁门口水库及各计算单元新建的小型水库群等规划新建工程,需求侧考虑各个用水户合理的用水需求。目的是评估基于增加水源情况下的研究区2020 水平年的水资源供需平衡情况。

（3）2030 水平年。调配的供水侧采用在现状供水水源基础上新增规划建成的滇中引水供水方案,需求侧抑制各个用水户的用水需求过快增长。目的是评估基于增加水源情况下的研究区 2030 水平年的水资源供需平衡态势。

10.7.6　不同求解方法对比分析

为了体现水资源系统优化算法在全局公平性及缺水率等指标的优化效果,需要通过量化指标来对比不同配置模型的结果。为此,作者课题组还通过水资源配置常规动态规划优化算法和基于精英的非支配改进遗传算法求解模型进行对比分析。

为了能够反映不同供水工程及不同来水频率下,水资源配置常规优化模型和遗传算法求解模型之间的差异,研究选用 2020 年和 2030 年作为规划水平年。在各个水平年,研究还设定了多年平均和枯水年($p=75\%$来水频率)两个来水情景,分析不同来水年份时,水资源配置常规优化模型和遗传算法求解模型配置结果之间的差异,尝试比较枯水年份两种水资源配置方案的优劣。

为了将多目标问题转化为单目标求解,对优化配置模型中的公平性和缺水率两个目标函数进行加权求和,得到最终的总目标函数,总目标函数越小说明配置结果越能满足全局优化。根据水资源配置原则,水资源配置行为是为了资源利用总体效益最大化的同时兼顾公平。因此,结合领域专家和工程师的经验分别为缺水率指标及公平性指标赋予权重系数 1.00 和 0.50。目标函数是两者之和最小化,即总目标=公平性指标×0.5+供水风险指标×1。

通过对比现状基准年、2020 水平年、2030 水平年水资源配置常规优化模型和遗传算法求解模型配置结果,见表 10.18,都能考虑多目标、多用户、多单元、多情景下水资源的合理分配,从缺水率最小和区域公平性最高两个方面来优化水资源时空分配格局,如果区域内有大型水利工程等年际调节水库参与调配,总体上基于遗传算法的优化配置略好。

在 $P=75\%$ 的中等干旱年份,三个水平年采用遗传求解的优化配置结果都优于常规优化配置结果,在公平性和缺水率上都较为明显。在考虑多目标、多水源、多用户的水资源分配时可以看出,从缺水率最小和区域公平性最高两个方面优化水资源调控,遗传算法具有全局搜索能力,对于空间上的水资源均衡调配和时间上的水资源均衡调控具有独特的优势。

表 10.18　中等干旱年份($P=75\%$)不同优化算法的各行业配置指标对比

水平年	现状年				2020				2030			
求解方法	遗传优化		常规优化		遗传优化		常规优化		遗传优化		常规优化	
目标	缺水率	公平性	缺水率	公平性	缺水率	公平性	缺水率	公平性	缺水率	公平性	缺水率	公平性
城市生活	0.23	2.90	0.45	2.91	0.29	2.56	0.38	1.91	0.01	0.35	0.10	2.72
农村生活	3.96	6.29	4.49	6.83	0.02	0.19	0.44	2.64	0.02	0.17	0.02	0.18
工业	0.24	0.49	0.59	1.33	0.46	0.43	0.64	0.86	1.97	1.31	1.96	1.31
农业	6.81	16.01	4.28	7.08	6.48	15.30	7.60	9.85	0.12	0.77	1.69	9.87
单目标	45.01	98.40	55.71	111.40	8.37	33.35	15.36	55.13	20.00	18.43	20.96	43.19
总目标	120.91		139.25		37.53		62.81		28.43		53.67	

10.7.7　水资源优化配置结果

根据各个片区 2020 水平年、2030 水平年的工农业生产、城乡居民生活、生态环境需水量分析,以及水源工程可供水量结果,进行各个计算单元的水资源供需分析,结果如图 10.10 和图 10.11 所示。

研究区 2020 水平年需水总量 15.58 亿 m³,各类水利工程可供水量 15.41 亿 m³,缺水 0.17 亿 m³,缺水率 1.1%。各计算单元城镇生活、工业和农村生活的供需基本平衡。农业灌溉保证率达到 75% 以上,缺水 0.12 亿 m³,缺水率 3.4%。采用 ARC_WAS 优化模拟的供水量比采用 MIKE BASIN 配置的供水量多 998 万 m³,差异在 0.65% 以内。

研究区 2030 水平年需水总量 18.33 亿 m³,各类水利工程可供水量 18.27 亿 m³,缺水 0.06 亿 m³,缺水率 0.32%。各计算单元城镇生活、工业和农村生活供需基本平衡。农业灌溉保证率达到 75% 以上,缺水 0.04 亿 m³,缺水率 1.2%。采用 ARC_WAS 优化模拟的供水量比采用 MIKE BASIN 配置的供水量多 1601 万 m³,

差异在 0.88% 以内,说明 WAS 模型对已有的配置格局具有全局调整的作用,同时又与实际较为接近,从一定程度上证明了优化算法配置结果的合理性。

根据各水平年水资源配置结果,计算区域各个行业的供水公平性和供水缺水率目标值,如图 10.12～图 10.14 所示,在 2020 水平年及 2030 水平年,缺水率指标及公平性指标均有所减小,缺水率指标及公平性指标定义表明通过节约用水、污水处理回用工程、本区域河湖水系连通工程、外流域引水工程等措施,供水保障程度越来越高,区域间的供水公平性越来越好。2030 水平年的总目标值比 2020水平年减小,可以看出,从缺水率最小和区域公平性最高两个方面,在多目标、多水源、多用户的水资源分配上,河湖水系连通工程对于在水资源空间上的均衡调配和时间上的均衡调控都具有独特的优势。

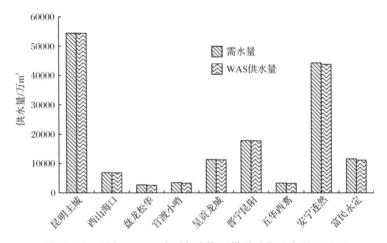

图 10.10　研究区 2020 水平年水资源供需平衡示意图(WAS)

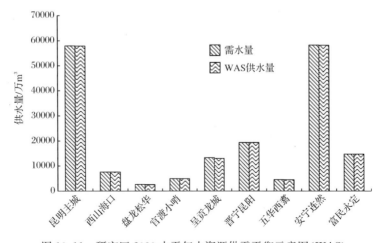

图 10.11　研究区 2030 水平年水资源供需平衡示意图(WAS)

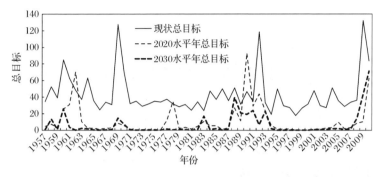

图 10.12　研究区各水平年总目标函数系列

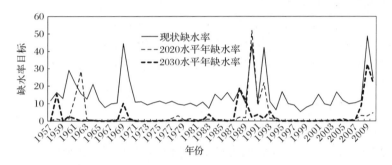

图 10.13　研究区各水平年缺水率目标函数系列

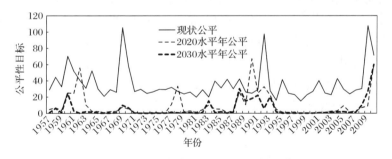

图 10.14　研究区各水平年公平性目标函数系列

　　2020 水平年在滇中引水工程未建成通水前,若遭遇历史上的 1962 年、1990 年、1992 年、2010 年等特枯水年景时,缺水率指标就明显增大,而公平性指标逐年数值也不稳定,浮动较大。2030 水平年滇中引水工程向研究区供水之后,各方案的缺水率指标及公平性指标的稳定性比 2020 水平年显著提高,在特枯水年基本不会出现大幅波动。同时,有滇中引水工程供水的 2030 水平年优化配置数据比 2020 水平年的显著减小,说明滇中引水工程对保障滇池流域的供水安全、提高区域供水公平性具有重要意义。

第11章 滇池流域水资源承载能力分析

11.1 水资源承载能力研究现状

11.1.1 水资源承载能力的内涵

承载能力(bearing capacity),原为力学指标,是指物体在不产生明显破坏时的极限荷载,是静态、无交互、具有力的量纲,可通过野外或室内的力学试验得到具体的数据。后来,这一概念被普遍引用于区域系统研究中,其中生态学最早用以衡量特定区域在某种环境条件下可维持某一物种个体的最大数量(王西琴等,2014)。20世纪60年代以后,随着人口、资源和环境问题日趋严重,资源环境承载能力得以广泛研究和探讨,成为可持续发展的核心内容。特别是当今我国正处于转变过去以资源环境为代价换取经济增长方式的发展时期,资源环境承载能力研究已成为中央和各级地方政府确定区域发展和布局规划的基础性工作。开展全国各县资源环境承载能力评价,推动实现资源环境承载能力监测预警规范化、常态化和制度化,引导和约束各地严格按照资源环境承载能力深化经济社会发展,是我国深化生态文明体制改革的重要举措。水资源、水生态、水环境超载区要实行限制性措施,调整发展规划,控制发展速度和人口规模,调整产业结构。为此,近年来我国已陆续开展了主体功能区划、生态红线划定、自然资源核算等一系列工作。可见,资源环境承载能力研究对提升政府社会治理能力、转变经济发展方式、优化国土空间开发格局、推进可持续发展等都具有重大意义(姚士谋等,2014;Fan et al.,2012)。

水资源承载能力是承载能力概念与水资源系统的自然结合,是资源环境承载能力的重要组成部分。关于水资源承载能力的定义很多,但迄今还没有一个统一公认的表达。分析这些定义,可将其归纳为两类,即就水论水型和以水定产型。

1. 就水论水型

该类水资源承载能力定义一般从水资源特性出发,最终落脚也是水资源,定义主要强调水资源最大供给能力,即开发容量。该类定义认为(冯尚友,2000;付湘等,1999):水资源承载能力是指在一定的技术经济水平和社会生产条件下,水资源可最大供给工农业生产、人民生活和生态环境保护等用水的能力,即水资源最大开发容量,在这个容量下水资源可以自然循环和更新,并不断地被人们利用,造福于人类,同时不会造成水生态环境恶化。

2. 以水定产型

该类水资源承载能力定义一般从水资源主体出发,最终落脚到水资源承载客体,定义主要侧重于水资源可支撑客体的最大合理规模,这个规模是个综合性指标,一般由人口、地区生产总值、粮食产量、灌溉面积、污染负荷等组成。该类定义认为(左其亭等,2015;王浩等,2004;冯耀龙等,2003b):水资源承载能力是指在某一具体的历史发展阶段,以可预见的技术、经济和社会发展水平为依据,以可持续发展为原则,以维护生态与环境良性发展为条件,经过合理的优化配置,水资源对该地区社会经济发展的最大支撑能力。

从以上描述可以看出,第一类定义仅以水资源开发容量定义水资源承载能力,偏重于理论概念,难以用于实践。研究水资源承载能力的最终目的是要为区域的经济协调发展提供理论和技术支撑,即区域水资源到底可以支撑多大的社会、经济规模。相同的水资源开发容量,不同的用水对象及其分配比例,产生的社会效益和经济效益也不相同。第二类定义可以明确地提供水资源可支撑的发展规模,更方便地为发展决策提供依据,体现"以水定产、以水定城"的当今主流和水资源刚性约束的管理思路。因此,本书中采用第二类水资源承载能力定义。

11.1.2 水资源承载能力评价方法综述

国外一般将水资源承载能力纳入可持续发展中(van Leeuwen,2013;Lane,2010),或将其作为水资源管理研究的一部分内容(Winz et al.,2009),很少以水资源承载能力为专题进行单项研究。我国最早由施雅风院士在 20 世纪 80 年代开始提出水源承载能力的概念,自此水资源承载能力成为水资源科学研究中的重点和热点之一(姜大川等,2016;莫崇勋等,2015;黄莉新,2007)。综合分析现有水资源承载能力研究成果,按其研究方法可分为两类:一类是定性评价,即通过构建评价指标体系,运用综合评价方法,定性判断水资源承载社会经济环境的发展规模是否超载;另一类是通过构建较为复杂的数学模型,定量计算某一区域水资源所能支撑的社会经济、环境及人口规模。

1. 定性评价方法

(1)常规趋势法。该方法通过选择表征水资源状况的单个或多个指标来反映区域水资源承载能力的状况。例如,施雅风等(1992)运用水资源供需平衡法对乌鲁木齐河流域水资源承载能力进行了分析。该方法具有直观、简便的特点,但是涉及的变量少,没有全面系统地考虑影响水资源承载能力中各要素之间的相互制约和作用关系。

（2）综合评价法。通过建立一个涵盖影响水资源承载能力主要因素的评价指标体系，运用评价方法将各个指标值的评价结果综合起来，得出一个比较全面的水资源承载能力的判断。该方法由于其综合性而广泛应用于水资源承载能力的评价中。王久顺等（2003）采用投影寻踪法对淮河流域水资源承载能力进行综合评价；郦建强等（2009）基于改进隶属度的模糊物元模型评价了淮河流域水资源承载能力；许朗等（2011）采用主成分分析法对江苏省水资源承载能力时空特征进行了分析；张忠学等（2015）采用模糊综合评价法定性评价了绥化市北林区1996～2012年的农业水资源承载状况。综合评价的关键在于建立科学的评价指标体系，评价指标要能够切实反映水资源承载能力的大小，目前大多数研究指标的选择仍仅靠研究者的经验选定，存在主观随意性。因此，对于评价指标体系的建立和评价还有待深入研究。

2. 定量计算方法

（1）系统动力学法。它是应用系统动力学原理采用动态反馈模拟计算一个地区水资源承载能力的方法。该方法一般通过微分方程组来模拟预测社会经济、生态、环境和水资源系统多变量、非线性、多反馈与复杂反馈等过程，把经济社会、资源与环境在内的大量复杂因子作为一个整体，对一个区域的资源承载能力进行动态计算。王西琴等（2014）基于系统动力学模型研究了常州市2020年共5种情景方案下的水生态承载能力，并进行了方案优选，推荐方案为污染控制高方案，在该方案下，2020年常州市可承载的人口数量为481万人，GDP总量可达到6094亿元。该方法具有分析速度快、模型构造简单等优点，但是系统模拟结果受参变量的影响大，而参变量又不好把握。

（2）神经网络法。该方法将影响水资源承载能力的因子数据和水资源承载能力值（如可承载人口、地区生产总值、化学需氧量COD_{cr}等）作为训练样本，输入神经网络模型中反复学习，归纳出影响因素与水资源承载能力之间的非线性关系，用训练好的网络模型预测区域未来水资源承载能力。例如，刘树锋等（2007）采用人工神经网络模型预测了惠州市规划水平年不同供水保证率下的水资源承载力，按预测值对其水资源承载状态进行了判别。该方法能有效解决水资源系统中的非线性问题，具有自适应性、容错性、计算结果客观等优点，但还需要在加快其收敛速度和避免受局部极点影响等方面进行深入研究。

（3）多目标决策分析法。该方法将社会经济、生态环境和水资源系统作为一个整体来研究，通过对系统内部各要素之间关系的剖析，将水资源开发利用作为其中的重要约束，通过数学规划，分析系统在追求目标最大情况下各要素的状态，以此确定区域水资源现实可承载的人口、社会经济和生态环境规模。徐中民

(1999)采用基于情景的多目标决策分析法研究了分水时间和分水量,以及种植业节水方式对张掖地区水资源承载规模的影响。徐咏飞等(2009)采用多目标决策分析模型研究了四种情景下曹妃甸工业区的水资源承载能力,结果表明,仅在环境保护型和综合发展型模式下,区域水资源承载能力处于可承载和良好可承载的状态,其余发展模式均不可承载。

(4) 动态试算法。该方法是近年提出的水资源承载能力定量计算新方法,其原理是将社会经济用水量(W_{GDP})作为自变量,生活用水量(W_{pop})作为因变量,分别从社会经济发展规模和水资源的不同角度,建立自变量与因变量之间的数学模型。

社会经济发展规模角度(王建华等,2016):

$$\begin{cases} E_{GDP} = \dfrac{W_{GDP}}{U} \\ T_{pop} = \dfrac{E_{GDP}}{E_{per}} \\ W_{pop} = T_{pop} D_{pop} \end{cases} \tag{11.1}$$

式中,E_{GDP} 为区域可承载的 GDP 规模;U 为单位 GDP 综合用水量;E_{per} 为人均 GDP;T_{pop} 为区域可承载的人口;D_{pop} 为人均用水定额。

水资源角度(姜大川等,2016):

$$W_{pop} = W_k - W_{GDP} \tag{11.2}$$

式中,W_k 为区域水资源可利用量。

然后,不断改变自变量 W_{pop},分别根据式(11.1)和式(11.2)试算因变量 W_{pop},直到按两个公式计算的 W_{pop} 相等时,试算结束,此时的 GDP 规模即为当地水资源可承载的 GDP 规模。王建华等(2016)采用该方法计算了水量水质耦合下沂河流域(临沂段)水资源承载能力;姜大川等(2016)采用该方法计算了武汉城市圈水资源及水环境承载力。

11.1.3　滇池流域水资源承载能力问题

滇池流域是云南省的社会经济核心区,流域人口稠密,水资源总量为 5.55 亿 m^3,人均水资源量低于 200m^3,与全国著名缺水地区京津唐的人均水资源量相当,属水资源严重缺乏地区,而且流域水质不容乐观,滇池水质自 20 世纪 80 年代末至今一直为劣Ⅴ类,成为国家重点治理的"三湖三河"之一(顾世祥等,2013)。已有的研究表明,跨流域调水是解决水资源分布不均,改善水土资源组合的原有格局,实现水资源合理配置,保证国家社会、经济和环境持续协调发展的一项重要战略措施(邵东国,2001)。鉴于此,昆明市规划实施了一批外流域引调水工程,以解决昆明市日益严峻的缺水和滇池水环境问题。水是区域社会、经济和生态环境复合系统的纽带因子,也是系统中最活跃、最关键的因子之一,调水必然会改变调水区和受水区的水资源状况及其社会、经济、生态环境状况。水资源承载能力是在水与区域社会、经济和生态环境相互作用关系分析基础上,提出的全面反映水资源对区域社会、经济和生态环境系统发展支持能力的一个综合指标(李世明等,2000;李令跃等,2000)。从某种意义上来说,外流域引调水就是水资源承载能力在跨流域引调水系统各区域间的转移和再分配。研究外流域引调水对区域水资源承载能力的影响对实现区域水资源优化配置和可持续发展具有重要的科学和现实意义。然而,目前相关的研究还非常少。本章采用定性评价和定量计算相结合的方式,对滇池流域有、无外流域引调水情况下的水资源承载能力进行全面分析,重点分析外流域引调水对区域水资源承载能力的影响,以期为区域水资源可持续利用和社会经济可持续发展提供技术指导。

11.2　水资源承载能力评价方法

11.2.1　定性评价方法

目前,有关水资源承载能力综合评价的研究方法较多,大致可以分成两类:一类是以模糊综合评价法(张忠学等,2015)为代表的主观评价法,该方法由于在评价指标权重确定方面主要靠专家的主观臆断,评价结果更多是体现专家的意志,存在一定的主观性;另一类是以主成分分析(周亮广等,2006;黄嘉佑,2004)为代表的客观评价法,该方法是纯粹用矩阵运算提取决策矩阵的客观信息,评价结果不依赖于决策者的主观判断,客观性较好。两类方法均是在建立一套指标体系的基础上,通过某种数学方法对区域水资源承载能力做出综合评价。但是现有水资源承载能力研究,绝大部分采用单一类研究方法对某一区域的水资源承载能力进行评价,很少采用两类方法同时对一个地区水资源承载能力进行评价。水资源承载能力综合评价的关键在于建立科学合理的评价指标体系(段春青等,2010),指标体系合理与否直接关系到评价结果的合理性,而应用单一类方法进行评价,评价指标体系的科学性和合理性又不能得到检验。一套科学、合理的指标体系,主、客观评价结果应具有较好的一致性。相反,则可能出现相互矛盾的结果。要准确评价区域水资源承载能力,应用主、客观两类评价方法同时对指标体系的科学性进行检验,弥补两者的不足,并将两类评价方法结果相互印证。因此,以滇池流域为例,分别选择模糊综合评价法和主成分分析法作为主、客观评价法,对流域水资源承载能力进行科学评价。

1. 模糊综合评价法

1) 计算原理

模糊综合评价法是根据模糊数学的隶属度理论将定性评价转化为定量评价的综合评价法,即用模糊数学对受多因素制约的事物或对象做出总体评价,结果清晰、系统性强,能较好地解决信息中模糊、难以量化的问题,其主要原理如下:设评价指标集为 $X = \{x_1, x_2, \cdots, x_m\}$,评价等级集为 $V = \{v_1, v_2, \cdots, v_n\}$,建立一个从 X 到 V 的模糊映射矩阵 $R_{m \times n}$:

$$R_{m \times n} = \begin{cases} r_{11} & r_{12} & \cdots & r_{1n} \\ r_{21} & r_{22} & \cdots & r_{2n} \\ \vdots & \vdots & & \vdots \\ r_{m1} & r_{m2} & \cdots & r_{mn} \end{cases}$$

,可通过模糊变换函数 $F(x)$ 将 $x_i(x_i \in X)$ 映射成 $\sum_{j=1}^{n} \dfrac{r_{ij}}{v_j}$,即 $F: X \rightarrow F(X)$,矩阵 $R_{m \times n}$ 的第 i 行表述 x_i 在 V 上的评价;设各个指标的权重为 $W = \{w_1, w_2, \cdots, w_m\}$,则 $B = W \times R$ 为对各个指标的综合评价。

2) 指标权重的确定

模糊综合评价的关键和难点在于模糊映射矩阵 R 和指标权重矩阵 W 的确定。为降低模糊综合评价法的主观性,使评价结果更加合理并符合实际,本节将主观赋权法(层次分析法)权重和客观赋权法(熵权法)权重的几何平均作为模糊综合评价指标的权重。模糊映射矩阵 R 采用隶属度函数确定(何俊仕等,2013)。各计算方法原理如下。

(1) 层次分析法。

层次分析法的基本思想是把复杂的系统分解为若干子系统,将问题归并为有序的递阶多层次结构,在确定层次中各个子系统及要素相对重要性的基础上,建立判断矩阵,计算各要素的权值。层次分析法的基本步骤如下(常建娥等,2007)。

① 建立层次结构图。

该结构图包括目标层、准则层和指标层。

② 构造判断矩阵。

在确定各层次各因素之间的权重时,如果只是定性的结果,则常不易被人接受,因而用 Saaty 提出的一致矩阵法,该方法规定:不将所有的因素放在一起比较,而是两两相互比较;采用相同的尺度进行对比,以减少不同属性的因素相互比较的困难,以提高准确度。

根据层次分析指标体系确定的上下层次指标间的隶属关系,对同一层次的指标进行两两比较,其比较结果以 Saaty 的 1~9 标度法表示(表 11.1),这样对同一层的评价指标可以得到两两比较判断矩阵 $A_{n \times n} = (a_{ij})_{n \times n}$,$A_{n \times n}$ 有以下性质：$a_{ij}>0；a_{ij}=1/a_{ji}；a_{ii}=1$。判断矩阵的意义是表示本层所有因素对上一层某个因素相对重要性的比较。

表 11.1　层次分析法 1～9 标度的含义

标度	含义
1	表示两个指标相比,具有相同的重要性
3	表示两个指标相比,一个指标比另一个指标稍微重要
5	表示两个指标相比,一个指标比另一个指标明显重要
7	表示两个指标相比,一个指标比另一个指标强烈重要
9	表示两个指标相比,一个指标比另一个指标极端重要
2、4、6、8	上述相邻判断的中值

③ 计算单排序权向量并做一致性检验。

根据定理，n 阶一致阵的唯一非零特征根为 n；n 阶特征正互反矩阵 A 的最大特征根 $\lambda_{max} \geqslant n$，当且仅当 $\lambda_{max}=n$ 时，A 为一致阵。由于 λ_{max} 连续依赖于 a_{ij}，因此，λ_{max} 比 n 大得越多，A 的不一致性越严重。用最大特征根对应的特征向量作为被比较因素对上一层某一因素影响程度的权向量，其不一致程度越大，引起的判断误差越大，因而可以用 $\lambda_{max}-n$ 的数值来衡量 A 的不一致程度。

定义一致性指标 CI：

$$CI=\frac{\lambda_{max}-n}{n-1} \tag{11.3}$$

CI＝0，有完全的一致性；CI 接近于 0，有满意的一致性；CI 越大，不一致越严重。

但是 CI 到底多大，才是有满意的一致性，其不一致程度才是在允许的范围内呢？为此引入随机一致性指标——RI，方法为：随机构造 500 个成对比较矩阵 A_1、A_2、…、A_{500}，则可得一致性指标 CI_1，CI_2，…，CI_{500}。

定义随机一致性指标 RI：

$$RI=\frac{CI_1+CI_2+\cdots+CI_{500}}{500} \tag{11.4}$$

Saaty 经过试验，找到了 RI 与判断矩阵维数 n 的关系，见表 11.2。

表 11.2　随机一致性指标

n	1	2	3	4	5	6	7	8	9	10	11
RI	0	0	0.58	0.90	1.12	1.24	1.32	1.41	1.45	1.49	1.51

定义一致性比率 CR 为

$$CR=\frac{CI}{RI} \tag{11.5}$$

一般而言,当 CR<0.1 时,认为 A 的不一致程度在允许范围内,有满意的一致性,可用其归一化的特征向量作为权向量,否则要重新构造成对比较矩阵,对 a_{ij} 进行调整。

④ 计算总排序权向量并做一致性检验。

层次总排序是指计算某一层所有因素对于最高层(目标层)相对重要性的权值。这一过程是从最高层到最低层依次进行的。利用总排序一致性比率 $CR = (\sum_{j=1}^{m} \omega_j CI_j)/(\sum_{j=1}^{m} \omega_j RI_j) \leqslant 0.1$ 进行检验,若通过检验,则总排序权向量即为评价指标权向量,否则需要重新构造判断矩阵。

以三层模型为例,假设第二层(准则层)有 n 个因素,第三层(指标层)有 m 个因素。通过求判断矩阵的特征向量,第二层对第一层的单排序权向量为 $\omega_{n\times1}^{(2)} = \begin{bmatrix} a_1 \\ \vdots \\ a_n \end{bmatrix}$,第三层对第二层的单排序权向量依次为 $\omega1_{m\times1}^{(3)} = \begin{bmatrix} b_{11} \\ \vdots \\ b_{m1} \end{bmatrix}$, $\omega2_{m\times1}^{(3)} = \begin{bmatrix} b_{12} \\ \vdots \\ b_{m2} \end{bmatrix}$,

$\omega n_{m\times1}^{(3)} = \begin{bmatrix} b_{1n} \\ \vdots \\ b_{mn} \end{bmatrix}$,则层次总排序权向量计算公式为

$$\omega_{m\times1(AHP)} = \{\omega1_{m\times1}^{(3)}, \omega2_{m\times1}^{(3)}, \cdots, \omega n_{m\times1}^{(3)}\}_{m\times n}\omega_{n\times1}^{(2)} = \begin{bmatrix} b_{11} & \cdots & b_{1n} \\ \vdots & & \vdots \\ b_{m1} & \cdots & b_{mn} \end{bmatrix}\begin{bmatrix} a_1 \\ \vdots \\ a_n \end{bmatrix} = B_{m\times n}A_{n\times1}$$

(11.6)

(2) 熵权法。

熵的概念源于热力学,是用来描述离子或者分子运动的不可逆现象。后来被引入信息论中。根据信息论的基本原理,信息是系统有序程度的一个度量;而熵是系统无序程度的一个度量。在评价体系中,信息熵越小,表明指标的变异程度越大,提供的信息量也就越大,则在评价体系中占的权重越大;反之亦然。因此,可以根据各个指标值的变异程度,利用信息熵计算各个指标的权重,为整个评价体系提供可靠依据。熵权法模型的计算步骤如下(罗军刚等,2008)。

① 原始数据矩阵的"归一化"。

这里的"归一化"并非传统的归一化处理,而是按特定的原则进行数据的归一化处理。设有 m 个评价指标,n 个评价对象的原始数据矩阵 $A_{m\times n} = (a_{ij})_{m\times n}$($i=1,2,\cdots,m;j=1,2,\cdots,n$),归一化后得到 $R_{m\times n} = (r_{ij})_{m\times n}$。

对于大者为优的指标:

$$r_{ij} = \frac{a_{ij} - \min_{j}\{a_{ij}\}}{\max_{j}\{a_{ij}\} - \min_{j}\{a_{ij}\}}$$

(11.7)

对于小者为优的指标：

$$r_{ij} = \frac{\max_j\{a_{ij}\} - a_{ij}}{\max_j\{a_{ij}\} - \min_j\{a_{ij}\}} \tag{11.8}$$

② 定义熵。

第 i 个指标的熵为

$$h_i = -k \sum_{j=1}^{n} f_{ij} \ln f_{ij} \tag{11.9}$$

式中

$$f_{ij} = \frac{1 + r_{ij}}{\sum_{j=1}^{n}(1 + r_{ij})}$$

$$k = \frac{1}{\ln n}$$

③ 定义熵权。

$$\omega_{i(\text{entropy})} = \frac{1 - h_i}{m - \sum_{i=1}^{m} h_i}, \quad 0 \leqslant \omega_i \leqslant 1, \quad \sum_{i=1}^{m} \omega_i = 1 \tag{11.10}$$

（3）隶属函数。

根据模糊数学基本概念，借助隶属函数确定因素集 U 中每一个指标隶属于评语集 V 中某一分级评语的程度，因素集 U 中全部隶属度的合成即构成评判矩阵。确立隶属函数时，必须考虑单项指标的变化规律。将所有指标分为指标值越大越好和指标值越小越好两类指标，各指标的隶属度由所对应的评价指标的分级值来确定。但是，有时会出现于分级临界值附近，各等级间数值相关性不大但评价等级完全不同的状况，为消除这种跳跃的现象，需对其进行模糊化处理。令 V_2 级的区间中点隶属度为 1，两临界点隶属度为 0.5，中间向两侧线性递减。令 V_1 和 V_3 两等级，距临界值越远，越向两侧延伸的隶属度越大，在临界值的隶属度为 0.5。基于以上假设及隶属度定义，构造各评价等级相应隶属度的计算公式。

令 V_1 和 V_2 的临界值为 k_1，V_2 和 V_3 的临界值为 k_3，等级区间中点值为 k_2，则 $k_2 = (k_1 + k_3)/2$，则隶属函数计算公式如下。

对于越小越好的指标：

$$\mu_{v1} = \begin{cases} 0.5\left(1 + \dfrac{k_1 - C_i}{k_2 - C_i}\right), & C_i < k_1 \\[2mm] 0.5\left(1 - \dfrac{C_i - k_1}{k_2 - k_1}\right), & k_1 \leqslant C_i < k_2 \\[2mm] 0, & C_i \geqslant k_2 \end{cases} \tag{11.11}$$

$$\mu_{v2}=\begin{cases} 0.5\left(1-\dfrac{k_1-C_i}{k_2-C_i}\right), & C_i<k_1 \\[2mm] 0.5\left(1+\dfrac{C_i-k_1}{k_2-k_1}\right), & k_1\leqslant C_i<k_2 \\[2mm] 0.5\left(1+\dfrac{k_3-C_i}{k_3-k_2}\right), & k_2\leqslant C_i<k_3 \\[2mm] 0.5\left(1-\dfrac{k_3-C_i}{k_2-C_i}\right), & C_i\geqslant k_3 \end{cases} \tag{11.12}$$

$$\mu_{v3}=\begin{cases} 0.5\left(1+\dfrac{k_3-C_i}{k_2-C_i}\right), & C_i\geqslant k_3 \\[2mm] 0.5\left(1-\dfrac{C_i-k_3}{k_2-k_3}\right), & k_2\leqslant C_i<k_3 \\[2mm] 0, & C_i<k_2 \end{cases} \tag{11.13}$$

对于越大越好的指标,隶属度计算公式仅需将式(11.11)~式(11.13)右端区间号"$\leqslant$"改为"$\geqslant$"、"$<$"改为"$>$",计算式不变。

2. 主成分分析法

主成分分析是试图在力保数据信息损失最少的原则下,对多变量的截面数据进行最佳综合简化,也就是对高维变量空间进行降维处理,将系统的多变量(多指标)转化为较少的几个综合指标的一种统计方法。具体操作过程:首先将高维变量综合与简化,然后根据各指标的权重,通过矩阵的换算,将多目标问题综合成单变量(指标)形式,将系统信息量最大的综合指标确定为第一主成分,其次为第二主成分,以此类推(黄嘉佑,2004)。

1) 建立标准化的原始数据矩阵

为了消除各个指标之间数量级和量纲带来的误差,对原始数据矩阵进行标准化处理。假设有 m 个指标,n 个评价对象,这原始数据矩阵为 $X_{m\times n}=\begin{bmatrix} x_{11} & \cdots & x_{1n} \\ \vdots & & \vdots \\ x_{m1} & \cdots & x_{mn} \end{bmatrix}$,标准化计算公式如下:

$$x_{ij}=\frac{x_{ij}-\bar{x}_i}{\sigma_i} \tag{11.14}$$

式中,$\bar{x}_i$、σ_i 分别为第 i 个指标的样本均值和标准差。

2) 求出协方差矩阵

$$S_{m\times m}=\frac{1}{n}X^*_{m\times n}(X^*)^{\mathrm{T}}_{n\times m} \tag{11.15}$$

即协方差矩阵是与指标个数相同的 m 维方阵。

3）求出方阵 $S_{m×m}$ 的特征值和特征向量

$S_{m×m}$ 方阵的特征值 $\lambda_1 \geqslant \lambda_2 \geqslant \cdots \geqslant \lambda_m$，对应的特征向量为 $v_1, v_2, \cdots, v_m$，并组成矩阵 $V_{m×m} = (v_1, v_2, \cdots, v_m)$。

4）求出主成分 $Z_{m×n}$

$$Z_{m×n} = (V_{m×m})^{\mathrm{T}} X_{m×n}^* \tag{11.16}$$

主成分 $Z_{m×n}$ 是维数与原始数据矩阵同维的矩阵。

5）计算各主成分的贡献率（p_i）和累计方差贡献率（P_i）

$$p_i = \frac{\lambda_i}{\sum\limits_{i=1}^{m} \lambda_i} \tag{11.17}$$

$$P_i = \frac{\sum\limits_{j=1}^{k} \lambda_j}{\sum\limits_{i=1}^{m} \lambda_i} \tag{11.18}$$

6）计算主成分荷载 $F_{m×m}$

主成分荷载，即主成分与变量之间的相关系数。

$$F_{m×m} = \sum_{j=1}^{n} \sum_{i=1}^{m} v_{ij} x_{ij} \tag{11.19}$$

11.2.2　定量评价模型

1. 模型框架

根据水资源承载能力的定义（冯耀龙等，2003b），它是指一定时期，在某种环境状态下（现状或拟定的）以可预见的技术、经济和社会发展水平为依据，以可持续发展为原则，以维护生态环境良性发展为条件，在水资源得到充分合理开发利用的情况下，区域水资源对该区域人类社会经济活动支持能力的阈值（极限值）。水资源承载能力的定义决定了其研究应该具有一定的前瞻性，李令跃等（2000）认为，水资源承载能力至少具有中远期的特征，未来 20 年或 30 年（中远期）时间跨度相对短一些，可用比较成熟的资源规划理论进行分析。因此，水资源承载能力多目标决策模型应该是集预测、模拟与优化于一体的综合模型。预测是水资源承载能力研究的基线背景，预测数据包括水资源可供水量、地区生产总值、工业增加值、农业灌溉面积、人口数量、用水定额等，这些预测数据构成了多目标优化的社会经济和资源条件背景。根据预测数据，建立联系水资源、社会经济、生态环境的水资源承载能力多目标模型，通过对模型求解得到不同水资源开发利用方案下的水资源承载能力。由于水资源承载能力是多目标相互制约下的"相对最优解"，它体现了决策者的意志。因此，它的求解是一个人机交互的过程。通过分析研究，滇池流域水资源承载能力多目标决策模型结构如图 11.1 所示,主要包括需水量计算、可供水量计算、计算模型构建三个过程。

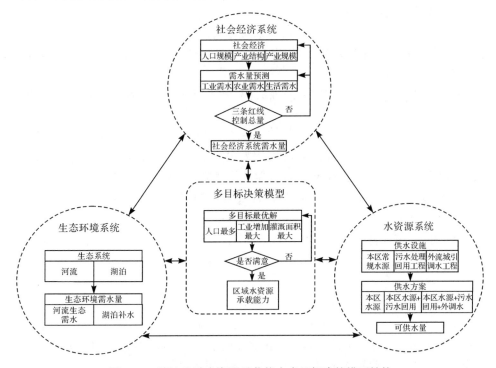

图 11.1　滇池流域水资源承载能力多目标决策模型结构

2. 多目标决策模型

水资源承载能力是一个涉及水资源、社会、经济、生态环境等方面的多目标问题,在缺水性地区,这些目标之间往往是相互制约的,不能达到所有目标最优,只能达到所有目标相对最优。本章选取工业增加值(Ind)最大、人口(Pop)最多、农业灌溉面积(Area)最大作为模型的输出。

1) 总目标方程

$$\text{Obj} = \text{Opt}\{\max(\text{Ind}), \max(\text{Pop}), \max(\text{Area})\} \tag{11.20}$$

2) 子目标方程

(1) 工业增加值最大。

$$\text{Obj}_{\text{Ind}} = w_{\text{Ind}} f_{\text{Ind}} \tag{11.21}$$

式中,w_{Ind} 为工业用水量(万 m³);f_{Ind} 为单位水资源工业产值(万元/m³)。

(2) 人口最多。

$$\text{Obj}_{\text{Pop}} = w_{\text{city}} f_{\text{city}} + w_{\text{country}} f_{\text{country}} \tag{11.22}$$

式中，w_{city}、$w_{country}$分别为城市生活用水量和农村生活用水量；f_{city}、$f_{country}$分别为单位水资源对城镇居民和农村居民的支撑能力，为用水定额的倒数（人/m³）。

（3）农业灌溉面积最大。

$$\mathrm{Obj}_{Area} = w_{Area} f_{Area} \tag{11.23}$$

式中，w_{Area}为农业灌溉用水量；f_{Area}为单位水资源对农业灌溉的支撑能力，为灌溉定额的倒数（亩/m³）。

假设研究区分为 n 个计算单元，则第 t 年整个研究区的水资源承载能力 WC 为

$$\mathrm{WC}(t) = \sum_{i=1}^{n} \mathrm{Obj}_i(t) \tag{11.24}$$

式中，水资源承载能力属于向量，可表达为 $\mathrm{WC}(t) = (\mathrm{Ind}(t), \mathrm{Pop}(t), \mathrm{Area}(t))$，$\mathrm{Obj}_i(t) = (\mathrm{Ind}_i(t), \mathrm{Pop}_i(t), \mathrm{Area}_i(t))$ 为各计算单元水资源承载能力；若某一计算单元无耕地资源，则 $\mathrm{Obj}_i(t) = (\mathrm{Ind}_i(t), \mathrm{Pop}_i(t), 0)$，其他情况类似。

3）约束条件

模型的约束条件分为水资源约束、社会经济约束、生态环境约束和变量非负约束。

（1）水资源约束。

① 水量平衡约束。

$$W_i(t) = w_{\mathrm{Ind}i}(t) + w_{\mathrm{Pop}i}(t) + w_{\mathrm{Area}i}(t) \tag{11.25}$$

式中，$W_i(t)$ 和第 t 年第 i 计算单元可供水量；$w_{\mathrm{Ind}i}(t)$、$w_{\mathrm{Pop}i}(t)$、$w_{\mathrm{Area}i}(t)$ 分别为第 t 年第 i 计算单元工业用水量、生活用水量、农业用水量。

② 供水工程约束。

$$W_i(t) \leqslant W_{\mathrm{max}i}(t) \tag{11.26}$$

式中，$W_{\mathrm{max}i}$ 为第 t 年第 i 计算单元供水工程最大供水量。

（2）社会经济约束。

① 人口约束。

$$\begin{cases} \mathrm{Pop}_i(t) = w_{cityi}(t) f_{cityi}(t) + w_{countryi}(t) f_{countryi}(t) \geqslant \mathrm{Pop}_i(t-1) \\ w_{cityi}(t) + w_{countryi}(t) = w_{\mathrm{Pop}i}(t) \end{cases} \tag{11.27}$$

式中，$\mathrm{Pop}_i(t)$、$\mathrm{Pop}_i(t-1)$ 分别为第 t 年、第 $t-1$ 年第 i 计算单元人口总数；$w_{cityi}(t)$、$w_{countryi}(t)$ 分别为第 t 年第 i 计算单元的城市生活用水量和农村生活用水量；$f_{cityi}(t)$、$f_{countryi}(t)$ 分别为第 t 年第 i 计算单元的单位水资源对城镇居民和农村居民的支撑能力。

② 城镇化约束。

$$w_{cityi}(t) f_{cityi}(t) \geqslant [w_{cityi}(t) f_{cityi}(t) + w_{countryi}(t) f_{countryi}(t)] B_{cityi}(t) \tag{11.28}$$

式中，$B_{cityi}(t)$ 为第 t 年第 i 计算单元城镇化率。

③ 工业总产值约束。

$$\frac{w_{\mathrm{Ind}i}(t-1)f_{\mathrm{Ind}i}(t-1)}{\mathrm{Pop}_i(t-1)} \leqslant \frac{w_{\mathrm{Ind}i}(t)f_{\mathrm{Ind}i}(t)}{\mathrm{Pop}_i(t)} \qquad (11.29)$$

④ 农业灌溉面积约束。

$$w_{\mathrm{Area}i}(t)f_{\mathrm{Area}i}(t) \leqslant \mathrm{TArea}_i(t) \qquad (11.30)$$

式中，$f_{\mathrm{Area}i}(t)$ 为第 t 年第 i 计算单元单位水资源对农业的支撑能力，为用水定额的倒数（亩/m³）；$\mathrm{TArea}_i(t)$ 为第 t 年第 i 计算单元耕地总面积。

(3) 生态环境约束。

本章针对河道外生态环境的用水量计入城镇生活用水，预留了河道内生态环境用水量，并在可供水量计算中予以扣除。根据《河湖生态环境需水计算规范》（SL/Z 712—2014）、《建设项目水资源论证导则》（GB/T 35580—2017）等关于河道生态环境用水的规定，按汛期为多年平均天然来水量的 30%，非汛期为多年平均天然来水量的 10% 标准执行。

3. 需水量计算

在认真研究用水现状及历年用水情况的基础上，充分考虑当地的产业结构、工业发展趋势及发展规划、城市和农村人民生活的提高、农业经济模式与发展规划、人口增长等各方面因素后，计算得到的区域需水量。本章采用定额法进行需水量计算，由于篇幅有限，具体方法详见相关文献（顾世祥等，2013）。

4. 可供水量计算

在单项工程（蓄、引、提水工程等）可供水量计算的基础上，进行综合分析，合理安排各类工程的供水方案组合，计算得到区域的可供水量。各类工程可供水量计算原理如下。

1）引、提水工程

$$W_k = \min(D, Q_{\max}, Y_{\mathrm{up}} - Y_{\mathrm{down}}) \qquad (11.31)$$

式中，W_k 为引水工程可供水量；D 为用户需水量；$Q_{\max}$ 为引、提水工程供水能力；Y_{up} 为河道来水量；Y_{down} 为河道下游用水量（包含河道生态用水量）。

2）蓄水工程

蓄水工程可供水量计算分大中型水库、小型蓄水工程而计算方法不同。大中型水库可供水量一般按典型年调节法或系列年调算法计算，过程较为复杂，限于篇幅，不展开论述，具体可参考《水文水利计算》。小型蓄水工程可供水量一般采用复蓄指数法计算：

$$W_k = nV_{\mathbb{H}} \qquad (11.32)$$

式中，n 为复蓄指数，一般大于 1.0，与集雨面积、来水多少、有效库容大小及用水过程等多种因素有关;$V_兴$ 为水库、塘坝的兴利库容。

3) 地下水工程

$$W_k = \sum_{i=1}^{n} q_i \Delta t_i \qquad (11.33)$$

式中,q_i 为机井提水能力(m^3/s);Δt_i 为开机时间(s);i 为机井数量。

11.3　滇池流域水资源承载能力定性评价

11.3.1　基于 DPSIR 的水资源承载能力评价

1. 指标体系构建

评价指标体系的构建是水资源承载能力评价的关键,评价指标体系应能够全面客观地揭示区域水资源与社会、生态、经济发展之间的协调状况,既能指导和监督区域水资源利用,促进区域可持续发展,又能体现几大系统直接的相互因果关系。为改进传统水资源承载能力综合评价指标体系选取主观性大、指标体系相互孤立等不足,本节采用 DPSIR 概念模型构建滇池流域水资源承载能力评价指标体系。DPSIR 模型(Smeets et al.,1999)是一种在环境系统中广泛使用的评价指标体系概念模型,它将表征一个自然系统的评价指标分成驱动力(driving forces)-压力(pressure)-状态(state)-影响(impact)-响应(responses)五个部分,各部分又细分成若干种指标,各部分的关系不是静止的,前后采用因果关系连接起来,突破以往指标体系相互孤立和静止的状态。DPSIR 模型移用到水资源承载能力评价时,各组成部分的因果链释义为:社会经济驱动力给区域水资源、水生态造成压力,引起区域水资源、水环境状态的改变,进而影响社会经济和环境,最终促使提出一系列响应措施(图 11.2)。

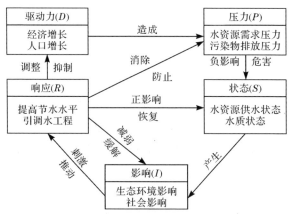

图 11.2　水资源承载能力评价的 DPSIR 模型示意图

基于 DPSIR 模型,并参照国内外水资源承载能力评价指标体系,结合滇池流域自身特点,最终确定包括 14 个指标的水资源承载能力指标体系,其中驱动力指标 2 个,压力指标 4 个,状态指标 4 个,影响指标 2 个,响应指标 2 个。各指标的计算方法及意义见表 11.3。

表 11.3　水资源承载能力评价指标体系

分类	指标名称	计算公式	指标选取意义
驱动力 (D)	人均 GDP(D_1)/元	国内生产总值/人口总数	最直接反映区域经济发展水平、人民生活水平和收入水平
	城镇化率(D_2)/%	城镇人口/人口总数	反映社会发展水平及人口素质
压力 (P)	万元 GDP 用水量(P_1) /(m³/万元)	总用水量/GDP 总量	水资源与经济发展协调度量
	废污水直接排放率(P_2)/%	经处理而直接排放的废污水量/总用水量	反映区域废污水处理能力
	城镇人均综合生活用水量(P_3) /(L/d)	城镇生活用水量/(城镇总数×365)	反映人口素质与节水状况
	农业用水占总用水量比例(P_4)/%	农业用水量/总用水量	反映农业用水在用水结构的发展水平
状态 (S)	人均水资源可利用量(S_1) /m³	可利用水量/人口总数	反映水资源丰缺状况
	水质优良率(S_2)/%	Ⅲ类以上水质河长/总河长	反映河流水质污染状况
	水资源开发利用率(S_3)/%	年供水量/水资源总量	反映地区水资源开发程度,可利用潜力
	供水模数(S_4)/(万 m³/km²)	供水量/土地面积	反映区域单位面积供水保障程度
影响 (I)	有效灌溉程度(I_1)/%	有效灌溉面积/总耕地面积	反映区域农业灌溉发展水平
	生态环境用水率(I_2)/%	生态环境用水量/总用水量	反映社会对生态环境重视程度和生态环境状况指标
响应 (R)	调水占地表水供水比例(R_1)/%	外流域调水量/总供水量	反映外流域调水量对改善区域水资源供给状况作用
	灌溉水利用系数(R_2)	农田灌溉净用水量/农田灌溉毛用水量	反映灌溉工程质量、灌溉技术水平和灌溉用水管理的状况

2. 指标分级

选取 3 个评价等级:V_1 表示可承载,区域水资源供给完全能够满足区域社会经济、环境健康良好循环的需求;V_3 表示不可承载,水资源供给与社会经济发展极不协调,水资源供给不能满足社会经济发展的需求,将面临水资源短缺、水环境恶化等问题;V_2 则介于 V_1 与 V_3 之间,表示基本可承载,水资源供给在一定程度上可以满足社会经济发展的需求。三个等级各个指标需设定 2 个阈值 T_1 和 T_2。

根据各典型区实际情况,并参考自然和社会经济条件与研究区相似的国内其他地区各指标的平均水平,最终分析确定各指标的分级阈值,具体见表 11.4。

表 11.4 评价指标分级值

分类	指标名称	分级		
		$V_1(T_1)$	V_2	$V_3(T_2)$
驱动力 (D)	人均 GDP(D_1)/元	34000	34000~69000	69000
	城镇化率(D_2)/%	46	46~65	65
压力 (P)	万元 GDP 用水量(P_1)/(m³/万元)	74	74~248	248
	废污水直接排放率(P_2)/%	5	5~30	30
	城镇人均综合生活用水量(P_3)/(L/d)	150	150~300	300
	农业用水占总用水量比例(P_4)/%	51	51~79	79
状态 (S)	人均水资源可利用量(S_1)/m³	700	700~300	300
	水质优良率(S_2)/%	70	70~50	50
	水资源开发利用率(S_3)/%	10	10~31	31
	供水模数(S_4)/(万 m³/km²)	5	10~12	12
影响 (I)	有效灌溉程度(I_1)/%	30	30~73	73
	生态环境用水率(I_2)/%	30	30~10	10
响应 (R)	调水占地表水供水比例(R_1)/%	30	30~10	10
	灌溉水利用系数(R_2)	0.610	0.610~0.451	0.451

本节将评价指标分成示高指标和示低指标两类。示高指标是指标值越高反映的水资源承载状况越好,此时 $T_1 > T_2$,包括人均水资源可利用量、调水占地表水供水比例、水质优良率、灌溉水利用系数、生态环境用水率。示低指标是指标值越低反映的水资源承载状况越好,此时 $T_1 < T_2$,包括人均综合生活用水量、水资源开发利用率、供水模数、城镇化率、农业用水占总用水量比例、有效灌溉程度、万元 GDP 用水量、废污水排放率。

(1)人均水资源可利用量。水利部颁发的《用水指标评价导则》(SL/Z 552—2012)将单位人口用水量<289m³ 定义为高节水水平,单位人口用水量>675m³ 定义为低节水水平。考虑输水损失并取整,本节取 $T_1 = 700m³$,$T_2 = 300m³$。

(2)城镇人均综合生活用水量。根据《2014 年中国水资源公报》,全国城镇人均用水量为213L/d,按照《用水指标评价导则》(SL/Z 552—2012),将全国平均值的 0.7(149.1L/d),作为高节水水平阈值,全国平均值的 1.4 倍(298.2L/d)作为低用水水平。考虑取整,本节取 $T_1 = 150L/d$,$T_2 = 300L/d$。

(3)水资源开发利用率。根据王西琴等(2008)的研究结果,研究区所在的长江和珠江水资源开发利用率阈值分别为 31%、32%,本节取 $T_1 = 10\%$,$T_2 = 31\%$。

(4) 供水模数。根据作者课题组前期研究成果(顾世祥等,2013),云南省长江流域部分、珠江流域部分多年平均径流模数分别为 38.72 万 m^3/km^2 和 39.07 万 m^3/km^2,按照水资源开发利用率上下限计算并取整,取供水模数 $T_1=4$ 万 m^3/km^2,$T_2=12$ 万 m^3/km^2。

(5) 调水占地表水供水比例。水资源紧缺地区普遍存在生产生活挤占生态环境用水的问题,若调水量达到多年平均水资源量的 10%,则可退减挤占的生态基流;若调水量达到多年平均地表水资源量的 30%,则可按良好生态环境流量标准退减生态用水,因此,取 $T_1=30\%$,$T_2=10\%$。

(6) 城镇化率。根据《2015 中国统计年鉴》(国家统计局,2015),对城镇化率进行统计,按升序排名,取 20% 分位值为下限(即 46.0%),80% 为上限(65.0%),取整后取 $T_1=46\%$,$T_2=65\%$。

(7) 农业用水占总用水量比例。根据《2014 年中国水资源公报》,将全国十大流域农业用水占总用水比例升序排列,取 20% 分位值为下限(即 51.3%),80% 为上限(即 79.1%),取整后 $T_1=51\%$,$T_2=79\%$。

(8) 人均 GDP。根据《2015 中国统计年鉴》,按升序排列,取 20% 分位值为下限(即 34525 元),80% 为上限(即 68708 元),取整后取 $T_1=34000$ 元,$T_2=69000$ 元。

(9) 有效灌溉程度。根据《2015 中国统计年鉴》计算灌溉程度,升序排列,取 20% 分位值为下限(30.0%),80% 为上限(73.0%),取 $T_1=30\%$,$T_2=73\%$。

(10) 万元 GDP 用水量。《用水指标评价导则》(SL/Z 552—2012)将万元 GDP 用水量 $<74m^3$ 定义为高节水水平,万元 GDP 用水量 $>248m^3$ 定义为低节水水平。因此取 $T_1=74m^3/$万元,$T_2=248m^3/$万元。

(11) 灌溉水利用系数。根据《2014 年中国水资源公报》,全国灌溉水利用系数平均值为 0.530,按照《用水指标评价导则》(SL/Z 552—2012),将全国平均值的 1.15 倍(即 0.610)作为高节水水平阈值,全国平均值的 0.85 倍(即 0.451)作为低用水水平。本节取 $T_1=0.610$,$T_2=0.451$。

(12) 水质优良率。按照《水污染防治行动计划》,2020 水平年全国七大重点流域水质优良(达到或优于Ⅲ类)比例总体达到 70% 以上,同时参照发达地区要求,水质优良率在 50% 以下认为不符合可持续利用的观点。取 $T_1=70\%$,$T_2=50\%$。

(13) 生态环境用水率。根据《河湖生态修复与保护规划编制导则》(SL 709—2015),结合本研究区的实际情况,生态基流为多年平均天然径流量的 10%,良好生态环境流量按多年平均天然径流量的 30% 计算,因此,取 $T_1=30\%$,$T_2=10\%$。

(14) 废污水直接排放率。按照《水污染防治行动计划》要求,2020 水平年,全国所有县城、城市污水处理率分别达到 85%、95% 左右。同时按照发达国家的标准,处理率低于 70% 则认为是不符合可持续利用的要求。取 $T_1=5\%$,$T_2=30\%$。

11.3.2　模糊综合评价

1. 评价指标数据

根据滇池流域各县(市、区)现状年的社会经济统计年鉴、水资源公报、现有工程与供水情况等资料,计算了现状年 14 个指标值;两个规划水平年 2020 年和 2030 年的 14 个指标值主要根据《昆明市滇池流域城乡供水水资源保障规划(2012－2040)》中的相关数据,以及区域相关"十二五"、"十三五"专项规划提取计算而得。为比较外流域引调水对区域水资源承载能力的影响,分别计算有、无外调水情况下的 14 个指标值,具体见表 11.5。

表 11.5　滇池流域水资源承载能力评价指标数据

准则层	指标层	水平年(有外调水)			水平年(无外调水)		
		现状年	2020	2030	现状年	2020	2030
驱动力 (D)	人均 GDP(D_1)/元	36440	68782	138382	36440	68782	138382
	城镇化率(D_2)/%	90.8	95.6	97.3	90.8	95.6	97.3
压力 (P)	万元 GDP 用水量(P_1)/(m³/万元)	62.31	33.00	17.13	62.31	33.00	17.13
	废污水直接排放率(P_2)/%	2.5	1.0	0.0	2.5	1.0	0.0
	城镇人均综合生活用水量(P_3)/(L/d)	258	276	308	258	276	308
	农业用水占总用水量比例(P_4)/%	26.7	14.1	12.3	36.5	32.3	39.9
状态 (S)	人均水资源可利用量(S_1)/m³	227	337	357	166	147	103
	水质优良率(S_2)/%	53.0	70.0	75.0	48.2	32.1	27.2
	水资源开发利用率(S_3)/%	114.5	110.3	82.0	156.9	253.0	284.6
	供水模数(S_4)/(万 m³/km²)	21.76	20.96	15.58	29.83	48.09	54.10
影响 (I)	有效灌溉程度(I_1)/%	34	48	58	34	48	54
	生态环境用水率(I_2)/%	0	10	30	0	0	0
响应 (R)	调水占地表水供水比例(R_1)/%	27.0	56.4	71.2	0.0	0.0	0.0
	灌溉水利用系数(R_2)	0.60	0.64	0.67	0.60	0.64	0.67

2. 模糊权向量的计算

采用层次分析法(analytic hierarchy process,AHP)和熵权法计算了 14 个指标权重,并采用几何平均法将主观赋权法——AHP 法和客观赋权法——熵权法确定的权重进行组合,最终得到评价指标的组合权重(表 11.6)。从指标权重的分布来看,水资源系统和社会经济系统类指标的权重较大,说明滇池流域水资源承载状况主要受社会经济和水资源条件影响,与滇池流域水资源天然禀赋差、社会经济高度发展的实际相符。

表 11.6　评价指标权重结果

指标名称	层次分析法权重	熵权法权重（无调水）	熵权法权重（有调水）	组合权重（无调水）	组合权重（有调水）
人均 GDP(D_1)/元	0.0710	0.0676	0.0680	0.0702	0.0705
城镇化率(D_2)/%	0.1060	0.0698	0.0700	0.0870	0.0875
万元 GDP 用水量(P_1)/(m³/万元)	0.0740	0.0724	0.0730	0.0738	0.0742
废污水直接排放率(P_2)/%	0.0480	0.0746	0.0750	0.0602	0.0605
城镇人均综合生活用水量(P_3)/(L/d)	0.0930	0.0672	0.0680	0.0797	0.0801
农业用水占总用水量比例(P_4)/%	0.0640	0.0671	0.0750	0.0660	0.0697
人均水资源可利用量(S_1)/m³	0.0720	0.0692	0.0710	0.0713	0.0723
水质优良率(S_2)/%	0.0460	0.0695	0.0810	0.0574	0.0620
水资源开发利用率(S_3)/%	0.0630	0.0741	0.0690	0.0693	0.0667
供水模数(S_4)/(万 m³/km²)	0.0690	0.0741	0.0690	0.0725	0.0698
有效灌溉程度(I_1)/%	0.0920	0.0707	0.0700	0.0814	0.0808
生态环境用水率(I_2)/%	0.0430	0.0783	0.0730	0.0585	0.0565
调水占地表水供水比例(R_1)/%	0.0650	0.0783	0.0710	0.0723	0.0687
灌溉水利用系数(R_2)	0.0940	0.0671	0.0680	0.0803	0.0807

3. 隶属度的计算

根据隶属矩阵计算公式(11.11)～式(11.13)分别计算有调水和无调水两种情景下 14 个指标的隶属度,详见表 11.7。

表 11.7　各水平年评价指标隶属度

情景	指标		D_1	D_2	P_1	P_2	P_3	P_4	S_1	S_2	S_3	S_4	I_1	I_2	R_1	R_2
		V_1	0.17	0.00	0.32	0.88	0.16	0.00	0.00	0.00	0.00	0.00	0.15	0.00	0.00	0.00
	R_{2012}	V_2	0.83	0.07	0.68	0.12	0.84	0.65	0.15	0.04	0.09	0.95	0.86	0.25	0.99	1.00
		V_3	0.00	0.93	0.00	0.00	0.00	0.35	0.85	0.96	0.91	0.05	0.00	0.75	0.01	0.00
		V_1	0.00	0.00	0.44	0.88	0.00	0.71	0.00	0.00	0.00	0.00	0.67	0.75	0.40
有调水	R_{2020}	V_2	0.79	0.06	0.56	0.12	0.95	0.29	0.26	0.05	0.05	0.58	0.81	0.33	0.25	0.60
		V_3	0.21	0.94	0.00	0.00	0.00	0.00	0.74	0.95	0.95	0.42	0.19	0.00	0.00	0.00
		V_1	0.00	0.00	0.62	0.88	0.00	0.75	0.00	0.00	0.00	0.35	0.00	0.76	0.90	0.64
	R_{2030}	V_2	0.25	0.06	0.38	0.12	0.85	0.25	0.32	0.06	0.25	0.65	0.54	0.24	0.10	0.36
		V_3	0.75	0.94	0.00	0.00	0.15	0.00	0.68	0.94	0.75	0.00	0.46	0.00	0.00	0.00

续表

情景	指标		D_1	D_2	P_1	P_2	P_3	P_4	S_1	S_2	S_3	S_4	I_1	I_2	R_1	R_2
无调水	R_{2012}	V_1	0.17	0.00	0.32	0.88	0.16	0.00	0.00	0.00	0.00	0.00	0.15	0.00	0.00	0.00
		V_2	0.83	0.07	0.68	0.12	0.84	0.24	0.13	0.04	0.05	0.57	0.86	0.25	0.25	1.00
		V_3	0.00	0.93	0.00	0.00	0.00	0.76	0.87	0.96	0.95	0.43	0.00	0.75	0.75	0.00
	R_{2020}	V_1	0.00	0.00	0.44	0.88	0.05	0.00	0.00	0.00	0.00	0.00	0.00	0.00	0.00	0.40
		V_2	0.79	0.06	0.56	0.12	0.95	0.78	0.14	0.03	0.02	0.15	0.81	0.25	0.25	0.60
		V_3	0.21	0.94	0.00	0.00	0.00	0.22	0.86	0.97	0.98	0.85	0.19	0.75	0.75	0.00
	R_{2030}	V_1	0.00	0.00	0.62	0.88	0.00	0.00	0.00	0.00	0.00	0.00	0.00	0.00	0.00	0.64
		V_2	0.25	0.06	0.38	0.12	0.85	0.11	0.11	0.02	0.02	0.11	0.60	0.25	0.25	0.36
		V_3	0.75	0.94	0.00	0.00	0.15	0.89	0.89	0.98	0.98	0.89	0.40	0.75	0.75	0.00

4. 模糊综合评价结论

根据已经计算出的指标权重系数 W 和隶属矩阵 R，求得滇池流域水资源承载能力评价矩阵 $B=WR$，并根据计算式 $A=0.95V_1+0.5V_2+0.05V_3$，求得水资源承载能力综合评分值（表 11.8），表中的综合评分值越高，说明水资源承载状况越好。

表 11.8　滇池流域水资源承载能力综合评价结果

水平年	无调水情景				有调水情景			
	V_1	V_2	V_3	综合评分	V_1	V_2	V_3	综合评分
现状年	0.096	0.418	0.486	0.325	0.061	0.561	0.378	0.357
2020	0.068	0.443	0.489	0.311	0.207	0.457	0.335	0.442
2030	0.097	0.299	0.603	0.272	0.279	0.364	0.357	0.465

1）无外流域引调水情况下

①滇池流域的水资源承载能力综合评分值随时间呈逐渐递减的趋势（图 11.3），表明滇池流域的水资源承载状况越来越差，区域水资源供需矛盾越来越突出，水资源与社会经济发展越来越不协调；②在三个水平年中，V_3 的隶属度均高于 V_1、V_2，尤其是 2030 水平年时，V_3 是 V_1 的 6.2 倍，是 V_2 的 2.0 倍，这说明滇池流域的水资源承载能力状况处于很差的状态，水资源与社会经济发展极不协调，继续照此发展下去，水资源供需矛盾将非常尖锐，成为制约国民经济发展的瓶颈。

2）有外流域引调水情况下

此时，滇池流域水资源承载能力综合评分值随时间呈逐渐递增的趋势，表明滇池流域水资源承载能力状况越来越好，区域水资源供需矛盾趋于缓和，水资源对社会经济发展的支撑能力不断增强；各水平年 V_2 的隶属度均高于 V_1、V_3，这说明滇池流域的水资源承载能力处于适中的状态,区域水资源在一定程度上能满足其社会经济发展的需水要求。

对比有、无外流域引调水两种情况下滇池流域水资源承载能力的变化过程可知,外流域引调水对滇池流域的水资源承载能力影响极为显著,无外流域引调水情况下,滇池流域水资源承载能力一直处于很差的状态,水资源将制约国民经济的发展,极易发生水环境恶化问题,而且有不断加重的趋势。在有大量外流域引调水补给的情况下,滇池流域的水资源承载能力状况明显改善,三个水平年均恢复到适中的状态,而且水资源承载能力状况有不断变好的趋势。综上可知,实施外流域引调水对改善滇池流域水资源承载能力具有十分重要的作用,能有效缓解流域的水资源供需矛盾。

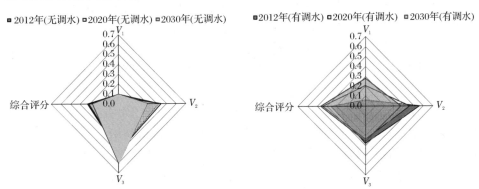

图 11.3　滇池流域水资源承载能力状况变化过程图

11.3.3　主成分分析法

1. 主成分提取

利用滇池流域现状年、2020 水平年及 2030 水平年的 14 个指标原始数据的(表 11.5)距平值进行主成分分析,主成分分析前两个模态的方差贡献见表 11.9。由表可知,无调水、有调水情况下,第 1 特征根方差贡献率在 83% 以上,前两个特征根累计方差贡献率已达 100%,说明前两个特征根包含 14 个指标的所有信息,主成分分析的效果很好,可提取这两个主成分作为滇池流域水资源承载能力的评价指标。

表 11.9　前两个特征根方差贡献　　　　　　　　　（单位:%）

情景	模态	模态一	模态二
无调水	方差贡献率	85.65	14.35
	累计方差贡献率	85.65	100.00

情景	模态	模态一	模态二
有调水	方差贡献率	83.49	16.51
	累计方差贡献率	83.49	100.00

2. 主成分载荷分析

主成分载荷是主成分与变量之间的相关系数,表征主成分反映变量信息的程度,前两个主成分的指标初始因子载荷矩阵如图 11.4 所示。

1) 无外流域引调水

除人均水资源可利用量和农业用水占总用水量比例等两个指标外,其余 12 个指标在第一主成分上均有较高的载荷(绝对值大于 0.89),且 12 个指标仅万元 GDP 用水量和废污水直接排放率等两个指标为负载荷,其余 10 个指标均为正载荷,以上说明第一主成分基本反映了这 12 个指标的信息,且第一主成分变化趋势与万元 GDP 用水量和废污水直接排放率两个指标值的变化趋势相反,与其他 10 个指标值的变化趋势一致。人均水资源可利用量和农业用水占总用水量比例等两个指标在第二主成分上有较高的载荷,且人均水资源可利用量为负载荷,农业用水占总用水量比例为正载荷,说明第二主成分值的变化趋势与人均水资源可利用量指标值的变化趋势相反,与农业用水占总用水量比例指标值变化趋势一致。

2) 有外流域引调水

除水资源开发利用率和供水模数等两个指标外,其余 12 个指标在第一主成分上均有较高的载荷(绝对值大于 0.89),且 12 个指标中农业用水占总用水量比例、人均 GDP、有效灌溉程度、万元 GDP 用水量、灌溉水利用系数、水质优良率、生态环境用水率等 6 个指标均为正载荷,其余 6 个指标为负载荷,以上说明第一主成分基本反映了这 12 个指标的信息,且第一主成分值变化趋势与 6 个正载荷指标值变化趋势相同,与其他 6 个负载荷指标值的变化趋势相反。水资源开发利用率和供水模数等两个指标在第二主成分上有较高的载荷,且均为正载荷,说明第二主成分值变化趋势与这两个指标值的变化趋势一致。

3. 主成分评价结论

以每个主成分所对应的方差贡献率作为权重,计算得到主成分综合模型。

1) 无外流域引调水

$$PCA = -0.243a_1 + 0.263a_2 + 0.229a_3 + 0.229a_4 + 0.176a_5 + 0.243a_6 + 0.218a_7 + 0.265a_8 + 0.24a_9 - 0.264a_{10} + 0.245a_{11} + 0.244a_{12} + 0.176a_{13} - 0.19a_{14}$$

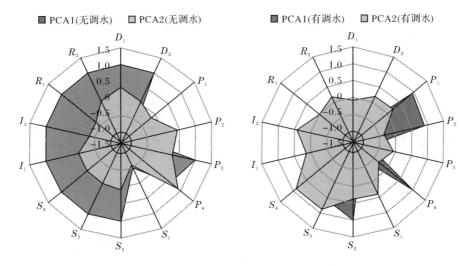

图 11.4　各指标初始因子载荷矩阵

将三个水平年标准化的指标数据矩阵代入上述模型中,得到滇池流域的水资源承载能力综合主成分值,见表 11.10,表中的 PCA 值越高,说明该水平年的水资源承载能力状况越差。

表 11.10　滇池流域水资源承载能力综合主成分值

水平年	PCA 值	
	无调水	有调水
2012	−2.96	2.69
2020	−0.03	0.32
2030	2.99	−3.01

无外流域调水的情况下,滇池流域水资源承载能力综合主成分值变化见表 11.10 和图 11.5(a)。现状年至 2030 水平年,综合主成分值呈增加趋势,PCA 值由−2.96 增加到 2030 水平年的 2.99,说明滇池流域水资源承载能力状况逐渐变差,区域水资源供需矛盾越来越突出,水资源将制约社会经济的发展。

2) 有外流域引调水

$$PCA = -0.193a_1 - 0.257a_2 + 0.22a_3 + 0.22a_4 - 0.253a_5 - 0.231a_6$$
$$+ 0.174a_7 - 0.26a_8 - 0.235a_9 + 0.259a_{10} - 0.233a_{11} + 0.265a_{12}$$
$$- 0.182a_{13} + 0.171a_{14}$$

有外流域调水情况下,滇池流域水资源承载能力综合主成分值变化见表 11.10 和图 11.5(b)。现状年至 2030 水平年,综合主成分值呈减小趋势,PCA 值由 2.69 减小到 2030 水平年的−3.01,说明滇池流域的水资源承载能力状况在现状的基础上不断改善,区域水资源供需矛盾不断趋于缓和,水资源支撑社会经济发展的能力不断增强。

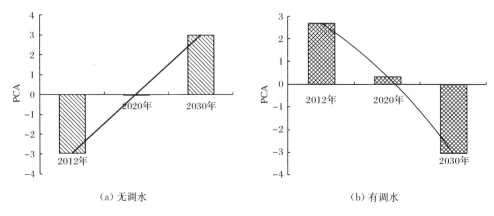

（a）无调水　　　　　　　　　　　（b）有调水

图 11.5　滇池流域水资源承载能力综合主成分值变化过程图

对比有、无外流域引调水情况下区域水资源承载能力的变化过程可以发现,两者呈现出截然相反的变化趋势:无外流域引调水情况下,滇池流域的水资源承载能力状况不断变差;有外流域引调水情况下,水资源承载能力状况逐渐改善,说明外流域引调水对改善滇池流域水资源承载能力具有极为显著的作用,这与模糊综合评价法结论相吻合。

11.3.4　定性评价结论

基于 DPSIR 模型原理,构建滇池流域的水资源承载能力综合评价指标体系。然后,分别采用模糊综合评价法（主观评价法）、主成分分析法（客观评价法）等两种方法对滇池流域的水资源承载能力进行评价,得到以下结论:

（1）主观评价法和客观评价法具有一致的结果,表明基于 DPSIR 模型构建的评价指标体系是科学、合理的,能够全面客观地反映区域水资源与社会、生态、经济发展之间的协调关系,可用于滇池流域水资源承载能力评价。

（2）外流域引调水能显著提高滇池流域的水资源承载能力,能有效缓解滇池流域水资源供需矛盾。无外流域引调水情况下,滇池流域的水资源承载能力状况均呈变差趋势,并且区域水资源承载能力状况一直处于很差的状态,水资源与社会经济发展极不协调,本区的水资源开发利用已不能支撑社会经济的发展,将发生严重的供水危机。有外流域引调水工程供水的情况下,滇池流域的水资源承载能力状况明显改善,恢复到适中的状态,并且随时间呈不断上升的趋势,区域水资源对社会经济发展的支撑作用不断增强,供需矛盾趋于缓和。

11.4　滇池流域水资源承载能力定量评价

11.4.1　方案拟定

根据水资源承载能力的定义,水资源开发利用方式不同,水资源承载能力也不同。因此,区域水资源承载能力研究的前提是合理拟定未来水资源开发利用方案。方案的拟定必须结合区域水资源实际情况。例如,对资源型缺水严重的地区,未来水资源开发利用方案应在充分开发本区水资源基础上,加强节水挖潜和外流域引调水;对于工程性缺水的地区,则应加强供水工程的建设并加强节水,适当增加供水量。

滇池流域属于资源型缺水严重的地区。因此考虑设置如下三种方案:①本地水源方案(方案一),即充分开发本区水资源,不考虑处理污水回用;②污水处理回用方案(方案二),即在方案一的基础上,考虑污水处理回用(深度挖潜);③外流域调水方案(方案三),即在方案二的基础上,进行外流域调水。掌鸠河引水供水工程已于 2007 年建成,设计年引水量 2.2 亿 m^3,清水海引水工程已于 2012 年 4 月建成,设计年引水量0.97 亿 m^3,牛栏江-滇池补水工程已于 2013 年底通水,设计年引水量 5.72 亿 m^3,滇中引水工程 2030 水平年建成通水,向滇池流域的年供水量为 4.57 亿 m^3,见表 10.16,各水平年的供水方案和供水量见表 11.11。

表 11.11　各水平年的供水方案和供水量

供水方案		现状年			2020 水平年			2030 水平年		
		方案一	方案二	方案三	方案一	方案二	方案三	方案一	方案二	方案三
本区水源 生态下泄 方案	0(不退减生态)	√	√	√						
	10%				√	√	√			
	10%～30%							√	√	√
污水处理回用			√	√		√	√		√	√
掌鸠河引水 供水工程	不向禄劝供水			√			√			
	向禄劝供水									√
清水海 引水工程	不向嵩明供水			√			√			
	向嵩明供水									√
牛栏江-滇池 补水工程	供水 5.72 亿 m^3						√			
	供水 1.38 亿 m^3									√
滇中引水工程										√
合计供水量/万 m^3		74723	78144	87094	70266	76169	94700	64564	73137	104960

11.4.2 多目标决策模型运算结果及分析

利用 11.2.2 节构建的模型,计算得到不同水资源开发利用方式下滇池流域水资源所能承载的人口、工业增加值和农业灌溉面积。

1. 方案一:本地水源方案

由表 11.12 可以看出,现状年滇池流域的水资源处于超载状态,滇池流域水资源可承载人口、工业增加值、农业灌溉面积已分别超载 2.5%、41.4%、20.7%。规划水平年在充分开发利用本区水资源的基础上,滇池流域水资源承载能力比现状年有所提高,但是水资源可承载指标仍低于规划发展指标,且随着时间推移超载情况将越来越严重,2020 水平年滇池流域水资源可承载的人口、工业增加值、农业灌溉面积将分别超载 7.9%、55.5%、35.5%、2030 水平年分别超载 10.7%、79.4%、42.9%。以上结果表明,滇池流域的资源性缺水问题已十分显著,即使通过本区水资源的进一步开发利用,当地水资源仍不能支撑其规划发展的社会经济规模,必须进一步开源节流。

表 11.12 滇池流域水资源承载能力指标(方案一)

水平年	可承载值			规划(实际)发展值		
	总人口/万人	工业增加值/亿元	农业灌溉面积/万亩	总人口/万人	工业增加值/亿元	农业灌溉面积/万亩
现状年	373.95	424	27.04	383.57	724	34.09
2020	384.49	513	23.12	417.27	1152	35.86
2030	395.64	361	21.90	442.87	1753	38.37

2. 方案二:本地水源＋污水处理回用

在考虑了本区水资源的深度开发,增加了本地污水处理回用之后,滇池流域的水资源承载能力有所提高。但是,由于水质的原因,污水处理回用只能用于农业灌溉和对水质要求不高的部分工业,所以方案二与方案一的差别是可承载的工业增加值和农业灌溉面积两个指标有所提高,见表 11.13。

表 11.13 方案二较方案一水资源承载能力增量和增幅

水平年	方案二较方案一的增量			方案二较方案一的增幅		
	总人口/万人	工业增加值/亿元	农业灌溉面积/万亩	总人口/%	工业增加值/%	农业灌溉面积/%
现状年	0	67	2.13	0	15.8	7.9
2020	0	111	4.85	0	21.6	21.0
2030	0	279	6.05	0	77.3	27.6

由表 11.14 可知,方案二下三个水平年的滇池流域水资源均处于超载状态,且超载程度随时间推移越来越严重。现状年,滇池流域水资源可承载的人口、工业增加值、农业灌溉面积已分别超载 2.5%、32.2%、14.4%;2020 水平年分别超载 7.9%、45.8%、22.0%;2030 水平年分别超载 10.7%、63.5%、27.2%。以上结果表明,即使通过本区深度节水挖潜,滇池流域的水资源仍然不能支持其规划发展的社会经济规模,仍需通过外流域引调水来进一步提高其承载能力。

表 11.14　滇池流域水资源承载能力指标(方案二)

水平年	可承载值			规划(实际)发展值		
	总人口 /万人	工业增加值 /亿元	农业灌溉面积 /万亩	总人口 /万人	工业增加值 /亿元	农业灌溉面积 /万亩
现状年	373.95	491	29.17	383.57	724	34.09
2020	384.49	624	27.97	417.27	1152	35.86
2030	395.64	640	27.95	442.87	1753	38.37

3. 方案三:本地水源+污水处理回用+外调水

由表 11.15 可知,在本区充分挖潜和污水处理回用等挖潜的基础上,进一步实施外流域引调水,滇池流域的水资源承载能力将显著提高,水资源可承载的社会经济规模基本接近区域规划发展的社会经济规模,2020 水平年滇池流域可承载的人口、工业增加值、农业灌溉面积分别为 415.66 万人、1151 亿元、32.24 万亩,仅分别低于规划发展值0.4%、0.1%、10.1%。另外,盛虎等(2012b)从滇池流域水环境容量角度研究认为,2020 水平年滇池流域在有调水情况下水环境可承载的人口为 423.45 万人,两者较为接近。

2030 水平年,随着滇中引水工程等外流域调水量的进一步加大,滇池流域可承载的人口、工业增加值、农业灌溉面积分别达到 441.94 万人、1752 亿元、38.04万亩,仅分别低于规划发展值 0.2%、0.1%、0.9%。说明在该方案下,滇池流域可利用的水资源基本可以支撑其规划发展的规模。

表 11.15　滇池流域水资源承载能力指标(方案三)

水平年	可承载值			规划发展值		
	总人口 /万人	工业增加值 /亿元	农业灌溉面积 /万亩	总人口 /万人	工业增加值 /亿元	农业灌溉面积 /万亩
现状年	378.61	721	30.62	383.57	724	34.09
2020	415.66	1151	32.24	417.27	1152	35.86
2030	441.94	1752	38.04	442.87	1753、	38.37

　　为研究外流域引调水对区域水资源承载能力的影响,对比有、无外流域引调水情况下滇池流域的水资源承载能力。从表 11.16 可知,外流域调水对提高滇池流域的水资源承载能力具有显著的作用,与无外流域调水相比,通过外流域引调水能将现状年可承载的人口、工业增加值、农业灌溉面积分别提高 1.2%、46.9%、5.0%;2020 水平年分别提高 8.1%、84.4%、15.3%,2030 水平年分别提高 11.7%、173.8%、36.1%。

表 11.16　滇池流域水资源承载能力增量或增幅的方案对比

水平年	方案三较方案二的增量			方案三较方案二的增幅		
	总人口 /万人	工业增加值 /亿元	农业灌溉面积 /万亩	总人口 /%	工业增加值 /%	农业灌溉面积 /%
现状年	4.66	230	1.45	1.2	46.8	5.0
2020	31.37	527	4.27	8.1	84.4	15.3
2030	46.30	1112	10.09	11.7	173.8	36.1

11.4.3　定量评价结论

　　本节以可承载总人口数、工业增加值、农业灌溉面积最大为目标,构建了滇池流域水资源承载能力的多目标决策模型,分别计算了本地水源方案(方案一)、污水处理回用方案(方案二)、外流域调水方案(方案三)等三种不同水资源开发利用方案下的水资源承载能力,得到以下主要结论:

　　(1)滇池流域属于资源型缺水严重的地区,只有同时实施挖潜本区水资源、污水处理回用和外流域引水三项措施(即方案三)时,水资源才能基本支撑未来的社会经济发展和人口增长规模。方案三情景下,2020 水平年可承载的人口、工业增加值、农业灌溉面积分别为 415.66 万人、1151 亿元、32.24 万亩;2030 水平年可承载的人口、工业增加值、农业灌溉面积分别为 441.94 万人、1752 亿元、38.04 万亩,基本接近于已制定的区域规划发展规模。

　　(2)外流域引调水可显著地提高区域的水资源承载能力,是提高滇池流域水资源承载能力最显著、最根本的方法。与无外流域引调水相比,有外流域引调水现状年、2020 水平年、2030 水平年可承载的人口分别多 1.2%、8.1%、11.7%,可承载的工业增加值提高 46.9%、84.4%、173.8%,可承载的农业灌溉面积理论上将提高 5.0%、15.3%、36.1%。这从资源环境承载极限的角度印证了滇池流域水资源三次供需平衡的结论。

第三篇　高原湖泊流域水资源系统生态替代调度

第12章　高原湖泊流域健康水循环调控

12.1　流域健康水循环的内涵

12.1.1　引言

在全球气候变化和高强度人类活动的共同影响下,湖泊流域面临水资源短缺、水环境恶化及生态退化等一系列水问题(杨桂山等,2010;秦伯强等,2005)。水循环承载着地球上各种形式水的形成和转化,并与水环境、水生态等过程相互作用(Liu et al.,2010)。尽管在不同流域这些水问题的表现形式不尽相同,但都可归结于流域水循环过程的演化。因此,对以水循环为纽带的复杂系统进行综合调控,协调处理好水循环过程中水资源、水生态、水环境三大核心系统间的相互关系,维持健康的水循环过程,是解决当前湖泊流域水问题的根本途径(秦大庸等,2014;Wang et al.,2013)。

我国健康水循环的研究主要集中在城市水系统方面。张杰等(2004)提出了城市水系统健康循环,并被写入《国家中长期科学和技术发展规划纲要(2006—2020年)》,作为城市水环境恢复的指导思想。目前已应用于深圳、大连、北京、广州等城市水资源与水环境的规划(贾国宁等,2012;张杰等,2008a)。城市健康水循环就是将循环经济减量、再利用、再循环的3R原则融入水资源开发利用中,使水资源利用方式从"供—用—耗—排"单向开放型流动,转变为"节制取水—节约用水—再生循环"反馈式循环流程,确保水的社会循环不损害其自然循环的规律,维系和恢复城市及流域健康水环境(张杰等,2008b)。为应对城市化进程对水环境的负面影响,国际上逐步将低冲击式开发模式、可持续城市排水系统、低影响城市设计等技术融合,形成水敏型城市设计的理论框架(王晓锋等,2016;Fryd et al.,2013;Donofrio et al.,2009),并已在丹麦、美国、澳大利亚等国家实践,核心理念与国内的城市健康水循环基本相同。在探究中国湖泊保护策略的研究中,许多学者提出了建立流域健康水循环的建议(何佳等,2015;秦伯强等,2005),但健康水循环应用于湖泊流域生态环境保护和修复的研究案例还很少。

随着 20 世纪 80 年代以来流域社会经济的高速发展、人口快速增长和城市规模的急剧扩大,滇池及其主要入湖河流水质一直处于劣 V 类,面临严重的水生态环境问题,成为国家重点治理的湖泊之一(Liu et al.,2014;李中杰等,2012)。"十一五"以来,滇池治理力度不断加大,全面实施了环湖截污、农业农村面源治理、生态修复与建设、入湖河道整治、生态清淤和外流域调水及节水等一系列滇池治理工程。目前,滇池治理的"六大工程"已基本建成,滇池水体水质与湖滨环境明显改善(徐晓梅等,2016),但治理成效与公众期望仍有较大差距(石建屏等,2012)。究其原因,滇池治理各项工程还处于独立运行状态,尚未形成滇池综合治理的系统最大"合力"。本章在系统诊断流域水问题及其综合治理措施现状、调查分析的基础上,在流域尺度上延伸城市健康水循环的核心理念,以水循环为纽带,将滇池治理"六大工程"整合为一个系统,实现流域内多源水资源的联合调控,重构滇池流域健康水循环模式。

12.1.2　健康水循环的内涵

构建流域健康水循环的总体目标是在资源和环境约束趋紧的背景下,通过合理配置流域内有限的水资源,实现流域内多源水的联合调控,改善区域生态环境,促进以水循环为纽带的水资源、社会经济、生态环境三大系统之间的协调与可持续发展。

流域健康水循环是指在流域的整体视角下,以减量化、再利用、资源化为原则,通过水资源的节约保护、高效和循环利用,尽量避免对自然水循环造成不必要的干扰和破坏,维系自然生态平衡。社会水循环的综合调控是构建流域健康水循环的出发点,在循环过程中注重闭路循环的健全,通过节水减排(减量化)、一水多用(再利用)和污水处理回用(资源化),减少清洁水资源的消耗和污染负荷的排放,减少人类活动对自然水循环的干扰和破坏。促进水的良性循环是构建流域健康水循环的目的,通过自然水的良性循环满足生态环境系统需求,通过社会水的良性循环支撑社会经济系统的用水需求,从而促进水资源、社会经济和生态环境的协调可持续发展。

总体而言,在滇池流域的水循环中,河湖是水和物质的输运通道,水库、自来水厂污水处理厂是受人工控制的循环节点,依托江河湖库水系连通,优化库、厂等控制节点的运行调度,改善水和物质循环的路径和通量,实现流域内水库水、湖泊水、河流水、外调水、再生水等多源水的综合调控,恢复流域自然水系循环。具体实施步骤如下:

(1)对社会经济、水生态、水环境等子系统进行调查评价,明确各子系统在不同规划期对水资源质和量的需求,作为方案比选的边界条件。

（2）调查流域水资源系统，明确每一个可人工干预节点的调控方案集，作为方案比选的可行域。

（3）通过对自然水循环和社会水循环的调查，在流域尺度上明晰每一类水的循环路径和通量，按照健康水循环的理念，厘清各类工程的调度方案，整合得到流域健康水循环的总体框架。

（4）在总体框架的指导下，拟定流域多源水资源综合调控的策略，确定各类水源工程的供水方案。

（5）选取合适的数学模型对需求侧（社会经济发展需水、生态环境需水等）和供给侧（各类水源工程的供水方案）进行数学概化，根据流域水资源管理的要求，拟定目标函数和情景方案，优化模拟得到协调各子系统可持续发展的方案。

根据滇池流域水资源调度管理的要求，以缺水率最小、公平性最优、水功能区达标率最高为优化目标，在维持滇池水量平衡的前提下，按照构建流域健康的实现途径和实施步骤，进行滇池流域多源水资源系统配置，技术路线如图 12.1 所示。

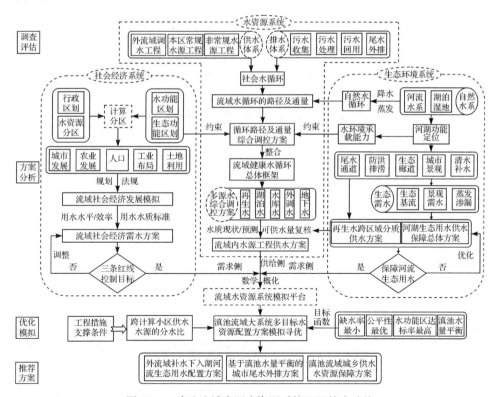

图 12.1　滇池流域多源水资源系统配置技术路线

12.2 滇池流域健康水循环调控的总体框架

12.2.1 流域水资源系统存在的问题

1. 水资源开发利用存在的问题

滇池流域的自产水资源量为 5.55 亿 m³,人均水资源量不足 200m³/人,即使加上外调水量 8.89 亿 m³,人均水资源量仍低于国际公认 500m³/人的水危机红线。滇池流域的现状供水量 8.20 亿 m³,其中本区水库供水 3.10 亿 m³,滇池供水 1.36 亿 m³,本区水资源开发利用率高达 91.0%,生活生产严重挤占河湖生态用水。

城市化及其伴生过程(城市排水系统建设、土地利用变化等)对城区河道的基流影响很显著(Findlay et al.,2006)。由于河道整治渠化和沿岸截污外排,扣除昆明城市污水处理厂的尾水入河水量后,滇池流域的城区河流枯水期基本处于"断流"状态,生态用水严重短缺。

2. 水污染防治体系存在的问题

滇池水污染治理始于 20 世纪 90 年代中后期,随着水污染问题的加剧,滇池治理从单一工程措施向工程与非工程措施相结合综合治理转变,治理力度不断加大(何佳等,2015)。"十一五"期间,提出了以"六大工程"为主线的综合治理措施,并在"十二五"期间进行了巩固提升,取得了阶段性成效,水质恶化趋势基本被遏制。但是,湖体水质至今仍未根本好转,滇池治理仍任重道远(何佳等,2015;Zhou et al.,2015)。表 12.1 表明,滇池水环境综合治理"六大工程"已渐成雏形,但各自独立运行,缺乏相互联系和功能的系统集成。

此外,为防治滇池水污染和缓解流域水资源短缺的问题,昆明市调整了滇池流域的产业结构与布局,将高耗水、高污染的产业转移至下游安宁-富民工业走廊。经过多年的集聚和发展,2015 年国务院已批复在此设立国家级新区——滇中新区。

12.2.2 流域多源水综合调控方案

通过对滇池流域水资源系统的调查评价,按照构建流域健康水循环的技术路线,主要从以下几个方面来构建滇池流域的健康水循环:

(1)厘清入湖河流的功能定位,确定入湖河流的受纳水源,即清水廊道和尾水通道。

(2)清水廊道采用入滇河流上已建的水库或牛栏江-滇池补水工程为补水水源,通过水系连通工程和水库生态调度,实现牛栏江-滇池补水工程的"多口补滇",保障清水廊道的生态用水。

表 12.1　滇池治理"六大工程"实施现状及存在问题

工程措施	主要建设内容	实施现状	存在问题
环湖截污 (Yu et al. ,2016; 邱明海等,2015)	由环湖东岸、南岸干渠截污工程和环湖北岸、西岸截污完善(干管)工程四大部分组成,构建截污干渠(管)101.5km,污水处理厂13 座,污水处理规模 103.5万 m³/d,雨水处理规模 27.5 万 m³/d	环湖截污工程主体基本完工,建成截污主干渠(管)97km,22 座水质净化厂,17 座雨污调蓄池	(1)尚未实现截污、处理和回用的联合调控; (2)城市尾水外排水量利用率低,直接进入螳螂川,成为下游河道的主要污染源
农业农村面源治理 (徐晓梅等,2016)	(1)调减滇池流域内种植面积,种植业"禁花减菜"、"东移北扩"; (2)畜禽"全面禁养"; (3)农作物测土配方、平衡施肥等; (4)坡耕地水肥流失控制工程; (5)农业废弃物与农村生活垃圾资源化利用工程	(1)基本完成预期目标,农村农业面源污染负荷入湖量缓慢下降; (2)农业面源 COD、TN 和 TP 污染负荷入湖量比2000 年分别下降 48%、27% 和 44%	农业面源得到有效控制,但是城市面源持续增加,成为滇池入湖污染的主要来源
生态修复与建设	按照"四退三还"的要求,在滇池高水位 1887.5m 至环湖公路之间的区域内增加吸收氮磷面源污染物的植物种植,进一步实施亲水型湿地建设与生态恢复	已在滇池外海建成环湖湿地 6.6 万亩,主要植物有生态景观林木、芦苇、菖蒲、香蒲、睡莲等	(1)河道与湿地水路连通不足,湿地生态净化功能有待恢复和提升; (2)再生水回补城区河流,使已被人工控制的点源污染大部分最终进入滇池,占用环湖湿地截流和削减面源污染的能力
入湖河道整治 (李森等,2016; 张先智等,2014)	整治范围为滇池 35 条河流(含 2 条盘龙江源头河流及滇池出口海口河),整治内容主要有:河道截污与清淤、生态河道与河口生态净化、河堤绿化与景观提升等	(1)实施完成 33 条入湖河道的综合整治,整治河道长度占河流总长的 70%; (2)污水处理厂的尾水回补大清河、老运粮河、大观河等城区河道,有效地消除了河道黑臭的问题	(1)枯期或降水不足时,河道水量偏少,经常断流,生态用水严重短缺; (2)污水处理厂尾水进入滇池,成为滇池总氮入湖污染负荷的主要来源
生态清淤 (吴桢芬等,2016)	在湖内主要入湖河口及重点区域清淤,减少内源污染	已实施三期生态清淤工程,累计疏浚滇池底泥1479 万 m³	机械脱水后的底泥填埋处理存在二次污染的风险

续表

工程措施	主要建设内容	实施现状	存在问题
外流域调水及节水 (毛建忠等,2017; 李中杰等,2016)	(1)建设牛栏江-滇池补水 工程,多年平均向滇池补 水 5.72 亿 m^3,远期牛栏 江-滇池补水工程转供曲 靖市,向滇池的生态补水 量减至 1.38 亿 m^3,缺口 由滇中引水工程解决; (2)全面建设节水型城市	牛栏江-滇池补水工程已于 2013 年 9 月底建成通水, 截至 2016 年 12 月底,累计 向滇池补水 16.96 亿 m^3, 明显地降低了滇池中总磷 和总氮含量,有效改善了 滇池的水质	(1)从盘龙江单口补滇,对 城市河流廊道景观的改善 效果有限; (2)未与其他水源工程连 通,运行调度不灵活; (3)再生水利用配套设施 建设滞后,再生水回用率 较低

（3）尾水通道受纳经过处理后的城市生活污水、城市初期雨水以及农业面源污水,最后截至环湖截污干管直接排出滇池流域,经深度处理后,可作为滇池下游安宁-富民工业走廊的消耗性工业用水。

（4）加强环湖湿地(属生态修复与建设工程)与入湖河流的水路连通,充分发挥其作为滇池最后一道生态保护屏障的作用,削减难以收集的中后期雨水和农业面源的污染负荷。

在流域二元水循环理论总体框架的基础上,延伸城市健康水循环的理念,按照总体思路及滇池治理"六大工程"整合方案,提出多源水联合调度重构滇池流域健康水循环的总体框架,如图 12.2 所示。

为了厘清研究区域内不同水质的水资源循环路径,在蓝水、清水划分标准的基础上,定义自然水体在河流、地下含水层、水库和湖泊中储存,以及蒸发、降水、产汇流过程为蓝水循环;将水质达到地表Ⅲ类及Ⅲ类以上的清洁水体经过人工调控、输送的过程定义为清水循环;将城市和农村污水的收集、处理、输送及再生利用过程定义为再生水循环。如图 12.2 所示,区域内的蓝水循环与二元水循环中的自然水循环基本重合,遵循"生态优先"的准则,加上生物体、土壤水后属于大尺度的"五水"转化范畴;再生水循环为人工侧支循环,遵循"节水优先"的准则,在本流域和跨区域进行封闭循环;清水循环则通过城乡供水、水系连通、生态用水替代调度等方式将自然水循环与人工水循环联系起来,也将滇池治理"六大工程"整合成为有机整体,通过实施人工干预和调控,重构流域健康水循环模式。

12.2.3　各子系统的用水需求

1. 社会经济系统

本研究有 2 个规划水平年,即近期 2020 水平年,远期 2030 水平年。根据宏观经济发展规划,2020 水平年滇池流域社会经济需水总量为 8.97 亿 m^3,其中城乡生活 4.42 亿 m^3,工业 2.55 亿 m^3,农业灌溉 2.00 亿 m^3;2030 水平年社会经济需

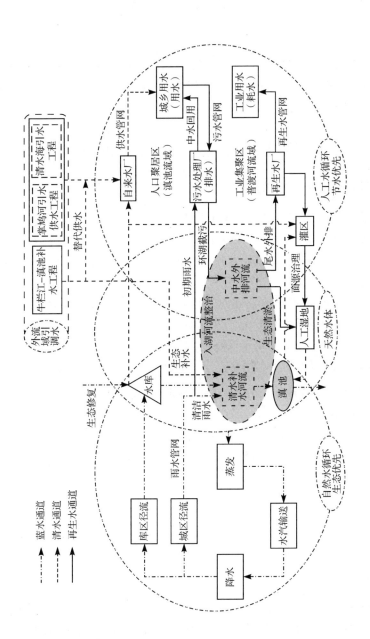

图12.2　滇池流域健康水循环的总体框架

水总量为 9.82 亿 m^3,其中城乡生活 5.28 亿 m^3,工业 2.67 亿 m^3,农业灌溉 1.87 亿 m^3。同时,供水水质应符合各类用水部门的水质要求。

2. 生态环境系统

采取措施保障主要入湖河流的生态环境需水。各规划期水质应达到水功能区划的水质目标:滇池外海及其主要入湖河流 2020 水平年达到Ⅳ类地表水标准,2030 水平年进一步提升到Ⅲ类地表水标准。

12.3 基于河湖健康的再生水配置

12.3.1 入湖河流生态用水保障方案

采用已校验的滇池流域 MIKE BASIN 水资源系统配置模型,模拟得到各规划水平年滇池流域及相关区域的水资源配置方案,见表 12.2。滇池流域本区水源工程供水量为 5.05 亿 m^3,水资源开发利用程度高达 91.0%,进一步开发利用本区水资源的潜力十分有限。城市供水量中外调水的比例将由现状的 44.9% 逐步增加至 2030 水平年的 66.8%,今后将越来越依靠外流域调水来解决日益增长的用水需求。按照自然水循环"生态优先"的原则,通过生态调度逐步退还被挤占的河湖生态用水,本区天然来水量用于保障河湖生态用水的比例从现状的 9.0% 增加到33.2%,保障入湖河流的生态用水需求,恢复滇池流域的自然水系循环。

表 12.2 滇池流域及下游安宁-富民工业走廊水资源供需平衡方案

计算区域	水平年	需水量/亿 m^3				供水量/亿 m^3								缺水率/%
		城乡生活	城镇工业	农业灌溉	合计	本区水源工程				外调水工程		污水处理回用	合计	
						蓄水工程	引水工程	提水工程	地下水工程	引水济昆	滇中引水			
滇池流域	现状年	3.54	2.58	2.34	8.46	2.76	0.22	1.42	0.71	2.75	0.00	0.34	8.20	3.1
	2020	4.42	2.55	2.00	8.97	2.66	0.19	1.59	0.58	3.27	0.00	0.55	8.84	1.5
	2030	5.28	2.67	1.87	9.82	2.33	0.11	1.04	0.22	1.09	4.22	0.72	9.73	0.9
安宁-富民工业走廊	现状年	0.45	1.88	1.28	3.61	1.30	0.28	1.51	0.46	0.00	0.00	0.00	3.55	1.7
	2020	0.63	4.23	1.42	6.28	1.94	2.29	0.76	0.02	0.00	0.00	1.14	6.15	2.1
	2030	0.87	5.60	1.58	8.05	1.39	0.23	0.48	0.02	0.00	4.42	1.44	7.98	0.9

通过水库生态调度已能满足部分河流的生态需水,但盘龙江、洛龙河、马料河、捞鱼河、梁王河等昆明东部和北部的河流穿城而过,廊道景观需水量较大,仅依靠河段上游水库的生态调度难以满足这些河流的生态需水。考虑新建水系连通工程(工程布局如附图 8 所示),将牛栏江的生态补水量调配至上述穿城的河

流,向这些河道补充生态用水 26870 万 m³。经分析,滇池流域清水廊道的河长达到 455.0km,占流域主要入滇河流干流总河长的 77.3%,集雨面积占流域陆域总面积的 79.0%,流域自然水系基本得到恢复。同时,清水廊道的河流水质均为Ⅲ类地表水(与牛栏江外调水的水质一致),达到了 2030 水平年水功能区的水质目标。在河道综合整治工程和环湖湿地(生态建设与修复工程)的配合下,保障清水入湖,恢复流域清水产流机制,对滇池湖体水质的持续改善具有重要意义。

根据《昆明市绿地系统规划(2010—2020 年)》,河道截污工程实施后,在湿地上游已建水库不下泄河道生态流量的情况下,通河湿地的供水保证率仅为 36.8%,不满足湿地生态用水保证率的最低要求。本章提出的河湖生态替代调度及水系连通工程实施之后,对城市生态景观公园的生态补水,通河湿地的供水保证率均提高到 90% 以上。

12.3.2 基于滇池水量平衡的尾水外排及资源化利用方案

1. 污水减负及资源化利用方案

再生水作为城市"第二水源",具有水量相对稳定的优点,比雨水更有优势(王晓峰等,2016)。在水资源短缺的国家和地区,再生水是市政、工农业等非饮用水的主要来源,利用再生水既能减少清洁水的需求,又能削减入湖污染负荷,维护河湖生态系统的健康(张杰等,2008a)。但是,受工业布局调整和配套管网不完善的影响,目前滇池流域再生水的回用率还比较低,主要用于市政杂用、绿化浇洒和河道补水等方面。

今后,昆明市工业主要布局在滇池下游的安宁-富民工业走廊,再生水需求也主要集中在滇池下游。因此,采取再生水跨区域配置(尾水外排及资源化利用)可大幅地提高再生水回用率。根据园区产业发展规划,预测 2020 水平年安宁-富民片区的工业需水量高达 4.23 亿 m³,区内布局的火力发电、钢铁冶炼、石油化工等产业的循环冷却用水可利用再生水,再生水需求量为 1.14 亿 m³,扣除本区的再生水利用量 0.11 亿 m³,还可利用滇池流域外排尾水 1.03 亿 m³。2020 水平年滇池流域产生的再生水量为 4.15 亿 m³,其中昆明主城的市政用水消耗 0.55 亿 m³,河道生态补水消耗 0.06 亿 m³(水面蒸发耗水量),加上外排资源化利用量 1.03 亿 m³,滇池流域再生水回用率将达到 39.5%,接近发达国家的污水处理回用水平。

预测 2030 水平年安宁-富民片区的工业需水量高达 5.15 亿 m³,区内布局的火力发电、钢铁冶炼、石油化工等产业的循环冷却用水可利用再生水,再生水需求量为 1.29 亿 m³,扣除本区的再生水利用量 0.17 亿 m³,还可利用滇池流域外排尾水 1.12 亿 m³。2020 水平年滇池流域产生的再生水量为 4.72 亿 m³,其中昆明主城的市政用水消耗 0.86 亿 m³,河道生态补水消耗 0.08 亿 m³(水面蒸发耗水量),

加上外排资源化利用量 1.12 亿 m³,滇池流域再生水回用率将进一步提高到 43.6%。

2. 滇池水量平衡及城市尾水外排水量

2013 年 12 月底,牛栏江-滇池补水工程建成通水,通过盘龙江年均向滇池生态补水 5.66 亿 m³,大致相当于滇池流域的水资源量,大幅提高了滇池调度的灵活性。同时,昆明市尾水外排及资源化利用二期工程已经实施完成,由环湖截污北岸干管收集大清河、采莲河等尾水通道输送的城市尾水 77.5 万 m³/d,经西园隧洞外排出滇池流域。研究表明,外流域生态补水后削减入湖污染负荷仍是改善滇池湖体水质和修复滇池水环境的根本途径(Liu et al.,2014)。在维持滇池水量平衡的前提下,应将城市尾水尽量外排,不进入滇池,这将成为削减入湖污染负荷的主要途径之一。研究拟定 3 个情景分析确定尾水外排的水量:①全部外排方案,2020 水平年城市尾水全部外排;②按需外排方案,按照下游工业园区的再生水需求量外排,其余尾水进入滇池;③全部入湖方案,城市尾水全部作为入滇河流生态环境用水,再进入滇池。不同情景下滇池水位的模拟结果见表 12.3。

表 12.3　2020 年不同尾水外排方案下滇池水量平衡

情景方案	入湖水量/亿 m³						出湖水量/亿 m³				水位特征/m		蓄变量/亿 m³	蓄满率③/%
	湖面降水	陆面径流	生态补水①	农业退水	城市尾水	合计	湖面蒸发	环湖耗水②	海口河出流	合计	平均水位	最低水位		
全部外排	2.83	5.68	5.39	0.58	0.00	14.48	4.52	1.78	8.16	14.46	1887.12	1886.10	0.02	34.08
部分入湖	2.83	5.68	5.39	0.58	2.51	16.99	4.52	1.78	10.67	16.97	1887.15	1886.11	0.02	35.12
全部入湖	2.83	5.68	5.39	0.58	3.54	18.02	4.52	1.78	11.70	18.00	1887.17	1886.14	0.02	37.20

注:①生态补水为外流域补水量 5.72 亿 m³ 扣除清水廊道的水面蒸发、通河湿地耗水后的实际入湖水量。

②环湖耗水包括环湖湿地耗水、环湖提灌水量和环湖工业提水量。

③蓄满率为湖泊水位达到控制运行水位的比例,其中汛期控制水位为汛限水位,其余月份为正常高水位。

采用滇池的平均水位、最低水位和蓄满率来进行方案比选。由表 12.3 可见,由于城市尾水比较均匀,对滇池运行水位的影响很小。尾水全部外排方案,滇池平均水位为 1887.12m,最低水位为 1886.10m,蓄满率为 34.08%,水位在汛限水位附近波动,绝大部分月份的水位在 1886.70～1887.50m 呈周期性变动(图 12.3),有利于湖体水质改善和环湖湿地的运行管理。在牛栏江-滇池补水工程生态补水 5.72 亿 m³ 的前提下,滇池流域城市尾水全部外排不再进入滇池,可大幅削减滇池入湖污染负荷总量(何佳等,2015)。因此,提出的"外调水—自来水厂—城乡用水—污水处理厂—中水外排河流—环湖截污—西园隧洞—再生水厂—

工业用水"循环路径(图 12.2),能够避免循环通量日益增长的社会水循环对自然水循环的干扰,保障清水入湖,有利于流域水体水质的改善和河湖功能的生态修复。

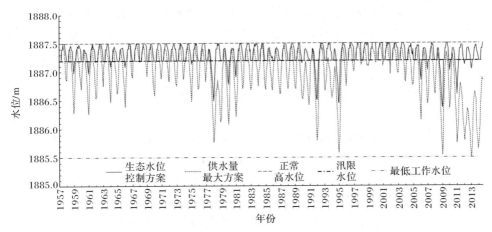

图 12.3　2020 水平年城市尾水全部外排滇池水位模拟结果

2030 水平年,牛栏江-滇池补水工程转供曲靖坝区工农业生产供水 3.10 亿 m³,向滇池的生态补水量调减为 1.38 亿 m³,不足部分由滇中引水工程解决,共同向滇池生态补水 7.00 亿 m³,大于 2020 水平年的湖泊补水量。滇池蓄满率控制在 30% 左右,滇池流域的城市尾水全部外排的情况下,滇池水位过程模拟如图 12.4 所示。滇池调节和保持湖体水量平衡后,还可向下游安宁-富民工业走廊供水 3.94 亿 m³,可以支撑滇中新区再发展工业增加值规模约为 688 亿元(2000 年价)。

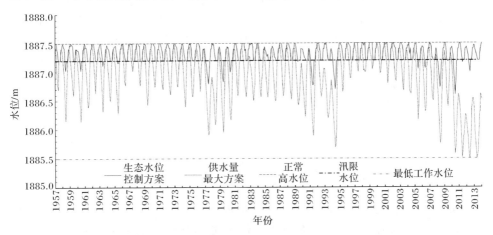

图 12.4　2030 水平年城市尾水全部外排滇池水位模拟结果

12.3.3　结论和建议

在系统调查滇池流域水资源系统和水环境治理现状的基础上,对流域水问题进行了详细诊断,提出了滇池流域健康水循环调控模式的总体框架。采用规则模型 MIKE BASIN 建立滇池流域水资源水质水量联合调度的模拟模型,通过对区域内的水库水、湖泊水、地下水、外调水、再生水等多源水资源联合配置,提出了调整流域水循环路径和通量的具体方案,恢复滇池流域的自然水系循环。主要的研究结论和建议如下:

(1) 本节厘清了滇池流域现状紊乱的河湖功能,确定清水廊道和尾水通道,在流域尺度上实现了真正的"清污分流",是重构滇池流域健康水循环的基础。建议在今后的河流管理中,严格按照各类河流的功能进行分类管理,既要避免污水进入清水通道,也要避免清水进入尾水通道。

(2) 保障河流生态用水是河流生态恢复的核心任务,采取水库生态调度、水系连通补水、再生水回补等三种方式分类解决了滇池入湖河流的生态用水,其中清水廊道河段总长占流域总长的 77.3%。建议今后应结合河道整治工程加大打造清水通道的力度,以保证清水河流的水质不低于牛栏江等外调水的Ⅲ类地表水,确保 2030 年达到水功能区的水质目标。

(3) 为了削减滇池入湖污染负荷,城市尾水应尽量直接外排,尾水外排量取决于滇池水量平衡。在外流域引调水工程未实施前,城市尾水只有排入滇池才能维持湖泊水量平衡。在牛栏江-滇池补水工程多年平均向滇池补水 5.72 亿 m^3 的前提下,滇池依靠外流域生态补水量和清水河流入汇的清洁水已能维持湖泊水量平衡,不再需要城市尾水的补给,城市尾水应全部外排,以削减滇池入湖污染负荷。2030 水平年,牛栏江-滇池补水工程转供曲靖市之后,滇池生态补水主要由滇中引水工程解决,生态补水量大于牛栏江-滇池补水工程的补水量,城市尾水也应全部直接外排,不再进入滇池。

(4) 受产业结构和发展布局调整的影响,目前滇池流域的再生水主要用于昆明市政杂用,利用率较低。滇池下游的安宁-富民工业走廊正建设国家级新区,工业用水需求将大幅增长。本节提出通过再生水跨区域配置,将昆明城市尾水外排作为下游园区的工业用水,是提高昆明市再生水利用率,削减污染物入湖量的有效途径。同时,也避免产业新区大量取用其他地表水源作为工业用水,增加清洁水的消耗量。建议在今后昆明城市及环滇池地区的水资源配置调度中进一步加大再生水的利用力度,这将对缓解滇池周边区域的资源性缺水和水生态环境修复产生深远影响。

12.4　滇池流域河湖水系连通工程方案

12.4.1　区域地质及工程地质评价

1. 区域地质评价

1) 地形地貌

研究区域位于云南高原中部,属中山~高原台地地形,地貌单元为岩溶、高原、湖泊亚区。该区的地形较为复杂,水系发育,地貌景观差异明显,主要受构造、侵蚀、剥蚀、岩溶及堆积等作用控制,呈现盆地山岭相间。按成因类型划分为构造侵蚀、构造侵蚀溶蚀、构造断陷盆地、侵蚀堆积和岩溶等五大地貌类型。

(1) 构造侵蚀地貌。主要分布在昆明盆地以东、滇池以西地区,地貌表现均为断块山地形,总体延伸方向与构造线方向一致呈 SN 向,其地势北高南低。主要地貌特征为中山—中高山河谷夹丘原地形,分布高程为 1950~2200m,地形较破碎,切割密度大,除局部山顶及丘原部位外,地形坡度均在 30°以上。山体间沟谷较为开阔,河流沿断裂谷或顺坡发育,水系单斜状或放射状,地表径流发育。

(2) 构造侵蚀溶蚀地貌。主要分布在富民以东、昆明以北地区以及大板桥、昆明西山一带,以西山为典型区域。由于受 SN~NNE 向构造控制,构成岭谷相间、平行排列的向斜山谷、背斜山岭地形。山体碳酸盐岩地层与非碳酸盐地层呈条带或夹层展布,坡面溯源侵蚀较强烈,崩塌、坍滑等物理地质现象常见。主要地貌特征为中高山—中山地形,高程为 1900~2300m,除山顶部位外,地形较陡峻,发育其间的河流呈放射状或环状分割地块。山体间保留有局部残留高原面,碳酸盐岩地层条带状分布构成岩溶中山,岩溶发育,具有地下水补给区特征,以垂直形态为主,规模一般较小。

(3) 构造断陷盆地地貌。一般为第三纪至早更新世时期形成,以冲湖积为主,其次为少量洪冲积、坡冲积堆积。盆地底部大多较为平坦开阔,局部微缓倾,地形坡度小于 5°,宽谷盆地中河流弯曲,常有 2 或 3 级阶地发育,以滇池所在的昆明断陷盆地为主,其次是八街—鸣矣河断陷盆地。

(4) 侵蚀堆积地貌。主要分布于宝象河、螳螂川及其他较大支流的河谷,地势平缓,局部略有起伏,按地貌形态和部位可分为山间盆地和河谷阶地 2 个亚类。

(5) 岩溶地貌。主要分布于研究区中部和东部碳酸盐岩类大片出露地区,分布面积较广,岩溶地貌类型不齐全,高程 1900~2200m,地形坡度 10°~25°,局部为陡壁地形。岩溶地貌形态主要有岩溶化山地(分布在大板桥南上旬、梁王山等地)、石芽原野(滇池东北部非岩溶化山地的边缘地带)和垅岗洼地(在滇池东北部双龙—大板桥一带有断续分布)三种基本类型。

2）地层岩性与构造

研究区出露地层较全，从元古界至新生界均有出露，包括沉积岩、变质岩、岩浆岩。基底由前震旦纪的昆阳群板岩、砂岩夹灰岩、泥灰岩、白云质灰岩及白云岩等变质岩组成，在西部地区大范围出露前震旦纪昆阳群变质岩；研究区处于滇中的康滇地轴区，长期处于隆起状态，在震旦纪至二叠纪为稳定型的盖层沉积，沉积盆地分布于其东西两侧，多为海相与陆相沉积交互出现，地层发育齐全，仅在东部地区缺失白垩系，二叠系中晚期有玄武岩喷发；三叠系晚期至白垩系为滇中内陆湖盆、湖积红层区，沉积了巨厚的侏罗、白垩系砂岩和泥岩地层，三叠系晚期地层夹有煤层；新第三系以来全区仍有小面积的断陷盆地发育，如嵩明盆地、昆明盆地，是云南挽近时期地质发展的一大特色，沉积了第三系地层，岩性为黏土、砂土、砂砾石夹多层褐煤及灰质砾岩。区内岩浆活动由多期构造运动控制，有晋宁期、华力西期、燕山期及喜山期，除华力西期的玄武岩喷发外，其他各期岩浆岩多以岩墙、岩脉及岩株产出，规模较小。

研究区处于扬子准地台（I）西部川滇台背斜（I_2）与滇东台褶带（I_1）的交汇部，普渡河—滇池断裂在其中部通过，为区内规模最大、长期活动的断层，也是区域重要的三级构造单元分界。以此断裂为界，将研究区分为东、西两个构造区，西区属于武定—石屏隆断束的禄劝断凹，以宽缓褶皱为主，断裂次之，主要构造线方向为近东西向；东区属于昆明台褶束的嵩明台凹，以断裂为主，褶皱也较发育，主要构造线方向为近南北向。受构造控制，西区基岩裸露，形成山地地貌；东区除西山外，主要形成滇池断陷湖泊及周围的湖岸-河口地貌。

3）物理地质现象

研究区的物理地质现象发育，主要表现为岩体风化、崩塌、滑坡及岩溶，特别在昆明—西山断裂带及附近地段更发育。其中岩体风化及岩溶较突出。区内无较大规模的泥石流存在，但雨季冲沟会出现夹带大量沙石泥土的洪流。

工程区内石英砂岩、灰岩等抗风化能力较强的岩石分布地段，风化层较薄，地表出露大部分呈弱风化状；在抗风化能力较弱的泥页岩、玄武岩分布地段风化层较厚，出露的岩体主要呈全、强风化状态。地质构造复杂、断裂发育地段，特别是昆明—西山断裂带及附近，不仅由于岩石破碎软弱易遭受风化，而且由于风化营力易进入深部，在断层附近均出现较厚风化层。

岩体主要以沉积岩（砂、泥岩）为主，卸荷作用较强烈，根据初步地质测绘分析，卸荷带内岩体卸荷裂隙发育，多充填次生泥和岩屑，卸荷带内岩体松弛。

崩塌、滑坡主要集中在昆明—西山断裂带附近，由于地形陡峻，底部崩塌卸荷强烈，陡壁底大部分为崩塌堆积体。工程区内局部地段存在小型的滑坡及崩塌，特别是局部地层为碳酸盐岩地区，岩溶塌陷现象较明显，但对工程本身无较大影响。

4）水文地质条件

（1）地下水。包括松散岩类孔隙水、基岩裂隙水和碳酸盐岩的岩溶水。松散岩类孔隙水主要赋存于河谷阶地、漫滩、河床及山坡残坡积第四系松散地层的孔隙内，黏土层透水性弱，砂卵砾石、碎石土层透水层性中等至极强，富水性差；基岩裂隙水主要赋存于各时代的地层中。由于基岩的岩体节理裂隙多闭合，故其属于中等～弱透水层，富水性差，泉流量小于 1L/s，地下水径流模数 0.1～1L/(s·km^2)；碳酸盐岩的岩溶水分布于各时代可溶岩地层中，为主要含水层（组），其中透水性由较强到强的含水层（组）包括 $Z_b d_n$、$\in_2 d$、$\in_2 s$、D_{2-3}、$D_2 h$、$C_1 d$、$C_2 w$、C_{2-3}、$P_1 q$、$P_1 m$ 等地层。岩性由灰岩、白云岩、白云质灰岩等组成，水平及垂直岩溶均较发育，溶隙及较小暗河伏流多见，地下水径流模数为 6.45～16.2L/(s·km^2)，泉水流量 10～100L/s，其中常有岩溶大泉出露。

（2）地下水补给、径流、排泄特征。区域地下水的补给主要依赖大气降水，沿赋存介质中的孔隙、裂隙、溶隙通道径流，向河谷排泄。滇池出水口的螳螂川为最低侵蚀基准排泄面。

2. 工程地质条件评价

规划的水系连通工程主要布置在昆明盆地的边缘，大部分线路位于第四系冲湖积地层及第三系地层上，岩性以黏土、砂砾层为主，部分段存在淤泥，软土地基存在承载力低及不均匀沉降的问题，第三系地层的地基可能存在膨胀性问题。由于沿线主要为第四系松散堆积层及第三系黏土层，在开挖过程中，可能存在开挖边坡稳定问题及基坑渗水涌水问题。

3. 天然建筑材料

输水线路的明渠、倒虹吸及隧洞所需建筑材料为石料及混凝土粗细骨料，测区内大部分地段均有碳酸盐岩分布，地层为 $Z_b dn$、$\in_1 L$、$\in_2 d$、$P_1 q$、$P_1 m$，料源较丰富。

受滇池流域水土保持管控的限制，工程所需砂石料主要以外购方式获得。根据工程线路天然建筑材料的普查成果，在松华坝水库以东、昆曲高速公路边有九龙湾石料场，东南部有梁王山石料场，在海口镇桃树村附近有明亮石料场。这些料场现已大量开采，为海口、昆明地区各类工程建设开采的主要料场，料场基岩裸露，岩石大部分呈弱风化状态，岩层稳定，交通便利，储量较丰富，可满足工程建设所需。按照就近购买的原则，滇池北岸的工程区可购买九龙湾石料场及梁王山石料场生产的砂石料，南岸工程区可购买明亮石料场生产的砂石料。

12.4.2　河湖生态用水调配技术

1. 入滇河流生态用水保障技术

滇池流域用水紧张,水资源供需矛盾突出,城市用水挤占农业用水,农业用水又挤占河湖生态用水,导致各入滇河流上已建的水库基本不下泄河道生态流量。为了防止城市产生的废污水通过入滇河流而增加滇池污染负荷,现已对主要入滇河流进行截污,并将处理后的尾水统一收集后外排。同时,入滇河流城区段下垫面的硬化,导致产流、汇流模式发生重大转变,降水无法下渗形成河道基流(Findlay et al. ,2006)。这是滇池入湖河流生态用水严重短缺的主要原因。保障河道生态用水的措施主要有水库生态调度、城市再生水补水和水系连通工程补水等途径。水库生态调度是通过调控水库出流,确保河道生态基流、生态流量或生态水位,改善或修复河道自然生态环境(Richter et al. ,2007),是保障河流生态用水的常用措施。再生水回补是将城市再生水补给河流水量,恢复河流的水文条件,提供适宜生物群落生长的水量、水质和水文情势(吴桢芬等,2016)。在北京、深圳、重庆、合肥等城市,再生水回补是城区河流生态修复的主要措施之一。水系连通工程补水多用于湖泊、湿地的生态修复,通过"以清释污"改善富营养化湖泊的水质。本节按照流域健康水循环"清污分流"的要求,结合滇池流域的实际,综合运用水库生态调度、水系连通工程补水和再生水回补等调控技术措施保障河流生态用水。各种技术措施的优劣分析如下。

1) 水库生态调度方案

通过松华坝水库、宝象河水库、松茂水库、果林水库、横冲水库、双龙水库等下泄生态流量,满足水库下游河流的生态需水。这种方案存在以下几个方面的问题:①除松华坝水库(控制了所在流域的 80% 以上的径流面积)外,其余水库控制集雨面积的比例均较少,水库下泄仅能满足"最小"标准下的河流生态用水,不能满足城区河流景观用水量的要求;②水库下泄生态流量后,供水能力会大幅减少,水源工程的调蓄能力也将大幅削弱,增加城市供水安全的潜在风险;③蓄水工程的供水可靠度比外调水工程高,采用可靠度高的蓄水工程满足保证率要求低的河道生态需水,可靠度低的外调水工程满足保证率要求高的城市供水,将对城市的供水安全造成隐患;④松茂水库、果林水库、横冲水库等的供水对象为农业灌溉和城市工业,水库现状的水质比牛栏江补水滇池的水质差,采用牛栏江-滇池补水工程的优质水置换水质差的水补水滇池,不符合"优水优用"的原则,也会对滇池水质改善目标的实现造成不利影响。

2) 水系连通工程补水方案

由于牛栏江-滇池补水工程的不同入湖通道对外海的平均流速和水动力条件

的影响很小,滇池水环境的改善主要依靠蓄清排污,进行水体置换。因此,研究区骨干水库仍按现状的调度方案运行,下游河道的生态用水通过水系连通工程由牛栏江-滇池补水工程来统一解决。这种方案避免了水库生态调度方案的不足,但是需要新建输水管道,增加工程投资。此外,牛栏江-滇池补水工程的落点位于滇池北岸的松华坝水库下游,要对位于滇池南岸的东大河等河流进行生态补水,还需要新建长距离的输水工程,代价较大。

3) 生态替代调度(配置)方案

鉴于上述两个功能单一的技术方案都不能妥善地解决好入湖河流的生态用水及由此引发的城市供水风险,因此提出了综合两者优势、消除缺陷的生态替代调度(配置)方案。牛栏江-滇池补水工程输水线路落点位于滇池北部的松华坝水库下游约 3km 处(河道距离)的盘龙江左岸。因此,位于滇池北、东岸,且较容易从牛栏江-滇池补水工程落点分水的河流,通过新建的水系连通工程,补充这些河流的生态用水。对于难以实现从牛栏江-滇池补水工程落点分水的晋宁东大河等,采用生态替代调度方案解决。牛栏江-滇池补水工程水源工程的水质为地表水Ⅲ类标准,优于果林水库、松茂水库、横冲水库等的水质(Ⅳ类水),从"优水优用"角度考虑,马料河、捞鱼河、梁王河的河道生态用水的不足部分由牛栏江-滇池补水工程进行补充,这些水库仍向下游的滇池坝区提供农灌用水,但不下泄生态流量。松华坝水库、宝象河水库的位置较高,从"高水高用"的角度出发,宝象河生态用水的不足部分由牛栏江-滇池补水工程补充。东大河距离牛栏江-滇池补水工程较远,生态用水由双龙水库下泄和区间径流补充,双龙水库因退减生态用水减少的城市供水,拟由柴河水库转供,柴河水库因转供晋宁而减少的"2258"工程向呈贡区的供水量再由牛栏江-滇池补水工程补充。此外,采用再生水回补方式解决金汁河等作为尾水外排通道的河流生态用水。

2. 河道生态补水流量

根据各条河流的生态用水解决途径,并考虑城市排水系统对河道径流的影响,以及城市防洪安全对补水时间的要求,确定各河流的生态补水需水量。

为了叙述方便,定义某一排水系统集雨区域内降水形成的有效降水量(扣除植被截留、蒸发、填洼等损失)与该片区的初期雨水处理能力相等时的降水量称为临界降水量 P_0。降水量大于 P_0,能够在河道形成径流,称为有效降水;降水量小于 P_0 时,不能在河道形成径流,称为无效降水,无降水和无效降水时统称为非雨天。2020 水平年滇池流域雨污水处理厂的处理能力为 270.9 万 m^3/d,初期雨水处理能力对应的临界降水量为 $P_0=6.2mm$。因此,降水量小、降水历时长的小雨不会溢流进入河道,基本进入了雨污水处理厂。

当河流水位超过控制断面的警戒水位时,表明河道内水量已完全满足生态用水(水深、水量等)的要求。此时以防洪安全为前提,通过防洪调度系统及调度指令,水系连通工程停止向这些河流补水。非雨天按照各条河流的生态需水过程稳定地进行补水。此外,由于东大河、宝象河(大板桥段)需要通过上游的水库下泄水量解决河道生态用水,应分析生态流量下泄对双龙水库、宝象河水库原设计供水能力的影响及相应的补偿措施。

以东大河为例,东大河的生态需水量和双龙水库的天然径流见表12.4。若双龙水库下游河道的生态用水通过生态调度来解决,城区段河流的河道景观需水量较大,即使水库完全不向城市生活供水也无法满足。由于双龙水库是晋宁区的城镇生活供水水源,水库仅按水资源管理的要求,下泄"最小"标准下的生态基流。从降低城市供水风险的角度考虑,双龙水库下泄生态流量后的水库供水能力,暂以不低于水库原供水能力的30%作为控制。

表12.4 东大河生态需水量和双龙水库的天然径流 (单位:万 m³)

项目		1月	2月	3月	4月	5月	6月	7月	8月	9月	10月	11月	12月	合计
天然径流	$P=75\%$	75	48	37	31	29	29	271	313	200	185	122	91	1431
(水库断面)	多年平均	67	51	43	39	56	137	319	429	267	214	145	94	1861
生态需水量		137	123	137	132	137	132	236	319	200	161	132	137	1983
生态补水量		16	12	11	10	13	34	78	107	67	54	36	24	462

根据上述原则,计算各河流的生态补水量,见表12.5。

表12.5 河流生态补水/替代水量月过程 (单位:万 m³)

方案	河流	1月	2月	3月	4月	5月	6月	7月	8月	9月	10月	11月	12月	合计
生态补水	盘龙江	1012	914	1012	980	1012	849	1599	2279	1993	1594	980	1012	15236
	宝象河	364	329	364	353	364	306	490	706	627	514	353	364	5134
	马料河	134	121	134	130	134	112	112	119	121	134	130	134	1516
	洛龙河	134	121	134	130	145	121	292	352	283	262	153	134	2261
	捞鱼河	142	128	142	137	142	119	121	147	128	142	137	142	1627
	梁王河	86	77	86	83	86	72	115	123	111	88	83	86	1096
	小计	1872	1690	1872	1813	1883	1579	2729	3726	3263	2734	1836	1872	26870
生态替代	东大河	27	24	27	26	27	34	79	106	66	53	36	27	532
	宝象河	20	16	15	15	12	100	69	103	68	49	32	27	526
合计		1919	1730	1914	1854	1922	1713	2877	3935	3397	2836	1904	1926	27928

3. 牛栏江-滇池补水工程生态水量调配方案

目前,牛栏江-滇池补水工程向滇池的多年平均生态补水量为 56673 万 m³,按照以下步骤进行河湖生态用水的配置。

（1）预留城市应急供水量，按 30 万 m³/d（即 10950 万 m³/a）进行预留，这部分水量在昆明城市发生特殊干旱或突发水污染事故时，可向昆明城市应急供水，其余时段通过盘龙江进入滇池，作为滇池的生态修复补水量。

（2）扣除昆明城市应急供水预留水量后的其余水量 45723 万 m³，可作为清水补水河流的可分配补水量。按照各条河流的生态补水需水量（表 12.5），需要向这些河流补水 27928 万 m³，其中通过水系连通工程（工程布置方案如附图 8 所示）向盘龙江、宝象河（城区段）、洛龙河、马料河、捞鱼河和梁王河直接补水 26870 万 m³，通过水库生态调度向东大河、宝象河（大板桥段）替代补水 1058 万 m³（这部分水转为城市供水量）。

（3）预留城市应急供水量和各条河流"按需补水"后，还有 17795 万 m³ 水量待分配。若将这部分水量按比例再分配到各条补水河流，按照加大后的流量设计输水管道和泵站，由于牛栏江-滇池补水工程补水过程年际分布不均，部分年份无法达到设计输水/提水能力。此外，通过水系连通工程向宝象河、洛龙河等河流进行生态补水均需提水（扬程 80.0m），单方水运行费用 0.28 元/m³[按 0.484 元/(kW·h)计算电价]，还需要增加年运行费 2223 万元。综合考虑上述两个因素，推荐待分配水量 17795 万 m³ 全部通过盘龙江自流进入滇池。

综上所述，牛栏江-滇池补水工程的生态用水调配方案如下：①替代宝象河水库、双龙水库向城市供水的水量（河流生态替代水量）1058 万 m³；②向宝象河、洛龙河、马料河、捞鱼河和梁王河等河流多年平均生态补水量 11634 万 m³；③其余的生态补水量（包括盘龙江自身的生态补水量 15236 万 m³，昆明城市应急供水所预留水量 10950 万 m³）均通过盘龙江向滇池补水，多年平均生态补水量为 43981 万 m³/a。

12.4.3　河湖水系连通工程总体布局

在流域健康水循环调控的总体架构下，通过水系连通工程将牛栏江-滇池补水工程的生态补水量直接补水或置换供水（水库生态调度），分配到滇池主要入湖河流，在不影响滇池生态补水量和水质的前提下，兼顾这些河流生态环境的改善。根据滇池流域河湖生态用水替代调度方案，通过水系连通利用牛栏江-滇池补水工程的生态水量，就近兼顾宝象河、马料河、洛龙河、捞鱼河和梁王河等河流的生态用水。

同时，按照系统治理的理念，通过保障城乡生活用水，避免流域再次陷入生活用水挤占农业用水、农业用水又挤占生态环境用水的恶性循环，是恢复入滇河流生态用水的首要条件。环滇池各片区中城镇生活用水难以保障的只有西山海口片区。根据 2020 水平年的水资源配置方案，在掌鸠河引水工程和清水海引水工程相继建成通水后，滇池北岸片区的水资源量大幅增加，"2258"南线工程水源柴河水库将退还水源区,向滇池南岸晋宁片区供水,一并解决西山海口片区的城镇生活供水。

1. 工程任务和规模

1) 入滇河流生态补水工程

通过水系连通工程,将牛栏江-滇池补水工程的滇池生态修复补水量输送到主要入滇河流,实现"多口入湖",既能保障滇池水生态修复补水过程的正常实现,又兼顾入滇河流水生态环境的改善,恢复流域自然水系景观,把昆明市建设成为"水绕城转、河清湖美",富于自然与文化魅力的世界知名旅游城市。

根据滇池流域的河湖生态用水替代调度方案,通过水系连通工程解决河流生态用水的河流为距离牛栏江-滇池补水工程出口较近的宝象河、马料河、洛龙河、捞鱼河和梁王河,补水流量过程参见表12.5。由于生态补水过程年内分布不均匀,因此连通工程的输水线路以最大流量确定工程规模,取水口设计输水流量为 $6.51m^3/s$,向宝象河分水 $3.00m^3/s$ 后,输水流量减为 $3.51m^3/s$,以此类推,末端流量为 $0.58m^3/s$。

2) 海口城镇生活供水工程

海口城镇生活供水工程主要向西山海口片区提供城镇生活用水。根据水资源配置方案,2020 水平年柴河水库向西山海口供水 1201 万 m^3,考虑城镇供水不均匀(不均匀系数取 1.2),输水管道设计流量为 $0.46m^3/s$。根据《滇中引水工程二期工程总体规划》,西山海口片区的城镇生活由新庄分水口分水,设计供水量 2358 万 m^3,考虑城镇供水不均匀(不均匀系数 1.2),输水管道设计流量为 $0.90m^3/s$。2040 水平年滇中引水工程向西山海口供水 3357 万 m^3,考虑城镇供水不均匀性,输水管道的设计流量为 $1.28m^3/s$。按照一次性勘察设计和总体布置、分阶段建设的原则,输水工程的设计输水流量为 $1.28m^3/s$。

2. 工程总体布置

1) 入滇河流生态补水工程

鉴于牛栏江-滇池补水工程的输水工程末端已建设了昆明湖瀑布公园,利用大王山隧洞出口与盘龙江水位之间的高差,布置了人文瀑布景观,成为昆明水生态文明建设的靓丽名片。2030 水平年滇中引水工程建成后,应通过合理的水系连通工程,维持昆明湖瀑布景观的效果。在牛栏江-滇池补水工程末端的出口处(瀑布公园下池)布置竹园泵站,将牛栏江补水滇池的一部分生态水量提水输送至竹园村东侧的松华坝水库东干渠,提水扬程 30m,设计提水流量 $6.51m^3/s$,泵站装机容量 3200kW。然后,沿东干渠自流进入东大沟,在十里铺村通过 1♯倒虹吸进入东白沙河(东白沙河水库下游 1.7km)。在里程 31km+764m 处布置 1♯分水口(位于东白沙河水库下游 4.6km），一部分水由宝象河支渠自流分水沿道路进入宝象河，对宝象河进行生态补水，设计分水流量 3.0m³/s，年均补水量 5134 万 m³。其余水量由白沙河泵站提至长春山西坡，设计提水扬程 70m，设计提水流量 3.51m³/s，泵站装机容量 4000kW。新修渠道至大石坝村，设置 2♯倒虹吸穿过昆明东绕城高速，在小石坝村丁家山西侧出流后沿着公路布置输水管道，在白水塘村转向南，沿着马料河布置输水管道，设置 2♯分水口（位于果林水库上游海子村），一部分水量进入果林水库，均匀分水流量 0.59m³/s，由水库调蓄后向马料河进行生态补水。其余水量（最大流量为 2.92m³/s）继续沿着尖山山脚输送，在里程 43km＋183m布置输水隧洞（长度 1.5km），隧洞出口在果林变电站西南 250m 处。向南沿道路布置，布置 3♯分水口，一部分水量向洛龙河进行生态补水，设计最大补水流量 1.65m³/s，年均补水量 2261 万 m³。其余水量（最大设计流量 1.27m³/s）继续向西沿梁王路等道路布置，向捞鱼河进行生态补水，最大补水流量 1.27m³/s，年均补水量 1627 万 m³。在太平关附近由捞鱼河分水，结合太平关、大渔等公园的水系线路向梁王河进行生态补水，最大补水流量为 0.58m³/s，年均补水量 1096 万 m³，如图 12.5 所示。

2）海口城镇生活供水工程

海口城镇生活供水工程拟在晋城石子河泵站分水，根据地形沿道路向北布置管道至新庄，然后沿公路向西，穿过环湖南路至下石美，向南再顺地势依次经过小渔村、牛恋乡、海埂、兴旺村，到达晋宁区政府，再向北结合地形沿晋宁至海口镇公路布置输水管道至海口镇的马房村附近，输水干管全长 33.72km，取水口设计流量为 1.28m³/s，如附图 8 所示。

3. 工程主要建筑物

1）竹园泵站

泵站布置在金汁河左岸的开阔平地上。牛栏江-滇池补水工程的生态补水量由新建明渠引至泵站进水池，泵站主要由进水池、主厂房、副厂房、变电站组成。副厂房布置在主厂房的出水侧，进水池布置在主厂房前部。进水池采用钢筋混凝土结构，为方便水流较平顺地进入进水池，考虑进水要求及开挖，进水池结构形式设计为渐扩的矩形断面，最大断面尺寸长×宽×高＝50m×20m×8m，埋置于地面以下，池顶高程与地面线齐平。厂房主机段长 67.5m、宽 17.1m、高 23.4m，下部采用钢筋混凝土剪力墙结构，上部采用钢筋混凝土框架结构，屋顶为现浇混凝土屋面。主厂房分三层布置，从上到下分别为巡视层（两层）、水泵层。主厂房布置 5台中开卧式多级离心泵及电气设备。安装间位于主机段顺水流方向下游，长 12.2m、宽 17.1m、高 17.9m。按两层布置，地上一层作为水泵安装检修使用。

竹园泵站出水池位于松华坝水库东干渠的右岸。出水池设计流量 6.51m³/s，

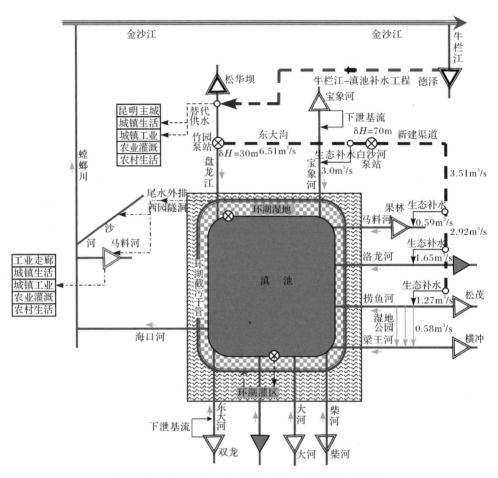

图 12.5　滇池主要入湖河流生态补水工程布置示意图

净尺寸长×宽×高＝15.0m×5.0m×6.0m，有效容积 300m³，正常水位 1931.50m。出水池采用钢筋混凝土结构，边墙厚度为 0.8m，底板厚度为 0.8m。

2）白沙河泵站

泵站布置在东白沙河左岸的开阔平地上。由明渠引至泵站进水池，泵站主要由进水池、主厂房、副厂房、降压站组成。副厂房布置于主厂房的出水侧，进水池布置于主厂房前部。进水池采用钢筋混凝土结构，为方便水流较为平顺地进入进水池，考虑进水要求及开挖，进水池结构形式也设计为渐扩的矩形断面，最大断面尺寸长×宽×高＝40m×15m×6m，埋置于地面以下，池顶高程与地面高程同高。厂房主机段长 45.3m、宽 16.6m、高 19.12m，下部采用钢筋混凝土剪力墙结构，上部采用钢筋混凝土框架结构，屋顶为现浇混凝土屋面。主厂房分三层布置，从上到下分别为巡视层（两层）、水泵层。主厂房布置 4 台中开卧式多级离心泵及电气设备。安装间位于主机段顺水流方向左侧,长 10.1m、宽 16.6m、高 18.9m。按两层布置,地上一层作为水泵安装检修使用。

白沙河泵站出水池位于长春山的山脊平坦地带上,所处位置较平缓。出水池设计流量 3.51m³/s,净尺寸长×宽×高＝12.0m×4.0m×5.0m,有效容积 180m³,正常水位 1985.10m;为了保证出水池水位及流态的稳定,出水池中设置侧堰,堰顶高程为 1985.10m,堰长 8m。出水池采用钢筋混凝土结构,边墙厚度为 0.6m,底板厚度为 0.6m,水流通过侧堰溢流到泄水道,再通过泄水道引入宝象河的支流中。

3) 输水管线

入滇河流生态补水连通工程的管线除跨河流和冲沟、穿越公路和山坡段外均采用埋管,埋管在有转弯或地形起伏较大的地段设镇墩及自锚式接头连接。管槽开挖边坡 1:0.5,底宽以管径两侧各加 0.3～0.5m 控制。管槽底板采用厚 20～40cm 的砂碎石垫层,管槽回填压实,管顶以上覆土 1.5m。管线在冲沟、河流处采用钢管直接跨过,两侧设混凝土镇支墩,通过较大河流时设简支混凝土钢桁架桥通过;穿越公路、铁路时一般宜采用顶管穿过。输水管线典型断面如图 12.6 所示,输水管线水力计算结果见表 12.6。

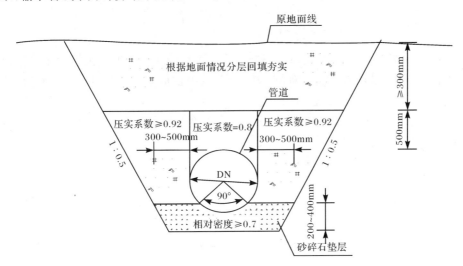

图 12.6　滇池流域水系连通工程输水管线典型断面

表 12.6　滇池流域水系连通工程输水管线水力计算结果

建筑物名称	流量 /(m³/s)	长度 /km	管径 /m	管材	流速 /(m/s)	水损 /m	压力等级 /MPa
竹园泵站	6.51	—	—	—	—	—	—
松华坝水库东干渠	6.51	15.950	—	—	—	—	—

建筑物名称	流量 /(m³/s)	长度 /km	管径 /m	管材	流速 /(m/s)	水损 /m	压力等级 /MPa
东大沟	6.51	10.650	—	—	—	—	—
1♯倒虹吸	6.51	0.930	2.0	PCCP	2.072	2.2	0.2～0.4
白沙河	6.51	3.390	—	—	—	—	—
白沙河泵站	3.51	—	—	—	—	—	—
1♯主管	3.51	0.480	1.8	Q345C	1.379	0.4	0.2～0.8
2♯主管	3.51	7.400	1.8	PCCP	1.379	6.5	0.2～0.8
3♯主管	3.51	2.020	1.8	PCCP	1.379	1.8	0.2～0.8
4♯主管	2.92	2.500	1.6	PCCP	1.452	2.8	0.2～0.4
1♯隧洞	2.92	1.100	1.6	Q345C	1.452	1.2	0.2
5♯主管	2.92	4.670	1.6	PCCP	1.452	5.3	0.2～0.4
6♯主管	1.27	9.600	1.1	球墨铸铁	1.336	15.2	0.2～0.4

4. 建设征地与移民安置规划

经初步调查分析,入滇河流生态补水连通工程的建设征地移民安置主要指标如下:①工程建设征占土地总面积 704.3 亩,其中耕地 130.5 亩、林地 45.0 亩、商业服务业用地 60.2 亩、交通运输用地 286.7 亩、其他土地 181.9 亩;②至 2020 规划水平年的安置人口 199 人,移民安置初步方案为"货币安置";③初步匡算建设征地移民安置总投资为 17905 万元。

5. 环境影响与水土保持

本工程不涉及《云南省滇池保护条例》(2013 年修订版)规定的滇池保护范围,也不涉及水源保护区。工程不涉及滇池国家重点风景名胜区中景区范围的各级保护区。本工程建设对水环境的影响集中在施工期,对施工期的施工废水、粉尘和废气爆破开挖、施工机械运作、汽车运输、弃渣堆放、生活垃圾等加强管理,尽可能地减小工程施工对环境造成的不利影响。

对工程区土地利用、水土流失现状和水土保持现状进行了初步调查。本工程线路不在国家划定的水土流失重点预防区和重点治理区,不在泥石流易发区、崩塌滑坡危险区以及易引起严重水土流失和生态恶化的地区,不位于全国水土保持监测网络中的水土保持监测点和重点试验区,不涉及国家规定的水土保持长期定位观测站。

根据本项目主体工程的规划布局、施工组织设计和工程建筑物布置,依据差异性、相似性和整体性的原则,将本项目建设区划分为线路工程区、料场区、弃渣场区、施工生产生活区和道路工程区,总面积为 1794.2 亩。

6. 工程投资匡算

根据《水利建筑工程概算定额》、《云南省水利工程设计概(估)算编制规定》等水利行业投资匡算标准,按 2015 年三季度价格水平,初步匡算入滇河流生态补水工程的静态总投资约 7.84 亿元,海口城镇生活供水工程总投资 4.41 亿元。

12.5　河湖水系连通的效果评价

12.5.1　河湖连通性评价

1. 评价方法

跨流域调水工程作为水系连通工程的重要组成部分,为滇池流域的供水安全、水环境改善起到积极作用。采用结构性连通指标对其进行评价,研究区域的引调水工程对指标的贡献不大,且结构性连通指标并不能客观反映引调水工程对整个流域的功能与作用。由于“节点-边”关系的传统网络连通性评价方法不再适用于高原水网(茹彪等,2013),基于水系连通的涵义及区域引调水工程的功能,提出了一种新的评价引调水工程的连通性指标,计算表达式为

$$F = \sum_{i=1}^{N} \theta_i \alpha_i \frac{W_i}{W_0} \tag{12.1}$$

式中,N 为水系中总的河段数;θ_i 为河段重要度,以反映河段的社会属性。在水系连通性评价中,河道不仅具有自然属性,还有社会属性,由河道级别、河道功能、河道空间位置、滨河城市重要度、滨河用地类型等因素综合决定,取值大小采用等级量化法打分得到(表 12.7);W_i 为河道的年径流量,表征河道供水能力,一定程度上反映了河道过流能力;W_0 为本地水资源量,反映区域可供水及丰枯调剂的潜力,两者之比可揭示水系连通及跨流域引调水对保障供水安全、补充河湖水量、置换本地水源等功能;α_i 为河道水流对水源的水质影响系数,即对区域水环境、水生态的改善程度,根据实际情况按表 12.8 取值。

表 12.7　高原湖泊水系连通评价指标等级量化

标准	A	B	C	D	E
评分	1.0~0.9	0.9~0.8	0.8~0.7	0.7~0.6	0.6~0

表 12.8　水系连通工程的水质影响系数矩阵

调出区水质	调入区水质				
	I	II	III	IV	V
I	1.0	1.1	1.2	1.3	1.4
II	0.9	1.0	1.1	1.2	1.3
III	0.8	0.9	1.0	1.1	1.2
IV	0.7	0.8	0.9	1.0	1.1
V	0.6	0.7	0.8	0.9	1.0

2. 评价结果

将式(12.1)应用于研究区的跨流域引调水工程中。为了突出引调水工程的作用,将滇池流域入湖河道作为一个整体进行计算分析。滇池流域多年平均径流量为 5.55 亿 m^3,滇池正常高水位时的湖容为 16.2 亿 m^3,各入湖河道都是滇池现状成因不可或缺的部分,将滇池流域整体认定为 A 级;滇池流域现状水质属于 V 类,湖体水质的形成由各入湖河道水流水质等共同决定,按表 12.8 将滇池流域水质影响系数取为 1。掌鸠河引水供水工程、清水海引水工程、牛栏江-滇池补水工程、滇中引水工程的设计年引水量或环境补水量分别为 2.2 亿 m^3、0.97 亿 m^3、5.72 亿 m^3、5.62 亿 m^3。各引调水工程调出区的水质基本为 II 或 III 类,据此确定各工程的水质影响系数。根据各工程引水量及水质,结合各工程引水区域状况,将掌鸠河引水供水工程、清水海引水工程、牛栏江-滇池补水工程、滇中引水工程分别评定为 B 级、B 级、A 级、A 级。计算得到的各工程联合影响下的滇池流域连通性指标 F 值见表 12.9。从表中可以看出,随着引调水工程的增加,区域 F 值是逐渐增长的,表明其一定程度上反映了跨流域引调水工程对区域水系连通性的影响。现已建成通水的掌鸠河引水供水工程、清水海引水工程、牛栏江-滇池补水工程使得滇池流域的连通性指标 F 值从 0.46 增长到 1.06,增长率达到了 130%。到 2030 水平年滇中引水工程建成后,F 值进一步提高到 1.37,将推进区域内的供水安全、水环境改善程度,为区域内的社会经济发展提供强有力的支撑。

表 12.9　跨流域引调水工程下滇池流域连通性指标 F 值

滇池流域本区水源	掌鸠河引水供水工程	清水海引水工程	牛栏江-滇池补水工程	滇中引水工程	合计
0.46	—	—	—	—	0.46
0.46	0.14	—	—	—	0.60
0.46	0.14	0.06	—	—	0.66
0.46	0.14	0.06	0.40	—	1.06
0.46	0.14	0.06	0.40	0.31	1.37

12.5.2　优化配置方案对河湖生态健康的初步评价

通过提出的流域健康水循环调控模式,在保障城市生活、工业生产及农业灌溉等用水的前提下,将河湖湿地、河流生态、湖泊水生态修复作为用水对象参与水资源统一配置后,其供水保证率提高到 75%,避免发生城市生活和工农业生产挤占河湖生态用水的现象。在维持滇池生态修复补水量不变的前提下,环湖湿地生态补水 2018 万 m³,入湖河流生态补水 5.48 亿 m³。结合已实施的环湖截污工程,作为清水通道的 7 条河流及其主要支流的生态补水河段总长达 455km,大幅提升了穿过昆明城区河道的生态廊道景观。再生水的跨区域配置,将滇池流域外排的 1.66 亿 m³ 再生水供给下游工业园区,作为消耗性工业用水。既置换出大量的清洁水,又避免这些再生水进入天然水体,削减滇池入湖污染物负荷(表 12.10),从而加快滇池水生态环境修复的进程。

表 12.10　优化配置方案对河湖健康的影响评价

指标分类	指标展开	现状年	2020 水平年 (水资源配置)
供水保证率/%	城乡生活	95	95
	工业	90	90
	农业灌溉	50	75
	湿地生态	—	75
	河流生态	—	75
生态补水量/万 m³	湿地生态	—	2018
	河流生态	0	54798
	湖泊生态	56673	56673
水生态景观	生态补水河流/条	1	7
	补水河段长度/km	26.3	455
再生水利用量/万 m³	本区利用量	3422	8600
	跨区(外排)利用量	0	16600
入湖污染 负荷削减/(t/a)	COD	0	4917
	总氮	0	4197
	总磷	0	42
	氨氮	0	335

第 13 章　水库径流随机模拟及预报方法研究

13.1　水库年径流随机模拟 AR(p)模型

13.1.1　年径流随机模拟

1. 方法概述

对水文序列 $x_t(t=1,2,\cdots,n,n$ 为样本长度），自回归模型 AR(p)的表达式为（王文圣等，2005b）

$$
\begin{aligned}
x'_t = \bar{x} &+ \phi_1(x_{t-1}-\bar{x}) + \phi_2(x_{t-2}-\bar{x}) + \cdots + \phi_p(x_{t-p}-\bar{x}) \\
&+ \sigma\sqrt{1-r_1\phi_1-\cdots-r_p\phi_p}\,\omega_t
\end{aligned} \tag{13.1}
$$

式中，系数 $\phi_1,\phi_2,\cdots,\phi_p$ 的计算方法如下：

$$
\begin{bmatrix} \phi_1 \\ \phi_2 \\ \vdots \\ \phi_p \end{bmatrix} =
\begin{bmatrix}
1 & \rho_1 & \cdots & \rho_{p-1} \\
\rho_1 & 1 & \cdots & \rho_{p-2} \\
\vdots & \vdots & & \vdots \\
\rho_{p-1} & \rho_{p-2} & \cdots & 1
\end{bmatrix}^{-1}
\begin{bmatrix} \rho_1 \\ \rho_2 \\ \vdots \\ \rho_p \end{bmatrix} \tag{13.2}
$$

其中，总体自相关系数 ρ_i 由样本自相关系数 r_i 代替：

$$
\rho_i = r_i = \frac{\sum\limits_{t=1}^{n-i}(x_{t+i}-\bar{x})(x_t-\bar{x})}{\sum\limits_{t=1}^{n}(x_t-\bar{x})^2}, \quad i=1,2,\cdots,p \tag{13.3}
$$

ω_t 服从均值为 0、方差为 1、偏态系数为 C_{s_ω} 的 P-Ⅲ型分布。ω_t 根据 Wiener-Hoff 变换法模拟，即

$$
\omega_t = \frac{2}{C_{s_\omega}}\left(1+\frac{C_{s_\omega}\xi_t}{6}-\frac{C_{s_\omega}^2}{36}\right)-\frac{2}{C_{s_\omega}} \tag{13.4}
$$

式中，ξ 服从标准正态分布；C_s 为 x_t 的偏态；$C_{s_\omega}=\dfrac{1-\phi_1^3-\phi_2^3-\cdots-\phi_p^3}{(1-r_1\phi_1-r_2\phi_2-\cdots-r_p\phi_p)^{3/2}}C_s$。

AR(p)模型的阶数 p 按以下步骤确定：

（1）选择显著水平 $\alpha=5\%$，r_i 的容许限为 $r_i(\alpha=5\%)=(-1\pm 1.96\sqrt{n-i-1})/(n-i)$（取"+"时为上限，取"—"时为下限）。若 r_i 处在上、下容许限之间，则序列独立，反之相依。相依则说明 x_t 与 x_{t-1}、$\cdots$、x_{t-i} 具有一定的相关

关系,相应的第 1 阶至第 i 阶可选定为 AR 模型的阶数。

(2) 根据赤池信息量准则(Akaike information criterion, AIC),即按 $\mathrm{AIC}(i)=n\ln\sigma_\epsilon^2+2i(i=1,2,\cdots,p)$ 进行计算,选择使 AIC 值较小的阶数。

(3) 根据初步选择的阶数,分别建立 AR 模型模拟序列,采用各模拟序列 $x_t'(t=1,2,\cdots,N,N$ 为模拟序列长度)均值 $\bar{x}'$、标准差 $\sigma_{x'}$、平均偏差 Bias 和均方误差 RMSE 评价各模拟情况。其中,模拟序列的均值 $\bar{x}'$ 与原序列均值 $\bar{x}$ 越相近、标准差 $\sigma_{x'\eta}$ 越小,说明模拟值越稳定;Bias 和 RMSE 越小,说明模拟效果越好。据此,最终确定采用阶数 p,得到模拟最优的 AR(p) 模型。

$$\sigma_{x'}=\left[\frac{1}{N}\sum_{t=1}^{N}(x_t'-\bar{x}')^2\right]^{1/2} \tag{13.5a}$$

$$\mathrm{Bias}=\left|\frac{1}{N}\sum_{t=1}^{N}(x_t'-\bar{x})\right| \tag{13.5b}$$

$$\mathrm{RMSE}=\left[\frac{1}{N}\sum_{t=1}^{N}(x_t'-\bar{x})^2\right]^{1/2} \tag{13.5c}$$

2. 松华坝水库年径流随机模拟

根据松华坝水库 1956～2012 年共 57 年的逐月径流序列,均值 $\bar{x}$ 为 6.37m³/s,C_s 为 0.92。按式(13.3)计算自相关系数,绘制自相关系数图(图 13.1),从图中可以看出,当 $i=3$ 和 5 时,时自相关系数 r_i 落于容许限外,初步判断可由 AR(1) 至 AR(5) 模型对序列进行模拟。

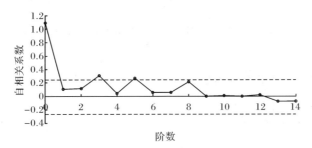

图 13.1　松华坝年径流自相关系数分布图

分别计算 p 取 1～5 时的 AIC 值;分别建立 AR(1)～AR(5) 模型,各进行 500 次模拟(模拟序列长度 $N=500$),计算结果见表 13.1。

表 13.1　松华坝水库年径流 AR 模型模拟结果对比

模型	AIC	均值	标准差	平均偏差	均方误差
AR(1)	112.26	6.40	0.136	0.072	0.153
AR(2)	113.63	6.38	0.129	0.013	0.130

模型	AIC	均值	标准差	平均偏差	均方误差
AR(3)	110.43	6.37	0.124	0.005	0.128
AR(4)	111.72	6.38	0.135	0.055	0.146
AR(5)	109.45	6.45	0.139	0.118	0.182

根据表 13.1 中的对比情况可以看出,AR(3)模型的模拟效果最优,因此最终选其作为松华坝年径流随机模拟的采用模型:

$$x'_t = 6.37 + 0.0657(x_{t-1} - 6.37) + 0.0742(x_{t-1} - 6.37)$$
$$+ 0.2974(x_{t-1} - 6.37) + 2.247\omega_t$$

式中,ω_t 的偏态系数 $C_{s\omega}$ 为 1.377。

点绘 AR(3)模拟均值与松华坝水库 1956～2012 年样本均值的分布图(图 13.2),从图中可以看出,500 次模拟序列的均值均匀分布在样本均值 6.37 的两侧,模拟值之间的差别较小,模拟效果较为理想。

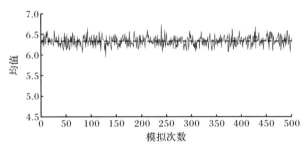

图 13.2　松华坝水库年径流模拟序列均值分布图

3. 云龙水库年径流随机模拟

根据云龙水库 1956～2012 年共 57 年的逐月径流序列,均值 $\bar{x}$ 为 9.60m³/s,C_s 为 0.88。同理,按前述进行分析发现 AR(1)模型的模拟效果最优,因此最终选其作为云龙年径流随机模拟的采用模型:

$$x'_t = 9.60 + 0.2867(x_{t-1} - 9.60) + 3.189\omega_t$$

式中,ω_t 的偏态系数 $C_{s\omega}$ 为 1.114。

点绘 AR(1)模拟均值与云龙水库 1956～2012 年样本均值的分布图(图 13.3),从图中可以看出,500 次模拟序列的均值均匀分布在样本均值 9.60 的两侧,且模拟值之间的差别较小,模拟效果较为理想。

4. 德泽水库年径流随机模拟

根据德泽水库 1956～2012 年共 57 年的逐月径流序列,均值 $\bar{x}$ 为 53.0m³/s,

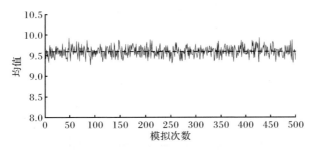

图 13.3　云龙水库年径流模拟序列均值分布图

C_s 为0.68。同理,按前述进行分析发现 AR(1)模型的模拟效果最优,因此最终选其作为德泽年径流随机模拟的采用模型:

$$x'_t=53.0+0.0242(x_{t-1}-53.0)+17.098\omega_t$$

式中,ω_t 的偏态系数 $C_{s\omega}$ 为 0.418。

点绘 AR(1)模拟均值与德泽水库 1956~2012 年样本均值的对比图(图 13.4),从图中可以看出,500 次模拟序列的均值均匀分布在样本均值 53.0 的两侧,且模拟值之间的差别较小,模拟效果较为理想。

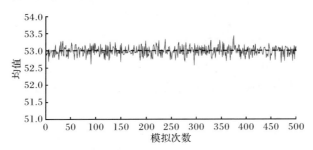

图 13.4　德泽水库年径流模拟序列均值分布图

5. 清水海水库年径流随机模拟

根据清水海水库 1956~2012 年共 57 年的逐月径流序列,均值 $\bar{x}$ 为 0.760m³/s,C_s 为 0.76。同理,前述进行分析发现 AR(3)模型的模拟效果最优,因此最终选其作为清水海年径流随机模拟的采用模型:

$$x'_t=0.760+0.0457(x_{t-1}-0.760)+0.0354(x_{t-1}-0.760)$$
$$+0.2374(x_{t-1}-0.760)+0.268\omega_t$$

式中,ω_t 的偏态系数 $C_{s\omega}$ 为 1.004。

点绘 AR(3)模拟均值与清水海水库 1956~2012 年样本均值的对比图(图 13.5),从图中可以看出,500 次模拟序列的均值均匀分布在样本均值 0.760 的两侧,且模拟值之间的差别较小,模拟效果较为理想。

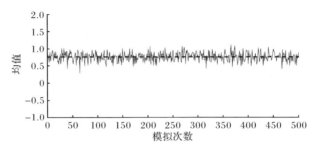

图 13.5　清水海水库年径流模拟序列均值分布图

13.1.2　年径流预测

对径流序列 $x_t(t=1,2,\cdots,n,n$ 为样本长度),构建 l 步自回归模型 $\mathrm{AR}(p)$ $(l>p)$ 预测模型:

$$
\begin{cases}
\hat{x}_t(1) = \bar{x} + \phi_1(x_t - \bar{x}) + \phi_2(x_{t-1} - \bar{x}) + \cdots + \phi_p(x_{t-p+1} - \bar{x}) \\
\hat{x}_t(2) = \bar{x} + \phi_1(\hat{x}_t(1) - \bar{x}) + \phi_2(x_t - \bar{x}) + \cdots + \phi_p(x_{t-p+2} - \bar{x}) \\
\vdots \\
\hat{x}_t(p) = \bar{x} + \phi_1(\hat{x}_t(p-1) - \bar{x}) + \phi_2(\hat{x}_t(p-2) - \bar{x}) + \cdots \\
\qquad\qquad + \phi_{p-1}(\hat{x}_t(1) - \bar{x}) + \phi_p(x_t - \bar{x}) \\
\hat{x}_t(l) = \bar{x} + \phi_1(\hat{x}_t(l-1) - \bar{x}) + \phi_2(\hat{x}_t(l-2) - \bar{x}) + \cdots + \phi_p(\hat{x}_t(l-p) - \bar{x})
\end{cases}
$$

$$(13.6)$$

式中,$\bar{x}$ 为 x_t 的均值;$\phi_1,\phi_2,\cdots,\phi_p$ 按式(13.2)计算。

通过式(13.6),可以做出 l 步预测。记预测误差为 $e_t(l)$,认为预测误差服从正态分布,给定置信水平 α,相应的临界值为 $U_{\alpha/2}$,则 $\hat{x}_t(i)$ 的置信区间为

$$
\left[\hat{x}_t(l) - U_{\alpha/2}\sqrt{D(e_t(l))},\quad \hat{x}_t(l) + U_{\alpha/2}\sqrt{D(e_t(l))}\right] \tag{13.7}
$$

式中,$D(e_t(l))$ 为预测误差 $e_t(l)$ 的方差:

$$
D(e_t(l)) = (1 + G_1^2 + G_2^2 + \cdots + G_{l-1}^2)\sigma_\varepsilon^2 \tag{13.8}
$$

其中

$$
\begin{cases}
G_0 = 1 \\
G_1 = G_0\phi_1 \\
G_2 = G_1\phi_1 + G_0\phi_2 \\
\vdots \\
G_{l-1} = G_{l-2}\phi_1 + G_{l-3}\phi_2 + \cdots + G_1\phi_{l-2}
\end{cases}
\tag{13.9}
$$

按上述方法建立模型,预测 2013 年径流,结果见表 13.2。从表中可以看出,

预测的置信区间能够包含实测值,推荐的预测值与实测值相近但存在一定差异,结果基本可靠。

表 13.2 2013 年昆明市四大供水水源点径流预测结果

水库	径流量/(m³/s)			误差/%
	实测值	预测值	置信区间	
松华坝	3.80	4.63	[0.23,9.03]	21.8
云龙	9.52	8.47	[2.22,14.72]	11.0
德泽	52.60	53.23	[19.70,86.70]	1.2
清水海	0.75	0.64	[0.11,1.16]	14.7

13.2 水库月径流随机模拟 Copula 函数法

13.2.1 月径流随机模拟

1. 方法步骤

基于 Copula 函数的水文随机模拟方法,采用 Copula 函数刻画随机过程中相邻截口之间的相关性结构(联合分布),再根据相关性结构对各个截口递推模拟,进而得到模拟过程。包括以下几个步骤。

(1) 已知随机过程 $X(t)$ 共有 T 个截口,对各个截口 $X(t_1)$、$X(t_2)$、$\cdots$、$X(t_T)$,分别确定其边缘分布函数 $u_1 = F_1(x_1)$、$u_2 = F_2(x_1)$、$\cdots$、$u_T = F_T(x_T)$。

(2) 根据各截口的流量样本资料,选择合适的 Copula 函数 $C_1(u_1,u_2)$、$C_2(u_2,u_3)$、$\cdots$、$C_{T-1}(u_{T-1},u_T)$,分别构造相邻截口 $X(t_1)$ 和 $X(t_2)$、$X(t_2)$ 和 $X(t_3)$、$\cdots$、$X(t_{T-1})$ 和 $X(t_T)$ 的联合分布。

(3) 在前一截口流量已知的条件下,对后一截口依次推求条件分布:$S_1(u_2 \mid u_1) = \dfrac{\partial C_1(u_1,u_2)}{\partial u_1}$、$S_2(u_3 \mid u_2) = \dfrac{\partial C_2(u_2,u_3)}{\partial u_2}$、$\cdots$、$S_{T-1}(u_T \mid u_{T-1}) = \dfrac{\partial C_{T-1}(u_{T-1},u_T)}{\partial u_{T-1}}$。

(4) 随机给定一个初始值 $u_{1,1} \in (0,1)$,则第 1 个截口 $X(t_1)$ 在第 1 次模拟中的模拟值 $x_{1,1} = F_1^{-1}(u_{1,1})$;产生服从 $(0,1)$ 均匀分布的独立随机数 $\varepsilon_{1,1}$,将 $u_{1,1}$ 和 $\varepsilon_{1,1}$ 代入:

$$\begin{cases} u_{t+1,i} = S_t^{-1}(\varepsilon_{t,i} \mid u_t = u_{t,i}), \\ x_{t+1,i} = F_{t+1}^{-1}(u_{t+1,i}), \end{cases} \quad t = 1,2,\cdots,T; \quad i = 1,2,\cdots,N \quad (13.10)$$

有

$$\begin{cases} u_{2,1} = S_1^{-1}(\varepsilon_{1,1} \mid u_1 = u_{1,1}) \\ x_{2,1} = F_2^{-1}(u_{2,1}) \end{cases}$$

即可求出第 2 个截口 $X(t_2)$ 在第 1 次模拟中的边缘分布函数值 $u_{2,1}$ 及模拟值 $x_{2,1}$。

针对 P-Ⅲ型分布，$x_{t,i} = F_t^{-1}(u_{t,i})$ 具体可表示为

$$x_{t,i} = \bar{x}_t(C_{v_t}\Phi_t + 1) \tag{13.11}$$

式中，均值 $\bar{x}_t$、变差系数 C_{v_t}、偏态系数 C_{s_t} 以及离均系数 Φ_t 针对第 t 个截口；$\Phi_t = \frac{C_{s_t}}{2}\text{gaminv}(u_{t,i}, \frac{4}{C_{s_t}^2}, 1) - \frac{2}{C_{s_t}}$，其中 $\text{gaminv}(\cdot, \cdot, \cdot)$ 表示伽马分布累积函数的逆函数。

(5) 同理，产生服从 $(0,1)$ 均匀分布的独立随机数 $\varepsilon_{2,1}$，将 $u_{2,1}$ 和 $\varepsilon_{2,1}$ 代入式(13.10)，可得第 3 个截口 $X(t_3)$ 在第 1 次模拟中的边缘分布函数值 $u_{3,1}$，以及模拟值 $x_{3,1}$。以此类推，依次可得 $x_{4,1}$、$x_{5,1}$、…、$x_{T,1}$。由此，便可求出 $X(t)$ 的 1 次随机模拟过程。

(6) 重复步骤(4)和步骤(5)共 N 次，可以得到 $X(t)$ 的 N 次模拟过程。计算模拟过程的主要统计参数，检验模拟过程是否能够保持原径流样本的统计特性。

2. 松华坝水库月径流随机模拟

根据松华坝水库 1956～2012 年逐月流量资料，样本容量为 57 年，共计 12 个截口(12 个月)。记该径流过程为 $X(t)$，根据各个截口的流量，采用 P-Ⅲ型描述各截口的边缘分布，选择 Clayton Copula 函数构建相邻截口的联合分布。

随机给定初始值 $u_{1,1} \in (0,1)$，计算第 1 个截口的模拟值 $x_{1,1}$。产生服从 $(0,1)$ 均匀分布的独立随机数 $\varepsilon_{1,1}$、$\varepsilon_{2,1}$、…、$\varepsilon_{T-1,1}$，将 $u_{1,1}$ 和 $\varepsilon_{1,1}$ 代入式(13.10)，可求解得 $u_{2,1}$、$x_{2,1}$；同理，将 $u_{2,1}$ 和 $\varepsilon_{2,1}$ 代入式(13.10)，可求解得 $u_{3,1}$、$x_{3,1}$；以此类推，依次求出 $x_{4,1}$、$x_{5,1}$、…、$x_{T,1}$，得到 $X(t)$ 的 1 场模拟径流过程。重复以上计算 57 次，得到与原径流样本容量相同的 57 年模拟过程。

重复上述操作 300 次，则总计模拟出 300 组、每组 57 年的径流过程。由每组模拟径流过程，分别用线性矩法估计各个截口的均值、变差系数和偏态系数，则对每个参数，可得到 300 个估计值，进而可以计算该参数的模拟平均值和抽样标准差，由此得到图 13.6。

图 13.6 中，从统计意义上说，模拟平均值表征由基于 Copula 函数的随机模拟方法所推求出的径流总体参数；模拟平均值±标准差构成了上限和下限。从图中可以看出，径流样本的均值、变差系数、偏态系数估计值均能落于上限和下限之内，表明由基于 Copula 函数的随机模拟方法所推求出的径流总体，能够作为推论总体，即该模拟方法具有较好的适用性，能够保持松华坝水库径流过程的统计特性和年内分配特征。

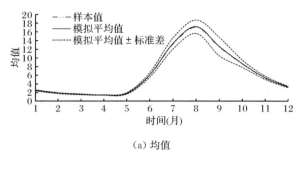

(a) 均值

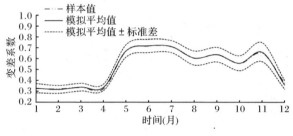

(b) 变差系数

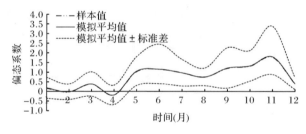

(c) 偏态系数

图 13.6 松华坝水库模拟径流与天然径流参数对比

3. 云龙水库月径流随机模拟

根据云龙水库 1956～2012 逐月流量资料,样本容量为 57 年,共计 12 个截口。

同前述操作,总计模拟出 300 组、每组 57 年的径流过程。由每组模拟径流过程,分别用线性矩法估计各个截口的均值、变差系数和偏态系数,则对于每个参数,可得到 300 个估计值,进而可以计算该参数的模拟平均值和抽样标准差,由此得到图 13.7。从图中可以看出,径流样本的均值、变差系数、偏态系数估计值均能落于上限和下限之内,表明由基于 Copula 函数的随机模拟方法能够保持云龙水库径流过程的统计特性和年内分配特征。

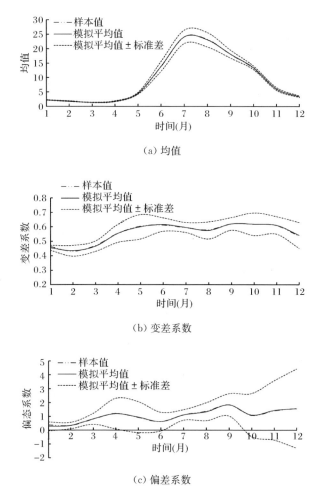

（a）均值

（b）变差系数

（c）偏差系数

图 13.7　云龙水库模拟径流与天然径流参数对比

4. 德泽水库月径流随机模拟

根据德泽水库 1956～2012 年逐月流量资料,样本容量为 57 年,共计 12 个截口。同前,总计模拟出 300 组、每组 57 年的径流过程。由每组模拟径流过程,分别用线性矩法估计各个截口的均值、变差系数和偏态系数,则对于每个参数,可得到 300 个估计值,进而可以计算该参数的模拟平均值和抽样标准差,由此得到图 13.8。从图中可以看出,径流样本的均值、变差系数、偏态系数估计值均能落在上限和下限之内,表明由基于 Copula 函数的随机模拟方法能够保持德泽水库径流过程的统计特性和年内分配特征。

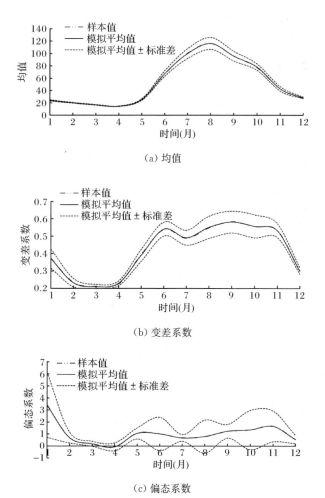

(a) 均值

(b) 变差系数

(c) 偏态系数

图 13.8 德泽水库模拟径流与天然径流参数对比

5. 清水海水库月径流随机模拟

根据清水海水库 1956～2012 年逐月流量资料,样本容量 57 年,共计 12 个截口。同前,总计模拟出 300 组、每组 57 年的径流过程。由每组模拟径流过程,分别用线性矩法估计各个截口的均值、变差系数和偏态系数,则对于每个参数,可得到 300 个估计值,进而可以计算该参数的模拟平均值和抽样标准差,由此得图 13.9。从图中可以看出,径流样本的均值、变差系数、偏态系数估计值均能落于上限和下限之内,表明由基于 Copula 函数的随机模拟方法能够保持清水海水库径流过程的统计特性和年内分配特征。

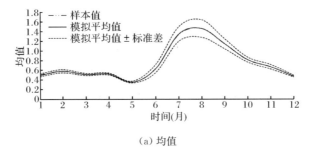

（a）均值

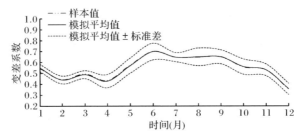

（b）变差系数

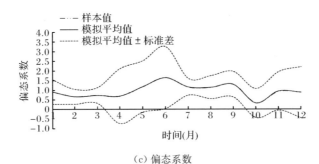

（c）偏态系数

图 13.9　清水海水库模拟径流与天然径流参数对比

13.2.2　月径流预测

1. 方法步骤

基于 Copula 函数的月径流预测方法,首先,根据径流样本,采用 Copula 函数刻画相邻月径流之间的条件分布;其次,在前一个月径流已知的条件下,推求后一个月径流的条件分布概率值;最后通过推算后一个月径流发生的边缘分布概率值,得到其未来最可能发生的流量值。

已知长度为 n 年径流样本 $X(t)(t \in [1, T], T = 12)$,基于 Copula 函数的月径流预测方法,预测第 $n+1$ 年 t 月的流量 $\hat{x}_{t,n+1}$ 包括以下几个步骤:

（1）对各个月的流量序列 $X(t_1)$、$X(t_2)$、$\cdots$、$X(t_T)$ 分别确定其边缘分布函数 $u_1 = F_1(x_1)$、$u_2 = F_2(x_1)$、$\cdots$、$u_T = F_T(x_T)$。常用 P-Ⅲ型概率分布函数（詹道江等，2000）：

$$F(x) = P(X \leqslant x) = \frac{\beta^{\alpha}}{\Gamma(\alpha)} \int_{-\infty}^{x} (x - a_0)^{\alpha-1} \exp(-\beta(x - a_0)) \mathrm{d}x \quad (13.12)$$

式中，α、β、a_0 分别为 P-Ⅲ 型分布形状、尺寸和位置参数，$\alpha = 4/C_{s_x}^2$，$\beta = 2/(\bar{x} C_{v_x} C_{s_x})$，$a_0 = \bar{x}/(1 - 2C_{v_x}/C_{s_x})$，其中 $\bar{x}$、C_v、C_s 分别为 X 的均值、变差系数和偏态系数；$\Gamma(\alpha)$ 为 α 的伽马函数。

（2）根据各个月的流量样本资料，选择合适的 Copula 函数 $C_1(u_1, u_2)$、$C_2(u_2, u_3)$、$\cdots$、$C_{T-1}(u_{T-1}, u_T)$，分别构造相邻月份流量序列 $X(t_1)$ 和 $X(t_2)$、$X(t_2)$ 和 $X(t_3)$、$\cdots$、$X(t_{T-1})$ 和 $X(t_T)$ 的联合分布。

（3）在前一个月流量已知的条件下，对后一个月流量依次推求条件分布：$S_1(u_2 | u_1) = \dfrac{\partial C_1(u_1, u_2)}{\partial u_1}$、$S_2(u_3 | u_2) = \dfrac{\partial C_2(u_2, u_3)}{\partial u_2}$、$\cdots$、$S_{T-1}(u_T | u_{T-1}) = \dfrac{\partial C_{T-1}(u_{T-1}, u_T)}{\partial u_{T-1}}$、$\cdots$、$S_{12}(u_1 | u_{12}) = \dfrac{\partial C_{12}(u_{12}, u_1)}{\partial u_{12}}$。

（4）第 $n+1$ 年 t 月未知流量的前一个月（$t-1$ 月）流量 $x_{t-1,n+1}$ 及相应的边缘分布 $u_{t-1,n+1}$ 为已知值，且 $u_{t-1,n} \in u_{t-1}$。统计 u_{t-1} 中与 $u_{t-1,n+1}$ 相近（如相差在 0.05 以内）的值 $u_{t-1,i}$ 及其年份 $i(i \in [1, n])$，由此可统计出已知样本中，发生概率为 $u_{t-1,n+1}$ 的流量条件下所对应的条件概率为 $s_{t-1,i}$。计算其均值 $\bar{s}_{t-1}$ 及标准差 σ_s，则 $\bar{s}_{t-1}$ 为发生流量 $x_{t-1,n+1}$ 条件下最普遍出现的条件概率值，$\bar{s}_{t-1} + \sigma_s$（记为 s_{up}）为其上限，$\bar{s}_{t-1} - \sigma_s$（记为 s_{low}）为其下限。

（5）根据 $u_{t-1,n+1}$ 和 $\bar{s}_{t-1}$，有

$$\begin{cases} u_{t,n+1} = S_t^{-1}(\bar{s}_{t-1} | u_t = u_{t-1,n+1}) \\ \hat{x}_{t,n+1} = F_t^{-1}(u_{t,n+1}) \end{cases} \quad (13.13)$$

针对 P-Ⅲ型分布，$x_{t,i} = F_t^{-1}(u_{t,i})$ 具体可表示为（王正发，2007）：

$$\hat{x}_{t,n+1} = \bar{x}_t(C_{v_t} \Phi_t + 1) \quad (13.14)$$

式中，离均系数 $\Phi_t = \dfrac{C_{s_t}}{2} \mathrm{gaminv}\left(u_{t,i}, \dfrac{4}{C_{s_t}^2}, 1\right) - \dfrac{2}{C_{s_t}}$，其中 $\mathrm{gaminv}(\cdot, \cdot, \cdot)$ 表示伽马分布累积函数的逆函数；$\bar{x}_t$、C_{v_t}、C_{s_t} 由第 t 个月的径流系列样本推求得到。

据此，即得到第 $n+1$ 年 t 月的流量预测值 $\hat{x}_{t,n+1}$，其置信区间 $[x_{\mathrm{low}}, x_{\mathrm{up}}]$ 的上限 x_{up} 和下限 x_{low} 分别为

$$\begin{cases} u_{\mathrm{up}} = S_t^{-1}(s_{\mathrm{up}} | u_t = u_{t-1,n+1}) \\ x_{\mathrm{up}} = F_t^{-1}(u_{\mathrm{up}}) \end{cases} \quad (13.15\mathrm{a})$$

$$\begin{cases} u_{\text{low}} = S_t^{-1}(s_{\text{low}} \mid u_t = u_{t-1,n+1}) \\ x_{\text{low}} = F_t^{-1}(u_{\text{low}}) \end{cases} \tag{13.15b}$$

2. 各水库月径流预测

依次对各水库 2013 年 1~12 月的流量进行预测,得到预测值及其置信区间上、下限见表 13.3,逐月的流量过程如图 13.10 所示。可以看出,预测的 2013 年径流过程年内丰枯变化特征明显,与实测值较为接近,预测精度较高。各水库年径流量预测的相对误差为 1.0%~1.5%,预测精度明显优于自回归模型 AR(p)。年内各月的相对误差变化较大,以表 13.3 的预测结果统计,相对误差小于 5% 的时段(月)占总数的 43.8%,相对误差在 5%~10% 的占 25.0%,相对误差在 10%~20% 的占 31.2%,无相对误差大于 20% 的时段出现,表明此方法作为水源调度的月尺度下径流预测实践是可行的。

表 13.3　各水库 2013 年各月流量预测结果

水库	项目	1月	2月	3月	4月	5月	6月	7月	8月	9月	10月	11月	12月	全年
松华坝	预测值/(m³/s)	1.03	0.90	0.595	0.527	0.834	3.34	7.06	12.00	8.34	4.69	2.72	2.60	3.74
	上限/(m³/s)	1.25	1.05	0.68	0.63	1.09	4.76	9.80	15.80	11.05	6.30	3.26	2.77	4.90
	下限/(m³/s)	0.88	0.73	0.52	0.37	0.60	2.10	4.92	8.88	6.21	3.47	2.22	2.42	2.79
	实测值/(m³/s)	0.95	0.80	0.62	0.45	0.96	2.88	7.20	12.20	8.52	4.76	3.22	2.74	3.80
	相对误差/%	8.4	12.5	4.0	17.1	13.1	16.0	1.9	1.6	2.1	1.5	15.5	5.1	1.6
云龙	预测值/(m³/s)	2.09	2.01	1.60	1.20	2.15	7.40	16.80	31.80	22.10	11.00	7.17	6.77	9.40
	上限/(m³/s)	2.32	2.27	1.87	2.41	2.85	10.10	20.90	40.40	32.60	15.01	9.65	7.94	12.40
	下限/(m³/s)	1.45	1.79	1.39	0.80	1.58	4.55	14.20	16.20	9.47	5.35	5.74	7.20
	实测值/(m³/s)	2.40	1.99	1.54	1.13	2.41	7.21	18.10	30.60	21.30	11.90	8.08	6.88	9.52
	相对误差/%	12.9	1.0	3.9	6.2	10.8	2.6	7.2	3.9	3.8	7.6	11.3	1.6	1.3
德泽	预测值/(m³/s)	13.3	12.0	9.0	5.9	13.0	40.7	103.0	175.1	110.9	62.9	48.5	39.5	53.2
	上限/(m³/s)	22.6	12.4	15.7	20.2	27.9	64.8	131.6	211.6	136.0	80.4	58.8	40.2	69.4
	下限/(m³/s)	10.7	9.7	8.0	9.6	12.5	28.6	79.6	137.1	77.4	48.8	37.8	31.2	41.2
	实测值/(m³/s)	13.2	11.0	8.5	6.2	13.3	39.7	99.7	169.0	118.0	66.0	44.60	38.0	52.6
	相对误差/%	0.8	9.0	5.9	4.8	2.3	2.3	3.3	3.6	6.0	4.7	8.7	3.9	1.1
清水海	预测值/(m³/s)	0.220	0.132	0.108	0.105	0.167	0.471	1.542	2.530	1.419	0.938	0.725	0.495	0.740
	上限/(m³/s)	0.351	0.151	0.117	0.131	0.243	0.886	3.041	3.504	2.053	1.264	0.938	0.693	1.120
	下限/(m³/s)	0.127	0.119	0.101	0.095	0.104	0.252	0.948	1.781	0.964	0.612	0.558	0.425	0.510
	实测值/(m³/s)	0.19	0.16	0.12	0.09	0.19	0.57	1.42	2.41	1.68	0.94	0.64	0.54	0.75
	相对误差/%	15.8	17.5	10.0	16.7	12.1	17.4	8.6	5.0	15.5	0.2	13.3	8.3	1.3

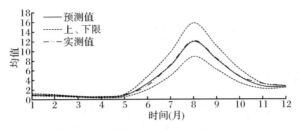

(a) 松华坝水库

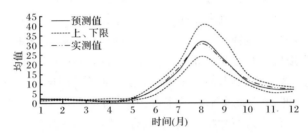

(b) 云龙水库

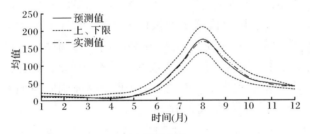

(c) 德泽水库

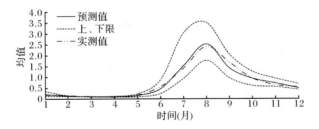

(d) 清水海水库

图 13.10　各水库 2013 年各月径流预测值

13.3　中长期径流预报的小波分析方法

13.3.1　中长期径流预报方法

中长期水文预报方法主要有物理成因法和数理统计法两大类。物理成因法主要包括天气学法和非大气因子法。目前,水文气象要素变化的物理规律还远未被充分揭露,采用物理成因法对来水进行比较客观的定量预报尚很困难,有待进一步研究。数理统计法主要根据预报对象与预报因子之间的统计关系或水文要素自身历史演变的统计规律进行延展从而做出预报,在资料条件较好的情况下都能给出有一定精度的定量预报结果。一般主要采用数理统计法进行中长期预报,包括周期分析法、线性自回归模型方法。本书尝试通过周期性分析识别预报水平年所处的水文周期,判定该水平年的来水频率,进而利用多元线性自回归模型对该水平年逐月径流系列进行模拟预测,并结合实测资料进行预报结果的修正。

采用时间序列分解方法进行来水预报,都是建立在过去同时段(同一个月)长系列历史数据资料的统计分析基础上,并未考虑预报时段前期(前一个月或几个月)实际发生来水信息对该时段来水预报值的影响,而许多统计资料表明相邻时段之间又存在较明显的相关关系。因此,在利用前述时间序列分解方法获得面临时段来水预报值之后,有必要根据前期最新获得的实测来水信息,建立中期修正模型,对面临时段的来水预报值进行修正,以便提高面临时段预测来水量的准确性。采用残差相关法进行径流预报的修正。

首先采用历史实测来水资料,求出相邻月份来水量的回归方程:

$$\begin{cases} Y_{i+1} = a + bX_i, & i = 1, 2, \cdots, 12 \\ X_0 = X_{12} \end{cases} \tag{13.16}$$

式中,Y_{i+1} 为第 $i+1$ 月,即面临月份的历史实测来水量;X_i 为第 i 月,即面临月份前一个月的历史来水实测来水量;a、b 分别为方程的常数与回归系数,通过相关分析确定。

设预报来水相邻月之间的回归关系和历史实测来水相邻月之间的回归关系相同,则可写出

$$\overline{Y}_{i+1} = a + b\overline{X}_i \tag{13.17}$$

式中,$\overline{Y}_{i+1}$、$\overline{X}_i$ 分别为面临月份的预测来水量和上一个月的预测来水量。如将式(13.16)和式(13.17)相减,则有

$$\overline{Y}_{i+1} - \overline{\overline{Y}_{i+1}} = b(X_i - \overline{X}_i) \tag{13.18}$$

式中,$\Delta \overline{Y}_{i+1}$、$\Delta X_i$ 分别为面临月份的预报来水误差及其前一个月的实测来水误差。

即 $\Delta\overline{Y}_{i+1}=b\Delta X_i$，由此可求得面临月份预报来水量经中期修正后的预报来水量。

13.3.2　中长期径流预报结果

1. 未来水平年来水频率的确定

通过对松华坝水库、大河水库、云龙水库 1956～2012 年径流系列的小波分析，图 13.11 为三个水库年径流量 Morlet 小波变换时频分布图，从图上清晰地反映了小波变换系数实部的波动特征，反映了年径流量偏多偏少的特性以及不同时间尺度上径流丰枯变化的规律。从图 13.11 可以看出，三个水库均在 15 年、20 年、17 年处波动明显，正位相和负位相连续交替出现，表明滇池-普渡河流域年入库径流年际演变存在明显的周期，主周期分布在 15～20 年。

小波方差反映了波动能量随时间尺度的分布，通过小波方差分析可以确定各站年径流序列的主要时间尺度，即主周期，图 13.12 给出了各站年径流的小波方

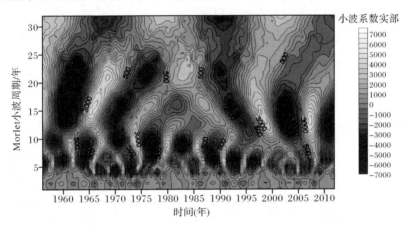

(a) 松华坝水库

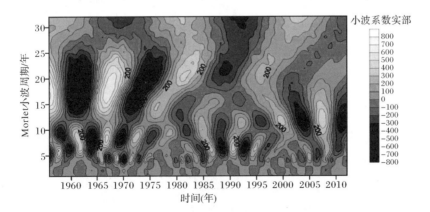

(b) 大河水库

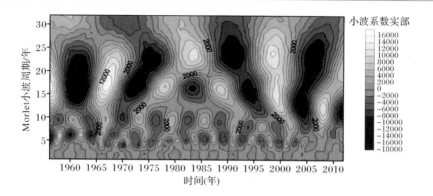

(c) 云龙水库

图 13.11　1956～2012 年年径流量 Morlet 小波变换时频分布图

差随时间尺度的变化。可以看出,三个水库在 15～20 年的周期振荡最强。从图 13.12 可以看出,松华坝水库在时间尺度为 15 年时小波方差达到最大,大河水库在时间尺度为 20 年时小波方差最大,云龙水库在时间尺度为 17 年时小波方差最大。

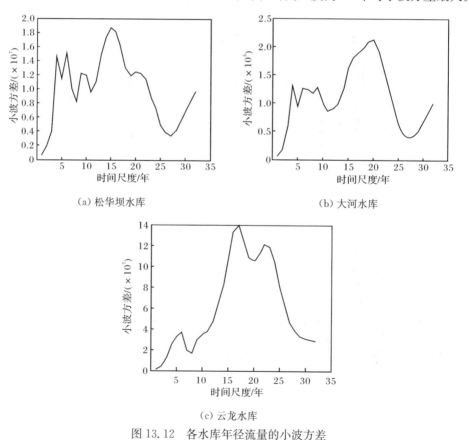

(a) 松华坝水库　　　　　　　　　　(b) 大河水库

(c) 云龙水库

图 13.12　各水库年径流量的小波方差

　　为进一步说明各站年径流量交替变化的波动特征,图 13.13 将各水库在各自主周期时的小波变换系数实部 $W_f(a,b)$ 的变化过程线与年径流量距平过程线进行叠加对比。可以看出,各水库年入库流量的年际变化与小波变化系数的周期比较吻合。

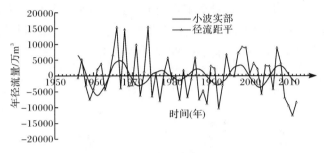

（a）松华坝水库

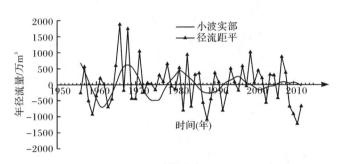

（b）大河水库

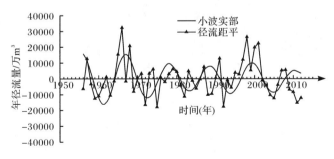

（c）云龙水库

图 13.13　各水库 1956～2012 年年径流量距平与主周期的
小波变换系数实部变化过程对比图

2. 分频率段模拟结果

在小波分析确定了主周期的基础上,以 1956~2012 年为现有资料及时间起点,将 2020 年和 2030 年所在的径流周期与长系列实测数据进行对比,然后选定同频率同相位的一组回归模型对未来年月径流量进行预测。与传统方法相比,采用时间序列分解法进行分段预测,波峰波谷的模拟效果更佳。根据研究区域水文特征,按照 1956~2012 年月入库流量的排频结果,选择 0~25%、25%~50%、50%~75%和 75%~100%四个频率段进行模拟,以大河水库为例,径流分频模拟结果如图 13.14 所示。

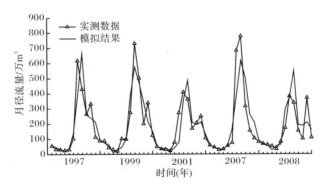

(a) 丰水年($0 < P < 25\%$)

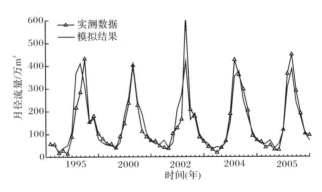

(b) 平水年($25\% < P < 50\%$)

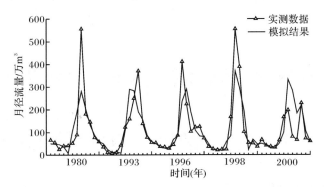

(c) 偏枯年(50%＜P＜75%)

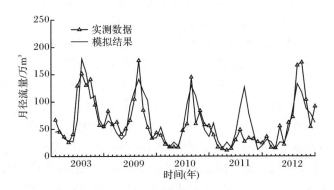

(d) 枯水年(75%＜P＜100%)

图 13.14　大河水库径流分频模拟结果

第14章 滇池流域水资源调度实践

14.1 云龙水库恢复多年调节功能的应急调度

14.1.1 云龙水库简介

云龙水库是掌鸠河引水供水工程的水源工程,是昆明市城市供水主要水源,现状供水量约占昆明城市总供水量的 60%。水库多年平均径流量 3.06 亿 m³。水库为大(二)型多年调节水库,设计蓄满率为 11%,多年存水用多年。水库总库容 4.84 亿 m³,兴利库容 3.79 亿 m³,设计年供水量 2.2 亿 m³。云龙水库于 1999年 12 月下旬开工建设。2004 年 3 月,水库下闸蓄水,2007 年 3 月,水库至昆明第七水厂的输水工程建成,开始试运行。水库建成通水后,使春城人民从此告别了喝滇池水的历史,在昆明发生 2009~2012 年特大干旱时,充分发挥了多年调节的作用,保障了优质水源的供给,为支撑昆明市可持续发展发挥了重要作用。

云龙水库正常运行的调度原则:云龙水库与其上游的双化中型水库联合调度运行,统一下泄河道生态用水量,按照正常蓄水位限制进行水库兴利调度。

云龙水库为多年调节水库,按照时历法绘制云龙水库正常运行期水库调度图。将 1954~2012 年 59 年长系列调节计算成果中供水设计保证率以内年份的同月水位点绘在同一张图上,取上包线为保证供水线,下包线为降低供水线,上、下包线之间即为保证供水区,上包线以上至正常蓄水位之间为加大供水区,下包线以下至死水位之间为降低供水区。云龙水库供水运行调度图如图 14.1 所示。

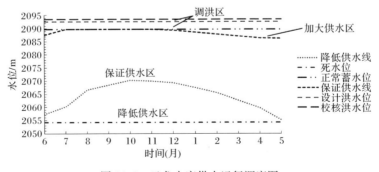

图 14.1 云龙水库供水运行调度图

根据云龙水库实际的来水情况及时段初的库水位所在位置(区域)进行蓄泄调度,当库水位低于降低供水线时,水库的供水规则按供水保证程度优先保证向昆明城市供水,其次是农业灌溉,当遭遇特枯水年时,可以暂时停止下泄生态流量,根据供水次序逐渐减少供水,必要时抽取部分死水位以下库容补给城镇生活供水;当水库水位处于降低供水线与保证供水线区间时,按照设计供水过程供水;当库水位超过保证供水线时,可加大供水,但加大的城市供水流量受输水管道过流能力限制,不得超过 10m³/s;当水库水位超过正常蓄水位处于调洪区时,水库按洪水调度运行方式调度,满足防洪安全要求。

14.1.2　云龙水库调度运行及存在问题

1. 来水、蓄水及供水情况

自建成以来,云龙水库蓄水分为三个阶段:第一阶段为初期蓄水阶段(2004 年 3 月～2007 年 3 月),水库建成开始蓄水但输水线路未通,水库蓄满;第二阶段为初期试运行阶段(2007～2008 年),水库来水充沛,两年间入库径流量为 6.6 亿 m³,供水 3.1 亿 m³,水库水位基本维持在正常蓄水位附近;第三阶段为正常供水阶段(2009 年以后),当时遇到云南发生连续 4 年特大干旱,累计来水量只有 8.88 亿 m³,较多年平均偏少 41%～55%,但其累计供水 12.42 亿 m³,库水位持续下降,截至 2014 年 6 月 30 日,水库调节库容已全部用完,水位降至 2054.04m,低于死水位0.13m,蓄水量仅有 0.17 亿 m³,水库被迫停止供水。云龙水库 2008～2016 年实际来水及供水过程如图 14.2 所示,云龙水库 2008～2016 年实际水位过程如图 14.3 所示。

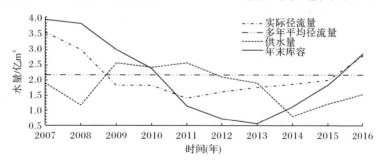

图 14.2　云龙水库 2008～2016 年实际来水及供水过程

2. 水库蓄水持续减少的原因

首先,从图 14.2 和图 14.3 的变化情况可知,持续干旱造成水库来水量大幅减少。云龙水库 2009～2013 年为连续枯水年,水库 5 年年均来水量 1.69 亿 m³,仅为多年平均来水量 3.06 亿 m³ 的 55%,这 5 年中,每年的来水量均小于频率 $P=80\%$

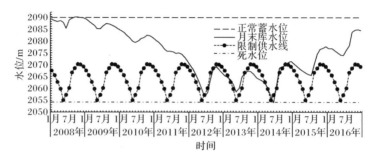

图 14.3　云龙水库 2008~2016 年实际水位过程

的入库径流量,尤其是 2011 年,来水量仅为 1.40 亿 m³,为多年平均来水量的 46%,已低于频率 $P=92\%$ 特枯水年的入库径流量。与历史上发生的连续 3 年连旱(1959~1961 年)的年均来水量 2.05 亿 m³、2 年连旱(2004~2005 年)的年均来水量 1.9 亿 m³ 相比,本次形成的枯水年组干旱持续时间长达 5 年多,来水量比历年最低还少 0.21 亿 m³,干旱持续时间及入库径流量均突破历史纪录。

其次,昆明主城区的用水需求持续快速增长。随着昆明市城市扩张和人口不断增多,2009 年以后水库供水量大增,云龙水库 2009~2012 年平均供水量 2.42 亿 m³,其中 2010 年高达 2.57 亿 m³,均超出设计供水量,消耗了多年蓄存的水量。

最后,昆明城市自来水供水系统的源水日趋紧张,作为主要水源的云龙水库不能按设计的调度方案运行。一般而言,按照水库调度要求,遭遇枯水年当库水位处于限制供水区域时,应减少供水以利于水库恢复正常运行。2009~2013 年连续干旱期间,松华坝水库、清水海水库等"七库一站"的蓄水量严重不足,昆明市城市供水没有可以利用的备用水源,为保障昆明市城市供水,云龙水库在水库水位低于限制供水水位时,仍维持正常年景的供水量进行供水,导致水库连续两年低水位运行,直到启用牛栏江-滇池补水工程应急供水,压减云龙水库的供水规模,云龙水库的水位才逐步回升。

3. 持续低水位运行造成的影响

(1)影响了云龙水库多年调节功能的发挥。云龙水库作为昆明市城市供水的主要水源,水库水位持续降低,失去了多年调节功能,增加昆明市城市供水风险,一定程度上影响昆明市的供水安全和社会稳定。

(2)对水库的生态环境造成一定影响。主要体现在以下四个方面:一是云龙水库库区内的森林覆盖率 76%,水质一直处于优良状态,而水库径流区涉及禄劝县双化镇、撒营盘镇、云龙镇和武定县插甸镇、发窝乡,农业和农村面源是影响云龙水库供水水质的主要因素,水位降低后导致水环境容量减小、自净能力下降,库区污染物浓度升高。云南省水文水资源局的监测资料表明,以水库调度限制供水水位 2072m 为界,当库水位在 2072~2087.97m(正常蓄水位)运行时,总氮和总磷浓度的平均值分别为 0.49mg/L 和 0.009mg/L,达到地表水 Ⅱ 类标准;当库水位在 2072~2054.17m(死水位)运行时,总氮和总磷浓度分别上升为 0.85mg/L 和 0.016mg/L,为地表水 Ⅲ 类标准。若水库持续低水位运行,水库水质还将继续下降。二是由于连续干旱,入库河流上游及库周的土壤暴晒松弛,库区水位淹没线以下裸露土壤已暴露 34m,库区泥沙容易进入取水口。三是水库在干旱持续、城市供水任务不减的特枯年,被迫挤占下游河道的生态基流。正常情况下,为保障下游河道生态基流,水库汛期下泄流量应不小于 1.76m³/s、枯期不小于 0.53m³/s,年下泄河道生态水量 0.35 亿 m³。但为确保昆明城市用水,2009~2014 年期间除 2009 年短时段从泄洪洞下泄 940 万 m³ 水量外,其余时段均未下泄生态基流,主要影响水库大坝下游 1km 左右的河段,造成河道断流,水生动植物生境遭到破坏。四是水库运行水位持续下降,库区水面面积持续减少,影响部分库区水域的水生态功能。

(3) 水库持续低水位运行到 2014 年 6 月末为止,未影响坝体等枢纽工程的安全。云龙水库大坝为黏土心墙堆石坝,在工程设计和建设过程中,严格执行国家水利工程建设强制性条文及相关规程规范。水库持续低水位运行,心墙黏土排水固结速率可能会加快,影响坝体的沉降变形。但从云龙水库枢纽共设置的 307 个安全监测点的观测资料显示,大坝从建成至今,后坝顶向下游移动 83mm、沉降 247mm,坝体渗漏量很小(最大渗漏量仅 8L/s),大坝的位移、沉降、渗漏等指标均满足技术规范的要求。

14.1.3　云龙水库应急调度方案

1. 应急调度背景

2014 年 7 月初,云南省水利厅向中共云南省委、云南省人民政府上报了《关于恢复云龙水库多年调节功能有关情况的报告》,云南省主要领导高度重视云龙水库蓄水出现的相关问题并做了重要批示,认为超低水位运行多年,将对水库生态安全、大坝工程安全等有百害而无一利。为认真落实云南省领导指示精神,由云南省水利厅水资源处牵头,云南省防汛抗旱指挥部办公室、云南省水利水电勘测设计研究院、云南省水文水资源局、云南省调水中心、昆明市水务局、昆明市自来水集团有限公司等有关单位共同配合,按照云龙水库三年恢复多年调节功能的目标,要依次实现 2014 年末恢复蓄水量 1.0 亿 m³、2015 年末恢复蓄水量 1.8 亿 m³、2016 年末恢复蓄水量 2.5 亿 m³ 的应急调度目标,尽快开展专题研究并付诸实施。

根据专题研究报告,2014 年 8 月云南省水利厅制定了具体的工作方案,要求:

①确保云龙水库 2014 年底蓄水 1.0 亿 m³(对应库水位 2070.2m)目标,牛栏江-滇池补水工程 9 月 20 日开始运行补水,并保证运行补水至 12 月 31 日,云龙水库在 10 月 10 日以前的日供水量不超过 45 万 m³,10 月 10 日～12 月 31 日期间停止供水,做好水库蓄水,昆明市水务局要做好云龙水库供水蓄水和昆明市"七库一站"及"一江"(指云龙、松华坝、清水海、宝象河、大河、柴河、红坡等七座主要城市供水水库,以及自卫村抽水站,牛栏江-滇池补水工程,下同)的统筹调度工作,确保昆明城市的正常供水。②按照云龙水库 2015 年末恢复蓄水量 1.8 亿 m³(对应库水位 2077.3m)、2016 年末恢复蓄水量 2.5 亿 m³(对应库水位 2082.0m)的调度目标,提前做好云龙水库 2015 年、2016 年蓄水调度计划的研究工作。③云南省水利厅成立云龙水库蓄水调度计划联络小组,定期召开联络小组会议,推进有关工作的专项研究、协调协商。

2. 水库应急调度方案的编制

云龙水库应急调度的目标为:2014 年末确保恢复蓄水量 1.0 亿 m³,对应库水位 2070.2m;2015 年末确保恢复蓄水量 1.8 亿 m³,对应库水位 2077.3m;2016 年末确保恢复蓄水量 2.5 亿 m³,对应库水位 2082.0m。

调度方案分析的技术路线为:遵照制定的蓄水目标要求,根据水库来水预测结果、水库特征水位及库容、下泄生态流量、蒸发渗漏损失等边界条件,按照水库逐时段水量平衡原理,调算、分析各时段云龙水库可以向昆明城市供水的时段、供水量等调度方案措施。根据水文部门对未来三年来水趋势分析的预测结果,对云龙水库三年(2014～2016 年)调度方案进行初步调算,云龙水库各年可供水量预测结果见表 14.1。

表 14.1 云龙水库可供水量预测结果 (单位:亿 m³)

时间	来水预测	实际来水量	可供水量	下泄生态流量	损失水量	年末蓄水量
2014 年 8～12 月	1.28	1.10	0.41	0.17	0.09	1.0
2015 年 1～12 月	2.55	2.00	1.24	0.33	0.22	1.8
2016 年 1～12 月	2.40	2.81	1.11	0.33	0.26	2.5
合计	6.23	5.91	2.76	0.83	0.57	5.3

根据 2014 年 7 月～2016 年 6 月"七库一站"及"一江"水情、昆明市计划日供水量等基础资料,结合预测的云龙水库、松华坝水库等水源平水年、中等干旱年和特枯水年来水情景,云南省水利水电勘测设计研究院编制了云龙水库三年(2014～2016 年)应急调度方案。

1) 2014 年下半年(8～12 月)调度方案

初始状态下,云龙水库 2014 年 7 月末的实际来水量 0.32 亿 m³。2014 年 8～

12 月调度方案是在云南省水文水资源局来水预测结果基础上进行分析,根据来水预测结果预计 2014 年 8~12 月水库来水量 1.28 亿 m³。水库 2014 年 8~12 月可以下泄生态水量 0.17 亿 m³。扣除蒸发渗漏损失后,若要确保水库 2014 年末蓄水1.0 亿 m³ 的目标,水库 2014 年 8~12 月可向昆明城市供水的总量为 0.41 亿 m³,按每天 45 万 m³ 供水计,可供给 90 天,也可采取部分时段 45 万 m³、部分时段 60 万m³ 供水的组合方式,但供水总量不能再增加。

云龙水库停水后,要求德泽水库、清水海水库、松华坝水库及宝象河水库等其他水源联合供水,必须满足昆明城市的用水需求,即城市计划日供水总量 100 万 m³,其中,松华坝水库 50 万 m³、德泽水库应急供水 30 万 m³、清水海水库 10 万 m³(不含寻甸县使用量)、宝象河水库等其他水源 10 万 m³。

根据牛栏江-滇池补水工程的 2014 年调度计划,原定 4 月初启动、为期 2 个月的检修工作,受昆明市应急供水、鲁甸"8.3"地震红石岩堰塞湖排险应急拦洪调度等影响,调整计划为 2014 年 9 月 20 日完成检修,恢复正常供水,即德泽水库此后已具备替代云龙水库供水的条件。

同时,当云龙水库停水后,松华坝水库应承担昆明城市 48% 的供水任务,要求尽量利用汛期增蓄、在云龙水库停水前削减供水才能保证完成较重的任务;而清水海水库刚建成投入运行,蓄水较少,2014 年 8 月 20 日蓄水仅 4700 万 m³,2014年末蓄水库容要不低于 6500 万 m³,同样要求尽量利用汛期增蓄。此外,考虑到国庆长假期间外来旅游人口剧增,对昆明城市供水的安全、稳定性要求更高,而城市自来水系统调整取水水源需要 48h 才能完成操作等因素,云龙水库停水不宜安排在国庆期间。

综合上述各方面的因素,确定云龙水库停止供水、增蓄水量的时段为 2014 年10 月 10 日~12 月 31 日。在水库来水预测情况下,可确保 2014 年末至少恢复蓄水量 1.0 亿 m³ 的目标。

为此,2014 年 9 月 20 日~10 月 10 日,为达到松华坝水库尽量增蓄的目标,确保昆明城市年内的用水安全,牛栏江-滇池补水工程与云龙水库并行供水。松华坝水库日供水量须从 30 万 m³ 降至 10 万 m³ 以内,为 2014 年 10 月 10 日云龙水库停供后做好水量储备。

根据水文部门的来水预测结果,2014 年为中等干旱年($P=75\%$),2014 年 8~12 月云龙水库来水量 1.28 亿 m³。云龙水库 2014 年 8~12 月实际来水量 1.1 亿 m³,比预测值小 0.18 亿 m³,相对偏差 16.4%。在具体的调度过程中,水库供水量根据实际来水与预测来水的对比进行了调整,当实际来水大于预测来水时按多余的水量加大相应供水值,反之则减少。2014 年 11 月 5 日,云龙水库库容达到1.0 亿 m³,相应库水位 2070.3m,提前 56 天实现了 2014 年度蓄水 1.0 亿 m³ 的阶段蓄水目标。

2）2015 年上半年调度方案

根据云南省水文水资源局的来水预测结果,为保证各水源联合对昆明城市日供水总量满足 100 万 m³,制定以下调度方案,该方案遵循云龙水库 1～5 月蓄水量不减少,松华坝水库最低水位不低于死水位,清水海水库最低水位不低于 2014 年 1～10 月最低库水位 2159.2m,1～6 月德泽水库须保证向昆明城市日应急供水量 30 万 m³,宝象河水库等其他水源日供水量 5 万 m³ 的原则。

2015 年 1～2 月(59 天),云龙水库不供水,松华坝水库日供水量 60 万 m³,清水海水库日供水量 5 万 m³。2015 年 3 月 1 日～4 月 20 日(51 天),云龙水库不供水,松华坝水库日供水量 55 万 m³,清水海水库日供水量 10 万 m³。2015 年 4 月 21 日～5 月 11 日(21 天),云龙水库不供水,松华坝水库日供水量 50 万 m³,清水海水库日供水量 15 万 m³。2015 年 5 月 12 日～5 月 31 日(20 天),云龙水库开始供水,日供水量 55 万 m³,松华坝水库日供水量 10 万 m³,清水海水库不供水。2015 年 6 月(30 天)云龙水库日供水量 60 万 m³,松华坝水库日供水量 5 万 m³,清水海水库均不供水,见表 14.2。

表 14.2　2015 年上半年各水源对昆明城市日供水量　　（单位:万 m³）

水源	供水日期(月-日)				
	1-01～2-28	3-10～4-20	4-21～5-11	5-12～5-31	6-01～6-30
云龙水库	0	0	0	55	60
松华坝水库	60	55	50	10	5
清水海水库	5	10	15	0	0
"2258"引水工程	5	5	5	5	5
德泽水库(应急)	30	30	30	30	30
小计	100	100	100	100	100

在此调度方案下,预计 2015 年 6 月底云龙水库蓄水量 1.23 亿 m³,对应水位 2072.42m,各水源 2015 年 5 月末和 6 月末蓄水量及库水位见表 14.3。

表 14.3　各水源 5 月末和 6 月末蓄水量及库水位预测结果

水源	1 月初		5 月末		6 月末	
	蓄水量/亿 m³	库水位/m	蓄水量/亿 m³	库水位/m	蓄水量/亿 m³	库水位/m
云龙水库	1.18	2071.94	1.18	2071.95	1.23	2072.42
松华坝水库	0.72	1959.91	0.05	1928.99	0.09	1933.83
清水海水库	0.53	2163.11	0.36	2159.28	0.37	2159.58
"2258"引水工程	0.36		0.45		0.50	
德泽水库(应急)	3.96	1813.38	1.92	1752.7	2.44	1763.5
小计	6.75	—	3.96	—	4.63	—

根据来水预测结果,2015 年可能为平水年($P=50\%$),2015 年 1~6 月云龙水库来水量 0.54 亿 m^3。云龙水库 2015 年 1~6 月实际来水量 0.42 亿 m^3,较预测值小 0.12 亿 m^3,相对偏差 28.6%,与前一个半年期相比加大了差距。具体的调度过程中,水库供水量仍根据实际来水与预测来水的对比进行了调整,实际来水大于预测来水时按多余的水量加大相应供水值,反之减少。云龙水库 2015 年 6 月底实际库容 0.66 亿 m^3,对应库水位 2065.85m,仅为调度方案预测蓄水量 1.23 亿 m^3的 1/2 左右。可见,根据来水预测的单一情景法进行预报调度存在很大的偏差,对实际调度操作的指导性作用不大。因此,从 2015 年下半年开始,根据丰、平、枯来水年情景预测,采用经典调度法分别拟定丰、平、枯水年型的调度方案的经典调度法进行。

3) 2015 年下半年调度方案

(1) 起调条件。

2015 年下半年调度方案的制定是根据作者课题组及时收集到的 2015 年 1~6 月"七库一站"及"一江"水情资料,以此修正各主要水源 2015 年 6 月 30 日的水位和库容作为调度计算的初始条件。云龙水库的起调水位 2065.85m,相应库容 6570 万 m^3;松华坝水库起调水位 1947.82m,相应库容 3558 万 m^3;清水海水库起调水位 2163.36m,相应库容 5456 万 m^3。

(2) 调度方案组合设置。

目前,昆明城市的计划日供水总量 100 万 m^3,为满足城市生活及第二产业、第三产业的用水需求,根据各水库入库径流长系列频率分析水文预测的平水年、中等干旱年及特枯水年等 3 种不同来水情景,分别计算和拟定不同的调度方案。各情景的边界条件均遵循以下基本原则:

① 云龙水库供水期间,其供水量为 45 万 m^3/d。

② 清水海水库全年对昆明城市的日供水量为 10 万 m^3/d。

③ 牛栏江-滇池补水工程在每年 12 月停水进行提水泵站和输水工程线路检修,其余时段根据城市生活及滇池水生态修复需水要求进行补水。中等干旱年份,供水期对昆明城市的日应急供水量为 30 万 m^3,当遭遇 $P=95\%$ 的特枯年份时,为保证云龙水库完成年度蓄水目标,对昆明城市的日应急供水量将加大到 60 万 m^3。

④ 为确保云龙水库的年末蓄水目标,经试算,若云龙水库来水能达到年末蓄水目标要求,则汛期 6~10 月按坝址多年平均流量的 30%,枯期 11 月~次年 5 月按坝址多年平均流量的 10%下泄河道生态水量 0.33 亿 m^3;若云龙水库来水无法达到年末蓄水目标要求,则暂不下泄河道生态用水量。由于是在应对特殊干旱的时期,其他供水水源在不同来水情景下,都暂不下泄下游河道生态水量。

⑤ 宝象河、大河、柴河、红坡等其他城市供水水源由于占总供水量比例较低,

水资源调配要求承担日供水量合计为 6 万～10 万 m³。

（3）平水年（$P=50\%$）调度计划。

根据水文频率分析得到的来水预测结果，平水年云龙水库的来水量为 2.55 亿 m³，松华坝水库的来水量为 1.50 亿 m³，清水海水库的来水量为 0.88 亿 m³，德泽水库的来水量为 12.11 亿 m³。为保证云龙水库年末蓄水量至 1.8 亿 m³，经试算，云龙水库 9 月、10 月应停止供水，其余时段可按日供水量 45 万 m³ 向昆明城市供水；清水海水库全年向昆明城市日供水量 10 万 m³；宝象河、大河、柴河等中小型水库水源向昆明城市的日供水量 6 万～10 万 m³；德泽水库 7 月、8 月、12 月安排线路检修不供水，9～11 月须按日应急供水量 30 万 m³；松华坝水库根据昆明城市日供水需求调节，日供水量为 5 万～50 万 m³，见表 14.4。

表 14.4　平水年昆明城市供水调度方案　　　（单位：万 m³）

水源	7月	8月	9月	10月	11月	12月
云龙水库	45	45	0	0	45	45
松华坝水库	39	39	50	50	5	35
清水海水库	10	10	10	10	10	10
德泽水库（应急）	0	0	30	30	30	0
其他水源	6	6	10	10	10	10
小计	100	100	100	100	100	100

平水年情景下，云龙水库 9 月底的蓄水库容 1.82 亿 m³，对应水位 2077.37m；年末蓄水量 1.92 亿 m³，对应水位 2078.15m，年末可达到设定的蓄水目标。

（4）中等干旱年（$P=75\%$）调度计划。

中等干旱年（$P=75\%$）情景下，云龙水库的来水量为 2.01 亿 m³，松华坝水库的来水量为 1.33 亿 m³，清水海水库的来水量为 0.71 亿 m³，德泽水库的来水量为 11.53 亿 m³。为保证云龙水库年末蓄水量达到 1.8 亿 m³，经试算，为保证牛栏江-滇池补水工程检修期间昆明城市的正常供水需求，云龙水库 7～11 月应停止供水，12 月按日供水量 45 万 m³ 供水；清水海水库全年对昆明城市日供水量为 10 万 m³；宝象河、大河、柴河等其他水源对昆明城市日供水量 6 万～10 万 m³；德泽水库在 12 月安排检修不供水，其余月份须按日应急供水量 30 万 m³ 供水；松华坝水库则根据昆明城市日供水需求调节，日供水量 35 万～54 万 m³，见表 14.5。

表 14.5　中等干旱年昆明城市供水调度方案　　　（单位：万 m³）

水源	7月	8月	9月	10月	11月	12月
云龙水库	0	0	0	0	0	45
松华坝水库	54	54	50	50	50	35
清水海水库	10	10	10	10	10	10

续表

水源	7 月	8 月	9 月	10 月	11 月	12 月
德泽水库(应急)	30	30	30	30	30	0
其他水源	6	6	10	10	10	10
小计	100	100	100	100	100	100

　　中等干旱年情景下,由于云龙水库、松华坝水库等水源的来水量都较平水年减少,为达到制定的云龙水库年末蓄水目标,需减少云龙水库的供水时段,同时为保证昆明市的用水需求,将逐步增加牛栏江-滇池补水工程向昆明市的应急供水量。云龙水库 9 月底蓄水库容 1.76 亿 m^3,对应库水位 2076.90m;年末蓄水量1.81 亿 m^3,对应库水位 2077.29m,年末方可达到设定的蓄水目标。

　　(5) 特枯水年($P=95\%$)调度计划。

　　特枯水年($P=95\%$)情景下,云龙水库的来水量为 1.15 亿 m^3,松华坝水库的来水量为 0.77 亿 m^3,清水海水库的来水量为 0.52 亿 m^3,德泽水库的来水量为8.51 亿 m^3。为保证牛栏江-滇池补水工程检修期间昆明城市的正常供水,云龙水库 7～11 月应停止供水,一直蓄水直到 12 月,才能按日供水量 45 万 m^3 供水;清水海水库全年对昆明城市的日供水量 10 万 m^3;宝象河、大河、柴河等其他水源对昆明城市的日供水量为 6 万～10 万 m^3;德泽水库在 12 月安排检修不供水,其余月份为保证昆明市用水,日应急供水量应加大到 60 万 m^3;松华坝水库则根据昆明城市日供水需求调节,日供水量 20 万～35 万 m^3,见表 14.6。

表 14.6　特枯水年昆明城市供水调度方案　　　　　　　(单位:万 m^3)

水源	7 月	8 月	9 月	10 月	11 月	12 月
云龙水库	0	0	0	0	0	45
松华坝水库	24	24	20	20	20	35
清水海水库	10	10	10	10	10	10
德泽水库(应急)	60	60	60	60	60	0
其他水源	6	6	10	10	10	10
小计	100	100	100	100	100	100

　　特枯水年情景下,云龙水库、松华坝水库等水源的来水量已进一步锐减,为保证昆明城市的用水需求,德泽水库向昆明城市的应急供水量将由日供水 30 万 m^3进一步增加到 60 万 m^3。同时,由于云龙水库来水量大幅度减少,9 月底蓄水量为1.16 亿 m^3,对应库水位 2071.72m;年末蓄水量仅 1.15 亿 m^3,对应库水位2071.65m,即使 7～12 月都停止供水,年末蓄水量也仅能达到 1.29 亿 m^3,距年末

1.80 亿 m³ 的蓄水目标还差 0.51 亿 m³。

云龙水库平水年、中等干旱年、特枯水年的供水调度水位变化情况如图14.4～图 14.6 所示。

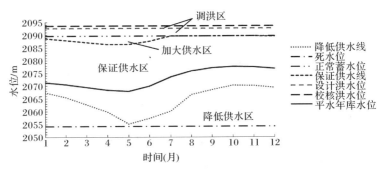

图 14.4　2015 年云龙水库供水调度水位变化示意图（平水年）

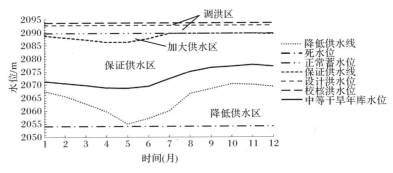

图 14.5　2015 年云龙水库供水调度水位变化示意图（中等干旱年）

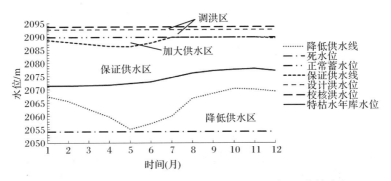

图 14.6　2015 年云龙水库供水调度水位变化示意图（特枯水年）

云龙水库 2015 年 7～12 月实际来水量 2.00 亿 m³，与平水年（$P=50\%$）7～12 月的入库径流量 2.01 亿 m³ 相当。2015 年下半年调度方案根据平水年调度情景进行调度。于 2015 年 12 月 8 日，云龙水库库容达到 1.80 亿 m³，相应水位 2077.22m，提前 23 天实现了 2015 年度蓄水 1.8 亿 m³ 的蓄水目标。

4）2016 年上半年调度方案

（1）起调条件。

根据补充收集到的 2015 年 1～12 月"七库一站"及"一江"的水情资料，云龙水库已于 2015 年 12 月 8 日达到年度蓄水 1.8 亿 m³ 的蓄水目标，以各水源 2015 年 12 月 31 日的水位、库容作为 2016 年调度计算的初始条件，即云龙水库起调水位 2077.22m，相应库容 1.8 亿 m³；松华坝水库起调水位 1959.75m，相应库容 7163.5 万 m³；清水海水库起调水位 2167.78m，相应库容 7714.8 万 m³。

（2）调度方案组合设置。

2016 年调度方案组合设置与 2015 年下半年的调度方案相同。

（3）平水年调度计划。

根据水文频率分析得到的来水预测结果，平水年情景下为保证云龙水库的年末库容蓄至 2.5 亿 m³ 的设定目标，经试算，云龙水库 1～5 月按日供水量 45 万 m³ 向昆明城市供水，6 月不供水；清水海水库 1～6 月向昆明城市的日供水量 10 万 m³；宝象河、大河、柴河等其他水源 1～6 月向昆明城市的日供水量 6 万 m³；德泽水库 1～5 月不供水，在此期间均可安排输水线路及设备的检修，6 月须应急对昆明城市日供水量 30 万 m³；松华坝水库则根据昆明城市日供水需求调节，1～5 月按 39 万 m³ 日供水量运行，6 月日供水量增至 54 万 m³，具体见表 14.7。

表 14.7　平水年昆明城市供水调度方案　　　　（单位：万 m³）

水源	1 月	2 月	3 月	4 月	5 月	6 月
云龙水库	45	45	45	45	45	0
松华坝水库	39	39	39	39	39	54
清水海水库	10	10	10	10	10	10
德泽水库（应急）	0	0	0	0	0	30
其他水源	6	6	6	6	6	6
小计	100	100	100	100	100	100

平水年情景下，云龙水库 2016 年 6 月底蓄水量预计为 1.61 亿 m³，对应库位 2075.78m，年末蓄水量可达到 2.61 亿 m³，对应库水位 2082.67m。

（4）中等干旱年调度计划。

中等干旱年情景下，为保证云龙水库的年末库容蓄至 2.5 亿 m³，由于 12 月牛栏江-滇池补水工程计划进行输水线路及设备的检修，经试算，云龙水库 1～5 月按日供水量 45 万 m³ 向昆明城市供水，6 月不供水；清水海水库 1～6 月对昆明城市的日供水量 10 万 m³；宝象河、大河、柴河等其他水源 1～6 月对昆明城市的日供水量为 6 万 m³；德泽水库 1～5 月不供水，6 月应急对昆明城市的日供水量为 30 万 m³；松华坝水库则根据昆明城市日供水需求调节，1～6 月按日供水量 39 万 m³ 运行，6 月日供水量增至 54 万 m³，见表 14.8。

表 14.8　中等干旱年昆明城市供水调度方案　　（单位：万 m³）

水源	1 月	2 月	3 月	4 月	5 月	6 月
云龙水库	45	45	45	45	45	0
松华坝水库	39	39	39	39	39	54
清水海水库	10	10	10	10	10	10
德泽水库（应急）	0	0	0	0	0	30
其他水源	6	6	6	6	6	6
小计	100	100	100	100	100	100

中等干旱年情景下，由于云龙水库、松华坝水库等水源的来水量与平水年相比减少，为达到年末蓄水目标，需减少云龙水库的供水时段，同时为保证昆明市的用水需求，将逐步增加牛栏江-滇池补水工程应急城市供水量，但上半年"七库一站"对昆明城市的供水调度方案与平水年调度基本一致。预计云龙水库 2016 年 6 月底的蓄水库容 1.53 亿 m³，对应库水位 2075.25m。

（5）特枯水年调度计划。

特枯水年情景下，为保证牛栏江-滇池补水工程检修期间昆明市城市的正常供水，经试算，云龙水库 1 月须按日供水量 45 万 m³ 向昆明城市供水，2 月不供水；清水海水库 1～6 月向昆明城市的日供水量为 10 万 m³；宝象河、大河、柴河等其他水源 1～6 月对昆明城市的日供水量为 6 万 m³；德泽水库 1 月因输水线路及设备检修而不供水，2～6 月为保证昆明市用水，日应急供水量应加大到 60 万 m³；松华坝水库则根据昆明城市日供水需求调节，1 月日供水量为 39 万 m³，2～6 月的日供水量为 24 万 m³，见表 14.9。

表 14.9　特枯水年昆明城市供水调度方案　　（单位：万 m³）

水源	1 月	2 月	3 月	4 月	5 月	6 月
云龙水库	45	0	0	0	0	0
松华坝水库	39	24	24	24	24	24
清水海水库	10	10	10	10	10	10
德泽水库（应急）	0	60	60	60	60	60
其他水源	6	6	6	6	6	6
小计	100	100	100	100	100	100

特枯水年情景下,云龙水库、松华坝水库等水源的来水量进一步锐减,为保证昆明市用水需求,特枯水年情景下云龙水库全年都暂不下泄河道生态流量;牛栏江-滇池补水工程城市应急的供水量在 2~6 月将日供水量由 30 万 m^3 进一步增加到 60 万 m^3。预计云龙水库 6 月底的蓄水库容为 1.87 亿 m^3,对应库水位 2077.77m。

5) 2016 年下半年调度方案

(1) 起调条件。

作者课题组及时补充收集到 2016 年 1~6 月"七库一站"及"一江"等的水情资料,因此,2016 年下半年调度方案模拟计算仍以各水源 2016 年 6 月 30 日的水位、库容作为起始条件。云龙水库的起调水位为 2073.98m,相应库容 1.39 亿 m^3;松华坝水库的起调水位为 1955.28m,相应库容 0.56 亿 m^3;清水海水库的起调水位为 2170.19m,相应库容 0.88 万 m^3。

(2) 平水年调度计划。

根据水文频率分析得到的来水预测结果,平水年情景下,为保证云龙水库的年末库容蓄至 2.5 亿 m^3,经试算,云龙水库 10 月、11 月应停止供水,其余时段可按日供水量 45 万 m^3 向昆明城市供水;清水海水库全年对昆明城市的日供水量为 10 万 m^3;宝象河、大河、柴河等其他水源对昆明城市的日供水量为 6 万~10 万 m^3;德泽水库在 7~9 月、12 月安排输水线路及设备的检修而不供水,10 月、11 月须按日供水量 30 万 m^3 向昆明城市应急供水;松华坝水库则根据昆明城市日供水需求调节,日供水量 35 万~50 万 m^3,见表 14.10。

表 14.10　平水年昆明城市供水调度方案　　　　　(单位:万 m^3)

水源	7 月	8 月	9 月	10 月	11 月	12 月
云龙水库	45	45	45	0	0	45
松华坝水库	39	39	35	50	50	35
清水海水库	10	10	10	10	10	10
德泽水库(应急)	0	0	0	30	30	0
其他水源	6	6	10	10	10	10
小计	100	100	100	100	100	100

平水年情景下,预计云龙水库年末蓄水量为 2.61 亿 m^3,对应库水位2082.67m,年末可达到三年应急调度的最终蓄水目标。

(3) 中等干旱年调度计划。

中等干旱年情景下,云龙水库的来水量为 2.01 亿 m^3,松华坝水库的来水量为 1.33 亿 m^3,清水海水库的来水量为 0.71 亿 m^3,德泽水库的来水量为 11.53 亿 m^3。为保证云龙水库的年末库容蓄至 2.5 亿 m^3,经试算,云龙水库在 7~11 月应停止供水,12 月按日供水量 45 万 m³ 向昆明城市供水;清水海水库全年对昆明城市的日供水量为 10 万 m³;宝象河、大河、柴河等其他水源对昆明城市的日供水量为 6 万~10 万 m³;德泽水库在 12 月安排输水线路及设备的检修而不供水,其余月份须按日供水量 30 万 m³ 向昆明城市应急供水;松华坝水库根据城市日供水需求调节,日供水量 35 万~54 万 m³,见表 14.11。

表 14.11　中等干旱年昆明城市供水调度方案　　　　（单位:万 m³）

水源	7 月	8 月	9 月	10 月	11 月	12 月
云龙水库	0	0	0	0	0	45
松华坝水库	54	54	50	50	50	35
清水海水库	10	10	10	10	10	10
德泽水库(应急)	30	30	30	30	30	0
其他水源	6	6	10	10	10	10
小计	100	100	100	100	100	100

中等干旱年情景下,由于云龙水库、松华坝水库等水源的来水量与平水年情景相比减少,为达到云龙水库的年末蓄水目标,需减少云龙水库的供水时段,同时为保证昆明市用水需求,逐步增加牛栏江-滇池补水工程向城市的应急供水量。预计云龙水库年末蓄水量 2.50 亿 m³,对应库水位 2082.02m,年末仍可达到三年应急调度的蓄水目标。

(4) 特枯水年调度计划。

特枯水年情景下,为保证牛栏江-滇池补水工程检修期间昆明城市的正常供水,云龙水库在 7~11 月应停止供水,12 月可按日供水量 45 万 m³ 向昆明城市供水;清水海水库全年向昆明城市的日供水量为 10 万 m³;宝象河、大河、柴河等其他水源向昆明城市的日供水量为 6 万~10 万 m³;德泽水库在 12 月因牛栏江-滇池补水工程输水线路检修而不供水,其余月份须按日供水量 30 万 m³ 向昆明城市应急供水;松华坝水库则根据昆明城市日供水需求调节,日供水量 35 万~54 万 m³,见表 14.12。

表 14.12　特枯水年昆明城市供水调度方案　　　　（单位:万 m³）

水源	7 月	8 月	9 月	10 月	11 月	12 月
云龙水库	0	0	0	0	0	45
松华坝水库	54	54	50	50	50	35
清水海水库	10	10	10	10	10	10
德泽水库(应急)	30	30	30	30	30	0
其他水源	6	6	10	10	10	10
小计	100	100	100	100	100	100

特枯水年情景下,云龙水库、松华坝水库等水源的来水量又进一步减少,因此,特枯水年情景下云龙水库全年都暂不下泄河道生态流量。此时,云龙水库的年末蓄水量仅 1.84 亿 m³,对应库水位 2077.49m,距年末 2.50 亿 m³ 的蓄水目标还差 0.66 亿 m³。

云龙水库 2016 年平水年、中等干旱年、特枯水年的供水调度水位变化情况,如图 14.7~图 14.9 所示。根据监测资料显示,云龙水库 2016 年的实际来水量 2.81 亿 m³,比平水年的年入库径流量 2.55 亿 m³ 还大 0.26 亿 m³,故 2016 年调度运行已按照平水年情景调度方案进行。2016 年 9 月 21 日,云龙水库库容达到 2.53 亿 m³,相应水位 2082.19m,提前 101 天实现了 2016 年度蓄水 2.5 亿 m³ 的蓄水目标,逐步恢复其多年调节功能,为昆明主城的供水安全提供坚强保障。水库来水量及水位变化如图 14.2 和图 14.3 所示。

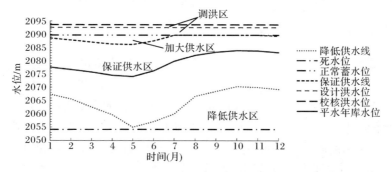

图 14.7　2016 年云龙水库供水调度水位变化示意图(平水年)

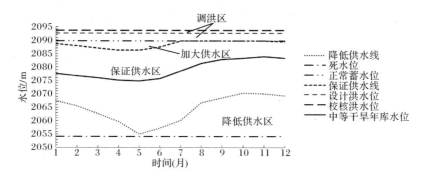

图 14.8　2016 年云龙水库供水调度水位变化示意图(中等干旱年)

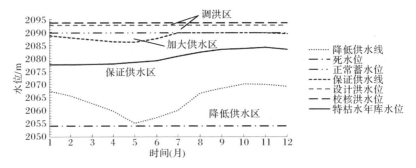

图 14.9　2016 年云龙水库供水调度水位变化示意图(特枯水年)

14.2　清水海水库初期蓄水调度

14.2.1　清水海水库正常调度方案

清水海水库是清水海水资源及环境管理工程(简称清水海引水工程)的水源工程,由清水海水源工程组、输水渠和末端调节水库构成。其中,水源工程组以清水海(改扩建为大型水库)为多年调节水库,接纳板桥河(新建小(一)型水库)、石桥河(新建小(二)型水库)、新田河(改扩建为小(一)型水库)、塌鼻子龙潭(天然出露泉水)等的引水量,进行多年调节,均匀向昆明主城(空港及呈贡等片区)供水。新建金钟山中型水库为事故备用的末端调节水库。

根据清水海水库的兴利调节计算结果,工业生活的供水保证率为 95%,农业灌溉保证率为 75%,作为制定蓄水调度计划的依据。蓄水计划按照水库供水运行调度图进行,正常运行期按下游需水情况正常供水;当库水位低于降低供水线时,城市供水按设计供水量的 70%~80%限制供水,农业灌溉供水按设计供水量的 60%~70%限制供水。

绘制清水海水库正常运行期水库调度图的方法同云龙水库,时间系列为 1954~2011 年的逐月过程。清水海水库供水运行调度图如图 14.10 所示。

在水库正常运行期,根据清水海水库及各个引水区的来水情况,以及时段初的库水位所在位置(区域)进行调度,当水库水位低于降低供水线时,结合水库来水情况按照供水优先次序由低到高依次减少农业、工业、城镇生活供水;当水库水位处于降低供水线与保证供水线区间时,按照设计供水过程正常供水;当水库水位超过正常蓄水位或保证供水线时,水库可根据整个城市供水系统各个水源之间的取水量组合情况,按适当加大供水的运行方式调度,同时应满足水库防洪安全调度的要求。

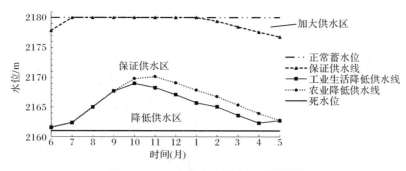

图 14.10　清水海水库供水运行调度图

14.2.2　清水海水库 2013～2016 年运行调度情况

清水海水库的大坝枢纽工程于 2012 年 5 月初建设完成,2012 年 5 月底板桥河、石桥河、新田河水库及塌鼻子龙潭已开始向清水海水库引水,清水海水源点在清水海引水工程施工期间一直向寻甸县供水,在蓄水期前已开始发挥效益。

2013 年 1 月末的清水海水库蓄水位为 2165.73m,2013 年 1 月初～2015 年 3 月末清水海水库的库水位蓄至 2166.02m,由于在此期间一直向寻甸县的农业、城镇及工业供水,并向昆明空港新机场阶段性供水,扣除水库的蒸发、渗漏,蓄水量仅增加 149 万 m³。其中,2013 年 5～7 月、2014 年 5～7 月清水海水库一直在死水位以下运行。

清水海水库 2013～2016 年实际来水量、库水位等变化情况如图 14.11 和图 14.12 所示。

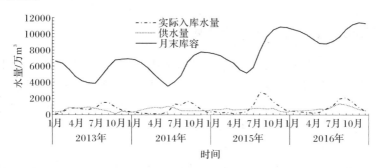

图 14.11　清水海水库 2013～2016 年实际来水供水过程

从图中可以看出,2013 年从 1 月上旬开始清水海水库的库水位一直下降,到 7 月 18 日,库水位降到最低值 2159.84m,之后由于汛期降水量增加,库水位开始迅速上升,2014 年库水位重复 2013 年走势。

清水海水库主要靠小江源头的几个支流引水补充调蓄,受云南省 2009～2012

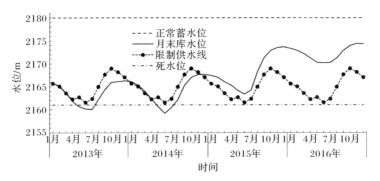

图 14.12　清水海水库 2013～2016 年水位变化示意图

年连续特大干旱的影响,水库在 2013～2016 年的实际入库水量分别仅占设计年入库水量 12679 万 m³ 的 73%、21%、92%、85%,且刚一建成即参与昆明城市的应急供水,承担不少于 10 万 m³/d 的供水任务,使库水位一直未达到正常蓄水位。另外 2013 年 4～12 月、2014 年 5～11 月清水海水库在调度运行时水位已降至限制供水线以下,但仍在继续供水,导致 2013 年、2014 年 5～7 月库水位下降到死水位以下。

　　总体来说,清水海水库初期蓄水库水位的上升速度与上游来水、降水以及用水户用水有关,水库在蓄水过程中,应根据不同需求适当地控制供水量,保证初期蓄水过程较平稳变化。

14.3　牛栏江-滇池补水工程 2020 水平年调度方案

14.3.1　牛栏江-滇池补水工程基本情况

　　牛栏江-滇池补水工程作为滇池的外流域引水工程,是为解决滇池水资源短缺、水环境恶化而建设的重要水资源配置工程,是滇池综合治理的关键性工程,近期任务是向滇池进行生态修复补水,改善滇池水环境和水资源条件,配合滇池水污染防治的其他措施,达到规划水平年的滇池水质改善目标,并具备作为昆明城市应急供水的能力。

　　牛栏江-滇池补水工程系统由德泽水库大坝枢纽工程、干河地下提水泵站工程及输水渠道工程等几部分组成。在德泽大桥上游 4.2km 的牛栏江干流上修建了坝高 142m、总库容 4.48 亿 m³ 的德泽水库;在距大坝 17.6km 的库区建设装机 90MW、扬程 221.2m 的干河地下提水泵站;建设了设计输水流量 23m³/s、总长 115.85km 的输水线路,输水线路落点在盘龙江松华坝水库下游 2.2km 处,利用盘龙江河道输水到滇池,2020 水平年多年平均向滇池补水量为 5.72 为亿 m³。

德泽水库的正常调度方案为:严格按照死水位 1747m、正常蓄水位 1790m 进行水库兴利调度。在水库的正常运行期,根据来水情况及面临时段初库水位所在的位置(区域)进行调度,当水库水位低于限制供水线时,结合水库来水情况减少向滇池的供水量,坝后电站利用下泄生态水量发电;当水库水位处于限制供水线与加大供水线区间时,结合滇池入湖污染负荷和水位变化情况,按照滇池生态补水需求供水,坝后电站利用下泄生态水量发电;当水库水位处于加大供水线与加大出力线之间时,结合滇池水位和滇池下泄水量情况,按最大引水流量 23m³/s 向滇池补水,坝后电站利用下泄生态水量发电;当水库水位超过加大出力线时,结合滇池水位和滇池下泄水量情况,按最大引水流量 23m³/s 向滇池补水,坝后电站两台机组全部满负荷运行发电,发电引用流量 21m³/s,使水库水位尽量沿加大出力线工作;当水库水位超过正常蓄水位处于洪水调节区时,水库按洪水调度运行方式调度,满足自身调洪要求(顾世祥等,2013)。

14.3.2　牛栏江-滇池补水工程 2013～2016 年运行调度情况

牛栏江-滇池补水工程于 2013 年 9 月 25 日顺利实现通水目标,2013 年 12 月 28 日工程正式投产运行,通过近三年的初期运行,截至 2016 年底,已累计向滇池供水 16.96 亿 m³,其中向昆明城市自来水系统的应急供水量为 11531 万 m³,在昆明市应对 2009～2012 年特大干旱的过程中发挥了重要作用,保障城市用水安全。

2014 年,牛栏江-滇池补水工程累计向滇池补水 4.41 亿 m³,平均日供水量 121 万 m³,最大日供水量 209 万 m³。其中向昆明城市的应急供水量 3759 万 m³,平均日供水量 10.3 万 m³,最大日供水量 27.9 万 m³。德泽水库 1 月 1 日水位 1785.64m,相应库容 3.83 亿 m³,年末 12 月 31 日水位 1787.71m,相应库容 3.98 亿 m³。全年最低运行水位出现在 5 月 27 日,为 1756.94m,相应库容 2.12 亿 m³;最高运行水位出现在 7 月 23 日,为 1790.58m,相应库容 4.21 亿 m³。

2015 年,牛栏江-滇池补水工程累计向滇池补水 6.25 亿 m³,平均日供水量 171 万 m³,最大日供水量 207 万 m³。其中向昆明城市的应急供水量 2639 万 m³,平均日供水量 7.2 万 m³,最大日供水量 26.0 万 m³。德泽水库 1 月 1 日水位 1787.87m,相应库容 3.99 亿 m³,年末 12 月 31 日水位 1788.10m,相应库容 4.01 亿 m³。全年最低运行水位出现在 6 月 10 日,为 1763.09m,相应库容 2.42 亿 m³;最高运行水位出现在 8 月 13 日,为 1790.69m,相应库容 4.22 亿 m³。

2016 年,牛栏江-滇池补水工程累计向滇池补水 6.23 亿 m³,平均日供水量 171 万 m³,最大日供水量 204 万 m³。其中向昆明城市的应急供水量 5133 万 m³,平均日供水量 14.1 万 m³,最大日供水量 26.7 万 m³。德泽水库 1 月 1 日水位 1788.04m,相应库容 4.01 亿 m³,年末 12 月 31 日水位 1788.62m,相应库容 4.05 亿 m³。全年最低运行水位出现在 6 月 4 日,为 1762.35m,相应库容 2.38 亿 m³;

最高运行水位出现在 11 月 1 日,为 1790.71m,相应库容 4.22 亿 m³。

2014~2016 年,牛栏江-滇池补水工程德泽水库的来水量、库水位变化如图 14.13 和图 14.14 所示。

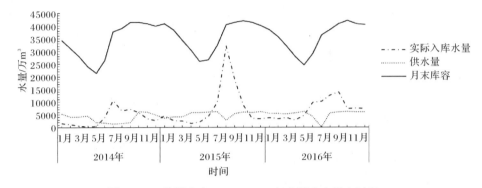

图 14.13　德泽水库 2014~2016 年实际来水供水过程

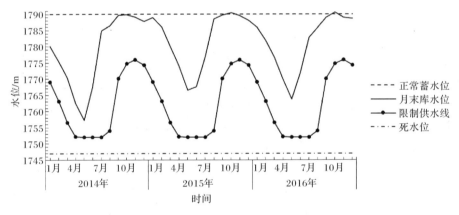

图 14.14　德泽水库 2014~2016 年水位变化示意图

14.3.3　2020 水平年的调度方案

水文气象的随机性和周期性特征,以及中长期水文预报的不确定性等因素,造成在实际的水库运行调度中不能仅针对单一情景进行分析。牛栏江-滇池补水工程近期调度方案是在历史资料分析的基础上,选出丰水年组(P=25%)、平水年组(P=50%)、中等干旱年组(P=75%)、特枯水年组(P=95%)四种典型年组来水过程。在四种典型来水过程基础上进行兴利调节计算,并且德泽水库优先满足下游河道生态流量要求,生态下泄流量汛期 6~11 月按多年平均流量的 30%下泄河道生态水量,枯期 12~次年 5 月按多年平均流量的 10%下泄河道生态水量;当遭遇 P=95%以上的极端特枯水年份时,为避免滇池补水量遭到严重破坏,德泽水库全年按多年平均流量的 10% 下泄河道最小生态水量。水库多年平均蒸发增损为 524.8mm,渗漏损失按月平均库容的 0.5% 计算。根据各典型年调节计算结果,分析拟定出德泽水库与滇池联合调度的方案。

德泽水库 2020 水平年的来水量组合是在现状年来水量的基础上,扣除径流区内 2016~2020 年新增水源工程的耗水量,即为 2020 水平年德泽水库的实际来水量。根据云南省水利发展“十三五”规划,德泽水库径流区内 2020 水平年将新建车马碧、黑滩河两座大型水库,9 座小(一)型水库和 6 座小(二)型水库。从前期工作的实际进展情况来看,车马碧、黑滩河两座大型水库在 2020 年前建成投入运行已不可能,因此在分析德泽水库 2020 水平年的来水量时,暂不考虑这两座大型水库建成蓄水对德泽水库 2020 水平年来水量的影响。因此,德泽水库径流区 2020 水平年新增 9 座小(一)型水库和 6 座小(二)型水库,总库容 1926 万 m³,兴利库容 1384 万 m³,新增供水量 1876 万 m³,其中城镇生活 751 万 m³,农村生活 56 万 m³,农业灌溉 1069 万 m³。

根据水文观测及径流还原成果,德泽水库 1964~2014 年的多年平均来水量为 15.33 亿 m³,且水文系列中已经包括了最近一次连续特大干旱 2009~2012 年的上游来水情况,系列具有较好的代表性。考虑到牛栏江流域、滇池流域连续枯水年、连续丰水年段对水库调度和洪水的影响,若只针对某个典型年制定调度方案,则不能反映连续枯水年或丰水年情景下的实际供水量变化情况,缺乏代表性,不利于水库应对各种来水变化的蓄水调度运行操作。因此,在典型年样本选取时,结合德泽水库的实际情况,按连续五年来水量滑动平均值排频后,再选取典型代表年组。根据排频成果,并在频率接近的几个典型年组中考虑对德泽水库蓄水最不利的来水量情况及其对调度的影响,选取德泽水库 $P=25\%$ 典型代表年组为 1967~1972 年,五年平均来水量 17.85 亿 m³;$P=50\%$ 典型代表年组为 1982~1987 年,五年平均来水量 15.32 亿 m³;$P=75\%$ 典型代表年组为 1985~1990 年,五年平均来水量 13.69 亿 m³;$P=95\%$ 典型代表年组为 2007~2012 年,五年平均来水量 10.15 亿 m³。

1. 丰水年

丰水年情景下,德泽水库连续五年的平均来水量为 17.58 亿 m³,设计滇池外海的生态环境补水量为 6.24 亿 m³。经调节计算,$P=25\%$ 的丰水年情况下德泽水库来水较丰富,可基本按设计生态环境补水过程向滇池进行供水,$P=25\%$ 时实际的五年平均滇池生态补水量 6.14 亿 m³,其中汛期 6~11 月为 2.91 亿 m³,占总补水量的 47.4%;枯期 12 月~次年 5 月为 3.23 亿 m³,占 52.6%。德泽水库长时段维持高水位运行,6 月末平均水位 1768.62m,7 月末平均水位 1782.92m,8~10 月水位均维持在正常水位 1790.0m 运行,从 11 月起库水位逐渐回落,至 1 月末平均水位 1786.19m,3 月末平均水位 1777.01m,5 月末平均水位 1767.96m。德泽水库五年平均向下游河道的下泄水量 10.88 亿 m³,其中下泄下游河道的生态用水量 3.32 亿 m³。坝后电站发电用水量 3.94 亿 m³,累计发电量 1.04 亿 kW·h。

丰水年德泽水库水位变化情况如图 14.15 所示,入库水量及滇池生态补水量情况如图 14.16 所示。

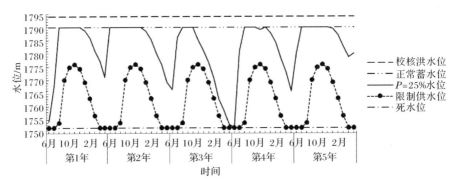

图 14.15 丰水年(P=25%)德泽水库水位变化示意图

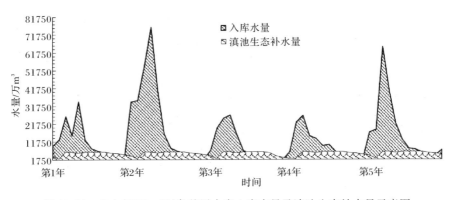

图 14.16 丰水年(P=25%)德泽水库入库水量及滇池生态补水量示意图

2. 平水年

平水年情景下,德泽水库连续五年的平均来水量为 15.03 亿 m³,滇池外海的设计生态环境补水量为 5.81 亿 m³。经调节计算,P=50% 的平水年情景下德泽水库来水相对丰富,可按设计生态环境补水过程向滇池进行供水,P=50% 时实际的滇池五年平均生态补水量 5.81 亿 m³,其中汛期 6~11 月为 2.96 亿 m³,占总补水量的50.9%;枯期 12 月~次年 5 月为 2.85 亿 m³,占 49.1%。德泽水库仍可长时段维持高水位运行,6 月末平均水位 1775.05m,7 月末平均水位 1780.67m,8 月末平均水位 1785.07m,9 月、10 月基本维持在正常水位 1790.0m 附近运行,从 11 月起库水位逐渐回落,至次年 1 月末平均水位 1782.09m,3 月末平均水位 1777.19m,5 月末平均水位 1768.13m。五年平均向下游河道的下泄水量 8.73 亿 m³,其中下游河道的生态用水量 3.32 亿 m³。坝后电站发电用水量 3.83 亿 m³,累计发电量1.01亿 kW·h。

平水年德泽水库水位变化情况如图 14.17 所示,入库水量及滇池生态补水量情况如图 14.18 所示。

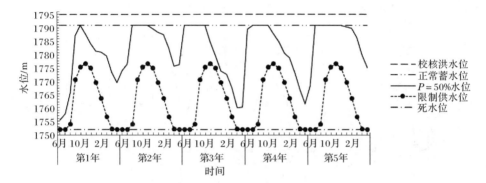

图 14.17　平水年(P=50%)德泽水库水位变化示意图

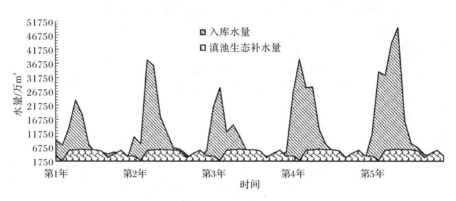

图 14.18　平水年(P=50%)德泽水库入库水量及滇池生态补水量示意图

3. 中等干旱年

中等干旱年情景下,德泽水库连续五年的平均来水量为 13.37 亿 m³,滇池外海的设计生态环境补水量为 5.74 亿 m³。经调节计算,P=75% 的中等干旱年德泽水库来水与一般年份相比有所减少,P=75% 时实际的五年平均向滇池生态补水量为 5.56 亿 m³,其中汛期 6～11 月为 2.95 亿 m³,占总补水量的 53.1%;枯期 12 月～次年 5 月为 2.61 亿 m³,占 46.9%。P=75% 枯水年时,德泽水库 6 月末平均水位1769.67m,7月末平均水位1782.04m,8月末平均水位1783.34m,9～11月最高蓄水位可蓄到正常蓄水位1790.0m,月末平均水位维持在1784.18～1788.02m。从12月起库水位逐渐回落,至次年1月末平均水位1778.71m,3月末平均水位1771.98m,5月末平均水位1761.52m。五年平均向下游河道的下泄水量7.57亿m³,其中下游河道生态用水量3.32亿m³。坝后电站发电用水量3.75亿m³,累计发电量0.96亿kW·h。

中等干旱年德泽水库水位变化如图14.19所示,入库水量及滇池生态补水量情况如图14.20所示。

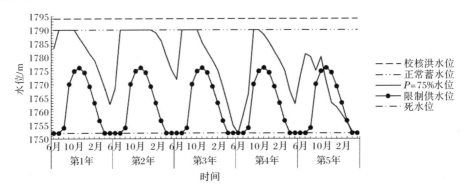

图 14.19　中等干旱年(P＝75％)德泽水库水位变化示意图

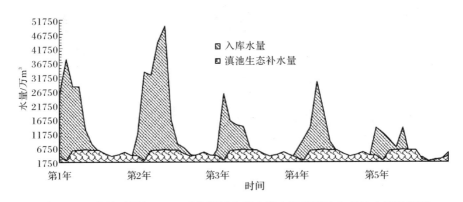

图 14.20　中等干旱年(P＝75％)德泽水库入库水量及滇池生态补水量示意图

4. 特枯水年

特枯水年情景下,德泽水库连续五年的平均来水量只有9.91亿m³,设计滇池外海的生态环境补水量为5.41亿m³。经调节计算,P＝95％的特枯水年情况下德泽水库来水锐减,五年平均向滇池的生态补水量减少到4.67亿m³。其中,汛期

6～11 月补水 2.52 亿 m³,占总补水量的 54.0%;枯期 12 月～次年 5 月补水 2.15 亿 m³,占 46.0%,滇池生态补水的年破坏深 45%,最大月破坏深 50%。$P=$ 95%的特枯水年德泽水库来水量与一般年份相比已大幅减少,导致库水位在第 4 年就未达到正常蓄水位,第 5 年只能维持在低水位运行。此时,德泽水库 6 月末平均水位 1767.55m,7 月末平均水位 1780.11m,8～12 月平均水位在 1778.56～ 1784.84m 运行。1 月末平均水位 1776.60m,3 月末平均水位 1768.82m,5 月末平均水位 1758.57m,接近水库死水位。五年平均向下游河道的下泄水量 5.02 亿 m³,其中下游河道生态用水量 2.99 亿 m³。坝后电站发电用水量 3.32 亿 m³,累计发电量 0.87 亿 kW·h。

特枯水年德泽水库水位变化情况如图 14.21 所示,入库水量及滇池生态补水量情况如图 14.22 所示。水文监测资料显示,2016 年德泽水库实际入库水量 8.75 亿 m³,比特枯水年入库径流量 10.15 亿 m³ 还要偏小 1.40 亿 m³,因此已按特枯水年进行调度。2016 年底,德泽水库实际蓄水量 4.05 亿 m³,对应库水位 1788.62m,比特枯水年情景下的第 1 年年底库容 3.71 亿 m³ 大了 0.34 亿 m³。

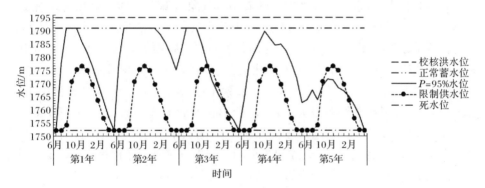

图 14.21　特枯水年($P=$95%)德泽水库水位变化示意图

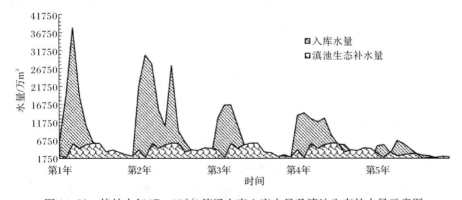

图 14.22　特枯水年($P=$95%)德泽水库入库水量及滇池生态补水量示意图

14.4　滇池环湖人工湿地生态需水实时预报

14.4.1　实时预报模型建立

1. 人工湿地生态补水实时预报的意义

作物蒸散发 ET_c 是表征太阳辐射到地面的水汽和能量转化的重要参数,地面气象观测和卫星遥感等多途径资料分析显示,由于植被叶面积指数增加,全球近 35 年来 ET_c 平均增长值为 0.63mm/a,其中植被蒸腾增加速度为 0.72mm/a,土壤蒸发则以 0.32mm/a 的速度减少(Zhang et al.,2016;Zhang et al.,2015)。实时灌溉预报以实时资料为基础,对灌区内作物短期甚至逐日的水分变化做出准确的预报(茆智等,2002)。ET_c 是整个实时预报的重点和难点,一般是根据天气类型、作物绿叶覆盖率(或叶面积指数)和土壤有效含水率等三项因素进行作物需水量和灌溉实时预报(顾世祥等,2003)。随着国家气象资源卫星的发射和对地观测系统应用的深入,24～48h 内短期气象预报中基本气象参数的预报可靠性已达 95% 以上。蔡甲冰等将逐日天气预报信息划分为晴到连阴雨等 5 种类型,基于历史数据构建了相应的晴空辐射、风速等变化值区间,代入 Penman-Monteith 方程估算参考作物蒸散发量 ET_0(蔡甲冰等,2008;蔡甲冰等,2005)。申考军等采用 Hargreaves 公式模拟参考作物需水量,并进行棉花实时灌溉预报(申孝军等,2015)。由于降水发生的时间和降水量都具有不确定性,过去采用多年降雨资料的统计概率来计算短期作物需水量,以 7 天或旬为滑动周期进行实时灌溉预报(Gowing et al.,2001;Sriramany et al.,1996)。近年来,将降水预报的时间缩短到 4 天,结合水文模型评估灌溉节水效果(Mishra et al.,2013a)。Traore 等(2016)借助于公共气象预报提供的信息,采用神经网络方法训练日最高温度、日最低温度、长短波辐射等模型参数,成功地对 Dallas 的 15 天内逐日 ET_0 进行实时预测。随着大数据时代的到来,以物联网技术感知层、传输层、应用层构架为主线,更好地支撑实时灌溉预报所需各类信息的多渠道、多尺度、多时像采集,运用互联网＋云计算技术,使运算处理、预报及修正等走向智能化(田宏武等,2016;顾世祥等,2003)。

滇池流域水资源短缺、水环境恶化、水生态脆弱问题日趋严重,城市污水处理的尾水可以作为再生水源,参与区域水资源统一配置,缓解水危机。"零点行动"、环湖截污等举措对生活和工业污染治理成效显著。到 2014 年,流域内 45% 的 COD 来源于城市面源、54% 的 TN 来源于城市尾水、70% 的 TP 由农业面源和未收集点源产生(徐晓梅等,2016)。污染物持续输入、围湖造田、直立堤岸、水量交换缓慢及地理、气候等是滇池生态系统退化的内外因(李根保等,2014)。湿地作为水的有效调节空间,其水-土-生物组合的多界面复杂系统具有显著的净化水体作用(邓伟,2012)。人工湿地植物根系从污水中吸收营养物质加以利用、吸附和富集重金属及有毒物质,根区好氧微生物输送氧气,增强和维持介质的水力传输;但遭遇干旱时大量杂草入侵,抑制湿地植物生长,降低湿地净化污水的效果(成水平等,2002)。例如,日本琵琶湖湖滨带修复中划定了大量的芦苇群落保护恢复区域,使湖泊生态功能得到恢复(余辉,2016)。比较显示,黄河三角洲湿地补水单位水量的生态价值为 $38.4 \sim 50.4$ 元/m³,而滇池因丧失供水功能造成的经济损失按水域面积进行估算,单位水域面积的损失为 2425 元/km²(谭亮等,2012;王瑞玲等,2011)。人工湿地植物的水分利用与稻田生态系统极为相似,但前者没有明确的植物产量和经济效益目标,重建轻管现象十分突出,进入湿地的污水量及其过程未能与植物生长习性及不同时期对水肥的需求相耦合,导致湿地运行后长期缺水变成荒草地,或者是过量的污水涌入,氮磷等有机物未被完全吸收,随退水流出湿地造成二次污染,失去应有的净化水体效果,因而模拟生态湿地用水效率和水位波动试验及人工控湖、控河工程跟踪观测将是今后的研究热点(姚鑫等,2014;Tang et al.,2014)。通过十多年来的“四退三还”整治,滇池入湖河道及环湖湿地已达到 6.60 万亩,种植的湿生植物面积有 3.17 万亩,其中芦苇和香蒲的面积分别为 1.85 万亩、0.28 万亩,合计占湿生植物总面积的 67.2%(杨岚等,2009)。其生长耗水量也占了湿地用水量的 1/2 以上,成为区域水资源平衡的重要组成部分,而主要粮食作物水稻的种植面积逐渐减少。通过预报模型对其生育期内需水及生态补水量做出实时预报,对揭示人工湿地植物净化污水及湿地典型植物的生态需水规律,转变水资源配置结构和调度方式,实现流域节水减污等具有重要意义。

2. 人工湿地生态补水实时预报方法

据调查,人工湿地内的植物有休眠期,在其生长的后期至次年春天,叶面枯萎,蒸散发量主要以水面蒸发为主。植物进入发育期后,叶面积指数迅速增大,蒸散发由植株蒸腾和棵间蒸发组成(杨岚等,2009)。因研究对象为人工湿地植物,可采用有水层变化的水量平衡方程来计算生态补水定额(郭元裕,2005):

$$h_{i+1} = h_i + p_i + m_i - \text{ET}_{ci} - d_i - s_i \tag{14.1}$$

式中,h_i、h_{i+1} 分别为第 i、$i+1$ 天湿地水层深度;p_i 为第 i 天的降水量;m_i 为第 i 天的生态补(灌)水量;ET_{ci} 为第 i 天的实际蒸散发量;d_i 为第 i 天的排水量;s_i 为第 i 天的渗漏量。

分别进行逐日 ET_c 和降水量的预测,将结果代入式(14.1)的水量平衡方程中,模拟逐日水层深度变化。参考南方地区的浅灌深蓄模式,在保证水生植物生长适宜水层深度的情况下,比较当日水层深度 h 与适宜水层深度上下限 h_0、$h_{\min}$ 和蓄雨深 $h_{\max}$ 的大小关系,判断是否需要灌溉或排水:当 $h < h_{\min}$ 时需补水,补水量为

$m=h_0-h_{\min}$；当 $h>h_{\max}$ 时，则需排水，排水量为 $d=h-h_{\max}$。

实时模拟湿地生态补水过程的主要步骤如下：

（1）通过气象预报发布平台收集过去 1 天和未来 1～3 天的气象、降水等预报信息。

（2）通过湿地监测系统和典型调查，获取上一时段末的气象、湿地水层、植物长势、进出水量和水质等数据，作为本时段的边界条件，经水量平衡计算修正作物腾发量、降水量和湿地水层深度。

（3）以获得的短期气象、降水预报信息，经归一化处理后作为输入项，用人工神经网络 Levenberg-Marquardt 算法模拟预测下一时段的 ET_0 值，再乘以作物系数 k_c 得到相应的 ET_c。并通过模糊数学方法预测下一时段的降水量 p_{i+1}。

（4）根据预测的 ET_c 和降水量 p_{i+1}，通过湿地水量平衡方程模拟得到次日的水层深度 h_{i+1}，与 $h_{\min}$、h_0 和 $h_{\max}$ 比较大小后判断是补水还是排水，计算相应的灌排水量。

（5）转到步骤（1），获得实测的气象数据后，需对上一时段预测的 ET_c 和降水量 p_{i+1} 进行逐日修正，得到湿地实际水层深度 h'_{i+1}，然后修正水层深度得到 h''_{i+1}，作为下一日的水层深度初始值预测下一日水层变化。重复上述过程进行逐日预测和实时修正，直到生育期结束。

3. 湿地植物 ET_c 实时预测

根据实时采集到的气象数据，结合人工湿地的水分状况、植物生长物候等条件，将逐日 ET_0 预测结果乘以修正后的作物系数 k_{cb}、土壤水分系数 k_s，即得到湿地植物的实际蒸散发量：

$$ET_c = k_{cb} k_s ET_0 \tag{14.2}$$

1）ET_0 的计算

在灌溉实时预报系统中，ET_0 可以通过实验得到较准确的数据。国内外常采用 FAO-56 推荐的 Penman-Monteith 方程计算 ET_0（Allen et al.，1998）。采用人工神经网络 Levenberg-Marquardt 模拟算法进行逐日 ET_0 预测，Levenberg-Marquardt 算法是在 BP 神经网络（back propagation network）基础上改进的算法，学习规则结合了梯度下降法的全局性和 Gauss-Newton 法的局部收敛性，克服了一般 BP 神经网络算法的缺点（Gao et al.，2008）。逐日 ET_0 预测的迭代次数和运算速度大幅度降低，判定系数达到 0.970 以上，相对误差小于 20% 的天数占 97.8%，模拟精度高。

2）作物系数 k_{cb}

采用 FAO-56 推荐的单作物系数法，即在标准状况下按不同植物在其生育期内将作物系数分为初期阶段作物系数（$k_{cb\,ini}$）、中期阶段作物系数（$k_{cb\,mid}$）和后期阶段作物系数($k_{cb\ end}$)。在实际应用中还要根据不同地区的具体气候状况对作物系数做出修正,当作物生长中期和后期的最小相对湿度平均值不等于 45%,风速不等于 2m/s 时,$k_{cb\ mid}$ 和 $k_{cb\ end}$ 使用以下公式修正(Allen,et al. ,1998):

$$k_{cb} = k_{cb(Tab)} + [0.04(u_2 - 2) - 0.004(RH_{min} - 45)](h/3)^{0.3} \quad (14.3)$$

式中,k_{cb} 为修正后的值;$k_{cb(Tab)}$ 为 FAO-56 给出的标准条件下的 $k_{cb\ mid}$ 或 $k_{cb\ end}$;u_2 为中期或后期阶段高 2m 处的日平均风速(m/s);RH_{min} 为中期或后期阶段日最低相对湿度平均值(%);h 为植物生长中期或后期阶段平均植株高度(m)。

3)土壤水分系数 k_s

本节针对人工湿地内种植的芦苇、香蒲及水稻等三种主要湿地植物开展研究。根据实际调查,前两种植物生长的湿地常年有水层淹没,仅在秋冬季节植株收割后水位自然落干,利于来年根部发芽出苗。故近似认为在整个生育期,芦苇、香蒲、水稻 ET_c 的土壤水分修正系数均为 1。

4. 逐日 ET_0 实时预报的人工神经网络模拟方法

BP 神经网络属于按误差逆向传播算法训练的多层前馈网络,包括输入层、隐层、输出层,它的学习规则是使用梯度下降法,通过反向传播来不断调整网络的权值和阈值,使网络的误差平方和最小,由信息的正向传播和误差的反向传播两个过程组成。当实际输出与期望输出不相符时,进入误差的反向传播阶段。误差通过输出层,按误差梯度下降的方式修正各层权值,向隐层、输入层逐层反传,一直进行到网络输出的误差减小到可以接受的程度,或者完成预先设定的学习次数。BP 神经网络自身也存在一些缺陷,BP 算法可以使权值收敛到某个值,但并不能保证其为误差平面的全局最小值,这是因为采用最陡下降法可能产生一个局部最小值。除此之外,由于学习速率是固定的,因此网络的收敛速度慢,需要较长的训练时间(蒋兴恒等,2011)。

神经网络 Levenberg-Marquardt 算法是 Gauss-Newton 法和梯度下降法的结合,兼有 Gauss-Newton 法的局部收敛性和梯度下降法的全局特性,通过自适应调整阻尼因子来达到收敛特性,具有更高的迭代收敛速度,在很多非线性优化问题中得到了稳定可靠解。该算法具有较快的收敛速度,无需计算 Hessian 矩阵,Levenberg-Marquardt 算法的迭代公式为

$$w^{k+1} = w^k + \Delta w \quad (14.4)$$

$$\Delta w = [J^T(W)J(W) + \mu I]^{-1} J^T(W) e(w) \quad (14.5)$$

式中,w 为网络权值和阈值;w^k 为第 k 次迭代的权值和阈值所组成的向量;w^{k+1} 为新的权值和阈值所组成的向量;Δw 为权值增量;μ 为用户定义的学习率;I 为单位矩阵;$e(w)$ 为误差;$J(W)$ 为 Jacobian 矩阵,即

$$J(W) = \begin{bmatrix} \dfrac{\partial e_1(w)}{\partial w_1} & \cdots & \dfrac{\partial e_1(w)}{\partial w_n} \\ \vdots & & \vdots \\ \dfrac{\partial e_N(w)}{\partial w_1} & \cdots & \dfrac{\partial e_N(w)}{\partial w_n} \end{bmatrix} \qquad (14.6)$$

从式(14.5)可以看出，如果 $\mu=0$，则为 Gauss-Newton 法；如果 μ 取值很大，则接近梯度下降法，每迭代成功一步，μ 减小一些，这样在接近误差目标时，逐渐与 Gauss-Newton 法相似。Gauss-Newton 法在接近误差最小值时，计算速度更快，精度也更高，但在 Gauss-Newton 法中要求 Jacobian 矩阵是满秩的。若 Jacobian 矩阵不满秩，则 Gauss-Newton 方向甚至连确定的意义都没有，而事实上 Jacobian 矩阵奇异的情形经常发生。处理这种情况的一个方法是将搜索方向改为最陡下降方向，引进参数 μ，把 Gauss-Newton 法和梯度下降法联系起来（周铁等，2006）。在实际运用中，μ 是一个试探性的参数，对于给定的 μ，如果求得的 Δw 能使误差指标函数 $E(w)$ 降低，则 μ 降低；反之，则 μ 增加。如此重复可以使误差指标函数快速下降到极小值。

设误差指标函数为

$$E(w) = \frac{1}{2P} \sum_{i=1}^{P} \| Y_i - Y_i' \|^2 = \frac{1}{2P} \sum_{i=1}^{P} e_i^2(w) \qquad (14.7)$$

式中，Y_i 为期望的网络输出向量；Y_i' 为实际的输出向量；P 为样本数目。

人工神经网络 Levenberg-Marquardt 模拟算法的步骤如下：

(1) 给出训练误差允许值 ε，常数 μ_0 和 $\beta(0<\beta<1)$，并且初始化权值和阈值向量，令 $k=0,\mu=\mu_0$。

(2) 计算网络输出及误差指标函数 $E(w^k)$。

(3) 计算 Jacobian 矩阵 $J(w^k)$。

(4) 计算 Δw。

(5) 若 $E(w^k)<\varepsilon$，转到步骤(7)。

(6) 以 $w^{k+1}=w^k+\Delta w$ 为权值和阈值向量，计算误差指标函数 $E(w^{k+1})$，若 $E(w^{k+1})<E(w^k)$，则令 $k=k+1,\mu=\mu\beta$，转到步骤(2)，否则 $\mu=\mu/\beta$，转到步骤(4)。

(7) 运算结束。

由于数据变动较大，本节使用 Levenberg-Marquardt 算法中的 Sigmoid 传递函数，该函数的取值在 $[0,1]$ 区间。为了使气象数据符合模型，在原始气象数据经过归一化处理后进行训练和预测，待训练仿真之后，再反归一化将得到的计算值还原，就可以得出预测值。归一化的方程为

$$x_{\mathrm{s}} = 0.1 + 0.8 \frac{x - x_{\min}}{x_{\max} - x_{\min}} \qquad (14.8)$$

式中,x_s 为归一化后的数值;x 为样本中某一因子的实测值;x_{max} 为样本中该因子的最大值,x_{min} 为样本中该因子的最小值。

5. 基于气象预报信息的降水量模糊模拟

根据气象部门给出的范围值,降水量分为小雨、中雨、大雨、暴雨等级别,在模拟模型中一般未考虑到暴雨级别,若出现暴雨天气则准备排水,植物生理生态用水完全有保障。但有时因气象部门预报的信息使降水级别跨两个或两个以上,出现降水级别及降水量难以精确界定,导致偏差。

在对降水量预测模拟时构造了修正系数,引入模糊数学中的隶属度概念。考虑到日降水的无规律性,选择昆明气象站丰枯变化有代表性的 1988~2012 年时间序列,对研究时段内的逐日降水量数据进行统计,分析日降水在相应降水级别内出现的频率次数,选择一次函数、指数函数、多项式等 3 种常用的隶属函数进行模糊模拟精度的比较,结果见表 14.13。显然,相同降水级别在不同函数下的拟合结果有差异,从一次函数、指数函数到多项式函数的判定系数 R^2 依次逐渐增大;暴雨级降水量的浮动范围较大,且具有很大的随机性,任何一种隶属函数对应的判定系数都较小。故在选取隶属函数时主要以小雨、中雨、大雨情景为参考,最终选用多项式作为描述不同降水量的模糊函数,构造如图 14.23 所示。再进一步细化构建小雨、中雨、大雨、暴雨等不同级别降水量的修正系数和模糊隶属函数,见表 14.14。

表 14.13　不同隶属函数模拟各级别降水的结果对比

降水级别	一次函数		指数函数		多项式函数	
	趋势线方程	R^2	趋势线方程	R^2	趋势线方程	R^2
小雨	$y=-2.087x+21.47$	0.774	$y=24.99e^{-0.20x}$	0.922	$y=0.384x^2-6.315x+29.93$	0.942
中雨	$y=-0.542x+11.21$	0.723	$y=11.97e^{-0.07x}$	0.709	$y=0.039x^2-1.136x+12.79$	0.772
大雨	$y=-0.274x+7.566$	0.749	$y=9.348e^{-0.08x}$	0.748	$y=0.008x^2-0.483x+8.509$	0.776
暴雨	$y=-0.131x+5.626$	0.229	$y=5.254e^{-0.03x}$	0.229	$y=-0.003x^2-0.049x+5.241$	0.234

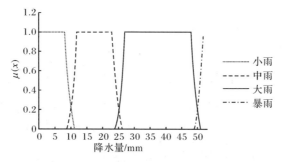

图 14.23　降水量模糊模拟的隶属函数(多项式型)

表 14.14 中的 x 均为降水量(mm),降水级别是根据降水量的范围来划分的。经历史数据统计分析,采用不同级别降水量范围的中值作为基准值,以上述模糊运算值为修正系数,得出逐日降水量模拟计算公式如下:

$$p = k\,\overline{p_i} \tag{14.9}$$

$$k = \frac{\mu_1(k_1)}{k_1} + \frac{\mu_2(k_2)}{k_2} + \frac{\mu_3(k_3)}{k_3} + \frac{\mu_4(k_4)}{k_4} \tag{14.10}$$

式中,p 为降水量模拟值;k 为降水量修正系数的模糊子集;$\overline{p_i}$ 为基准值;k_i 为第 i 种降水类型,$i=1$、2、3、4,分别对应于小雨、中雨、大雨和暴雨。

根据短期天气预报信息,降水量范围可能处于表 14.14、式(14.10)中的一项或几项,模糊关系的运算引入 Zadeh 算子($\wedge$、$\vee$)(顾世祥等,2009)。

表 14.14　不同降水级别对应的隶属函数

降水量级别	隶属函数	降水量/mm
小雨 ($i=1$)	$y=0$	$x \leqslant 0.1$
	$y=1$	$0.1 < x \leqslant 8$
	$y=1/12x^2-23/12x+11$	$8 < x \leqslant 11$
中雨 ($i=2$)	$y=0$	$x \leqslant 9$
	$y=1/12x^2-17/12x+6$	$9 < x \leqslant 12$
	$y=1$	$12 < x \leqslant 23$
	$y=1/12x^2-53/12x+351/6$	$23 < x \leqslant 26$
大雨 ($i=3$)	$y=0$	$x \leqslant 24$
	$y=1/12x^2-47/12x+46$	$24 < x \leqslant 27$
	$y=1$	$27 < x \leqslant 48$
暴雨 ($i=4$)	$y=1/12x^2-103/12x+221$	$48 < x \leqslant 51$
	$y=1/12x^2-97/12x+196$	$49 < x \leqslant 52$
	$y=1$	$x \geqslant 52$

14.4.2　模型在滇池流域的应用

上述实时预报模型应用于云南高原上滇池流域内的环湖人工湿地和灌区的水稻田,为检验模型方法的模拟精度,以人工湿地内芦苇和香蒲两种主要水生植物作为研究对象。文献资料显示(杨岚等,2009),这两种植物生长习性相似,都生长在江河湖泽、池塘沟渠沿岸和湿地。并且两种植物的生长期相近,芦苇生长期为 4~11 月,香蒲的生长期为 3~10 月。滇池湖滨人工湿地中这两种植物的种植面积最大,植物生长需水直接影响湿地的需水量。考虑到资料条件以及数据的代表性,对昆明气象站 1953~2013 年的逐日 ET₀ 系列进行经验频率分析后,选择

1971年、2002年、2006年、2013年作为典型年，相应的水文频率为 $P=10\%$、50%、75%、95%，包含了丰、平、中等干旱、特枯水年，分别应用实时预报模型检验稳定性。

1. 参考作物腾发量实时预测

利用昆明气象站 1953～2013 年的逐日气象观测资料，把日平均最高温度、日平均最低温度、日平均温度、日照时数、风速、相对湿度等气象因子作为输入项，参考作物腾发量 ET_0 作为输出项。对于训练样本容量大小的选择，目前还没有固定的方法，容量小可能会导致预测精度降低，容量过大则计算机运算的负担大，计算时间长，甚至出现死机现象。为此，先采用 Penman-Monteith 方程计算逐日参考作物腾发量 ET_0 作为标准值（彭世彰等，2008），由于 2009～2012 年以昆明为中心的滇中高原区发生了百年不遇的 4 年连旱灾害，同时 1953 年以来也出现过 1986年、1999 年等特丰水年，降水量超过多年均值的 41.1%～47.6%，表明 1953～2013 年的逐日 ET_0 系列具有很好的丰枯变化代表性。经对昆明站 1953～2013 年的逐日 ET_0 进行经验频率分析，选择 1971 年、1988 年、2000 年、2002 年、2006 年、2009 年、2010 年为典型年，相应频率为 $P=5\%$、20%、25%、50%、75%、80%、95%，年平均 ET_0 分别为 4.001mm/d、4.094mm/d、4.134mm/d、4.361mm/d、4.586mm/d、4.662mm/d、4.770mm/d。为了确定合适的样本数目，依次选取 1～7 个典型年的气象资料作为训练样本，并分别对 2013 年的逐日 ET_0 进行预测。

具体的气象因子为日平均最高温度、日平均最低温度、日平均温度、日照时数、风速、相对湿度，分别用 T_{max}、T_{min}、T_{mean}、n、u、RH 表示。将上述 6 种气象因子作为输入项，以气象站观测资料计算的逐日 ET_0 作为期望输出值，即输入层数目为 6，输出层数目为 1，隐含层数目采取输入层数目加 1 即 7 层（徐俊增等，2006）。基于 Levenberg-Marquardt 算法改进的 BP 神经网络预测模型将 ET_0 视作气象因子的非线性回归，由于日平均最高温度、日平均最低温度、日平均温度、相对湿度、日照时数、风速（T_{max}、T_{min}、T_{mean}、RH、n、u）等 6 项气象因子与 ET_0 都密切相关，上面将此 6 项气象因子作为输入项已取得较好的预测结果，而当输入项减少时，理论上会降低模型的预测精度。为研究不同气象因子的组合方式对模型预测精度的影响，选取 2～5 个气象因子作为输入项，分析预测结果见表 14.15。

从表 14.15 可以看出，编号 1 中仅仅缺少了日平均温度这一项，此时模型的预测精度依然很高，合格率为 95.62%，判定系数为 0.966，平均相对误差为 5.66%；以全部气象因子作为输入项时，合格率为 97.81%，决定系数为 0.970，平均相对误差为 5.24%，预测结果非常相近。从输入项为 4 项的编号 2、3、4、5 的预测结果来看，整体精度编号 4＞编号 2＞编号 3＞编号 5，与编号 1 对比，说明在本节预测模型输入日平均最高温度和日平均最低温度项的前提下，相对湿度项对模型预测结果影响最小,日照时数项对模型预测结果影响最大。在输入项为 3 个时,对比编号 6 和 7,此时编号 7 的预测结果明显优于编号 6,可得出与上面相同的结论。在输入因子为 2 个时,合格率均低于 80%,模型预测结果均较差,已失去现实意义。编号 4 的处理结果合格率为 95.07%,决定系数为 0.947,平均相对误差为 6.74%;与输入项为 6 项时的合格率 97.81%,决定系数 0.970,平均相对误差为 5.24%,等指标相差不大,按照编号 4 的输入项处理,与全部的 6 项输入项相比合格率仅降低 2.74%,判定系数仅下降 0.0231,平均相对误差增大 1.5%。因此在实际应用中,为了简化计算,减少所需的气象观测项,建议本模型的输入项为日平均最高温度、日平均最低温度、日照时数和风速。

表 14.15　不同输入项下的模拟结果

气象因子组合	编号	输入项数	决定系数 R^2	平均相对误差/%	相对误差小于10%比例/%	相对误差小于20%比例/%
T_{max}、T_{min}、RH、n、u	1	5	0.9655	5.66	84.66	95.62
T_{mean}、RH、n、u	2	4	0.9387	8.38	74.79	92.60
T_{max}、T_{min}、RH、n	3	4	0.9370	8.68	74.52	90.14
T_{max}、T_{min}、n、u	4	4	0.9469	6.74	78.90	95.07
T_{max}、T_{min}、RH、u	5	4	0.9147	8.94	70.41	89.86
T_{mean}、RH、u	6	3	0.9059	10.98	63.56	80.82
T_{mean}、n、u	7	3	0.9184	9.03	69.04	90.96
T_{mean}、u	8	2	0.7811	19.84	33.42	64.93
T_{mean}、n	9	2	0.8686	11.29	56.99	76.44
T_{mean}、RH	10	2	0.8453	12.23	53.70	70.68

整体而言,基于 Levenberg-Marquardt 算法的 BP 神经网络模型的预测精度及稳定性均优于一般的 BP 神经网络。以 2013 年逐日 ET₀ 数据为例,建立一般 BP 神经网络和 Levenberg-Marquardt 算法的不同预测模型,隐含层为 7 层,学习速率设为 0.02,训练目标最小误差设为 0.01,训练次数设为 10000 次,最小性能梯度设为 1×10^{-6},采用 MATLAB 软件神经网络工具箱运算。结果显示,Levenberg-Marquardt 算法的各项指标相对于一般算法均有明显提升,尤其是与相对误差小于 10% 的天数对比,基于 Levenberg-Marquardt 算法的 BP 神经网络模型模拟结果达到了 315 天,而一般 BP 神经网络模型模拟结果只有 271 天;相对误差小于 20% 的天数,Levenberg-Marquardt 算法 BP 神经网络增加到 357 天,一般 BP 神经网络为 342 天。此外,Levenberg-Marquardt 算法的最大相对误差仅为 26.15%,而一般算法则高达 49.82%,已失去实际意义。

由图 14.24 可以看出,Levenberg-Marquardt 算法拟合度优于一般算法。当

Levenberg-Marquardt 算法神经网络模型及一般算法神经网络中训练样本数均为
1462 组时,模拟样本数为 365 组,除了学习规则不同,其他训练参数均一致。为达
到网络预报精度的性能目标,使用 Levenberg-Marquardt 算法计算时间不到 1s,
迭代次数为 4 次,而使用一般算法计算时间为 10s,迭代次数为 7058 次,收敛速度
有很大差别。相对于一般 BP 神经网络算法,Levenberg-Marquardt 算法在精度及
收敛速度方面都具有极为明显的优势。

　　根据昆明气象站 1953～2013 年的逐日气象观测数据,采用上述人工神经网
络 Levenberg-Marquardt 算法进行训练,优化模型参数,对 $P=10\%$、50%、75%、
95% 等 4 个典型水文年情景下的逐日 ET_0 进行实时预测,同时用 Penman-
Monteith 公式计算逐日 ET_0 作为标准值进行对比(顾世祥等,2009),结果见表
14.16。各种水文频率下人工神经网络 Levenberg-Marquardt 算法计算得到的预
测结果精度都较好,判定系数 R^2 在 0.945 以上。平均相对误差低于 10%,相对误
差小于 10% 的样本比例均超过 75%,特大干旱年达到 89.86%,相对误差小于
20% 的样本比例均超过 96%。比其他方法预测精度更高,可以满足实时预报调度
的要求。

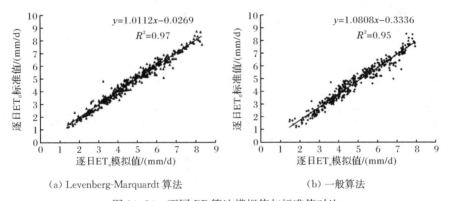

(a) Levenberg-Marquardt 算法　　　　　　(b) 一般算法

图 14.24　不同 BP 算法模拟值与标准值对比

表 14.16　不同水文年样本参考作物腾发量实时预测结果

典型年份	水文频率 $P/\%$	训练样本数/个	决定系数 R^2	平均相对误差/%	相对误差小于 10% 的样本比例/%	相对误差小于 20% 的样本比例/%
1971	10	365	0.945	8.40	75.10	96.44
2002	50	365	0.952	6.25	78.08	96.71
2006	75	365	0.960	6.32	80.27	97.81
2013	95	365	0.972	4.95	89.86	98.90

2. 基于气象预报的降水量实时模拟

受大气环流和局部地形等影响,高原山地区的降水具有很强的随机性和空间变异性,难以得到准确的预测值。本节采用模糊隶属函数对逐日降水量进行模拟预测。根据昆明站 1951~2013 年的逐日降水量观测资料,运用表 14.14 构造的模糊隶属函数,以 Zadeh 算子作为模糊集运算符号,得出不同降水级别对应的降水量修正系数,代入式(14.9)、式(14.10)得到降水模拟预测值。$P=10\%$、50%、75%、95% 等 4 个典型水文年情景下的模糊模拟计算结果如图 14.25 所示。

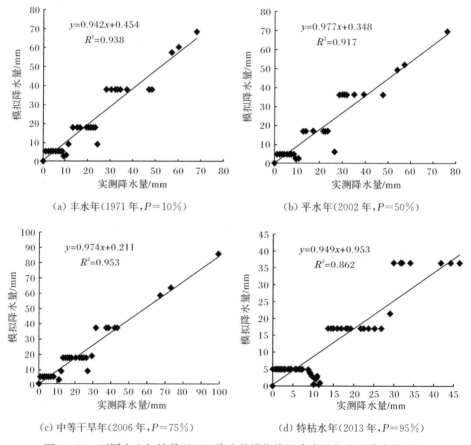

(a) 丰水年(1971 年,$P=10\%$)　　　　(b) 平水年(2002 年,$P=50\%$)

(c) 中等干旱年(2006 年,$P=75\%$)　　　(d) 特枯水年(2013 年,$P=95\%$)

图 14.25　不同水文年情景下逐日降水量模糊模拟降水量与实测降水量对比

由图 14.25 可知,预测模拟的 1971 年、2002 年、2006 年芦苇、香蒲两种湿地植物生育期内逐日降水量与实测值决定系数 R^2 都在 0.90 以上,最低的 2013 年约为 0.86。不同降水级别的点分布较分散,相同降水级别分布较集中,例如,1971 年和 2002 年降水量分布较均匀,最大日降水量都在 70mm 左右。2006 年也出现最大日降水量在 90mm 左右的日期,但大部分降水量都在 40mm 以下。2013 年为特枯水年,降水量总体上少于其他年份,最大日降水量仅 37mm。图中的数据点呈簇状分布,是人为划分不同降水量级别造成的,理论上若将降水量划分为足够多的等级,采用上述方法模拟出的结果与实际值就会无穷逼近,但气象部门不可能提供如此清晰的预报信息,从而产生预报的偏差。

3. 植物水层及补水定额实时模拟

芦苇和香蒲均为滇池环湖湿地常见的水生植物,生长期分别为每年的 4~11 月和 3~10 月,其余时间为休眠期。同时引入水稻与芦苇、香蒲的结果作为对比。水稻采用浅灌深蓄的田间水分管理模式,只在生长期内才有水层变化,生长期结束后改种旱地作物,所以本节只研究水稻生长期内的水层变化。显然,这三种植物生长期内都需要在有水层的情况下发育,各个生长阶段的适宜水层也不相同。将逐日模拟水层深度变化与适宜水层深度进行比较,确定生态补水(灌溉)或排水的决策,并输出补水量。

1) 芦苇

芦苇生长中期适宜水层深度范围为 300~500mm,生长初期和后期降至 20~150mm(杨岚等,2009)。将得到的模拟降水量和作物需水量代入式(14.1)水量平衡方程中,按上述实时预报模型步骤流程重复进行计算,直到生育期结束,得到的水层深度变化结果如图 14.26 所示。图 14.26(a)、(b)、(c)、(d)分别表示 1971年、2002 年、2006 年、2013 年芦苇生长期内的逐日水层深度变化,模拟水层和实际水层基本重合,只在某些降水量和 ET_0 模拟数值与实际数值相差较大时两条线之间才会出现较大偏差。此外,在芦苇生长中期 6 月中旬之前和 10 月初直至生长期结束的水层深度变化基本相同,图 14.26(a)、(b)水层深度变化不大,基本不需要外界补水,6~9 月正处于昆明雨季,又是丰水年、平水年,仅靠降水就可以满足作物耗水量。图 14.26(c)、(d)的枯水年份,从 6 月中旬到 9 月底之间也会有降水量多而排水的情况,但整个生长中期水层深度的变化明显呈下降趋势,当水层深度低于适宜水层深度下限时则需灌水来满足其生长。

2) 香蒲

香蒲生长中期适宜水层深度范围为 400~600mm,生长初期和后期适宜水层深度为 100~200mm 及 50~350mm(杨岚等,2009)。按照上述方法计算得到香蒲生长期水层深度变化如图 14.27 所示。图 14.27(a)、(b)、(c)、(d)分别表示 1971年、2002 年、2006 年、2013 年香蒲生长期内逐日实际水层深度和模拟水层深度的变化情况。丰水年、平水年的模拟水层深度变化和实际水层深度变化基本重合,在 5 月中旬之前水层深度变化趋势基本相同。对于图 14.27(a)、(b),从 5 月中旬到 8 月底香蒲生长中期水层深度变化为 400~600mm,有时降水量过大还需排水。

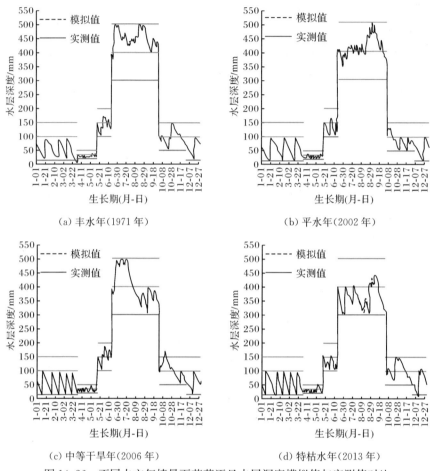

(a) 丰水年(1971 年)　　　　　　　　　　(b) 平水年(2002 年)

(c) 中等干旱年(2006 年)　　　　　　　　(d) 特枯水年(2013 年)

图 14.26　不同水文年情景下芦苇逐日水层深度模拟值与实测值对比

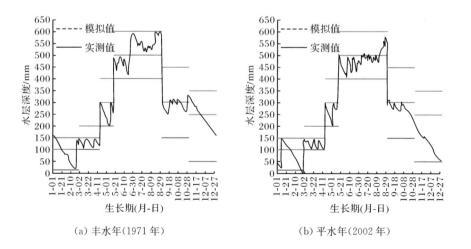

(a) 丰水年(1971 年)　　　　　　　　　　(b) 平水年(2002 年)

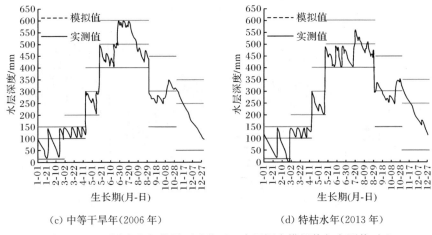

(c) 中等干旱年(2006 年)　　　　　　　　　(d) 特枯水年(2013 年)

图 14.27　不同水文年情景下香蒲逐日水层深度模拟值与实测值对比

到 10 月初进入生长后期,适宜水层深度减小,更易出现排水现象。对于枯水年份,从 5 月中旬开始,到生长后期水层深度呈持续下降趋势。主要是降水量具有随机性,降水量大可能会超过适宜水层深度上限。作物的需水量增大,且降水量已不能满足作物的生长耗水,在 6 月底还需进行一次灌水。

3) 水稻

由上述两种湿地典型水生植物可知,适宜水层深度变化范围较大的情况下有较好的蓄雨能力,模拟值与实测值差异很小。为对比实时模拟方法的稳定性,采用传统粮食作物水稻对实时灌溉预报检验,其生育期内的管理模式与人工湿地相似,但水稻适宜水层深度变化范围仅为 30~70mm,调蓄降水的能力不如芦苇和香蒲。1971 年、2002 年、2006 年、2013 年水稻生长期内实际水层深度变化和模拟水层深度的变化如图 14.28 所示。水稻生长期正是昆明的雨季,即使在枯水年也会有超过蓄水深度排水的情况发生。整体上水稻模拟水层深度和实际水层深度变化趋势基本相同,但与芦苇、香蒲等湿地植物相比,局部时段模拟值与实测值有较明显偏差,主要由于水稻生长期内水层深度变化值只有 15~20mm,蓄水能力较湿地植物小。

4) 全生育期生态补水定额

由以上实时模拟过程可得到不同水文年情景下补水定额结果,见表 14.17。不同水文年,芦苇年生态补水定额模拟值为 486.6~1204.9mm,实测值为 535.4~1177.1mm,吸收消耗 COD_{cr} 为 92~203t/a,TN 为 79~173 t/a,TP 为 0.8~1.8 t/a,NH_3-N 为 6.3~13.8 t/a。香蒲补水定额模拟值为 423.2~1096.0mm,实测值为 427.0~1103.4mm,吸收消耗 COD_{cr} 为 11.2~28.9t/a,TN 为 9.5~24.7t/a,TP 为 0.1~0.3t/a、NH_3-N 为 0.8~2.0t/a。水稻的灌溉定额模拟值为 95.41~

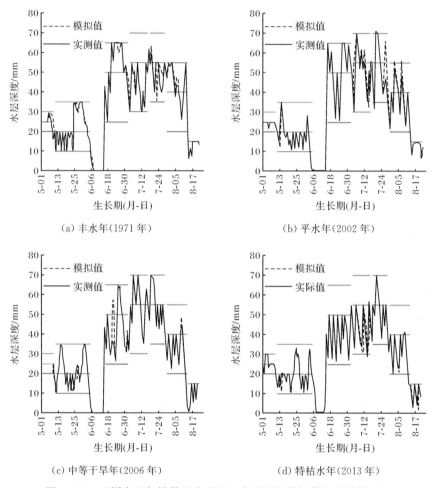

(a) 丰水年(1971 年)　　　　　　　(b) 平水年(2002 年)

(c) 中等干旱年(2006 年)　　　　　(d) 特枯水年(2013 年)

图 14.28　不同水文年情景下水稻逐日水层深度模拟值与实测值对比

517.17mm,实测值为 109.84~541.21mm。生态补水定额预报模拟值随着水文年变枯而增大,芦苇需水量比香蒲需水量大。

　　由图 14.26~图 14.28 可知,由于芦苇、香蒲在雨季的水层深度变化值均达到 100~200mm,大于日降水量,因而绝大部分降水都能蓄存在湿地内供植物逐渐消耗,也揭示了人工湿地对暴雨内涝具有显著的调蓄和滞洪作用,大大削减入湖洪峰流量。水稻适宜水层深度变化值仅 15~20mm,蓄水能力远小于芦苇和香蒲。在相同水文年情景下,香蒲生育期内的降水有效利用率比芦苇的要高 3%~6%,与水稻相比则多出 20%~26%。主要由于香蒲生育期内适宜水层深度范围较大,可以适时地容纳降水。

表 14.17　不同水文年情景下滇池人工湿地主要植物生态补水定额实施预测对比

植物类型	典型年	1971 年	2002 年	2006 年	2013 年
	水文频率 $P/\%$	10	50	75	95
芦苇	模拟值/mm	486.6	806.2	871.4	1204.9
	实测值/mm	535.4	810.3	938.1	1177.1
	降水利用率/%	85.62	95.74	84.81	98.62
香蒲	模拟值/mm	423.2	715.45	820.77	1096.0
	实测值/mm	427.0	716.85	823.19	1103.4
	降水利用率/%	91.9	97.58	87.98	94.47
水稻	模拟值/mm	95.41	182.37	267.89	517.17
	实测值/mm	109.84	196.77	257.78	541.21
	降水利用率/%	65.14	73.28	65.46	74.01

4. 实时预报模型的误差分析

为检验人工湿地生态补水实时预报模型的性能,使用四个常用的统计指数来评估模型在模拟水层变化时的情况,分别为平均偏差(ME)、均方根误差(RMSE)、符合指数(IA)、Nash-Sutcliffe 效率系数(Nash-Sutchiffe efficiency coefficient,NSE)。计算公式如下(Liang,et al.,2016;蔡甲冰等,2008):

(1)平均偏差。

$$\mathrm{ME} = \frac{1}{n} \sum_{i=1}^{n} (S_i - O_i) \tag{14.11}$$

(2)均方根误差。

$$\mathrm{RMSE} = \sqrt{\frac{1}{n} \sum_{i=1}^{n} (S_i - O_i)^2} \tag{14.12}$$

(3)符合指数。

$$\mathrm{IA} = 1 - \frac{\sum_{i=1}^{n} (S_i - O_i)^2}{\sum_{i=1}^{n} (|S_i - \bar{O}| - |O_i - \bar{O}|)^2} \tag{14.13}$$

(4)Nash-Sutcliffe 效率系数。

$$NSE = 1 - \frac{\sum\limits_{i=1}^{n} (S_i - O_i)^2}{\sum\limits_{i=1}^{n} (O_i - \bar{O})^2} \tag{14.14}$$

式中,n 为天数;S_i 为第 i 天预测模拟的水层深度;O_i 为第 i 天实际观测水层深度;$\bar{O}$ 为实际观测水层深度平均值。由式(14.11)~式(14.14)计算的结果见表 14.18,水层深度的模拟值和实测值对比如图 14.29 所示。

由表 14.18 及图 14.29 可知,三种植物逐日水层实时模拟的平均偏差和均方根误差均在 6.6mm 以内。IA 在 0 和 1 之间,IA 越大模拟效果越好。NSE 变化范围为从 $-\infty$ 到 1,NSE 值越接近 1,说明模拟值和实测值越接近。芦苇、香蒲的 ME、RMSE、IA、NSE 值无明显差异,与水稻相比则后者的 ME、RMSE 增大一倍多。三种主要作物的 IA 和 RMSE 都分别大于 0.986 和 0.946,总体上说明实时灌溉预报方法在人工湿地植物的应用效果要好于灌区水稻等农作物,且对于水稻的平均偏差为 0.36~0.91mm,均方根误差为 2.95~4.92mm,IA 为 0.986~0.996,NSE 为 0.946~0.985,R^2 普遍在 0.938 以上,实时预报结果也能满足实际管理的要求。

表 14.18　不同水文年情景下滇池人工湿地主要植物实时灌溉预报误差统计结果

植物类型	典型年	1971 年	2002 年	2006 年	2013 年
	水文频率 P/%	10	50	75	95
芦苇	ME/mm	0.42	0.26	−0.34	−0.14
	RMSE/mm	2.63	2.65	6.59	6.59
	IA	0.9999	0.9999	0.9996	0.9995
	NSE	0.9998	0.9997	0.9984	0.9980
香蒲	ME/mm	0.48	0.34	0.14	0.11
	RMSE/mm	2.26	2.43	1.92	4.2
	IA	0.9999	0.9999	0.9999	0.9998
	NSE	0.9998	0.9998	0.9999	0.9993
水稻	ME/mm	0.83	0.91	0.46	0.36
	RMSE/mm	4.92	4.79	2.95	4.41
	IA	0.9877	0.9888	0.9962	0.9859
	NSE	0.9517	0.9554	0.9848	0.9458

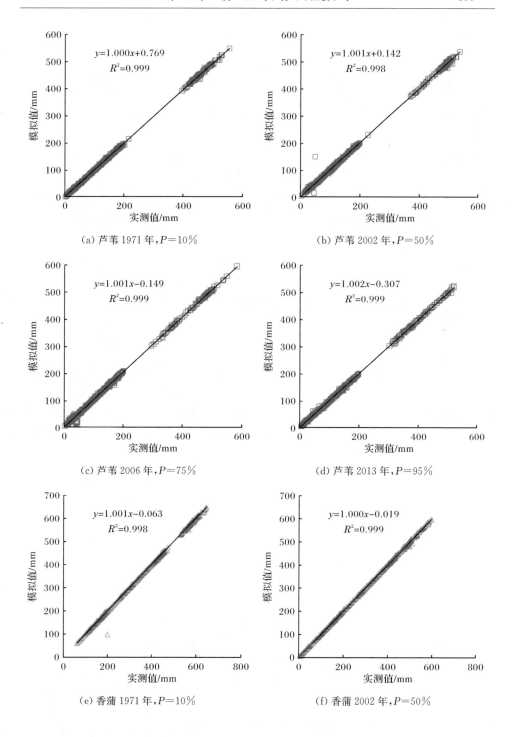

（a）芦苇 1971 年，$P=10\%$　　　　　　　（b）芦苇 2002 年，$P=50\%$

（c）芦苇 2006 年，$P=75\%$　　　　　　　（d）芦苇 2013 年，$P=95\%$

（e）香蒲 1971 年，$P=10\%$　　　　　　　（f）香蒲 2002 年，$P=50\%$

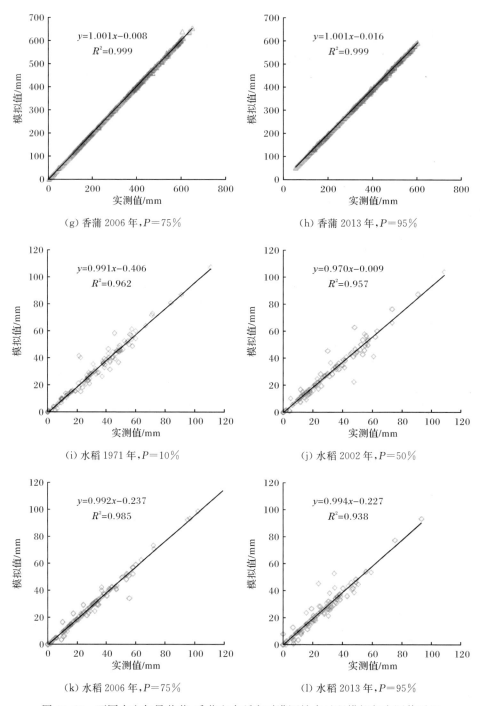

(g) 香蒲 2006 年，$P=75\%$　　　　　　　(h) 香蒲 2013 年，$P=95\%$

(i) 水稻 1971 年，$P=10\%$　　　　　　　(j) 水稻 2002 年，$P=50\%$

(k) 水稻 2006 年，$P=75\%$　　　　　　　(l) 水稻 2013 年，$P=95\%$

图 14.29　不同水文年景芦苇、香蒲和水稻实时灌溉补水过程模拟与实际值对比

5. 实时监测系统建立

本节使用的气象、降水等历史观测资料来源于大观楼的昆明气象站,而环湖湿地分布在各主要入湖河口附近,受局地小气候影响,滇池流域内短时段(日、小时)气象条件的空间变异性较大。作者课题组已在流域内的城区青年路中段、滇池边西亮塘湿地、松华坝源头金钟山等增设自动气象站,可实时监测最短 10min 间隔的气温、辐射、日照、湿度、风速、水汽压、降水等数据,通过 GPRS 无线传输到中控机房,便于实时预报修正使用。在西亮塘湿地观测芦苇、香蒲等人工湿地代表性植物的需水规律、物候、干物质等,为下一步建立滇池环湖湿地生态补水实时监测预报系统奠定基础。

第15章 昆明城市防洪系统调度方案研究

15.1 盘龙江现状过流能力及警戒水位分析

15.1.1 分析步骤

(1) 对盘龙江河道及沿岸易涝地区进行现场勘查,摸清盘龙江各个控制性河段的现状,详查河道阻水河段及阻水原因。

(2) 开展盘龙江河道纵横断面的测量工作,为河道水面线推求及防洪安全性分析等获取基础数据。

(3) 利用昆明水文站(敷润桥,下同)实测大断面及水位-流量关系等资料,分析率定河道糙率;根据2013年"7·19"洪水典型过程对盘龙江各断面水位资料进行分析,推求水面比降。

(4) 采用盘龙江实测的纵横断面资料数据,以滇池正常水位、采用的糙率及水面比降等边界条件,由下游的滇池水位向上游逐段分析盘龙江河道的实际过流能力,并对各断面的过流能力结果采用曼宁公式进行复核。

(5) 对于盘龙江已建堤防的过流能力,分别计算不漫堤流量(即河段水面与堤顶齐平时的过流量)及安全泄量(即水面低于堤顶0.5m时的河道过流量)。

(6) 对于盘龙江各个跨河桥梁段的过流能力,根据盘龙江河道现状及调度方案需求,计算桥梁段断面的过流能力,且应针对桥梁是否阻水分别进行计算;先根据现场勘查及实测获得的地形资料,判断桥梁是否存在阻水,若桥梁无桥墩并且桥面高程高于堤防高程(如圆通大桥),则视为无阻水的桥梁,对于这类桥梁河段的过流能力,直接采用邻近河段堤防的过流能力,不必再重新计算。对于阻水桥梁所在断面的河道安全泄量,应考虑桥梁净空要求,即洪水水面与桥梁需要有一定的安全超高。但通过河段现状过流能力的分析计算结果可知,因盘龙江上桥梁的阻水作用,桥梁所在断面即为河段安全行洪的控制性断面,若采用满足净空要求的流量作为安全泄量,盘龙江各河段的安全泄量将大幅降低。因此,考虑盘龙江河道的防洪现状及联合调度的可能性,阻水桥梁所在断面的安全泄量为相应河道水位与桥梁梁底齐平且河段不漫堤时的流量,即相对安全的流量。

(7) 根据各个河段的计算结果,对每个河段相对安全的过流能力进行组合,组合方法为将局部河段堤防的安全泄量、阻水桥梁的相对安全泄量进行逐一比较，从上游至下游逐段分析找出控制性断面位置，将控制断面的过流能力与设计洪峰流量进行对比，最终得到盘龙江全河段防洪安全的控制性断面。

（8）控制性断面的实际过流能力即为盘龙江现状河段的安全泄量，据此对盘龙江河堤的现状标准进行防洪安全性评价。

（9）计算盘龙江安全泄量前提下的水面线结果，由此可分析得到盘龙江的防洪警戒水位。

15.1.2　边界条件

1. 纵横断面资料

采用 2014 年实地测量的盘龙江 187 个横断面及 3 个（左右岸水边、深泓）河道纵断面资料，各个横断面之间的平均间距为 147m，最大间距为 578m，最小间距为 12m。

对于与在防洪控制性断面，防洪能力有关键控制因素的地段，例如，桥梁、滚水坝侵占行洪空间的亲水（景观）平台所在河段布置测量横断面。主要的测量内容如下：桥梁的基本形态（桥墩个数、桥墩横断面型式、尺寸等）、墩顶高程、墩顶渐变段下部高程以及路面高程等，滚水坝的基本形态（溢流堰的堰顶高程、坝高、宽度等），亲水（景观）平台的顶部、底部高程及平台基本形态。同时，要求在两岸堤脚范围内，每隔 3m 左右施测一点，每个横断面所施测的水下地形点数不得少于8 个。

2. 河道糙率及水面比降

盘龙江现状河道仅昆明敷润桥水文站有实测的水位和流量资料，其他断面无长期连续的水位观测资料，河道糙率率定的方法为：以滇池水位作为起调水位、采用实测断面资料推求在昆明水文站某一时刻大流量下的盘龙江与滇池汇口以上的河道水面线，求得昆明站大断面位置的水位高程，通过反复试算糙率使昆明站断面的回水高程与实测水面高程尽可能逼近，以此方法来率定河段糙率。经分析，盘龙江河道的堤防糙率为 0.025～0.027；对于有桥墩的桥梁断面，糙率会稍大一些，取值为 0.030。

盘龙江河道的水面比降以滇池洪水期水位为起调水位，以实测断面及经验糙率分别推求全河段在接近安全泄量时、中水流量时的不同水面线，用得到的水面线计算河道水面比降作为参照，并结合实际地形条件进行修订，得到各个河段的设计水面比降。

3. 下游起调水位分析

根据盘龙江现状的过流能力分析,盘龙江河段的现状安全过流能力为99m³/s,盘龙江通过松华坝水库的蓄滞洪水及双龙桥分洪闸的有效调度,基本可达到30年一遇的防洪标准,因此现状条件下河道的设计水面线结果可以由"盘龙江昆明站99m³/s(30年一遇洪峰)+滇池水位"计算得到。根据滇池调洪计算结果,滇池流域发生20年一遇洪水时,滇池最高洪水位为1887.50m(与滇池正常蓄水位齐平),在30天的洪水过程中有5天接近洪水位1887.50m。盘龙江河道与滇池属于局部与整体的关系,盘龙江河道与滇池全流域同时发生同频洪水的概率是很小的,以滇池30年一遇水位(1887.54m)作为推求盘龙江水面线的起调水位偏高。但若以滇池汛限水位1887.2m起调,则起调水位偏低,推求的河道安全泄量水面线又不安全。因此,采用滇池正常高水位1887.50m作为推求盘龙江安全泄量水面线的起调水位。

15.1.3 盘龙江过流能力分析

根据河道的实测断面资料,采用综合分析后选取的糙率及水面比降,综合一维圣维南方程和曼宁公式逐段计算盘龙江各实测断面的过流能力。

一维圣维南连续性方程:

$$\frac{\partial A}{\partial t} + \frac{\partial Q}{\partial s} = q \tag{15.1}$$

一维圣维南运动方程:

$$\frac{\partial Q}{\partial t} + \frac{\partial}{\partial s}\left(\beta \frac{Q^2}{A}\right) + gA \frac{\partial Z}{\partial s} + g \frac{n^2 Q|Q|}{AR^{4/3}} = 0 \tag{15.2}$$

曼宁公式:

$$Q = AC\sqrt{RJ} \tag{15.3}$$

式中,s 为流程(m);Q 为流量(m³/s);Z 为水位(m);g 为重力加速度(m/s²);q 为侧向单位长度注入流量(m³/s);A 为过水断面面积(m²);R 为断面水力半径(m);β 为动能修正系数;n 为糙率系数;C 为谢才系数;J 为水力梯度。

盘龙江堤防(在不考虑桥梁阻水作用时)现状过流能力计算结果见表15.1。由表可知,盘龙江堤防经过多年建设,在不考虑桥梁阻水作用时,大部分河段的过流能力可以达到设计过流能力(设计过流能力采用《昆明市城市防洪总体规划》中的相关成果);双龙桥分洪闸至滇池段现状堤防多为生态土堤,部分河段的堤防过流能力达不到设计过流能力,需要进行清淤、拓宽河道、加高堤防等工程措施才能达到设计百年一遇的防洪标准。

表 15.1　盘龙江堤防现状过流能力计算结果

编号	河段	里程/(km+m)	泄量/(m³/s)		设计过流能力/(m³/s)
			安全泄量	不漫堤	
1	霖雨桥以上河段	4+323～7+754	141	150	129
2	霖雨桥至北二环	7+754～10+521	143	150	141
3	北二环至油管桥	10+521～12+560	112	147	145
4	油管桥至双龙桥分洪闸	12+560～16+620	127	150	150
5	双龙桥分洪闸至日新桥	16+620～19+364	132	150	135
6	日新桥至滇池	19+364～25+862	95	118	135

注:堤防现状过流能力是指在不考虑桥梁阻水作用的前提下,该河段堤防的理论过流能力。

　　盘龙江上各座桥梁所在河段现状过流能力的沿程变化如图 15.1 所示。由计算成果可知,昇龙桥、圆通大桥等桥梁因梁底高程不低于两岸堤防高程并且无桥墩阻水,桥梁所在河段的过流能力与堤防过流能力相同,桥梁不影响河段的过流能力;南太桥、南二环、日新桥等大部分因桥梁梁底低于堤顶高程及桥墩阻水影响降低了河段的过流能力,桥梁所在断面的不漫堤泄量达不到设计百年一遇的防洪标准。

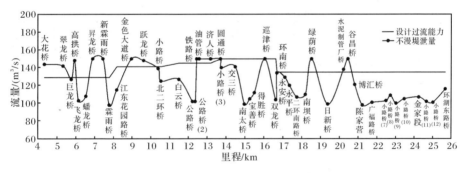

图 15.1　盘龙江各座桥梁所在河段现状过流能力的沿程变化

15.1.4　盘龙江河道现状安全泄量分析

　　根据盘龙江的过流能力分析可知,因多座桥梁阻水,盘龙江现状堤防过流能力达不到设计百年一遇的防洪标准。当昆明水文站断面的流量不大于 $99m^3/s$ 时,通过双龙桥分洪闸(设计分洪流量 $15m^3/s$,分洪至玉带河)分洪,盘龙江的水量可以安全下泄,两岸城区的防洪安全可以得到保证;当盘龙江昆明水文站的流量超过 $99m^3/s$ 时,盘龙江因桥梁阻水将出现洪水漫堤现象,即盘龙江的安全泄量为 $99m^3/s$;在松华坝水库调洪、双龙桥分洪闸分洪的有效调度下,盘龙江现状的防洪标准只达到 30 年一遇。

2013 年 7 月 19 日,昆明市主城区北部经历了单点暴雨袭击,造成主城区部分街道、小区受淹,穿城而过的盘龙江江水暴涨,给沿岸居民生产生活及交通出行造成了极大不便和财产损失。根据昆明市水利水电勘测设计研究院完成的《昆明市盘龙江"7·19"暴雨洪水分析复核报告》,"7·19"暴雨最大 6h 面暴雨量和场次面雨量分别为 88.5mm 和 133.8mm,重现期均为 30 年一遇。"7·19"暴雨洪水期间,松华坝水库并未下泄水量,敷润桥水文站实测洪水即为松—昆区间的洪水,昆明水文站(敷润桥)实测洪峰流量为 87.5m³/s,实测最高洪水位为 1892.36m,已漫堤成灾。南太桥过流能力不足,加上该河段城市建设的临时建筑物阻水,是盘龙江昆明站河段洪水漫堤的直接原因。"7·19"后,昆明市立即开展了盘龙江清淤除障整治工程,但受多方面因素限制,仍未对阻水桥梁进行彻底改造整治,因此本节得到的盘龙江安全泄量略高于"7·19"实测洪峰流量,但仍低于堤防的设计过流能力。

盘龙江各河段的现状安全泄量计算结果见表 15.2。

表 15.2　盘龙江各河段安全泄量计算结果

编号	河段名称	区间河段最小过流断面	区间河段安全泄量/(m³/s)	区间设计洪峰流量/(m³/s)			备注
				2%	3.33%	5%	
1	霖雨桥以上河段	霖雨桥断面	98	75.0	62.8	53.5	河段过流能力高于区间 50 年一遇设计洪峰流量
2	霖雨桥—金色大道桥	江东花路桥	115	101.9	85.3	72.7	
3	金色大道桥—北二环桥	北二环桥	125	106.0	88.8	75.7	
4	北二环桥—昆明水文站	公路桥	102	118.0	98.8	84.2	河段过流能力高于区间 30 年一遇设计洪峰流量
5	昆明水文站—南太桥	南太桥	99	122.0	98.8	86.9	河段过流能力高于区间 20 年一遇设计洪峰流量
6	南太桥—双龙桥	双龙桥	104	122.0	102.0	86.9	分洪闸的设计流量为 15m³/s 通过分洪闸调度,河段过流能力高于区间 30 年一遇设计洪峰流量
7	双龙桥—日新桥	日新桥	95	124.0	104.0	88.5	
8	日新桥—广福路桥	陈家营桥	98	127.0	107.0	90.8	
9	广福路桥—盘龙江出口	河段堤防	100	132.0	111.0	94.2	

15.1.5　盘龙江水面线计算

采用恒定非均匀渐变流方程式推求设计水面线(吴持恭,2016):

$$\Delta s = \frac{E_{sd} - E_{su}}{i - \dfrac{v^2}{C^2 R}} = \frac{\Delta E_s}{i - \bar{J}} \tag{15.4a}$$

$$E_s = h + \frac{av^2}{2g} = h + \frac{a}{2g}\left(\frac{Q}{A}\right)^2 \tag{15.4b}$$

$$A = (b + mh)h \tag{15.4c}$$

$$\chi = b + 2\sqrt{1 + m^2}\,h \tag{15.4d}$$

$$R = A/\chi \tag{15.4e}$$

$$CR^{1/2} = \frac{1}{n}R^{1/6}R^{1/2} = \frac{1}{n}R^{2/3} \tag{15.4f}$$

式中,s 为流程(m);E_{sd}、E_{su} 分别为 Δs 流段的下游及上游断面的断面比能(J);E_s 为流段两断面比能的差值(J);g 为重力加速度(m/s^2);h 为水深(m);A 为过水断面面积(m^2);R 为断面水力半径(m);n 为糙率系数;C 为谢才系数。

分别计算盘龙江在现状安全泄量及达到百年一遇防洪标准情况下的水面线。因盘龙江河道的流量由上游松华坝水库下泄及区间洪水汇入叠加组成,下游双龙桥又设有分洪闸,各断面的设计洪水需要根据松华坝水库下泄过程及区间洪水组合得到,见表 15.3。

表 15.3　盘龙江各河段水面线计算结果

编号	断面名称	洪峰流量/(m³/s)	
		现状安全泄量	远期设计($P=1\%$)
1	北三环桥(金色大道)	85.3	130
2	北二环桥	88.8	135
3	敷润桥(昆明站)	99.0	150
4	双龙桥(闸前)	102.0	155
5	双龙桥(闸后)	87.0	140
6	日新桥	89.0	142
7	广福路桥	92.0	146
8	盘龙江出口(入滇口)	96.0	152

注:盘龙江现状安全泄量为 99m³/s,与昆明水文站断面区间 30 年一遇洪峰基本相同,各断面现状安全泄量洪峰结果直接采用区间设计 30 年一遇洪峰结果;双龙桥分洪闸分洪流量为 15m³/s。

15.1.6　盘龙江警戒水位

1. 现状情况下警戒水位

根据盘龙江现状过流能力分析结果,当昆明水文站断面过流量为99m³/s及以下时,盘龙江河道基本不会发生漫堤;当昆明水文站断面过流量大于99m³/s时,局部河段开始因桥墩阻水造成行洪不畅,河水漫堤;根据水面线推求结果,昆明水文站断面安全泄量为99m³/s时对应的洪水位为1890.95m。考虑实际调度的精度要求,确定盘龙江昆明水文站现状情景下的警戒水位为1890.90m。

2. 远景情况下警戒水位

昆明城市的防洪标准为百年一遇,昆明水文站断面相应的设计流量为150m³/s。未来对盘龙江河道进行综合治理,改造阻水桥梁,加固局部河段,使阻水断面的过流能力达到设计标准,盘龙江堤防防洪能力达到设计标准时,盘龙江相应的洪水位为1892.29m。考虑实际调度的精度要求,确定盘龙江昆明水文站远期情景下的警戒水位为1892.25m。

15.2　洪水期牛栏江-滇池补水工程输水调度方案

15.2.1　工程总体布局

牛栏江-滇池补水工程向滇池进行生态修复补水的设计补水流量为23m³/s,年补水量约为5.72亿m³。推荐的输水线路走向为:沿牛栏江左岸,线路起点为干河隧洞进口,末端为松华坝下游盘龙江左岸,线路主要经过干河、大塘子、金奎地、竹园、鲁洒革、糟家湾、马路坡、小龙潭、大公山、新春邑、普沙、大团地、河墩、大五山等地至盘龙江。线路主要建筑物由隧洞、箱涵及明渠、倒虹吸、渡槽等组成,输水线路总长度为115.9km。

输水建筑物从德泽干河泵站出水池出口至盘龙江,依次为干河隧洞→大塘子渠道→金奎地隧洞→竹园渠道→竹园隧洞→鲁洒革1♯隧洞→鲁洒革2♯隧洞→糟家湾渠道→马路坡隧洞→小龙潭倒虹吸→大公山隧洞→新春邑渠道→新春邑倒虹吸→普沙隧洞→普沙渡槽→大团地隧洞→河墩渠道→大五山隧洞→龙泉渠道→盘龙江。

15.2.2　退水影响分析

牛栏江-滇池补水工程的设计补水流量约为盘龙江现状过流能力的15%。当昆明主城区未发生洪水时,设计补水流量对河道两岸的防洪安全基本不会产生影响。当发生洪水时,牛栏江-滇池补水工程应停止抽水和向滇池的补水,避免外流域来水加剧本区的洪灾;另外,河墩退水闸至盘龙江交口之间约 37.5km 隧洞及渠道内有 40 万~50 万 m^3 的水量,该部分水量可考虑退水至盘龙江,部分可输送至第一水厂、第五水厂,作为城市生活用水。因此,通过洪水预报和合理、及时的调度,牛栏江-滇池补水工程对盘龙江的防洪安全影响是有限和可控的。

15.2.3　德泽水库防洪调度方案

德泽水库下游无特定的防洪任务,水库洪水调度的主要目的是保证水库枢纽工程自身的安全。由于泄洪洞闸门开启及检修均不如溢洪道方便,为不频繁地开启泄洪洞,当发生低频洪水($P \leqslant 20\%$)时,由溢洪道下泄,不开启泄洪洞。为便于水库洪水调度的可操作性,水库防洪调度采取库水位和入库洪峰流量相结合的防洪预报调度方式,水库水位每上升 0.3m,结合水情自动测报系统预报的入库洪峰流流量进行一次判别调度,拟定德泽水库防洪调度方案如下:

(1)德泽乡位于水库下游 4km,下游河道两岸人畜活动频繁,水库建成后一般情况下汛期下泄流量为 16.2m^3/s,河内水深约 1m。为安全起见,防止水库泄洪时对下游河道两旁活动的人畜造成伤害,洪水初起,入库洪峰低于 100m^3/s 时,溢洪道按入库洪峰流量下泄;入库洪峰流量超过 100m^3/s 后,首先按 100m^3/s 流量下泄,此时下游河道的水深较一般情况下有明显增高,须对下游河道两旁活动的人畜给予预警广播,让其尽快撤离,预警 1h 后,溢洪道逐步开启到 2m,当库水位继续上升达到 1790.3m 后,若水情自动测报系统预报的水库入库洪峰流量大于溢洪道开启 2m 时相应的泄流能力(228.2m^3/s)时,根据预报的入库洪峰流量查溢洪道不同开启度的下泄流量关系曲线确定溢洪道开启度,使库水位维持在 1790.3m 附近;若入库洪峰量在逐渐减小,水库水位逐渐回落,当回落到正常蓄水位 1790m 后,关闭溢洪道闸门。

(2)若溢洪道全开后,库内水位还继续上升,达到 1790.6m,且水情自动测报系统预报水库入库流量仍持续大于溢洪道的泄流能力时,泄洪洞开启 2m。

(3)若库内水位仍继续上升,达到 1790.9m,且预报水库的入库洪峰流量大于 20 年一遇洪峰流量,则泄洪洞开启度增加到 3.5m。

(4)若库内水位仍继续上升,达到 1791.2m,且预报水库入库洪峰流量大于 50 年一遇洪峰流量,则泄洪洞开启度增加到 4.0m。

(5)若库内水位仍继续上升,达到 1791.5m,且预报水库的入库洪峰流量大于 100 年一遇洪峰流量,此时入库洪水已超过设计标准,水库以保坝为主,则泄洪设施全开泄洪。

(6)洪峰过后,库水位开始回落,结合水情自动测报系统预报的入库洪峰流量来进行泄洪洞和溢洪道的启闭调度,逐步减小泄洪洞和溢洪道的闸门开度,直至库水位回落到起调水位 1790.0m。

15.2.4　牛栏江输水工程防洪调度方案

1. 现状情景下防洪调度方案

基于盘龙江现状的过流能力调查分析结果及退水影响分析,结合工程实际,牛栏江-滇池补水工程防洪调度方案如下:

(1) 根据短期的洪水预报结果,当盘龙江流域无洪水发生时,牛栏江-滇池补水工程按照设计方案进行兴利调度和向滇池输送生态补水量。

(2) 河墩退水闸至盘龙江交口工程线路原则上应尽量安排在汛期前进行检修。

(3) 当盘龙江流域发生洪水且昆明水文站的水位接近警戒水位 1890.90m 时,牛栏江-滇池补水工程的输水调度方案应服从于昆明城市的防洪安全,立即停止补水,此时牛栏江-滇池补水工程需快速进行渠道退水,退水水量可尽量由城市自来水厂引走作为昆明城市供水,退水进入盘龙江的部分可以抽排至金汁河,缓解盘龙江中下段城区的防洪压力。

(4) 当确定盘龙江流域无洪水后,牛栏江-滇池补水工程再恢复输水运行。

2. 远期盘龙江设计标准情景下防洪调度方案

当盘龙江进行河道综合整治使盘龙江全线的过流能力达到百年一遇的设计洪水标准时,盘龙江昆明水文站的警戒水位提升为 1892.25m。此时,在牛栏江-滇池补水工程的防洪调度方案与现状情景下,除盘龙江警戒水位不同外,其余的调度方式都与现状一致,不再赘述。

15.3　松华坝水库防洪调度方案

15.3.1　水库防洪标准及防洪调度方式

1. 防洪标准

松华坝水库工程于 1986 年进行加固扩建初步设计,确定的防洪标准为 500 年洪水设计,可能最大洪水(probable maximum flood,PMF)校核。1995 年 10 月扩建竣工,大坝坝型为黏土、石渣料混合坝,坝高 62.5m,总库容 2.19 亿 m³,属大(二)型水利枢纽工程,水库大坝建筑物级别为 2 级。本节联合调度方案研究根据《防洪标准》(GB 50201—2014)的规定,松华坝水库的防洪标准为 100～500 年一遇洪水设计,2000～5000 年一遇洪水校核,考虑到松华坝水库下游为昆明市城区,人口超过百万,属全国重要城市之一,一旦失事将造成严重的灾害。因此,确定联合调度方案中松华坝水库防洪标准为 500 年一遇洪水设计,PMF 洪水校核,与水库加固扩建初步设计时的要求一致。

2. 防洪调度方式

松华坝水库的泄洪建筑物为泄洪洞和溢洪道。泄洪洞位于溢洪道右侧,为无压门洞型,宽 4.0m,高 4.5m,总长 515m,进口底板高程 1940.00m,出口采用消力池消能。进口段设一套平板工作闸门(宽 3.0m×高 3.5m)、一套平板事故闸门(宽 4.0m×高 4.5m)。溢洪道为宽顶堰型,进口段位于副坝左侧,溢洪道分为 3 孔,每孔净宽 8m,每孔设置独立弧形闸门,溢洪道总长 1393m,出口采用消力池消能,堰顶高程 1965.50m。

水库汛期最高至汛期防洪限制水位 1964.5m 运行;当发生 20 年一遇和 100 年一遇洪水时,水库采取控制下泄流量与下游区间洪水组合后不大于河道安全泄量的运行方式,20 年一遇水库水位 1967.5m,100 年一遇水库水位(防洪高水位) 1971.3m。当库水位超过 100 年一遇水位后,为保证水库枢纽工程安全,不再控制下泄流量,500 年一遇水库设计洪水位 1972.6m,相应下泄流量 390m³/s;校核洪水位 1974.5m,最大下泄流量 630m³/s,水库总库容 2.29 亿 m³,调洪库容 1.31 亿 m³。当水库宣泄 500 年一遇和 PMF 洪水时,根据上游来水趋势和水库水位上升的梯度操作闸门开启度。当水库水位为 1971.3~1972.6m 时,水位变化 0.25m 开启一个级度,水位稳定或下降时,闸门开度不变;当水库水位为 1972.6~1974.5m 时,水位上升 0.5m,闸门开启一个级度,水位稳定或下降时,闸门开度不变。为防止在洪水调度操作过程中造成人为的灾害,在洪水变级调度时,特别是由保护下游转变为保护枢纽工程安全时,松华坝水库应延缓一个时段(4h)再变级下泄。

3. 水库调洪与洪水组合方式

根据松华坝水库的特点、扩建时的洪水调节原则及十多年的运行情况,确定松华坝水库的洪水调节为如下两个方案。

方案 1:1966 年典型洪水,水库设计、区间相应的组合方式。

方案 2:1966 年典型洪水,水库相应、区间设计的组合方式。

因松华坝水库的调洪能力较强,通过分析计算,方案 2 为相对不利工况。

15.3.2　入库洪水调节计算结果

1. 现状情景下水库调洪计算结果

现状情景下松华坝水库控制泄量的调度方式如下:

（1）当盘龙江未发生洪水时，水库按照正常调度方式运行，保证昆明水文站的流量小于 99m³/s。

（2）当盘龙江区间发生 30 年一遇及以下频率的洪水时，以昆明水文站流量小于 99m³/s 为原则控制松华坝水库的下泄水量，蓄滞上游洪水，以减轻主城区的防洪压力。

（3）当盘龙江区间发生 30 年一遇以上频率的洪水时，松华坝水库初期以昆明水文站的流量小于 99m³/s 控制下泄水量；当盘龙江水位超过警戒水位后，松华坝水库不下泄水量，尽量拦蓄洪水，减轻主城的防洪压力；当盘龙江水位回落至警戒水位后，水库以昆明水文站的流量小于 99m³/s 控制下泄水量。

（4）若松华坝水库在蓄滞洪水期间库水位超过防洪高水位 1971.3m，为保证水库安全，不再以盘龙江的安全泄量控制下泄流量，仍按原初步设计洪水调度方式进行调度：当水库宣泄 500 年一遇和 PMF 洪水时，根据上游来水趋势，根据水库水位上升的梯度操作闸门的开启度；当水库水位为 1971.3～1972.6m 时，控制水库最大下泄流量 390m³/s，水位变化 0.25m 开启一个级度，水位稳定或下降时，闸门开度不变；当水库水位为 1972.6～1974.5m 时，控制水库最大下泄流量 630m³/s；水位上升 0.5m，闸门开启一个级度，水位稳定或下降时，闸门开度不变；为防止在洪水调度操作过程中造成人为的灾害，在洪水变级调度时，特别是由保护下游转变为保护枢纽工程时，松华坝水库延缓一个时段（4h）再变级下泄。

基于松华坝水库近年来兴利任务较重的情况，也可以研究松华坝水库变动的起调水位，即根据需求，采用汛限水位 1964.5m 以及提前预泄降低水位 2m（1962.5m）和 4m（1960.5m）等三种水位情况下的水库洪水调度方案。

根据洪水调节计算结果，在现状盘龙江昆明水文站的安全泄量为 99m³/s 的情景下，通过松华坝水库的洪水蓄滞作用，盘龙江可达到 30 年一遇的防洪标准，但松华坝在调节 20 年一遇的入库洪水过程时水库的洪水位已超过设计洪水位；当发生 30 年一遇洪水时，通过松华坝水库的蓄滞作用，昆明水文站断面的设计洪水与区间设计洪水一致，盘龙江局部河段的洪水位将与堤顶齐平，存在漫堤风险；当发生 30 年一遇以上洪水时，即使松华坝水库不下泄水量，区间设计洪水的洪峰也将大于盘龙江安全泄量，必然发生洪水漫堤；当发生 50 年一遇及以上频率的大洪水时，松华坝水库的水位将超过水库原设计的防洪高水位，水库应逐渐加大泄洪，盘龙江昆明水文站的实际洪峰将由松华坝水库的下泄流量决定。

2. 远期情景下水库调洪计算

远期情景下松华坝水库控制泄量的调度方式如下：

（1）当盘龙江未发生洪水时，水库按照正常调度方式运行，控制昆明水文站的流量小于 150m³/s。

（2）当盘龙江流域发生洪水时，以昆明水文站的流量小于 150m³/s 为原则控制松华坝水库下泄水量，蓄滞上游洪水以减轻主城区的防洪压力。

（3）松华坝水库在蓄滞洪水期间的库水位超过防洪高水位 1971.3m，为保证水库安全，不再以盘龙江的安全泄量控制下泄流量，仍按原初步设计洪水调度方案进行调度：当水库宣泄 500 年一遇和 PMF 洪水时，根据上游来水趋势和水库水位上升的梯度操作闸门的开启度；当水库水位为 1971.3～1972.6m 时，控制水库最大下泄流量 390m³/s，水位变化 0.25m 开启一个级度，水位稳定或下降时，闸门开度不变；当水库水位为 1972.6～1974.5m 时，控制水库最大下泄流量 630m³/s；水位上升 0.5m，闸门开启一个级度，水位稳定或下降时，闸门开度不变；为防止在洪水调度操作过程中造成人为的灾害，在洪水变级调度时，特别是由保护下游防洪安全转变为保护枢纽工程时，松华坝水库延缓一个时段（4h）再变级下泄。

在远期情景下，松华坝水库的起调水位采用水库的汛限水位 1964.5m。水库洪水调节计算结果（水库相应＋区间设计）见表 15.4。

表 15.4　远期情景下松华坝水库洪水调节计算结果

调节计算方案	洪水频率/%	昆明站洪峰流量/(m³/s)	区间洪峰/(m³/s)	水库下泄流量/(m³/s)	松华坝水库洪水位/m
	10	150	60.9	89.1	1965.08
昆明站断面	5	150	84.2	65.8	1966.26
安全泄量	3.33	150	98.8	51.2	1967.67
150m³/s	2	150	118	32	1969.30
	1	150	144	6	1971.03

由上述计算结果可知，以远期盘龙江的设计过流能力为控制条件，松华坝水库发生 100 年一遇的洪水时库水位为 1971.03m，低于防洪高水位 1971.30m；盘龙江昆明水文站 100 年一遇的洪峰与安全泄量相同，均为设计的 150m³/s，则盘龙江的防洪标准可达到 100 年一遇。

15.3.3　松华坝水库防洪调度方案

根据计算结果可知，松华坝水库的调蓄洪水作用对于盘龙江防洪安全起至关重要的作用，当盘龙江流域发生洪水时，松华坝水库必须充分发挥拦洪、削峰、错峰作用以减轻主城的防洪压力，保证主城区的防洪安全。

1. 现状情景下水库防洪调度方案

现状情景下，盘龙江昆明站断面的安全泄量为 99m³/s，警戒水位 1890.90m，松华坝水库的洪水调度方案如下：

（1）当盘龙江流域未发生洪水时，水库按照正常的兴利调度方式运行。

（2）当盘龙江流域发生洪水、盘龙江昆明水文站水位未超过警戒水位1890.90m时，松华坝水库应拦蓄上游洪水，并结合洪水预报进行调度：若降水持续、昆明站洪水位继续上涨，则松华坝水库不下泄水量，尽力拦蓄上游水量；若降雨减弱、水位下降，则控制水库的下泄水量，尽量减少水库库区的淹没，使水库下泄水量和区间水量组合后对应的水位不超过警戒水位1890.90m。

（3）当盘龙江水位超过警戒水位时，下游防洪为首要任务，松华坝水库先不下泄水量，壅高库区水位，尽力拦蓄上游水量，减轻昆明主城的防洪压力；当水库水位持续壅高至松华坝水库防洪高水位1971.3m以上时，水库不再控制泄量，应保证大坝安全，使水位尽快消落至1971.3m。

（4）当昆明站水位回落至警戒水位以下、洪水位持续下降时，松华坝水库恢复下泄，以不超过警戒水位1890.9m为原则，下泄水量使松华坝水库水位回落至汛限水位1964.5m。

2. 远景情况下水库防洪调度方案

远期情景下，盘龙江昆明水文站断面的安全泄量为150m³/s，警戒水位1892.25m，松华坝水库的洪水调度方案除警戒水位与现状情景下不同外，其他基本相同：

（1）当盘龙江流域未发生洪水时，水库按照正常的兴利调度方式运行。

（2）当盘龙江流域发生洪水、盘龙江昆明水文站水位未超过警戒水位1892.3m时，松华坝水库应拦蓄上游洪水，并结合洪水预报进行调度：若降雨持续、昆明站洪水位继续上涨，则松华坝水库不下泄水量，尽力拦蓄上游水量；若降雨减弱、水位下降，则控制水库的下泄水量，尽量减少水库库区的淹没，使水库下泄水量和区间水量组合后对应的水位不超过警戒水位1892.25m。

（3）当盘龙江水位超过警戒水位时，下游防洪为首要任务，松华坝水库不下泄水量，壅高库区水位，尽力拦蓄上游水量，减轻昆明主城的防洪压力；当水库水位持续壅高至松华坝水库防洪高水位1971.3m以上时，水库不再控制泄量，应保证大坝安全，使水位尽快消落至1971.3m。

（4）当昆明站水位回落至警戒水位以下、洪水位持续下降时，松华坝水库恢复下泄，以不超过警戒水位1892.25m为原则，下泄水量使松华坝水库水位回落至汛限水位1964.5m。

15.4　滇池洪水调度方案研究

15.4.1　边界条件

1. 滇池运行水位

根据《云南省滇池保护条例》(2013 年修订版)的规定,滇池外海和草海的各级运行水位见表 15.5。此外,结合牛栏江-滇池补水工程的兴利调度,在汛期未发生洪水时,滇池水位可降低至 1886.7m 运行,加快生态补水过程,缩短湖泊换水周期。

2. 海口河(海口闸)和西园隧洞出湖流量

海口河为滇池主要的出流通道,由海口闸控制泄流。海口闸已改造完成,设计过流能力 140m³/s。海口河治理工程已完工,设计过流能力与海口闸配套,过流能力 140m³/s。西园隧洞的最大下泄流量为 40m³/s。

3. 洪水调节计算方式

外海与草海的水域分隔建成后,一般情况下滇池外海和草海均分开调度。

表 15.5　滇池外海和草海的各级运行水位

特征水位	外海	草海
正常高水位/m	1887.5	1886.8
最低工作水位/m	1885.5	1885.5
20 年一遇最高洪水位/m	1887.5	—
汛期限制水位/m	1887.2	—

15.4.2　草海洪水调节计算

主汛期草海一般都是空腹度汛,水位控制在 1886.5m 以下,以确保昆明城市的防洪安全。近几年汛期草海水位均控制在 1886.3m 运行。为安全起见,因此确定草海的起调水位为 1886.3m,草海洪水调节计算结果见表 15.6。

表 15.6　草海洪水调节计算结果

起调水位/m	洪水频率/%	最高洪水位/m	最大下泄/(m³/s)
1886.3	$P=20$	1886.30	29.4

起调水位/m	洪水频率/%	最高洪水位/m	最大下泄/(m³/s)
1886.3	P=5	1886.86	35.9
1886.3	P=2	1887.44	40
1886.3	P=1	1887.75	40

15.4.3　滇池外海洪水调节计算

滇池外海的排洪通道为海口河和西园隧洞,草海运行水位均低于外海运行水位,外海发生洪水时可将水域分隔的节制闸打开,由西园隧洞分担一部分泄洪流量,但西园隧洞应首先满足草海的泄洪要求,剩余过流能力为外海可向草海分配的泄洪流量。按照《云南省滇池保护条例》(2013年修订版)确定的滇池外海主汛期控制水位1887.20m,采用海口闸整治后的泄流曲线,采用外海发生设计洪水,草海发生相应洪水情景,洪水调节计算结果见表15.7。

表 15.7　外海洪水调节计算结果

起调水位 /m	洪水频率 /%	最高洪水位 /m	对应下泄流量/(m³/s)		
			海口河	西园隧洞	合计
	1	1887.81	167	29	196
	2	1887.65	153	30	183
1887.20	3.33	1887.54	143	35	178
	5	1887.50	140	31	171
	10	1887.39	131	32	163

由表15.7可以看出,滇池在实施"四退三还"和环湖湿地建设后,接近于天然不设防的水体,今后要提高滇池洪水调度安全性,可考虑适当降低汛期限制水位到1886.7m,既加大滇池水位消落深度,缩短换水周期,还可使洪水频率2%时滇池外海最高洪水位不超过1887.65m,大大降低洪灾损失。

15.4.4　城市尾水外排对滇池防洪的影响

城市尾水外排工程建成之后,将昆明主城污水处理厂每天77.5万 m³ 的尾水通过管道外排至西园隧洞和沙河,不再进入滇池外海,将占用西园隧洞 10m³/s 的泄流能力,工程实施后会对草海的泄洪能力造成一定影响。

滇池外海的排洪可以从海口河和西园隧洞下泄,草海发生外海相应设计洪水时,草海水位低于外海设计洪水位,将水域分隔的节制闸打开,由西园隧洞分担一部分泄洪流量。西园隧洞应首先满足草海的泄洪要求,剩余过流量才作为外海可向草海分配的泄洪流量。昆明城市的尾水外排及资源化利用建设工程排除的水量实际上也属于原本进入滇池的径流,这部分径流不再经滇池外海调节,而是直接由西园隧洞下泄,因外海泄洪时本身也通过西园隧洞下泄了一定流量,从理论的角度,两种工况下对外海的行洪基本没有影响,两种工况下的汛期水位基本相同。但对于草海本区,草海的水量无法通过海口河下泄,因尾水外排工程实施后西园隧洞的有效泄流能力降低,发生设计洪水时,洪水位会升高。由表 15.8 可知,当草海本区发生洪水时,20 年一遇、50 年一遇、100 年一遇的设计洪水位分别高出原工况设计洪水位 22cm、34cm、38cm,应引起有关部门的重视,并及早应对。

表 15.8　昆明城市尾水外排情景下草海调洪计算结果

项目	草海通过西园隧洞 最大下泄洪量/(m³/s)	起调水位 /m	洪水频率 /%	最高洪水位 /m	最大下泄流量 /(m³/s)
草海设计洪水调节计算	40	草海汛期实际运行的初始水位1886.3m	5	1886.86	35.9
			2	1887.44	40.0
			1	1887.75	40.0
	30		5	1887.08	30.0
			2	1887.78	30.0
			1	1888.13	30.0

15.4.5　滇池洪水调度方案

1. 草海洪水调度方案

草海洪水调度应按照昆明市防汛抗旱指挥部办公室批复的《草海月末水位控制运行计划》运行,主汛期空腹度汛,水位控制在 1886.50m 以下,以确保昆明城市的防洪安全。当外海发生洪水时可将水域分隔的节制闸打开,由西园隧洞分担一部分泄洪流量,但西园隧洞首先满足草海自身的泄洪要求,剩余过流量为外海向草海分配的泄洪流量。

2. 外海防洪调度方案

(1) 汛期应降低滇池外海水位至汛限水位 1887.2m 以下运行。

(2) 在汛期,滇池水位可以维持在 1886.7～1887.2m 动态运行,当滇池发生洪水且外海水位突破 1887.2m 时,滇池转为防洪调度,牛栏江-滇池补水工程停止生态补水,视不同情况依次逐步开启外海海口闸、内外海节制闸和西园隧洞,加大泄洪能力,使滇池外海水位尽快回落到 1887.2m 以下,确保滇池防洪安全。

(3) 当发生 20 年一遇及以上频率的大洪水时,滇池水位将会升高至 1887.5m 以上,为保证昆明主城区的防洪安全,应尽力加大海口闸的泄流量,使水位尽快下降至 1887.5m 以下;当水位下降至 1887.5m 以下时,调节海口闸的泄流量,使水位均匀回落至 1887.2m 以下,减轻下游的安宁城市的防洪压力。

因此,应尽快建立滇池流域的水情测报系统和洪水预报调度平台,根据短期降水预报结果,若未来三天可能发生大暴雨,则可以提前加大海口河泄流量,将外海水位降低到 1886.7m,预留 0.5m 水深的调洪湖容积,为后期迎接大洪水时,通过合理调度,使滇池发生 50 年一遇洪水时湖水位也不超过 1887.5m,保护周边及下游地区的人民生命和财产安全。

15.5　现状过流能力分析

海口河的河道综合治理工程整合了多方资金进行建设,治理完毕以后的防洪标准为 20 年一遇,河段的设计过流能力与海口闸整治后的泄流能力相配套,均为 140m³/s。本节防洪联合调度方案仅针对螳螂川安宁市区段及沙河现状过流能力进行分析。

15.5.1　分析方法

根据现场勘查及实地调查获得的资料数据,螳螂川安宁市区段已建成 20 年一遇防洪标准的堤防,在堤防建成后,城区段基本未发生大规模的洪灾,已建堤防的过流能力较强。而西园隧洞下游的沙河河道除泄流能力不足 10 年一遇防洪标准以外,还存在因河道比降大,河水流速较大,河水常年淘刷造成沙河堤防易坍塌的安全隐患。

15.5.2　螳螂川安宁市区段现状过流能力分析

螳螂川安宁市区段于 2000 年以前完成了昆钢协作桥至安石公路桥段、温泉镇龙凤桥段的治理工程,设计治理标准为 20 年一遇,主要工程型式为重力式堤防。2009 年开始,安宁市先后开展了螳螂川河道温青闸至牧羊村段、黄塘村至昆钢焦化厂段、牧羊村至马鹿塘段治理工程,河道断面采用复式断面,防洪标准均为 20 年一遇,已建堤防的安全超高为 1m。螳螂川安宁市区段已建堤防的设计洪水成果为海口闸综合治理工程未开展前,即海口闸河段原来的安全下泄流量为 90 m³/s 时计算得到的成果,而在 2016 年以后的边界条件下,海口闸及海口河段的防洪整治设计过流量已提升至 140m³/s,一定程度上增加了下游安宁城区段及以下河段的防洪压力。

　　基于螳螂川实测纵横断面成果资料,采用一维恒定非均匀流公式由下游向上游逐段推求螳螂川安宁市区段河道的实际过流量,根据河道过流能力分析结果,对于无跨河建筑物的堤防段,河道的 20 年一遇洪峰已略高于安全泄量,但均低于河段的不漫堤流量。断面过流能力因跨河建筑物阻水而造成泄流能力降低,达不到 20 年一遇防洪标准的断面共有三个,均为跨河建筑物所在断面,各断面的过流能力分析结果见表 15.9。由计算结果可知,三个阻水河段的不漫堤流量略高于控制断面安宁站 20 年一遇的设计洪峰流量。综上分析,当螳螂川发生 20 年一遇的洪水时,现状堤防可基本保证洪水不漫堤。

　　在滇池流域发生超过 20 年一遇的洪水时,为保证昆明主城的防洪安全,滇池下泄洪水与区间洪水组合后将超过螳螂川现状的安全过流能力。另外,安宁作为滇中新区重要的产业聚集区,传统钢铁、磷化工、火力发电等优势产业,以及与石化产业链相关的新兴工业都集中在安宁城市周边,安宁城市现状的防洪标准已不能满足社会经济发展需求。因此,为保证安宁防洪安全,在制定防洪预案的基础上应及早研究对安宁市区螳螂川堤防进行扩建,以保证滇池—螳螂川区域整体的防洪安全。

表 15.9　螳螂川安宁市区段阻水断面情况

里程	河段名称	描述	安全泄量/(m³/s)
4km+892m	203 断面管道桥	河道共有 3 个桥墩,管道高度低于两岸堤防高度,受河墩及管道的阻水,河段过流能力降低	376
5km+372m	206 断面新建桥梁	河道中共有 2 个桥墩,桥梁的拱底低于两岸堤防高度,受河墩及桥面的阻水,河段过流能力降低	381
5km+619m	208 断面公路桥	河道中共有 2 个桥墩,桥梁的拱底低于两岸堤防高度,受河墩及桥面的阻水,河段过流能力降低	389

15.5.3　沙河河道现状过流能力分析

　　昆明主城区尾水外排工程实施后,沙河河道除汛期排洪外,还要每天 24h 不间断地接纳尾水外排的下泄水量。除对沙河河道的正常维护外,还对使用中出现的河道边墙底板部分被冲刷淘空段进行了修复,对河道沿途部分抽水站、滚水坝、交通桥及节制闸等的底板和边墙加强了衬护,并用预制块对底板进行防冲保护。

根据本节调查获得的实测断面资料分析,沙河太平村至糍粑铺段渠道底宽约6m,护堤高约3.5m,河道情况较好,河道底板冲刷及河道边墙裂痕情况较少。糍粑铺至读书铺立交段部分渠道底宽约6m,护堤高约3.5m,河道存在底板被淘刷和河道边墙开裂等问题。其中,周边村至读书铺立交段由于河道在周边村附近向南接近90°转弯,垂直偏离安石公路,该段河道还存在民房侵占河道断面及洪水倒灌农田灌排沟渠等情况,读书铺立交处道路下穿段的道路标高低于河道边墙标高,当读书铺立交桥断面的过流能力达到40m³/s时,河水水位已达到河道护堤顶第二块至第三块浆砌片石之间,当满流量或下暴雨时,河水会通过公路排水沟倒灌至公路上,导致公路淹积水。

读书铺立交至火龙桥段渠道底宽约6m,护堤高约4.0m,该段同样存在着部分河道底板被淘刷和河道边墙开裂等问题。火龙桥至沙河未整治河段起点(6km+828m)段的渠道底宽约6m,护堤高约3.0m,该段不仅存在着河道底板被淘刷和河道边墙开裂,而且由于该段河道边墙未按当初设计方案施工,存在堤防高度不足的问题,当河道过流量较大或汛期时,经常导致洪水漫溢出河道,河道边的农田常被淹没;另外,在该段工农桥东侧有一两孔的混凝土预制桥,长约10.5m,宽约3m,该桥桥墩不仅占据了河道过流断面,而且还有大量垃圾和漂浮物在该处堆集,影响了该河道断面的行洪能力。

沙河未整治起点(6km+828m)至大罗泊闸,该段河道现状仍为天然河道,河道河槽深切,纵坡大,河道较宽,现状河道土坎抗冲能力较差;大罗泊闸至螳螂川段现状河道已整治完成,渠道底宽约10m,护堤高约3m,该河段的主要问题为河道底板和边墙也都被淘刷和开裂,存在安全隐患。

15.6　滇池流域洪水联合调度方案

滇池流域防洪系统联合调度方案研究涉及调蓄、输水、节制、分洪等不同类型的工程,各个工程均有兴利、防洪等运行需求,各工程由兴利调度转向防洪调度的洪水标准、控制性边界条件均存在差异,洪水联合调度方案研究先针对单个工程的防洪调度方案进行研究,分析工程现状情境下的可调节能力、控制水位及对联合调度系统的最大可能调控空间;再对各工程调度的优先级别进行区分,将各个工程防洪调度方案进行组合,综合分析整个系统的最优调度方案。在现状情景分析的基础上,还应对远景情况下,即各工程均能达到相应设计标准时的调度方案进行研究。

15.6.1　现状情景下洪水联合调度方案

根据滇池流域内水利工程现状及防洪问题,应以河道现状的过流能力为基础,把盘龙江的警戒水位、松华坝水库水位及滇池水位作为主要的控制性指标,在确保昆明主城区防洪安全的前提下,以联合调度为手段,充分发挥各工程系统防洪的综合效益。联合调度方案的制定应以确保昆明市的主城区及滇池自身防洪安全为目标函数,现状情景下,盘龙江昆明水文站断面的安全泄量为 99m³/s,警戒水位 1890.90m。洪水联合调度方案如下:

(1) 根据短期内的流域洪水预报信息,当滇池流域未发生洪水时,松华坝水库、牛栏江-滇池补水工程、盘龙江、滇池等均按照正常的兴利调度方式运行。

(2) 当流域发生洪水时,牛栏江-滇池补水工程停止补水;松华坝水库拦蓄上游的入库洪水,以盘龙江水位不超过警戒水位 1890.90m 控制水库的下泄水量;滇池水位维持在 1887.2m 以下运行,当水位突破 1887.2m 时,滇池转为防洪调度,视水位上涨情况依次开启海口闸、草海和外海之间的节制闸和西园隧洞,加大泄洪能力,使滇池水位回落至 1887.2m。

(3) 当盘龙江水位超过警戒水位时,松华坝水库暂不下泄水量,壅高库区水位,尽力拦蓄上游水量,减轻昆明主城的防洪压力;当水库水位持续壅高至松华坝水库防洪高水位 1971.3m 时,水库按照枢纽工程自身安全的运行调度方案泄洪;当昆明水文站水位回落至警戒水位以下时,松华坝水库恢复下泄,在保证昆明水文站水位不超过警戒水位 1890.90m 的前提下,泄洪以降低松华坝水位,直至汛限水位 1964.5m。

(4) 当发生流域性的大洪水,使滇池水位可能会壅高至 1887.5m 以上时,为保证主城区的防洪安全,应尽力加大海口闸的泄流量。若已建成流域水情测报系统和防洪调度预警平台,则可结合短期降水预报,提前 2～3 天加大滇池下泄水量,将湖水位降低至 1886.7m,进一步增大调洪库容,通过科学合理调度,使滇池发生 50 年一遇洪水时,最高洪水位也不超过 1887.5m,发生 100 年一遇的大洪水时尽可能减少洪灾损失。当水位下降至 1887.5m 以下时,调节海口闸的泄流量,使水位均匀回落至 1887.2m,减轻下游安宁城市的防洪压力,各种情景下均应加大安宁城区的螳螂川河段巡查,若有异常情况则要及时妥善应对,启动防洪应急预案,保护沿岸人民的生命财产安全。

松华坝-盘龙江-滇池-螳螂川洪水联合调度方案流程如图 15.2 所示。

15.6.2　远景情况下洪水联合调度方案

在远期各个防洪工程的边界条件下,盘龙江、沙河等河段均应达到设计防洪标准,盘龙江昆明水文站断面的安全泄量将提高到 150m³/s,警戒水位为 1892.25m,

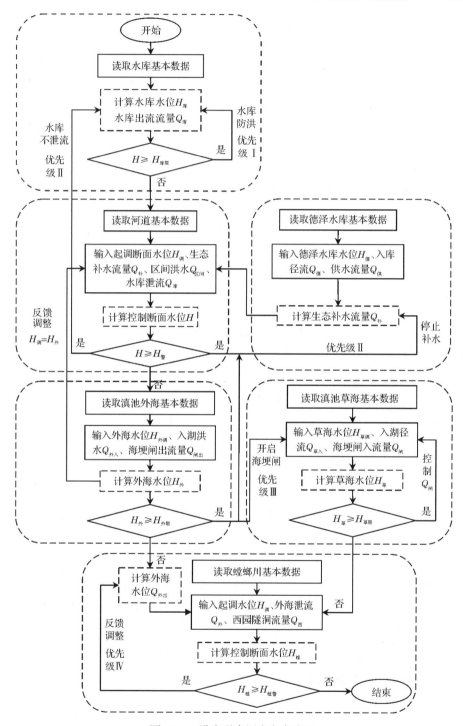

图 15.2　洪水联合调度方案流程

联合调度方案如下：

（1）根据洪水预报结果，当滇池发生洪水时，牛栏江-滇池补水工程停止向滇池补水；在保证昆明水文站水位不超过警戒水位 1892.25m 的前提下，控制松华坝水库的下泄水量；洪水过后，在保证昆明水文站水位不超过警戒水位的前提下，松华坝水库均匀下泄水量，以降低坝前水位至汛限水位 1964.5m。

（2）滇池水位汛期前应维持在 1887.2m 以下运行，当水位突破 1887.2m 时，滇池转为防洪调度，视湖水位上涨情况依次开启海口闸、草海和外海之间的节制闸和西园隧洞，加大泄洪，使滇池水位尽快回落到 1887.2m，确保滇池防洪安全；当滇池水位持续壅高至 1887.5m 以上，为保证昆明主城区的防洪安全应尽力加大海口闸的泄流量，使水位尽快下降至 1887.5m 以下；当水位下降至 1887.5m 以下时，可以调节海口闸的泄流量，使水位均匀回落至 1887.2m，以减轻下游安宁城市的防洪压力。

15.6.3　联合调度效益分析

（1）目前，昆明还未开展松华坝水库-牛栏江-滇池补水工程-盘龙江-滇池联合优化和实时调度方案研究，联合调度方案可保障各个工程最大限度地发挥综合防洪效益，尤其是在盘龙江现状防洪过流能力仅为 30 年一遇的情况下。通过防洪联合调度方案制定盘龙江的警戒水位及松华坝水库的防洪水位指标，在两个目标水位控制下，实时调控盘龙江流域洪水及牛栏江-滇池补水工程，使得防洪调度有了实时性、指导性和可操作性。因现状各个工程的防洪标准也不匹配，应通过防洪联合调度方案研究，明确了各工程优先调度级别及相应的操作转化条件，而在缺少上述指标及调度原则的情况下，当盘龙江发生洪水时，松华坝水库若不及时控制下泄、牛栏江不及时停止补水，可能会导致人为的洪灾，加大洪灾损失，造成极其不利的社会影响。

（2）通过防洪调度方案研究，摸清了盘龙江过流等限制性因素和松华坝水库防洪运行存在的风险，以及滇池加大下泄流量对海口河、安宁市城市防洪带来的不利影响等，为后续开展盘龙江综合整治及昆明市、安宁市制定防洪预案等提供技术支持。

（3）在防洪联合调度方案的基础上，建议抓紧研究制定盘龙江、安宁市的洪水风险图及防洪预案，再结合相应的工程措施，在现状情境下，也可降低超标洪水风险及损失。

15.6.4　联合调度的风险分析

（1）为保证昆明主城区的防洪安全，松华坝水库应充分发挥调洪效益，但松华坝水库库区内也面临较高的淹没风险，敞泄洪水时又会对下游城市的防洪造成极大压力。

联合调度方案要求松华坝水库在盘龙江发生洪水时,必须采取蓄滞上游来水、暂时淹没库区、控制下泄的调度方式来保证主城区的防洪安全,这就意味着洪水会淹没松华坝水库库区因历史遗留问题而还未征用的耕地,造成淹没损失。因区间洪水变大及盘龙江安全泄量降低的影响,现状情景下联合调度方案时松华坝水库的洪水位已超过原设计时洪水位,尤其在发生 50 年一遇及以上频率的大洪水时,松华坝水库的水位将超过原设计的防洪高水位 1971.3m,松华坝水库的运行调度将以保证大坝安全为首要任务,水库按原设计的调度方案操作运行,这时水库下泄流量将远超盘龙江的安全泄量,对下游防洪将造成极大压力。

(2)盘龙江的安全泄量是一个相对的安全性指标,实际调度运行中仍存在一定风险。

考虑到盘龙江河道的防洪现状及联合调度的可能性,计算得到的安全泄量为阻水桥梁所在断面河道水位与桥梁底部齐平且河段不漫堤时的流量,即认为是相对安全的流量。在实际调度运行中,部分阻水桥梁断面因河道漂浮物阻塞桥涵,可能会使过流能力进一步降低或风浪壅高水位等造成局部河段漫堤。

(3)昆明主城污水处理厂尾水外排及资源化利用建设工程对草海泄洪存在一定的不利影响。

昆明城市的尾水外排工程建成后,昆明主城污水处理厂每天约有 77.5 万 m³ 尾水通过管道外排至西园隧洞以下的沙河,不再进入滇池外海,占用了西园隧洞约 10m³/s 的泄流能力,该工程对草海防洪调度及泄洪均存在不利影响。经计算分析,当草海本区发生洪水时,20 年一遇的洪水位将高出草海原设计洪水位 22cm,草海存在局部湖渔地区有被淹没的风险。

(4)沙河河道、螳螂川安宁市区段在洪水联合调度方案下存在防洪风险。

昆明主城区尾水外排工程实施后,沙河河道除汛期排洪外,还要每天 24h 不间断地接纳尾水外排的下泄水量,沙河的河道比降大,水流的流速高,现状部分河段为天然状态,已建堤防存在险工段,沙河在长时间大流量承泄水量时可能会发生过度淘刷、河岸塌崩,甚至河道堰塞等险情,造成河道泄流不畅,增加沙河的防洪风险。

在滇池流域发生超过 20 年一遇的大洪水时,为保证昆明主城的防洪安全,滇池下泄洪水与区间洪水组合将超过螳螂川安宁城区段现状的安全过流能力。另外,安宁城市现状防洪标准已不能满足社会经济发展需求。因此,为保证安宁城市防洪安全,在制定防洪预案的基础上应及早考虑对安宁市螳螂川堤防进行扩建,以保证滇池—螳螂川区域整体的防洪系统安全。

(5)昆明主城区河道行洪能力不能满足城市防洪标准要求。

研究发现,目前穿过昆明主城区的盘龙江、宝象河、老运粮河、新运粮河等都不可能使昆明主城区的防洪安全达到《防洪标准》(GB 50201—2014)等规定的设防要求,还需要进一步研究和寻找新的行洪通道,使城市北部区域产生的洪水能安全宣泄到达滇池,从而在整体上提高昆明主城的防洪标准。

15.6.5　联合调度方案对其他入滇河道防洪影响

在本节制定的联合调度方案下,滇池外海、草海各频率的洪水位均符合《云南省滇池保护条例》(2013 年修订版)相关要求,不会发生由滇池的防洪调度造成滇池洪水位高于设计工况,从而进一步影响其他入滇河道行洪的问题。但因滇池有其特殊的自然条件,滇池防洪标准与入湖河道防洪标准不匹配等因素影响,虽然本节洪水联合调度方案不会带来新的不利影响,但入滇河道受滇池变动回水的顶托、影响河段行洪能力,且现状入滇河道两岸雨水排泄系统出口受河道高水位淹没、顶托甚至倒灌管网等不利情况仍会存在,这些都需在今后的防洪工作中深入分析研究,并采取应对措施逐步解决。

参 考 文 献

安正锘,Wei Y P. 2016.澳大利亚湿地水环境管理和技术的有机结合.地球科学进展,31(2): 213-224.

白龙飞. 2011.当代滇池流域生态环境变迁与昆明城市发展研究.昆明:云南大学博士学位论文.

边博,程小娟. 2006.城市河流生态系统健康及其评价.环境保护,2B:66-69.

蔡甲冰,刘钰,雷廷武,等. 2005.根据天气预报估算参照腾发量.农业工程学报,21(11):11-15.

蔡甲冰,刘钰,许迪. 2008.作物腾发量实时预报与田间试验验证.水利学报,39(6):674-679.

曹杰,李华宏,姚平,等. 2009.北半球夏季印度洋和太平洋水气交汇区及其空间分异规律研究. 自然科学进展,19(3):302-309.

曹寅白,甘泓,汪林. 2012.海河流域水循环多维临界整体调控阈值与模式研究.北京:科学出版社.

常炳炎,薛松贵,张会言,等. 1998.黄河流域水资源合理分配和优化调度.郑州:黄河水利出版社.

常建娥,蒋太立. 2007.层次分析法确定权重的研究.武汉理工大学学报(信息与管理工程版), (1):153-156.

陈晨,罗军刚,解建仓,等. 2014.基于综合集成平台的水资源动态配置模式研究与应用.水力发电学报,33(6):68-77.

陈成鲜,严广乐. 2000.我国水资源可持续发展系统动力学模型研究.上海理工大学学报,22(2): 154-159.

陈刚,张兴奇,李满春. 2008.MIKE BASIN支持下的流域水文建模与水资源管理分析——以西藏达孜县为例.地球信息科学,10(2):230-236.

陈吉宁. 2009.流域面源控制技术——以滇池流域为例.北京:中国环境科学出版社.

陈腊娇,朱阿兴,秦承志,等. 2011.流域生态水文模型研究进展.地理科学进展,30(5):535-544.

陈睿智,桑燕芳,王中根,等. 2013.基于河湖水系连通的水资源配置框架.南水北调与水利科技, 11(4):1-4.

陈卫平,吕斯丹,王美娥,等. 2013.再生水回灌对地下水水质影响研究进展.应用生态学报, 24(5):1253-1262.

陈晓宏,张蕾,时钟. 2004.珠江三角洲河网区水位特征空间变异性研究.水利学报,35(10): 36-42.

陈学渊,唐华俊,吴永常,等. 2012.海河流域水资源对农业生产的影响分析.中国农业资源与区划,33(5):34-39.

陈亚宁. 2010.新疆塔里木河流域生态水文问题研究.北京:科学出版社.

陈燕飞,张翔. 2016.河流水环境的可恢复性及其评价研究.应用基础与工程科学学报,24(1): 34-46.

陈玉民,郭国双. 1995.中国主要作物需水量与灌溉.北京:水利电力出版社.

陈志凡,赵烨,郭廷忠,等. 2013.污灌条件下重金属在耕作土壤中的积累与形态分布特征——以北京市通州区凤港减河污灌区农用地为例. 地理科学,33(8):1014-1021.

陈志峰,刘荣章,郑百龙,等.2012.工业化、城镇化和农业现代化"三化同步"发展的内在机制和相互关系研究.农业现代化研究,33(2):155-160.

陈志恺.2004.西北地区水资源配置生态环境建设和可持续发展战略研究(水资源卷).北京:科学出版社.

成水平,况琪军,夏宜铮.1997.香蒲、灯心草人工湿地的研究——I.净化污水的效果.湖泊科学,9(4):351-358.

成水平,吴振斌,况琪军.2002.人工湿地植物研究.湖泊科学,14(2):179-183.

成思危,等.2000.大型线性目标规划及其应用.郑州:河南科学技术出版社.

程国栋.2009.黑河流域水-生态-经济系统综合管理研究.北京:科学出版社.

程建刚,王学锋.2009.近50年云南气候带的变化特征.地理科学进展,28(1):18-24.

程建刚,王学峰,龙红,等.2010.气候变化对云南主要行业的影响.云南师范大学学报(哲学社会科学版),42(3):1-20.

程先军,许迪.2012.碳含量对再生水灌溉土壤氮素迁移转化规律的影响.农业工程学报,28(14):85-90.

丛沛桐,马克俊,李艳,等.2006.基于 MIKE BASIN 平台的抗旱预案编制技术.广东水利水电,(6):30-33.

崔远来,雷声隆,白宪台,等.1996.自优化模拟技术在多目标水库优化调度中的应用.水电能源科学,12:245-251.

崔振才,郭临华,田文苓.2002.水资源系统模糊优化多维动态规划模型与应用.水科学进展,11(2):186-193.

邓铭江.2009.中国塔里木河治水理论与实践.北京:科学出版社.

邓铭江,王志杰,王姣妍.2011.巴尔喀什湖生态水位演变分析及调控对策.水利学报,42(4):403-412.

邓铭江,周海鹰,徐海量.2016.塔里木河下游生态输水与生态调度研究.中国科学:技术科学,46(8):864-876.

邓伟.2012.湿地:可持续的水空间.长江流域资源与环境,21(7):831-835.

邓伟,白军红.2012.典型湿地系统格局演变与水生态过程——以黄淮海地区为例.北京:科学出版社.

邓晓雅,杨志峰,龙爱华.2013.基于流域水资源合理配置的塔里木河流域生态调度研究.冰川冻土,35(6):1600-1609.

丁建军.2014.中国11个连片特困区贫困程度比较研究.地理科学,34(12):1418-1427.

丁永建,叶柏生,韩添丁,等.2007.过去50年中国西部气候和径流变化的区域差异.中国科学D辑:地球科学,37(2):206-214.

董斌,茆智,李新建,等.2009.灌溉-排水-湿地综合管理系统的引进和改造应用.中国农村水利水电,(11):9-12.

董春雨,王乃昂,李卓仑,等.2009.基于水热平衡模型的青海湖水位变化趋势预测.湖泊科学,21(4):587-593.

董利民,等.2015.洱海全流域水资源环境调查与社会经济发展友好模式研究.北京:科学出版社.

董子敖.1989.水库群调度与规划的优化理论和应用.济南:山东科技出版社.

杜娟,范瑜,钱新.2011.再生水农灌过程中重金属迁移规律研究.环境污染与防治,33(7):74-77.

杜鹏飞,谢鹏程,曾思育.2015.昆明主城区生活污水排放量日间和日内排放规律.清华大学学报(自然科学版),55(2):196-202.

段春青,刘昌明,陈晓楠,等.2010.区域水资源承载力概念及研究方法的探讨.地理学报,65(1):82-90.

樊灏,黄艺,曹晓峰,等.2016.基于水生态系统结构特征的滇池流域水生态功能三级分区.环境科学研究,36(4):1447-1456.

范堆向,王新义,菅二栓,等.2005.可持续发展水利在大型调水工程中的实践——万家寨引黄工程若干问题研究.北京:中国水利水电出版社.

方红远.2003.水资源合理配置中的水量调控模式研究.南京:河海大学博士学位论文.

冯尚友.2000.水资源持续利用与管理导论.北京:科学出版社.

冯尚友,刘国全.1997.水资源持续利用框架.水科学进展,7(12):54-57.

冯绍元,齐志明,黄冠华,等.2003.清、污水灌溉对冬小麦生长发育影响的田间试验研究.灌溉排水学报,22(3):11-14.

冯耀龙,韩文秀,王宏江,等.2003a.面向可持续发展的区域水资源优化配置研究.系统工程理论与实践,2:133-138.

冯耀龙,韩文秀,王宏江,等.2003b.区域水资源承载力研究.水科学进展,14(1):109-113.

付湘,纪昌明.1999.区域水资源承载能力综合评价——主成分分析法的应用.长江流域资源与环境,8(2):169-173.

傅长峰,李发文,于京要.2016.基于生态水文理念的流域水资源规划研究——以子牙河为例.中国生态农业学报,24(12):1722-1731.

甘泓.2000.水资源合理配置理论与实践研究.北京:中国水利水电科学研究院博士学位论文.

甘泓,尹明万,汪林,等.1998.河北省邯郸市水资源规划管理决策支持系统应用研究.北京:中国水利水电科学研究院.

甘一萍,李鑫玮,刘秀红,等.2013.北京城市再生水水质提高与保障的技术集成与工程示范.给水排水,39(4):23-27.

淦峰,唐琳,郭怀成,等.2015.湖泊生态水位计算新方法与应用.湖泊科学,27(5):783-790.

高传昌,曹永梅,刘新阳,等.2008.面向可持续发展的水资源优化配置模型研究.人民黄河,30(2):35-36.

高俊峰,蒋志刚.2012.中国五大淡水湖保护与发展.北京:科学出版社.

高占义,王浩.2008.中国粮食安全与灌溉发展对策研究.水利学报,39(11):1273-1278.

高喆,曹晓峰,黄艺,等.2015.滇池流域水生态功能一二级分区研究.湖泊科学,27(1):175-182.

葛全胜,郑景云,郝志新,等.2014.过去2000年中国气候变化研究的新进展.地理学报,69(9):1248-1258.

龚询木,何毅刚,李建安,等.2016.昆明市海绵城市建设工程设计指南.昆明:昆明市海绵城市建设工作领导小组办公室.

巩增泰.2005.干旱区内陆河流域水资源管理配置数学模型.兰州:中国科学院寒区旱区环境与工程研究所博士后研究报告.

谷红梅,邱林,张民安.2005.渭南市城市供水水资源优化配置研究.人民黄河,27(12):55-57.

顾浩.2004.中国水利现代化研究.水利水电技术,35(1):26-38.

顾世祥,崔远来,等.2013.水资源系统规划模拟与优化配置.北京:科学出版社.

顾世祥,傅马华,李靖.2003.灌溉实时调度研究进展.水科学进展,14(5):660-666.

顾世祥,何大明,李远华,等.2009.纵向岭谷区农业水资源时空格局与持续利用.北京:科学出版社.

顾文权,邵东国,黄显峰,等.2008.基于自优化模拟技术的水库供水风险分析方法及应用.水利学报,39(7):788-793.

郭怀成,伊璇,周丰,等.2012.流域系统优化调控的新模型与应用.环境科学学报,32(12):3108-3118.

郭旭宁,胡铁松,方红斌,等.2015.水库群联合供水调度规则形式研究进展.水力发电学报,34(1):23-28.

郭有安.2005.滇池流域水资源演变情势分析.云南地理环境研究,17(2):28-32.

郭元裕.2005.农田水利学.3 版.北京:中国水利水电出版社:45-126.

郭元裕,邵东国,沈佩君.1994.南水北调工程规划调度决策模型研究.武汉水利电力大学学报,(6):609-615.

国家统计局.2009.中国统计年鉴(2008 年度).北京:中国统计出版社.

国家统计局.2015.2015 统计年鉴.北京:中国统计出版社.

韩兰英,张强,姚玉璧,等.2014.近 60 年中国西南地区干旱灾害规律与成因.地理学报,69(5):632-639.

韩龙飞,许有鹏,杨柳,等.2015.近 50 年长三角地区水系时空变化及其驱动机制.地理学报,70(5):819-827.

郝锋,全健,杨子生,等.2000.云南土地资源.昆明:云南科技出版社.

何大明,冯彦,胡金明,等.2007a.中国西南国际河流水资源利用与生态保护.北京:科学出版社.

何大明,汤奇成.2000.中国国际河流.北京:科学出版社.

何大明,吴绍洪,欧晓昆,等.2007b.纵向岭谷区生态系统变化及西南跨境生态安全研究进展.地理学报,62(1):93-100.

何海兵,杨茹,廖江,等.2016.水分和氮肥对灌溉水稻优质高产高效调控机制的研究进展.中国农业科学,49(2):305-318.

何佳,徐晓梅,杨艳,等.2015.滇池水环境综合治理成效与存在问题.湖泊科学,27(2):195-199.

何建坤,陈文颖,王仲颖,等.2016.中国减缓气候变化评估.科学通报,61(10):1055-1062.

何俊仕,贾福元,赵宏兴,等.2013.辽河流域水资源承载能力研究.北京:中国水利水电出版社.

贺北方.1988.区域水资源大系统优化分配的大系统优化模型.武汉水利电力学院学报,(5):107-117.

贺北方,周丽. 2002. 基于遗传算法的区域水资源优化配置模型. 水电能源科学,20(3):10-12.

胡洪营,石磊,许春华,等. 2015. 区域水资源介循环利用模式:概念·结构·特征. 环境科学研究,28(6):839-847.

胡洪营,吴乾元,黄晶晶,等. 2011. 再生水水质安全评价与保障原理. 北京:科学出版社.

胡伟,邵明安,王全九. 2005. 黄土高原退耕坡地土壤水分空间变异尺度性分析. 农业工程学报,21(8):11-16.

胡毓骐,李英能,等. 1995. 华北地区节水型农业技术体系. 北京:中国农业出版社.

胡振鹏,葛刚,刘成林,等. 2010. 鄱阳湖湿地植物生态系统结构及湖水位对其影响研究. 长江流域资源与环境,19(6):597-605.

华士乾. 1988. 水资源系统分析指南. 北京:水利电力出版社.

黄嘉佑. 2004. 气象统计分析与预报方法. 北京:气象出版社.

黄莉新. 2007. 江苏省水资源承载能力评价. 水科学进展,18(6):879-883.

黄群,孙占东,赖锡军,等. 2016. 1950s 以来洞庭湖调蓄特征及变化. 湖泊科学,28(3):676-681.

黄荣辉,刘永,王林,等. 2012. 2009 年秋至 2010 年春我国西南地区严重干旱的成因分析. 大气科学,36(3):443-457.

黄少华,陈晓玲. 2009. GIS 环境下的流域水资源优化配置模型. 人民长江,(4):65-67.

黄晓荣. 2005. 宁夏经济用水与生态用水合理配置研究. 成都:四川大学博士学位论文.

黄学超,史安娜,石莎莎,等. 2008. 基于区域可持续发展的沂沭河流域水资源优化配置. 统计与决策,(21):115-117.

黄永基,马滇珍. 1990. 区域水资源供需分析方法. 南京:河海大学出版社.

贾国宁,黄平,温聪. 2012. 基于健康水循环理念的番禺区综合治水新策略探讨. 中国给水排水,28(20):20-23.

贾金生,马静. 2010. 保障足够的储水设施以应对气候变化. 中国水利,(2):14-17.

贾学秀,严岩,朱春雁,等. 2016. 区域水资源压力分析评价方法综述. 自然资源学报,31(10):1783-1791.

贾忠华,武志刚,罗纯,等. 2013. 考虑沼泽植物盖度差异对湿地腾发量的影响. 灌溉排水学报,32(4):141-143.

姜传隆,刘俊民. 2008. 基于可持续发展的咸阳市水资源合理配置. 人民长江,39(5):31-33.

姜大川,肖伟华,范晨媛,等. 2016. 武汉城市圈水资源及水环境承载力分析. 长江流域资源与环境,25(5):761-768.

姜加虎,窦鸿身,黄群. 2004. 湖泊资源特征及其功能的关系分析. 自然资源学报,19(3):386-391.

蒋兴恒,朱素蓉. 2011. 基于 Levenberg-Marquardt 算法改进 BP 神经网络的卷烟销量预测模型研究. 中国烟草学报,17(5):81-86.

焦雯珺,闵庆文,李文华,等. 2016. 基于 ESEF 的水生态承载能力评估——以太湖流域湖州市为例. 长江流域资源与环境,25(1):147-155.

金德山. 2004. 云南国土资源遥感综合调查. 昆明:云南科技出版社.

金菊良,崔毅,杨齐祺,等. 2015. 山东省用水总量与用水结构动态关系分析. 水利学报,46(5):

551-557.

金相灿,胡小贞.2010.湖泊流域清水产流机制修复方法及其修复策略.中国环境科学,30(3): 374-379.

金鑫,严登华,王浩,等.2011.面向流域系统的生态需水量整合研究.中国科学:技术科学, 41(12):1658-1667.

井涌.2008.区域水资源总量计算方法分析.水文,28(5):76-77.

康绍忠.2014.水安全与粮食安全.中国生态农业学报,22(8):880-885.

康绍忠,蔡焕杰.1996.农业水管理学.北京:中国农业出版社.

康绍忠,蔡焕杰,冯绍元,等.2004a.现代农业与生态节水的技术创新与未来研究重点.农业工程 学报,20(1):1-6.

康绍忠,胡笑涛,蔡焕杰,等.2004b.现代农业与生态节水的理论创新及研究重点.水利学报, 35(12):1-8.

康绍忠,李万红,霍再林.2012.粮食生产中水资源高效利用的科学问题——第74期"双清论坛" 综述.中国科学基金,(6):321-324.

康绍忠,粟晓玲,杜太生,等.2009.西北干旱区流域尺度水资源转化规律及其节水调控模式—— 以甘肃石羊河流域为例.北京:中国水利水电出版社.

康绍忠,杨金忠,裴源生,等.2013.海河流域农田水循环过程与农业高效用水机制.北京:科学出 版社:258-311.

匡跃辉.2001.中国水资源与可持续发展.北京:气象出版社.

昆明市水利局.1993.滇池水利志.昆明:云南人民出版社.

昆明市水利局水利志编写小组.1993.滇池水利志.昆明:云南人民出版社.

昆明市水利志编纂委员会.1997.昆明市水利志.昆明:云南人民出版社.

雷声隆,覃强荣,郭元裕,等.1989.自优化模拟及其在南水北调东线工程中的应用.水利学报, 18(5):12-13.

李灿光.2009.大写的云南——60年辉煌历程(发展成就卷).北京:云南人民电子音像出版社: 100-280.

李冬,张杰.2009.水健康循环导论.北京:中国建筑工业出版社:39-143.

李峰平,章光新,董李勤.2013.气候变化对水循环与水资源的影响研究综述.地理科学,33(4): 457-464.

李根保,李林,潘珉,等.2014.滇池生态系统退化成因、格局特征与分区分步恢复策略.湖泊科 学,26(4):485-496.

李会安,黄强,沈晋,等.2000.黄河干流上游梯级水量实时调度自优化模拟模型研究.水力发电 学报,70(3):55-61.

李加林,赵寒冰,刘闯,等.2006.辽河三角洲湿地生态环境需水量变化研究.水土保持学报, 20(2):129-134.

李乐,王海芳,王圣瑞,等.2016.滇池河流氮入湖负荷时空变化及形态组成贡献.环境科学研究, 29(6):829-836.

李磊,朱永楠,谷洪钦.2016.推理公式法在土耳其小流域设计洪水计算中的适应性分析.水文,

36(2):41-45.

李令跃,甘泓.2000.试论水资源合理配置和承载能力概念与可持续发展之间的关系.水科学进展,11(3):307-313.

李平,胡超,齐学斌,等.2012.施氮量对再生水灌溉番茄根际土壤供氮能力影响.灌溉排水学报,31(4):51-55.

李荣梦,李作洪,何春培.1981.云南水资源及其开发利用.昆明:云南人民出版社.

李森,何佳,徐晓梅,等.2016.滇池流域河道整治的发展与展望.环境科学与技术,39(51):131-136.

李世明,吕光圻,李元红,等.2000.河西走廊可持续发展与水资源合理利用.北京:中国环境科学出版社.

李晓娜,武菊英,孙文元,等.2012.再生水灌溉对饲用小黑麦品质的影响.麦类作物学报,32(3):460-464.

李新虎,宋郁东,李岳坦,等.2007a.湖泊最低生态水位计算方法研究.干旱区地理,30(4):526-530.

李新虎,宋郁东,张奋东,等.2007b.博斯腾湖最低生态水位计算.湖泊科学,19(2):177-181.

李原园.2010.水资源合理配置在实施最严格水资源管理制度中的基础性作用.中国水利,(20):26-28.

李原园,李云玲,李爱花.2011a.全国水资源综合规划编制总体思路与技术路线.中国水利,(23):36-41.

李原园,李宗礼,黄火键,等.2014.河湖水系连通演变过程及驱动因子分析.资源科学,36(6):1152-1157.

李原园,郦建强,李宗礼,等.2011b.河湖水系连通研究的若干问题与挑战.资源科学,33(3):386-391.

李远华,崔远来.2009.不同尺度灌溉水高效利用理论与技术.北京:中国水利水电出版社:157-204.

李云良,张奇,姚静,等.2015.湖泊流域系统水文水动力联合模拟研究进展综述.长江流域资源与环境,24(2):263-270.

李云玲,郦建强,王晶.2011.我国水资源安全保障与水资源配置工程建设.中国水利,(23):87-91.

李兆华,卢进登,马清欣,等.2007.湖泊水上农业试验研究.中国农业资源与区划,28(2):34-37.

李中杰,郑一新,张大为,等.2012.滇池流域近20年社会经济发展对水环境的影响.湖泊科学,24(6):875-882.

李中杰,郑一新,张大为,等.2016.滇池流域再生水资源现状利用特征及效益分析.环境科学导刊,35(3):12-17.

李宗礼,李原园,王中根,等.2011.河湖水系连通研究:概念框架.自然资源学报,26(3):513-1157.

郦建强,杨晓华,陆桂华,等.2009.流域水资源承载能力综合评价的改进隶属度模糊物元模型.水力发电学报,28(1):78-83.

梁犁丽,王芳,汪党献,等.2011.乌伦古湖最低生态水位及生态缺水量.水科学进展,22(4):470-478.

廖静秋,曹晓峰,汪杰,等.2014.基于化学及生物复合指标的流域水生态系统健康评价——以滇池为例.环境科学学报,34(7):1845-1852.

刘昌明,陈志恺.2001.中国水资源现状评价和供需发展趋势分析.第2卷.北京:中国水利水电出版社.

刘昌明,何希吾.1998.中国21世纪水问题方略.北京:科学出版社.

刘昌明,张永勇,王中根,等.2016.维护良性水循环的城镇化LID模式:海绵城市规划方法与技术初步探讨.自然资源学报,31(5):719-731.

刘国纬.1995.跨流域调水运行管理——南水北调东线工程实例研究.北京:中国水利水电出版社.

刘海军,黄冠华,王鹏超,等.2009.再生水滴灌对滴头堵塞的影响.农业工程学报,25(9):15-20.

刘恒,耿雷华,陈晓燕.2003.区域水资源利用可持续性评价指标体系的建立.水科学进展,14(3):265-270.

刘洪禄,马福生,许翠平,等.2010.再生水灌溉对冬小麦和夏玉米产量及品质的影响.农业工程学报,26(3):82-86.

刘佳明,张艳军,宋星原,等.2014.江湖连通方案的最佳引水流量研究——以湖北磁湖为例.湖泊科学,26(5):671-681.

刘建林,马斌,解建仓.2003.跨流域多水源多目标多工程联合调水仿真模型——南水北调东线工程.水土保持学报,17(1):9-13.

刘丽,曹杰,何大明,等.2011.中国低纬高原汛期强降水事件的年代际变化及其成因研究.大气科学,35(3):435-443.

刘树锋,陈俊合.2007.基于神经网络理论的水资源承载能力研究.资源科学,29(1):99-105.

刘永,郭怀成.2010.湖泊-流域生态系统管理研究.北京:科学出版社.

刘永,郭怀成,黄凯,等.2007.湖泊-流域生态系统管理的内容与方法.生态学报,27(12):5352-5360.

刘永,郭怀成,周丰,等.2006.湖泊水位变动对水生植被的影响机理及其调控方法.生态学报,26(9):3117-3126.

刘永,阳坚平,盛虎,等.2012.滇池流域水污染防治规划与富营养化控制战略研究.环境科学学报,32(8):1962-1972.

刘肇祎,雷声隆.1993.灌排工程新技术.武汉:中国地质大学出版社.

刘珍怀,杨鹏,吴文斌,等.2015.近30年中国农作物种植结构时空变化分析.地理学报,71(5):840-851.

柳长顺,刘昌明,杨红.2007.流域水资源合理配置与管理研究.北京:中国水利水电出版社.

龙胤慧,郭中小,廖梓龙,等.2015.基于水资源承载能力的达茂旗牧区用水方案优化.地理科学,35(2):238-244.

卢华友,沈佩君,邵东国,等.1997.跨流域调水工程实时优化调度模型研究.武汉水利电力大学学报,30(5):11-14.

栾清华,张海行,刘家宏,等.2015.基于 KPI 的邯郸市水循环健康评价.水利水电技术,46(10): 26-30.

罗军刚,解建仓,阮本清.2008.基于熵权的水资源短缺风险模糊综合评价模型及应用.水利学报,39(8):1092-1097.

罗强,宋朝红,雷声隆.2002.水库调度自优化模拟技术的最优域.水电能源科学,20(3):47-50.

罗先香,张蕊,严登华.2011.辽宁双台子河口湿地水文模拟与调控.地理研究,30(6):1089-1100.

罗小勇,计红,邱凉.2010.长江流域重要湖泊最小生态水位计算及其保护对策.水利发展研究, (12):36-38.

骆文广,杨国录,宋云浩,等.2016.再议水库生态调度.水科学进展,27(2):317-326.

吕孙云,许银山,兰岚,等.2013.基于优化-模拟技术的生态库容.水科学进展,24(3):402-409.

吕巍,王浩,殷峻暹,等.2016.贵州境内乌江水电梯级开发联合生态调度.水科学进展,27(6): 918-927.

马荣华,杨桂山,段洪涛,等.2011.中国湖泊的数量、面积与空间分布.中国科学:地球科学, 41(3):394-401.

马巍,禹雪中,等.2008.引水改善滇池水环境效果研究.北京:中国水利水电科学研究院.

马文正,袁宏源.1987.水资源系统模拟技术.北京:水利电力出版社.

马颖忆,陆玉麒,柯文前,等.2015.泛亚铁路建设对中国西南边疆地区与中南半岛空间联系的影响.地理研究,34(5):825-837.

马育军,李小雁,张思毅,等.2011.基于改进月保证率设定法的青海湖流域河流生态需水研究.资源科学,33(2):265-272.

毛建忠,孙燕利,贺克雕,等.2017.牛栏江-滇池补水工程对滇池外海的水环境改善效果研究.水资源保护,33(2):47-51.

茆智,李远华,李会昌.2002.实时灌溉预报.中国工程科学,4(5):25-31.

孟凡志,赵艳波,崔玉玲.2008.兴凯湖生态水位分析.水资源保护,24(6):46-48.

孟伟,张远,张楠,等.2013.流域水生态功能区概念、特点与实施策略.环境科学研究,26(5): 465-471.

莫崇勋,宋丽,蔡德所,等.2015.广西北部湾经济区水资源承载能力演变分析.水利发电学报, 34(1):45-48.

莫铠.2008.MIKE BASIN 在中英项目大凌河流域水资源管理中的应用.水科学与工程技术, (5):16-19.

聂相田,邱林,等.1999.水资源可持续利用管理不确定性分析方法及应用.郑州:黄河水利出版社.

牛文娟,王慧敏.2007.基于 CAS 理论的南水北调东线水资源优化配置模型.河海大学学报(自然科学版),35(4):384-387.

欧阳志宏,郭怀成,王婉晶,等.2015.1982—2012 年滇池水质变化及社会经济发展对水质的影响.中国环境监测,31(2):68-73.

潘家铮,张泽祯.2001.中国北方地区水资源的合理配置和南水北调问题(第 8 卷).北京:中国水利水电出版社.

潘乐,董斌,茆智,等.2011.人工湿地对稻田氮磷污染的去除试验.武汉大学学报(工学版),44(5):586-589.

裴亮,周翀,梁晶,等.2013.再生水滴灌对作物品质和产量的影响研究——以菠菜为例.节水灌溉,(7):7-9.

裴源生,张金萍.2006a.广义水资源合理配置总控结构研究.资源科学,28(4):166-171.

裴源生,赵勇,陆垂裕.2006b.水资源配置的水循环响应定量研究——以宁夏为例.资源科学,28(4):189-194.

彭建,赵会娟,刘焱序,等.2016.区域水安全格局构建:研究进展及概念框架.生态学报,36(11):3137-3145.

彭世彰,程胜,徐俊增,等.2014a.劣质水安全利用研究综述.水资源保护,30(4):1-6.

彭世彰,纪仁婧,杨士红,等.2014b.节水型生态灌区建设与展望.水利水电科技进展,30(1):1-7.

彭世彰,魏征,徐俊增,等.2008.参考作物腾发量主成分神经网络预测模型.农业工程学报,24(9):161-164.

彭世彰,熊玉江,罗玉峰,等.2013.稻田与沟塘湿地协同原位削减排水中氮磷的效果.水利学报,44(6):657-663.

彭勇,彭安帮,周惠成,等.2016.基于改进引水规则的跨流域供水水库联合优化调度研究.系统工程理论与实践,36(5):1346-1353.

浦承松,梅伟,谢波,等.2011.牛栏江-滇池补水工程调水量分析.中国农村水利水电,(7):63-68.

钱维宏,陆波.2010.千年全球气温中的周期性变化及其成因.科学通报,55(32):3116-3121.

钱正英.2007.东北地区有关水土资源配置、生态与环境保护和可持续发展的若干战略问题研究(综合卷).北京:科学出版社.

钱正英,张光斗.2001.中国可持续发展水资源战略研究综合报告(第1卷).北京:中国水利水电出版社.

秦伯强.2007.湖泊生态修复的基本原理与实现.生态学报,27(11):4848-4858.

秦伯强,高光,胡维平,等.2005.浅水湖泊生态系统恢复的理论与实践思考.湖泊科学,17(1):9-16.

秦伯强,杨桂军,马健荣,等.2016.太湖蓝藻水华"爆发"的动态特征及其机制.科学通报,61(7):759-770.

秦大庸,陆垂裕,刘家宏,等.2014.流域"自然-社会"二元水循环理论框架.科学通报,59(4-5):419-427.

秦剑,琚建华,解明恩,等.1997.低纬高原天气气候.北京:气象出版社.

邱德华.2005.区域水安全战略的研究进展.水科学进展,16(2):305-312.

邱明海,王海玲.2015.滇池环湖截污工程设计技术方案.中国给水排水,31(12):56-59.

任国玉.2007.气候变化与中国水资源.北京:气象出版社.

任加锐,唐德善,洪娟,等.2006.塔里木河流域水资源合理配置方案研究.人民黄河,28(5):40-42.

任黎,杨金艳,相欣奕. 2012. 湖泊生态系统健康评价指标体系. 河海大学学报(自然科学版),40(1):100-103.

任宪韶,吴炳方. 2014. 流域耗水管理方法与实践. 北京:科学出版社:1-125.

任钟淳,Ho P K. 1994. 用增量动态规划法进行联合水资源系统分析. 水利学报,25(9):32-41.

茹彪,陈星,张其成,等. 2013. 平原河网区水系结构连通性评价. 水电能源科学,31(5):9-12.

阮本清,梁瑞驹,王浩,等. 2001. 流域水资源管理. 北京:科学出版社.

阮本清,魏传江. 2004. 首都圈水资源安全保障体系建设. 北京:科学出版社.

尚文绣,王忠静,赵忠楠,等. 2016. 水生态红线框架体系和划定方法研究. 水利学报,47(7):934-941.

邵丹娜. 2007. 城市暴雨强度公式理论分布模型的研究与设计. 浙江水利科技,1:23-28,33.

邵东国. 1994. 跨流域调水工程优化决策模型研究. 武汉水利电力大学学报,27(5):500-505.

邵东国. 1998. 多目标水资源系统自优化模拟实时调度模型研究. 系统工程,16(5):19-24.

邵东国. 2001. 跨流域调水工程规划调度决策与应用. 武汉:武汉大学出版社.

申孝军,孙景生,李明思,等. 2015. 基于气象信息的膜下滴灌棉花实时灌溉预报. 应用生态学报,26(2):443-449.

沈大军,孙雪涛. 2008. 水量分配和调度——中国的实践与澳大利亚的经验. 北京:中国水利水电出版社.

盛虎,郭怀成,刘惠邓. 2012a. 滇池外海蓝藻暴发反演及规律探讨. 生态学报,32(1):56-63.

盛虎,刘慧,王翠榆,等. 2012b. 滇池流域社会经济环境系统优化与情景分析. 北京大学学报(自然科学版),48(4):647-656.

施伟,王绍平,马良辉. 2015. 昆明自来水志(1991－2015). 昆明:昆明自来水集团有限公司.

施雅风,曲耀光. 1992. 乌鲁木齐河流域水资源承载能力及其合理利用. 北京:科学出版社.

石建屏,李新. 2012. 滇池流域水环境承载能力及其动态变化特征研究. 环境科学学报,32(7):1777-1784.

水利部国际合作司,等. 2006. 当代水利科技前沿. 北京:中国水利水电出版社.

水利部农村水利司,中国灌溉排水发展中心. 2005. 节水灌溉工程实用手册. 北京:中国水利水电出版社.

水利水电规划设计总院. 2012. 全国水资源保护规划技术大纲. 北京:水利水电规划设计总院.

宋长青,杨桂山,冷疏影,等. 2002. 湖泊及流域科学研究进展与展望. 湖泊科学,14(4):289-300.

宋进喜,李怀恩. 2004. 渭河生态环境需水量研究. 北京:中国水利水电出版社.

宋兰兰. 2004. 南方地区生态环境需水研究. 南京:河海大学博士学位论文.

宋培争,汪嘉杨,刘伟,等. 2016. 基于PSO优化逻辑斯蒂曲线的水资源安全评价模型. 自然资源学报,31(5):886-893.

宋学良,李杰森,张子雄,等. 1998. 距今200年前昆明地区干旱气候期的发现. 云南地理环境研究,10(1):20-25.

苏芳莉. 2014. 河口湿地生态环境需水量规律与调控管理. 北京:科学出版社.

粟晓玲,康绍忠,石培泽. 2008. 干旱区面向生态的水资源合理配置模型与应用. 水利学报,39(9):1111-1117.

孙国武,李震坤,冯建英.2014.西南地区两次严重干旱事件与大气低频振荡的研究.高原气象, 33(6):1562-1567.

孙书洪,王仰仁,梁小宏,等.2011.基于环境容量的再生水安全灌溉制度研究.水利水电技术, 42(7):82-85.

孙素艳,李云玲,郦建强.2011.水资源开发保护总体思路与配置方案.中国水利,(23):52-58.

孙万光,李成振,姜彪,等.2016.水库群供调水系统实时调度研究.水科学进展,27(1):128-138.

孙志林,夏珊珊,许丹,等.2009.区域水资源的优化配置模型.浙江大学学报(工学版),43(2): 344-348.

谭炳卿,张国平.2001.淮河流域水质管理模型.水资源保护,9(3):15-18.

谭亮,刘春学,杨树平,等.2012.滇池水污染经济损失估算.长江流域资源与环境,21(12): 1449-1452.

唐克旺.2013.水生态文明建设的内涵及评价体系探讨.水利水电科技进展,29(4):1-4.

唐一清,黄英,等.1999.云南水旱灾害.昆明:云南省水利厅.

田峰巍,解建仓.1998.用大系统分析方法解决梯级水电站群调度问题的新途径.系统工程理论 与实践,8(5):111-115.

田宏武,郑文刚,李寒.2016.大田农业节水物联网技术应用现状与发展趋势.农业工程学报, 32(21):1-12.

万文华,郭旭宁,雷晓辉,等.2016.跨流域复杂水库群联合调度规则建模与求解.系统工程理论 与实践,36(4):1072-1080.

万玉文,茚智.2015.节水防污型农田水利系统构建及其效果分析.农业工程学报,31(3): 137-145.

汪党献,郦建强,刘金华.2012.用水总量控制指标制定与制度建设.中国水利,(7):12-14.

汪恕诚.2001.水权和水市场谈实现水资源优化配置的经济手段.水电能源科学,19(1):1-5.

王本德,周惠成,卢迪.2016.我国水库(群)调度理论方法研究应用现状与展望.水利学报, 47(3):337-345.

王朝旭,祝贵兵,王雨,等.2012.岸边带湿地对富营养化河流的净化作用研究.环境科学学报, 32(1):51-56.

王光谦,方红卫,倪广恒,等.2016.大江大河源区河网结构与径流特性研究前沿和重要基础科学 问题.中国科学基金,30(1):27-32.

王光谦,魏加华.2006.流域水量调控模型与应用.北京:科学出版社.

王国利,梁国华,曹小磊,等.2010.基于协商对策的群决策模型及其在跨流域调水方案优选中的 应用.水利学报,41(5):624-629.

王国亚,沈永平,王宁练,等.2010.气候变化和人类活动对伊塞克湖水位变化的影响及其演化趋 势.冰川冻土,32(6):1097-1105.

王好芳,董增川.2004.基于量与质的多目标水资源配置模型.人民黄河,26(6):14-15.

王浩.2006.我国水资源合理配置的现状和未来.水利水电技术,37(2):7-14.

王浩,陈敏建,秦大庸,等.2003a.西北地区水资源合理配置和承载能力研究.郑州:黄河水利出 版社.

王浩,贾仰文,王建华,等.2005.人类活动影响下的黄河流域水资源演化规律初探.自然资源学报,20(2):157-162.

王浩,秦大庸,王建华,等.2002.流域水资源规划的系统观和方法论.水利学报,33(8):1-6.

王浩,秦大庸,王建华,等.2003b.黄淮海流域水资源合理配置.北京:科学出版社.

王浩,秦大庸,王建华,等.2004.西北内陆干旱区水资源承载能力研究.自然资源学报,19(2):151-159.

王浩,王建华,等.2014.社会水循环原理与调控.北京:科学出版社.

王浩,游进军.2016.中国水资源配置30年.水利学报,47(3):265-271.

王洪铸,王海军,刘学勤,等.2015.实施环境-水文-生态-经济协同管理战略,保护和修复长江湖泊群生态环境.长江流域资源与环境,24(3):353-357.

王慧敏,佟金萍.2005.基于CAS的流域水资源配置与管理及建模仿真.系统工程理论与实践,23(5):34-36.

王慧敏,朱九龙,胡震云,等.2004.基于供应链管理的南水北调水资源配置与调度.海河水利,(3):5-8.

王济干.2003.水资源配置的和谐性分析.河海大学学报,31(6):702-705.

王建华,姜大川,肖伟华,赵勇,王浩,徐怀霞.2016.基于动态试算反馈的水资源承载力评价方法研究——以沂河流域(临沂段)为例.水利学报,47(6):724-732.

王建忠,孙燕利,贺克雕,等.2017.牛栏江-滇池补水工程对滇池外滩的水环境改善效果研究.水资源保护,33(2):47-51.

王劲峰,刘昌明,王智勇,等.2001a.水资源空间配置的边际效益均衡模型.中国科学D辑:地球科学,31(5):421-427.

王劲峰,刘昌明,于静洁,等.2001b.区际调水时空优化配置理论模型探讨.水利学报,30(4):7-15.

王景雷,孙景生,张寄阳,等.2004.基于GIS和地统计学的作物需水量等值线图.农业工程学报,(9):51-54.

王久顺,候玉,张欣莉,等.2003.流域水资源承载能力的综合评价方法.水利学报,34(1):88-92.

王磊之,胡庆芳,胡艳,等.2016.1954—2013年太湖水位特征要素变化及其成因分析.河海大学学报(自然科学版),44(1):13-19.

王林,陈文.2012.近百年西南地区干旱的多时间尺度演变特征.气象科技进展,2(4):21-26.

王瑞玲,连煜,黄锦辉,等.2011.黄河三角洲湿地补水生态效益评价.人民黄河,33(2):78-81.

王声跃.2002.云南地理.昆明:云南民族出版社.

王圣瑞.2015a.中国湖泊环境演变与保护管理.北京:科学出版社.

王圣瑞.2015b.滇池水环境.北京:科学出版社.

王寿兵,徐紫然,张洁.2016.滇池高等沉水植物变迁状况对生态修复的启示.水资源保护,32(6):1-5.

王思思,张丹明.2010.澳大利亚水敏感城市设计及启示.中国给排水,26(20):64-68.

王文富.1996.云南土壤.昆明:云南科技出版社.

王文圣,丁晶,李跃清.2005a.水文小波分析.北京:化学工业出版社.

王文圣,丁晶,金菊良.2005b.随机水文学.北京:中国水利水电出版社.

王西琴,高伟,曾勇.2014.基于模型的水生态承载力模拟优化与例证.系统工程理论与实践, 34(5):1352-1360.

王西琴,张远.2008.中国七大河流水资源开发利用率阈值.自然资源学报,23(3):500-506.

王晓昌,张崇森,马晓妍.2014.城市污水再利用和水环境质量保障.中国科学基金,(5): 323-327.

王晓锋,刘红,袁兴中,等.2016.基于水敏性城市设计的城市水环境污染控制体系研究.生态学 报,36(1):30-43.

王仰仁,孙书洪.2007.再生水灌溉农田氮素监测及水肥耦合研究进展.节水灌溉,(8):4-6.

王勇,彭致功,白玲晓.2012.再生水灌溉下草地早熟禾耗水特征及灌溉制度研究.节水灌溉, (1):39-43.

王煜,黄强,刘昌明.2006.流域水资源实时调控方法和模型研究.水利学报,37(9):1122-1128.

王跃峰,许有鹏,张倩玉,等.2016.太湖平原区河网结构变化对调蓄能力的影响.地理学报, 71(3):449-458.

王正发.2007.MATLAB 在 P-Ⅲ型分布离均系数 Φ_P 值计算及频率适线中的应用.西北水电, (4):1-4.

王宗志,程亮,王银堂,等.2014.基于库容分区运用的水库群生态调度模型.水科学进展,25(3): 435-444.

魏艳华,张世英.2008.Copula 理论及其在金融分析上的应用.北京:清华大学出版社.

魏益华,徐应明,周其文,等.2008.再生水灌溉对土壤盐分和重金属累积分布影响的研究.灌溉 排水学报,27(3):5-8.

文伏波,韩其为,许炯心,等.2007.河流健康的定义与内涵.水科学进展,18(1):140-150.

文琦,丁金梅.2011.水资源胁迫下的区域产业结构优化路径与策略研究——以榆林市为例.农 业现代化研究,32(1):91-96.

翁文斌,王忠静,赵建世.2004.现代水资源规划——理论、方法和技术.北京:清华大学出版社.

吴持恭.2016.水力学.北京:高等教育出版社.

吴浩云.2008.引江济太维护太湖流域河湖健康生命的实践和探索.水利水电技术,39(7):4-8.

吴绍洪,罗勇,王浩,等.2016.中国气候变化影响与适应:态势和展望.科学通报,61(10): 1042-1054.

吴文勇,刘洪禄.2009.再生水灌溉技术研究.北京:中国水利水电出版社.

吴显斌,吴文勇,刘洪禄,等.2008.再生水滴灌系统滴头抗堵塞性能试验研究.农业工程学报, 24(5):61-64.

吴旭晓.2012.我国中部地区城市化、工业化和农业现代化"三化"协调发展研究——以赣湘鄂豫 四省为例.农业现代化研究,33(1):1-7.

吴泽宁,丁大发,蒋水心.1997.跨流域水资源系统自优化模拟规划模型.系统工程理论与实践, 17(2):78-83.

吴泽宁,索丽生.2004.水资源优化配置研究进展.灌溉排水学报,23(2):1-5.

吴桢芬,李世平,李雯,等.2016.富营养化湖泊滇池疏浚底泥气化利用可行性分析.昆明理工大学学报(自然科学版),41(1):64-68.

伍立群,顾世祥.2005.滇中水资源研究.昆明:云南科技出版社.

习树峰,王本德,梁国华,等.2011.考虑降雨预报的跨流域调水供水调度及其风险分析.中国科学:技术科学,41(6):845-852.

夏军,高扬,左其亭,等.2012.河湖水系连通特征及其利弊.地理科学进展,31(1):26-31.

夏军,翟金良,占车生.2011.我国水资源研究与发展的若干思考.地球科学进展,26(9):905-915.

夏军,左其亭,邵民诚.2003.博斯腾湖水资源可持续利用——理论·方法·实践.北京:科学出版社.

夏少霞,于秀波,刘宇,等.2016.鄱阳湖湿地现状问题与未来趋势.长江流域资源与环境,25(7):1103-1111.

肖名忠,张强,陈晓宏.2012.基于多变量概率分析的珠江流域干旱特征研究.地理学报,67(1):83-92.

谢国清,李蒙,鲁韦坤,等.2010.滇池蓝藻水华光谱特征、遥感识别及暴发气象条件.湖泊科学,22(3):327-336.

谢新民,蒋云钟,闫继军,等.2005a.水资源实时监控管理系统理论与实践.北京:中国水利水电出版社.

谢新民,秦大庸.2000.宁夏水资源优化配置模型与方案分析.中国水利水电科学研究院学报,4(1):16-26.

谢新民,岳春芳,阮本清.2005b.基于原水—净化水耦合配置的多目标递解控制模型.水利水电科技进展,25(3):11-14.

谢新民,张海庆.2003.水资源评价及可持续利用规划理论与实践.郑州:黄河水利出版社.

熊莹,张洪刚,徐长江,等.2008.汉江流域水资源配置模型研究.人民长江,39(17):99-102.

熊友胜,杨艳,董宵,等.2013.重庆丘陵山区参考作物蒸散量的确定及气候影响因素分析.灌溉排水学报,32(3):11-15.

徐春晓,李云玲,孙素艳.2011.节水型社会建设与用水效率控制.中国水利,(23):64-72.

徐俊增,彭世彰,张瑞美,等.2006.基于气象预报的参考作物蒸发蒸腾量的神经网络预测模型.水利学报,37(3):376-379.

徐天宝,马巍,黄伟.2013.牛栏江滇池补水工程改善滇池水环境效果预测.人民长江,44(12):11-13.

徐晓梅,吴雪,何佳,等.2016.滇池流域水污染特征(1988—2014年)及防治对策.湖泊科学,28(3):476-484.

徐咏飞,邹欣庆.2009.曹妃甸工业区水资源承载力研究.中国人口·资源与环境,19(6):60-64.

徐志侠,陈敏建,董增川.2004.湖泊最低生态水位计算方法.生态学报,24(10):2324-2328.

徐志侠,王浩,董增川,等.2005.河道与湖泊生态需水理论与实践.北京:中国水利水电出版社.

徐中民.1999.情景基础的水资源承载力多目标分析理论及应用.冰川冻土,(2):99-106.

徐宗学,赵捷.2016.生态水文模型开发和应用:回顾与展望.水利学报,47(3):344-346.

许迪,蔡林根,王少丽,等.2000.农业持续发展的农田水土管理研究.北京:中国水利水电出版社.

许朗,黄莺,刘爱军.2011.基于主成分分析的江苏省水资源承载力研究.长江流域资源与环境,20(12):1468-1474.

许新宜,王浩,甘泓,等.1997.华北地区宏观经济水资源规划理论与方法.郑州:黄河水利出版社.

薛彦东,杨培岭,任树梅,等.2012.再生水灌溉对土壤主要盐分离子的分布特征及盐碱化的影响.水土保持学报,26(2):234-240.

杨波,廖丹霞,李京,等.2014.东洞庭湖湿地生态系统健康状况与水位关系研究.长江流域资源与环境,23(8):1145-1152.

杨大文,楠田哲也.2005.水资源综合评价模型及其在黄河流域的应用.北京:中国水利水电出版社.

杨桂山,马荣华,张路,等.2010.中国湖泊现状及面临的重大问题及保护策略.湖泊科学,22(6):799-810.

杨岚,李恒.2009.云南湿地.北京:中国林业出版社.

杨小柳,刘戈力,甘泓,等.2003.新疆经济发展与水资源合理配置及承载能力研究.郑州:黄河水利出版社.

杨晓静,左德鹏,徐宗学.2014.基于标准化降水指数的云南省近55年旱涝演变特征.资源科学,36(3):473-480.

杨秀虹,李适宇.2005.地统计学方法在环境污染研究中的应用.中山大学学报(自然科学版),44(3):97-101.

杨志峰,崔保山,刘静玲,等.2003.生态环境需水量理论、方法与实践.北京:科学出版社.

杨志峰,崔保山,孙涛,等.2012.湿地生态需水机理、模型和配置.北京:科学出版社.

姚凤梅,张佳华,孙白妮,等.2007.气候变化对中国南方稻区水稻产量影响的模拟和分析.气候与环境研究,12(5):659-666.

姚进忠,牛最容,黄维东.2005.引大入秦工程水资源优化配置研究.干旱区地理,28(3):295-299.

姚士谋,张平宇,余成,等.2014.中国新型城镇化理论与实践问题.地理科学,34(6):641-647.

姚鑫,杨桂山,万荣荣,等.2014.水位变化对河流、湖泊湿地植被的影响.湖泊科学,26(6):813-821.

姚治君,王建华,江东,等.2002.区域水资源承载能力研究进展及其理论探析.水科学进展,13(1):111-115.

叶秉如.2001.水资源系统优化规划和调度.北京:中国水利水电出版社.

殷书柏,沈方,李子田,等.2015.形成湿地的"淹埋深-历时-频率"阈值研究进展.水科学进展,26(4):596-604.

尹昌斌,赵俊伟,尤飞,等.2015.基于生态文明的农业现代化发展策略研究.中国工程科学,17(8):97-102.

尹雷,陈荣,王晓昌,等.2015.基于污染物平衡分析的污水厂尾水补水城市内湖的优化运行研究.环境科学学报,35(2):449-455.

尹明万,谢新民,王浩,等.2004.基于生活、生产和生态环境用水的水资源配置模型.水利水电科技进展,24(2):5-8.

尤祥瑜,谢新民,孙仕军,等.2004.我国水资源配置模型研究现状与展望.中国水利水电科学院学报,2(2):131-140.

游进军,王浩,甘泓.2006.水资源系统模拟模型研究进展.水科学进展,17(3):425-429.

游进军,王忠静,甘泓,等.2008.两阶段补偿式跨流域调水配置算法及应用.水利学报,39(7):870-876.

于长剑.2004.通辽市水资源系统动态模拟评价与宏观经济水资源优化配置研究.呼和浩特:内蒙古农业大学博士学位论文.

于书霞,尚金城.2002.城市水资源供需系统优化分析.自然资源学报,17(2):229-233.

余辉.2016.日本琵琶湖流域生态系统的修复与重建.环境科学研究,29(1):36-43.

余中元,李波,张新时.2014.湖泊流域社会生态系统脆弱性及其驱动机制分析.农业现代化研究,35(3):329-334.

袁国富,罗毅,邵明安,等.2015.塔里木河下游荒漠河岸林蒸散发规律及其关键控制机制.中国科学:地球科学,45(5):695-706.

岳春芳.2004.东南沿海地区水资源优化配置模型及其应用研究.乌鲁木齐:新疆农业大学博士学位论文.

云南省地方志编辑委员会.1998.云南省志(卷三十八)——水利志.昆明:云南人民出版社.

云南省环境保护厅.2009.云南省生态功能区划报告.昆明:云南省环境保护厅.

云南省农牧渔业厅.1986.云南省种植业区划.昆明:云南科技出版社.

云南省农业厅.1997.云南再生稻.昆明:云南科技出版社.

云南省水利水电勘测设计研究院.2008.云南省历史洪旱灾害史料实录(1911 年〈清宣统三年以前〉).昆明:云南科技出版社.

云南省水利水电厅暴雨洪水计算办公室.1992.云南省暴雨径流查算图表.昆明:云南省水利水电厅.

云南省自然资源编纂委员会.1996.中国自然资源丛书——云南篇(第 35 卷).北京:中国环境科学出版社.

詹道江,叶守泽.2000.工程水文学.北京:中国水利水电出版社.

张长江,徐征和,贠汝安.2005.应用大系统递阶模型优化配置区域农业水资源.水利学报,36(12):1480-1485.

张晨,来世玉,高学平,等.2016.气候变化对湖库水环境的潜在影响研究进展.湖泊科学,28(4):691-700.

张楚汉,王光谦.2015.我国水安全和水利科技热点与前沿.中国科学:技术科学,45(10):1007-1012.

张凤太,王腊春,苏维词.2015.基于 DPSIRM 概念框架模型的岩溶区水资源安全评价.中国环境科学,35(11):3511-3520.

张顾炜,曾刚,倪东鸿,等.2016.西南地区秋季干旱的年代际转折及其可能原因分析.大气科学,40(2):311-323.

张洪刚,熊莹,邴建平,等. 2008. NAM 模型与水资源配置模型耦合研究. 人民长江, 39(17):15-17.

张建永,廖文根,史晓新,等. 2015. 全国重要江河湖泊水功能区限制排污总量控制方案. 水资源保护,31(6):76-80.

张建云,宋晓猛,王国庆,等. 2014. 变化环境下城市水文学的发展与挑战——I. 城市水文效应. 水科学进展,25(4):594-605.

张建云,王国庆,杨扬,等. 2008. 气候变化对中国水安全的影响研究. 气候变化研究进展,4(5): 290-295.

张杰,李冬. 2008a. 流域和城市健康循环战略规划实例. 给水排水,34(5):136-146.

张杰,李冬. 2008b. 水环境恢复与城市水系健康循环研究. 中国工程科学,14(3):21-26.

张杰,熊必永. 2004. 城市水系统健康循环的实施策略. 北京工业大学学报,30(2):185-189.

张丽,刘阳生. 2016. 1995—2014 年废水资源回收研究发展态势分析——基于文献计量学方法及数据. 北京大学学报(自然科学版),52(2):374-382.

张仁铎. 2005. 空间变异理论及应用. 北京:科学出版社.

张守平,蒲强,李丽琴,等. 2012. 基于可控蒸散发的狭义水资源配置. 水资源保护,28(5):13-18.

张铁坚,张立勇,代倩倩,等. 2010. 农村健康水循环体系探析. 中国农村水利水电,(12):75-77.

张文慧,胡小贞,许秋瑾,等. 2015. 湖泊生态修复评价研究进展. 环境工程技术学报,5(6): 545-550.

张先智,金竹静,孔德平,等. 2014. 污水处理厂出水的回补对滇池流域典型城区河道——大清河的影响. 复旦学报,53(2):255-259.

张雪花,郭怀成,张宝安. 2002. 系统动力学-多目标规划整合模型在秦皇岛市水资源规划中的应用. 水科学进展,13(3):351-357.

张艳会,杨桂山,万荣荣. 2014. 湖泊水生态系统健康评价指标研究. 资源科学,36(6): 1306-1315.

张永平,陈惠源. 1995. 水资源系统分析与规划. 北京:水利电力出版社.

张岳. 2003. 全面建设小康社会的水利发展目标. 水利水电科技进展,23(2):1-5.

张泽中,贾屏,齐青青. 2010. 灌区污水灌溉补偿效益初探. 中国农村水利水电,(3):18-21.

张展羽,吕祝乌. 2004. 污水灌溉农业技术探讨. 人民黄河,26(6):21-23.

张振伟,马建琴,李英,等. 2015. 基于 B/S 模式的北方冬小麦实时在线非充分灌溉管理研究及应用. 干旱区资源与环境,29(2):120-125.

张正斌,段子渊,徐萍,等. 2013. 中国粮食和水资源安全协同战略. 中国生态农业学报,21(12): 1441-1448.

张正浩,张强,肖名忠,等. 2016. 辽河流域丰枯遭遇下水库调度. 生态学报,36(7):2024-2033.

张忠学,马蕾. 2015. 基于模糊综合评价的区域农业水资源承载能力研究——以绥化市北林区为例. 水力发电学报,34(1):49-54.

张宗祜,卢耀如. 2002. 中国西部地区水资源开发利用(第9卷). 北京:中国水利水电出版社.

章燕喃,倪广恒,张彤,等. 2014. 不同运用方式下北京市多水源联合调度的泵水成本分析. 水利水电技术,45(9):42-46.

赵斌,董增川,徐德龙.2004.区域水资源合理配置分质供水及模型.人民长江,35(2):21-22.

赵建世,王忠静,翁文斌.2004.水资源系统整体模型研究.中国科学 E 辑:技术科学,34(增刊1):60-73.

赵建世,王忠静,翁文斌,等.2002.水资源复杂适应配置系统的理论与模型.地理学报,57(6):639-647.

赵西宁,吴普特,王万忠,等.2005.生态环境需水研究进展.水科学进展,16(4):617-622.

赵翔,崔保山,杨志峰.2005.白洋淀最低生态水位研究.生态学报,25(5):1033-1040.

赵欣胜,崔保山,杨志峰.2005.黄河流域典型湿地生态环境需水量研究.环境科学学报,25(5):567-572.

赵彦伟,杨志峰.2005.城市河流生态系统健康评价初探.水科学进展,16(3):349-355.

赵勇,解建仓,马斌.2002.基于系统仿真理论的南水北调东线水量调度.水利学报,31(11):38-43.

赵勇,裴源生,于福亮.2006.黑河流域水资源实时调度系统.水利学报,37(1):82-88.

郑丙辉,王丽婧,李虹,等.2014.湖库生态安全调控框架研究.湖泊科学,26(2):169-176.

郑红星,刘昌明,丰华丽.2004.生态需水的理论内涵探讨.水科学进展,15(5):626-633.

中国科学院水资源领域战略研究组.2009.中国至2050年水资源领域科技发展路线图.北京:科学出版社.

中国气象灾害大典编委会.2006.中国气象灾害大典:云南卷.北京:气象出版社.

中国水利水电科学研究院.2008.流域水循环与水资源演变规律研究.北京:科学出版社.

周俊菊,石培基,雷莉,等.2016.民勤绿洲种植业结构调整及其对农作物需水量的影响.自然资源学报,31(5):822-832.

周亮广,梁虹.2006.基于主成分分析和熵的喀斯特地区水资源承载力动态变化研究——以贵阳市为例.自然资源学报,21(5):827-833.

周林飞,许士国,孙万光.2008.基于压力-状态-响应模型的扎龙湿地健康水循环评价研究.水科学进展,19(2):205-213.

周铁,徐树方,张平文,等.2006.计算方法.北京:清华大学出版社.

周秀华,肖子牛.2014.基于 CMIP5 资料的云南及周边地区未来50年气候预估.气候与环境研究,19(5):601-613.

周玉良,周平,金菊良,等.2014.基于供水水源的干旱指数及在昆明干旱频率分析中应用.水利学报,45(9):1038-1047.

周玉琴,王丽萍,张保生,等.2005.深圳市东部供水系统优化配置方案研究.中国农村水利水电,(5):13-15.

周玉玺,葛颜祥,周霞.2015.我国水资源"农转非"驱动因素的时空尺度效应.自然资源学报,30(1):65-77.

朱立平,谢曼平,吴艳红.2010.西藏纳木错1971—2004年湖泊面积变化及其原因的定量分析.科学通报,55(18):1789-1798.

朱焱,杨金忠.2010.再生水灌溉条件下氮磷运移转化实验与数值模拟.水利学报,41(3):286-293.

邹嘉福,刘正伟. 2013. 昆明城市暴雨洪水特性分析. 水电能源科学,31(1):42-45.

左其亭,胡小. 2013. 水生态文明建设几个关键问题探讨. 中国水利,(4):1-3.

左其亭,李可任. 2014. 河湖水系连通郑州市人水关系变化分析. 自然资源学报,29(7): 1216-1224.

左其亭,张培娟,马军霞. 2004. 水资源承载能力计算模型及关键问题. 水利水电技术,35(2): 5-8.

左其亭,张修宇. 2015. 气候变化下水源组动态承载力研究. 水利学报,46(4):387-395.

Afzal J,Noble D H,Weotherhead E K. 1992. Optimization model for alternative use of different quality irrigation waters. Journal of Irrigation and Drainage Engineering,118(2):221-228.

Allen R G,Pereira L S,Raes D,et al. 1998. Crop evapotranspiration:Guideline for computing crop requirement. FAO Irrigation and Drainage Paper No. 56,Rome:51-202.

Andersen J,Refsgaard J C,Jensen K H. 2001. Distributed hydrological modelling of the Senegal River basin-model construction and validation. Journal of Hydrology,247(3):200-214.

Armstrong D S,Todd A,Parker G W. 2011. Assessment of habitat,fish communities and stream-flow requirements for habitat protection,Ipswich River,Massachusetts,1998-99. Issue 1,Department of the Interior,US Geological Surrey.

Bassona M S,van Rooyen J A. 2001. Practical application of probabilistic approaches to the management of water resource systems. Journal of Hydrology,241(1-2):53-61.

Becker L,Yeh W G. 1974. Optimization of real time operation of multiple reservoir system. Water Resources Research,10(6):1107-1112.

Beek E,Li R C. 2010. Equity principles in integrated water allocation in the Yellow River basin. Part 2. Allocation algorithm and implementation//Proceedings of the 4th International Yellow River Forum on Ecological Civilization and River Ethics. Zhengzhou:Yellow River Conservancy Press:356-364.

Beltrao J,Costa M,Rosado V,et al. 2003. New techniques to control salinity-wastewater reuse interactions in golf courses of the Mediterranean regions. Geophysical Research Abstracts,5: 141-148.

Bouwer H. 2002. Integrated water management for 21st Century:Problems and solutions. Journal of Irrigation and Drainage Engineering,128(4):193-202.

Braudeaul E F,Mohtar R H. 2014. A frame work for soil-water modeling using the pedostructure and structural representative elementary volume (SREV) concepts. Frontiers in Environmental Science,2:1-13.

Brooker P I. 2001. Irrigation equipment selection to match spatial variability of soil. Mathematical and Computer Modelling,33(6):619-623.

Buytaert W,Zulkafli Z,Grainger S,et al. 2014. Citizen science in hydrology and water resources: Opportunities for knowledge generation,ecosystem service management,and sustainable development. Frontiers in Earth Science,2:24.

Cao J T. 2010. Review of domestic practice//International Seminar on Water Resources Allocation, Beijing.

Carnerio C. 2014. Interpretative matrices approach to ranking lake sub-basin pollution potential: An applied study in Brazil. Environmental Earth Science, 72(5): 1697-1705.

Chen Q W, Chen D, Han R G, et al. 2015. Optimizing the operation of the Qingshitan Reservoir in the Lijiang River for multiple human interests and quasi-natural flow maintenance. Journal of Environmental Sciences, 24(11): 1923-1928.

Cheng G D, Li X. 2015. Integrated research methods in watershed science. Science China Earth Sciences, 58(7): 1159-1168.

Cheng G D, Li X, Zhao W Z, et al. 2014. Integrated study of the water-ecosystem-economy in the Heihe River Basin. National Science Review, 1(3): 413-428.

Clarke N, Bizimana J C, Dile Y H, et al. 2017. Evaluation of new farming technologies in Ethiopia using the Integrated Decision Support Systems (IDSS). Agriculture Water Management, 180 (2): 267-279.

Cui B S, Wang C F, Tao W D, et al. 2009. River channel network design for drought and flood control: A case study of Xiaoqinghe River Basin, Jinan City, China. Journal of Environmental Management, 90(7): 3675-3686.

Darbalaeva D A, Mikheeva A S. 2015. The Baikal Basin as a transboundary ecological and economic system. Journal of Geoscience and Environment Protection, 3: 33-38.

Detheridge A P, Brand G, Fychan R, et al. 2016. The legacy effect of cover crops on soil fungal populations in a cereal rotation. Agriculture, Ecosystems and Environment, 228: 49-61.

DHI Water & Environment. 2003-06-20. A versatile decision support tool for integrated water resources management planning. http://www.dhigroup.com/Software/WarerResources/MIKEBASIN/References.

Ding J T, Cao J L, Xu Q G, et al. 2015. Spatial heterogeneity of lake eutrophication caused by physiogeographic conditions: An analysis of 143 lakes in China. Journal of Environmental Sciences, 30: 140-147.

Dokoohaki H, Gheysari M, Mousavi S F, et al. 2016. Coupling and testing a new soil water module in DSSAT CERES—Maize model for maize production under semi-arid condition. Agriculture Water Management, 163(3): 90-99.

Donofrio J, Kuhn Y, McWalter K, et al. 2009. Water-sensitive urban design: An emerging model in sustainable design and comprehensive water-cycle management. Environment Practice, 11(3): 179-189.

Dougherty J A, Swarzenski P W, Dinicola R S, et al. 2010. Occurrence of herbicides and pharmaceutical and personal care products in surface water and groundwater around Liberty Bay, Puget Sound, Washington. Journal of Environmental Quality, 39(4): 1173-1180.

El-Nasr A A, Arnold J G, et al. 2005. Modelling the hydrology of a catchment using a distributed and a semi-distributed model. Hydrological Processes, 19(3): 573-587.

Ershadi A, Khiabani H, Lørup J K. 2005. Applications remote sensing, GIS and river basin modelling in integrated water resources management of Kabul River Basin//ICID 21st European Regional Conference, Frankfurt, Slubice.

Fan J, Sun W, Zhou K, et al. 2012. Major function oriented zone: New mothod of spatial regulation for reshaping regional development pattern in China. Chinese Geograpical Science, 22(2):196-209.

Fang Y, Karnjanapiboonwong A, Chase D A, et al. 2012. Occurrence, fate, and persistence of gemfibrozil in water and soil. Environmental Toxicology and Chemistry, 31(3):550-555.

Ferrero A, Usowicz B, Lipiec J. 2005. Effects of tract or traffic on spatial variability of soil strength and water content in grass covered and cultivated sloping vineyard. Soil & Tillage Research, 84(2):127-138.

Findlay S J, Taylor M P. 2006. Why rehabilitate urban river systems? Area, 38(3):312-325.

Frederiksen H D. 1996. Water crisis in developing world: Misconceptions about solutions. Journal of Water Resources Planning and Management, 122(2):79-87.

Fryd O, Backhaus A, Birch H, et al. 2013. Water sensitive urban design retrofits in copenhagen-40% to the sewer, 60% to the city. Water Science and Technology, 67(9):1945-1952.

Fulazzaky M A. 2009. Water quality evaluation system to assess the Brantas River water. Water Resources Management, 23(14):3019-3033.

Gangopadhyay S, McCabe G J, Woodhouse C A. 2015. Beyond annual streamflow reconstructions for the Upper Colorado River Basin: A paleo-water-balance approach. Water Resources Research, 51:9763-9774.

Gao J F, O'Brien J, Lai F Y, et al. 2015. Could wastewater analysis be a useful tool for China? — A review. Journal of Environmental Sciences, 27:70-79.

Gao L M, Zhang Y N. 2016. Spatio-temporal variation of hydrological drought under climate change during the period 1960-2013 in the Hexi Corridor, China. Journal of Arid Land, 8(2):157-171.

Gao Y, Long D, Li Z L. 2008. Estimation of daily actual evapotranspiration from remotely sensed date under complex terrain over the upper Chao River Basin in North China. International Journal of Remote sensing, 29(11):3295-3315.

Gaytan R, Anda J D, Gonzalez-Farias G. 2009. Initial appraisal of water quality of Lake Santa Ana, Mexico. Lakes & Reservoirs: Research and Management, 14(1):41-55.

Ghizzoni T, Roth G, Rudari R. 2010. Multivariate skew-t approach to the design of accumulation risk scenarios for the flood hazard. Advances in Water Resources, 33(10):1243-1255.

Gideon O, Claudia C, Leonid G, et al. 1999. Wastewater treatment, renovation and reuse for agricultural irrigation in small communities. Agricultural Water Management, 38(3):223-234.

Gilbert F W. 1971. Strategies of American Water Management. Lansing: The United States of Michigan Press.

Gowing J W, Ejieji C J. 2001. Real-time scheduling of supplemental irrigation for potatoes using a decision model and short-term weather forecasts. Agricultural Water Management, 47:137-153.

Graca A S, Viegas M, Amaro A. 1986. Interfacing system dynamics and multi-objective programming for regional water resources planning. Annals of Regional Science, 20(3):104-113.

Guo L J, Xiao L, Tang X L, et al. 2010. Application of GIS and remote sensing techniques for water resources management. Environmental Science and Information Application Technology, (7):738-741.

Habnes Y Y. 1976. Hierarchical analyses of water resources systems: Modeling and optimization of large-scale systems. Hierarchical Approach in Water Resources Planning and Management. New York: McGraw-Hill.

Hall J W, Grey D, Garrick D, et al. 2014. Coping with the curse of freshwater variability institutions, infrastructure, and information for adaptation. Science, 6208(346):429-430.

Haruta S, Chen W P, Gan J, et al. 2008. Leaching risk of N-nitrosodimethylamine (NDMA) in soil receiving reclaimed wastewater. Ecotoxicology and Environmental Safety, 69 (3): 374-380.

He B, Wu G X, Liu Y M, et al. 2015. Astronomical and hydrological perspective of mountain impacts on the Asian summer monsoon. Scientific Reports, 5:17586.

Heinemann A B, Hoogenboom G, de Faria R T. 2002. Determination of spatial water requirements at county and regional levels using crop models and GIS. Agricultural Water Management, 52(3):177-196.

Herbertson P W. 1985. Multiplie-criteria decision-making: A retrospective analysis. IEEE Transactions on Systems, Man and Cybernetics, 15(3):313-315.

Hu S Y, Wang Z Z, Wang Y T, et al. 2010. Total control-based unified allocation model for allowable basin water withdrawal and sewage discharge. Science China Technological Sciences, 53(5):1387-1397.

Jacucci G, Kabat P, Verrier P J, et al. 1995. HYDRA: A decision support model for irrigation water management//Crop-Water-Simulation Models in Practice. Wageningen: Wageningen Press:315-332.

Jha M K, Das Gupta A. 2003. Application of Mike Basin for water management strategies in a watershed. Water International, 28(1):27-35.

Johnson V M, Rogers L L. 2000. Accuracy of neural network approximators in simulation-optimization. Journal of Water Resources Planning and Management, 126(2):48-56.

Johnston R, Hoanh C T, Lacombe G, et al. 2010. Rethinking agriculture in the greater mekong subregion—How to sustainably meet food needs, enhance ecosystem services and cope with climate change. Colombo: IWMI.

Joshi M B, Murthy J S R, Shah M M. 1995. CROSOWAT: A decision tool for irrigation schedule. Agricultural Water Management, 27(3):203-223.

Jrgensen B S. 2002. A river rehabilitation study in Malaysia. Kongens Lyngby: Technical University of Denmark.

Kaddous F G A, Stubbs K J, Morgans A. 1986. Recycling of secondary treated effluent through vegetables and a loamy sand soil department of agriculture and rural affairs. Research Report Series, Frankston.

Karpack L M, Palmer R N. 1992. Use of interactive simulation environment for evaluation of water supply reliability//Proceedings of Water Resources Sessions Water Forum, New York: 144-149.

Koster R D, Salvucci G D, Rigden A J, et al. 2015. The pattern across the continental United States of evapotranspiration variability associated with water availability. Frontiers in Earth Science, 3: 35.

Kumar V, Rouquette J R, Lerner D N. 2013. Integrated modelling for sustainability appraisal of urban river corridors: Going beyond compartmentalised thinking. Water Research, 47(20): 7221-7234.

Kummu M, Guillaume J H A, Moel H D, et al. 2016. The world's road to water security: Shortage and stress in the 20th century and pathways towards sustainability. Scientific Reports, 6: 38495.

Lahham O, El Assi N M, Fayyad M. 2003. Impact of treated wastewater irrigation on quality attributes and contamination of tomato fruit. Agricultural Water Management, 61(1): 51-62.

Lane M. 2010. The carrying capacity imperative: Assessing regional carrying capacity methodologies for sustainable land-use planning. Land Use Policy, 27(4): 1038-1045.

Larsen H, Mark O, Jha M K, et al. 2011-09-12. The application of models in integrated river basin management. http://www. dhigroup. com/Software/WarerResources/MIKEBASIN/References.

Laws B V, Dickenson E R, Johnson T A, et al. 2011. Attenuation of contaminants of emerging concern during surface-spreading aquifer recharge. Science of Total Environment, 409(6): 1087-1094.

Lee J, Pak G, Yoo C, et al. 2010. Effects of land use change and water reuse options on urban water cycle. Journal of Environmental Sciences, 22(6): 923-928.

Leng G Y, Zhang X S, Huang M Y, et al. 2016. The role of climate covariability on crop yields in the conterminous United States. Scientific Reports, 6: 33160.

Levantesi C, La Mantia R, Masciopinto C, et al. 2010. Quantification of pathogenic microorganisms and microbial indicators in three wastewater and managed aquifer recharge facilities in Europe. Science of Total Environment, 408(21): 4293-4930.

Li B B, Zhou F, Huang K, et al. 2016. Highly sufficient removal of lead and cadmium during wastewater irrigation using a polyethylenimine-grafted gelatin sponge. Scientific Reports, 6: 33573.

Li R C, Beek E. 2010. Equity principles in integrated water allocation in the Yellow River Basin, Part 1. Philosophical basis and guidelines//Proceedings of the 4th International Yellow River Forum on Ecological Civilization and River Ethics. Zhengzhou: Yellow River Conservancy Press: 350-360.

Liang H,Hu K L,Batchelor W D,et al. 2016. An integrated soil-crop system model for water and nitrogen management in North China. Scientific Reports,6:25755.

Lin H B,Thornton J A,Slawski T M. 2013. Participatory and evolutionary integrated lake basin management. Lakes & Reservoirs:Research and Management,18(1):81-87 .

Liu J H,Qin D Y,Wang H,et al. 2010. Dualistic water cycle pattern and its evolution in Haihe River basin. Chinese Science Bulletin,55(16):1688-1697.

Liu Y,Wang Y L,Sheng H,et al. 2014. Quantitative evaluation of lake eutrophication responses under alternative water diversion scenarios:A water quality modeling based statistical analysis approach. Science of the Total Environment,468-469:219-227.

Liu Y,Wang Z,Guo H C,et al. 2013. Modelling the effect of weather conditions on cyanobacterial bloom outbreaks in Lake Dianchi:A rough decision—Adjusted logistic regression model. Environmental Modelling and Assessment,18(2):199-207.

Lugo C,Jordan A,Benson D. 2014. The role of problem and process factors in creating effective trans-boundary water regimes:The case of the Lake Victoria basin,East Africa. International Journal of Water,8(2):219-240.

Luo K S,Tao F L,Moiwo J P,et al. 2016. Attribution of hydrological change in Heihe River basin to climate and land use change in the past three decades. Scientific Reports,6:33704.

Luoto T P,Nevalainen L. 2013. Long-term water temperature reconstructions from mountain lakes with different catchment and morphometric feature. Scientific Reports,3:2488.

Ma R H,Yang G S,Duan H T,et al. China's lakes at present:Number,area and spatial distribution. Science China Earth Sciences,2011,54(2):283-289.

MacDonald A. 2011-09-12 Modelling for integrated water resources and environment management. http://www. dhigroup. com/Software/WarerResources/MIKEBASIN/References.

Maia R,Sehumann A H. 2007. DSS application to the development of water management strategies in Ribeiras do Algarve River basin. Water Resources Management,21(5):897-907.

McKee T B,Doesken N J,Kleist J. 1993. The relationship of drought frequency and duration to time scales//Proceedings of the 8th Conference of Applied Climatology,Boston:179-184.

McKinney D C. 2002. Linking GIS and water resource management models:An method an object oriented method. Environmental Modeling and Software,17(5):413-425.

Mekonnen M M,Hoekstra A Y. 2016. Four billion people facing severe water scarcity. Science Advance,2:1-6.

Mishra A K,Singh V P. 2010. A review of drought concepts. Journal of Hydrology,391:202-216.

Mishra A K,Siderius C,Aberson K,et al. 2013. Short-term rainfall forecasts as a soft adaptation to climate change in irrigation management in North-East India. Agricultural Water Management,127:97-106.

Mishra A K,Singh R,Raghuwanshi N S. 2005. Development and application of an integrated optimization-simulation model for major irrigation projects. Journal of Irrigation and Drainage

Engineering,131(6):504-509.

Mousavi H, Ramamurthy S. 2000. Optimal design of multi-reservoir systems of water supply. Advances in Water Resources,23(6):613-624.

Murillo J M, López R, Fernández J E, et al. 2000. Olive tree response to irrigation with wastewater from the table olive industry. Irrigation Science,19(4):175-180.

Nakshabandi G A, Saqqar M N, Shatanawi M R, et al. 1997. Some environmental problems associated with use of treated wastewater for irrigation in Jordan. Agricultural Water Management,34(1):81-94.

Orlofsky E, Bernstein N, Sacks M, et al. 2016. Comparable levels of microbial contamination in soil and on tomato crops after drip irrigation with treated wastewater or potable water. Agriculture, Ecosystems and Environment,215:140-150.

Oron G, Armon R, Mandelbaum R, et al. 1999. Secondary wastewater disposal for crop irrigation with minimal risks. Water Science and Technology,43(10):139-146.

Page D, Dillon P, Toze S, et al. 2010. Valuing the subsurface pathogen treatment barrier in water recycling via aquifers for drinking supplies. Water Research,44(6):1841-1852.

Palacios M P, Pardo A, Del-Nero E, et al. 2000. Banana production irrigated with treated effluent in Canary Islands. Transations of the ASAE,43(1):79-86.

Paranychianakis N V, Nikolantonakis M, Spanakis Y, et al. 2006. The effect of recycled water on the nutrient status of soultanina grapevines grafted on different rootstocks. Agricultural Water Management,81(1-2):185-198.

Porter J W. 2010. International practice and trends in water resources management & allocation//International Seminar on Water Resources Allocation. Beijing.

Prietto J. 2011. Stakeholder Incentives for Effluent Utilization in the Tucson Metropolitan Region and Recharge in the Santa Cruz River. Tucson, University of Arizona:1-31.

Purkey D R, Anmette H L, Yates D N, et al. Integrating a climate change assessment tool into stakeholder-driven water management decision-making processes in California. Water Resources Management,21:315-327.

Rani D, Moreira M M. 2010. Simulation optimization modeling:A survey and potential application in reservoir systems operation. Water Resources Management,24:1107-1138.

Rao N H, Sarma P B S, Chander S. 1990. Optimal multicrop allocation of seasonal and intraseasonal irrigation water. Water Resources Research,26(4):551-559.

Ray D K, Gerber J S, MacDonald G K, et al. 2015. Climate variation explains a third of global crop yield variability. Nature Communications,6:6989.

Reca J, Roldán J, Alcaide M, et al. 2001. Optimisation model for water allocation in deficit irrigation systems: I. Description of the made. Agricultural Water Management,48(2):103-132.

Richard A K. 2007. Global warming is changing the world. Science,316(5822):188-190.

Richter B D, Thomas G A. 2007. Restoring environmental flows by modifying dam operations. Ecology and Society,12(1):1-26.

Robinson D A, Jones S B, Lebron I, et al. 2016. Experimental evidence for drought induced alternative stable states of soil moisture. Scientific Reports, 6: 20018.

Romijn E, Taminga M. 1983. Multiobjective Decision Making Theory and Methodology. New York: Elsevier Science Publishing Co.

Rusan M J M, Hinnawi S, Rousan L. 2007. Long term effect of wastewater irrigation of forage crops on soil and plant quality parameters. Desalination, 215(1-3): 143-152.

Segarra K E A, Schubotz F, Samarkin V. et al. 2015. High rates of anaerobic methane oxidation in freshwater wetlands reduce potential atmospheric methane emissions. Nature Communications, 6: 7477.

Shaha D C, Cho Y K. 2016. Salt plug formation caused by decreased river discharge in a multichannel estuary. Scientific Reports. 6, 27176.

Shan B Q, Ding Y K, Zhao Y. 2016. Development and preliminary application of a method to assess river ecological status in the Hai River Basin, North China. Journal of Environmental Sciences, 39: 144-154 .

Shang S H. 2015. A general multi-objective programming model for minimum ecological flow or water level of inland water bodies. Journal of Arid Land, 7(2): 166-176.

Sharma S, Gray D K, Read J S, et al. 2015. A global database of lake surface temperatures collected by in situ and satellite methods from 1985-2009. Scientific Data, 2: 150008.

Sheng Y, Paul P, George C. 2002. Power of the Mann-Kendall and Spearman's rho tests for detecting monotonic trends in hydrological series. Journal of Hydrology, 259: 254-271.

Shiau J T. 2006. Fitting drought and severity with two-dimensional copulas. Water Resources Management, 20(5): 795-815.

Siche R, Pereira L, Agostinho F, et al. 2010. Convergence of ecological footprint and emergy analysis as a sustainability indicator of countries: Peru as case study. Communications in Nonlinear Science and Numerical Simulation, 15(10): 3182-3192.

Simonovic S P. 2003. Assessment of water resources through system dynamics simulation: From global issues to regional solutions//Proceedings of the 36th International Conference on System Sciences, Modeling Nonlinear Natural and Human Systems, Hawaii.

Smeets E, Weterings R. 1999. Environmental Indicators: Typlogy and Overview. Copenhagen: European Environmental Agency.

Smith M. 1992. CROPWAT: A computer program for irrigation planning and management. FAO Irrigation and Drainage Paper No. 46. Rome: 1-65.

Sokhem P, Kengo S. 2008. Population growth and natural-resources pressures in the Mekong River Basin. Ambio, 37(3): 219-242.

Somura H, Tanji H, Yoshida K, et al. 2005. Estimation of supplementary water to paddy fields in the lower Mekong River Basin during the dry season. Paddy and Water Environment, 3(3): 177-186.

Sriramany S, Murty V V N. 1996. A real-time water allocation model for large irrigation systems. Irrigation and Drainage Systems,10:109-129.

Stevens D P,Mclaughlin M J,Smart M K. 2003. Effect of long-term with reclaimed water on soils of the Northern Adelaide Plains, South Australian. Australian Journal of Soil Research, 41(5):933-948.

Storm B. 2011-09-12. Cape Fear River basin modelling project. http://www. dhigroup. com/Software/WarerResources/MIKEBASIN/References.

Sun F D,Zhao Y Y,Gong P,et al. 2014. Monitoring dynamic changes of global land cover types: Fluctuations of major lakes in China every 8 days from 2000-2010. Chinese Science Bulletin, 59(2):171-189.

Sun S K, Wang Y B, Wang F F, et al. 2015. Alleviating pressure on water resources: A new approach could be attempted. Scientific Reports,5:14006.

Tan L C, Cai Y J, An Z S, et al. 2016. Decreasing monsoon precipitation in southwest China during the last 240 years associated with the warming of tropical ocean. Climate Dynamics, 48(5-6):1769-1778.

Tang X,Li H,Desai A R,et al. 2014. How is water-use efficiency of terrestrial ecosystems distributed and changing on Earth? Scientific Reports,4:7483.

Tao T,Xin K L. 2014. A sustainable plan for China's drinking water. Nature,511:527-528.

Tao X E,Chen H,Xu C Y,et al. 2015. Analysis and prediction of reference evapotransiperation with climate change in Xiangjiang River Basin,China. Water Science and Engineering,8(4): 273-281.

Thiruvengadachari S,Sakthivadivel R. 1997. Satellite remote sensing for assessment of irrigation system performance: A case study in India. Colombo: International Irrigation Management Institute.

Traore S,Luo Y F,Fipps G. 2016. Development of artificial neural network for short-term forecasting of evapotranspiration using public weather forecast restricted messages. Agriculture Water Management,163(3):363-379.

Tu M Y, Yeh N S. 2002. Optimization of reservoir management and operation with hedging rules. Journal of Water Resources Planning and Management,124(11):135-142.

van Cauwenbergh N,Pinie D,Tilmant A,et al. 2008. Multi-objective,multiple participant decision support for water management in the Andarax catchment,Almeria. Environmental Geology, 54(3):479-489.

van Leeuwen C J. 2013. City blueprints:Baseline assessments of sustainable water management in 11 cities of the future. Water Resources Management,27(15):5191-5206.

Vicente-Serrano S M,López-Moreno J I,Beguería S,et al. 2012. Accurate computation of a streamflow drought index. Journal of Hydrologic Engineering,17(2):318-332.

Walker W R,Prajamwong S,Allen R G,et al. 1995. USU command area decision support model-CADSM//Crop-Water-Simulation Models in Practice. Wageningen:Wageningen Press.

Wang H,Jia Y W,Yang G Y,et al. 2013. Integrated simulation of the dualistic water cycle and its associated processes in the Haihe River Basin. Chinese Science Bulletin, 58(27): 3297-3311.

Wang J H, Lu C Y, Sun Q Y, et al. 2016. Data descriptor: Simulating the hydrologic cycle in coal mining subsidence areas with a distributed hydrologic model. Scientific Reports, 7: 39983.

Wang L Z, Chen L J. 2016. Data descriptor: Spatiotemporal dataset on Chinese population distribution and its driving factors from 1949 to 2013. Scientific Data, 3: 160047.

Wang L, Chen W, Zhou W. 2014. Assessment of future drought in southwest China based on CMIP5 multimode projections. Advances in Atmospheric Sciences, 31: 1035-1050.

Wang Z, Zou R, Zhu X, et al. 2014. Predicting lake water quality responses to load reduction: A three-dimensional modeling approach for total maximum daily load. International Journal of Environmental Sciences and Technology, 11(1-4): 423-436.

Wardlaw R, Barnes J. 1999. Optimal allocation of irrigation water in real time. Journal of Irrigation and Drainage Engineering, 125(6): 345-354.

Wardlaw R, Bhaktikul K. 2001. Application of genetic algorithm for water allocation in an irrigation system. Irrigation and Drainage, 50(2): 159-170.

Watkins Jr D W, Daene C R. 1995. Robust optimization for incorporating risk and uncertainty in sustainable water resources planning. International Association of Hydrological Sciences, 231(13): 225-232.

Winz I, Brierley G, Trowsdale S. 2009. The use of system dynamics simulation in water resources management. Water Resources Management, 23(7): 1301-1323.

Wong H S, Sun N Z. 1997. Optimization of conjunctive use of surface water and groundwater with water quality constraints//Proceedings of the Annual Water Resources Planning and Management Conference, Houston: 408-413.

Wright R, Abraham E, Parpas P, et al. 2015. Control of water distribution networks with dynamic DMA topology using strictly feasible sequential convex programming. Water Resources Research, 51: 9925-9941.

Wu S H, Yin Y H, Zheng D, et al. 2005. Aridity/humidity status of land surface in China during the last three decades. Science in China Series D, 48(9): 1510-1518.

Xia J, Cheng S B, Hao X P, et al. 2010. Potential impacts and challenges of climate change on water quality and ecosystems: Case studies in representative rivers. Journal of Resources and Ecology, 1(1): 31-35.

Xu J, Wu L S, Chang A C, et al. 2010. Impact of long-term reclaimed wastewater irrigation on agricultural soils: Preliminary assessment. Journal of Hazardous Materials, 183(1-3): 780-786.

Yang B, Wen X F, Sun X M. 2015. Irrigation depth far exceeds water uptake depth in an oasis cropland in the middle reaches of Heihe River Basin. Scientific Reports, 5: 15206.

Yang X K, Lu X X. 2014. Drastic change in China's lakes and reservoirs over the past decades. Scientific Reports, 4: 6041.

Yang Y, Guan H, Batelaan O, et al. 2016. Contrasting responses of water use efficiency to drought across global terrestrial ecosystems. Scientific Reports, 6: 23284.

Yassin M A, Alazba A A, Mattar M A. 2016. Artificial neural networks versus gene expression programming for estimating reference evapotranspiration in arid climate. Agriculture Water Management, 163(3): 110-124.

Yeh G. 1992. Water resource systems models: Their role in planning. Journal of Water Resource Planning and Management, 118(3): 215-223.

Yevjevich V. 1972. Stochastic Processes in Hydrology. Colorado: Water Resources Publication.

Yin Y X, Xu Y P, Chen Y. 2012. Relationship between changes of river-lake networks and water levels in typical regions of Taihu Lake basin, China. Chinese Geographical Science, 22(6): 673-682.

Yu Q, Chen R, Liu Z, et al. 2016. Longitudinal variations of phytoplankton compositions in lake-to-river systems. Limnologica, 62: 173-180.

Zeng X, Hu T S, Xiong L H, et al. 2015. Derivation of operation rules for reservoirs in parallel with joint water demand. Water Resource Research, 51: 9539-9563.

Zhang K, Kimball J S, Nemani R R, et al. 2015. Vegetation greening and climate change promote multidecadal rises of global land evapotranspiration. Scientific Reports, 5: 15956.

Zhang L, Singh V P. 2006. Bivariate flood frequency analysis using the Copula method. Journal of Hydrologic Engineering, 11(2): 150-164.

Zhang Y Q, Peña-Arancibia J L, McVicar T R, et al. 2016. Multi-decadal trends in global terrestrial evapotranspiration and its components. Scientific Reports, 6: 19124.

Zheng M M, Zheng H, Wu Y X, et al. 2015. Changes in nitrogen budget and potential risk to the environment over 20 years (1990-2010) in the agroecosystems of the Haihe Basin, China. Journal of Environmental Sciences, 28: 195-202.

Zhou S B, Du A M, Bai M H. 2015. Application of the environmental Gini coefficient in allocating water governance responsibilities: A case study in Taihu Lake Basin, China. Water Science & Technology, 71(7): 1047-1055.

Zhu G, Qin D, Liu Y, et al. 2016. Accuracy of TRMM precipitation data in the southwest monsoon region of China. Theoretical and Applied Climatology, 129: 353-362.

Zuo Q T, Ma J X, Tao J. 2013. Chinese water resources management and application of the harmony theory. Journal of Resources and Ecology, 4(2): 165-171.

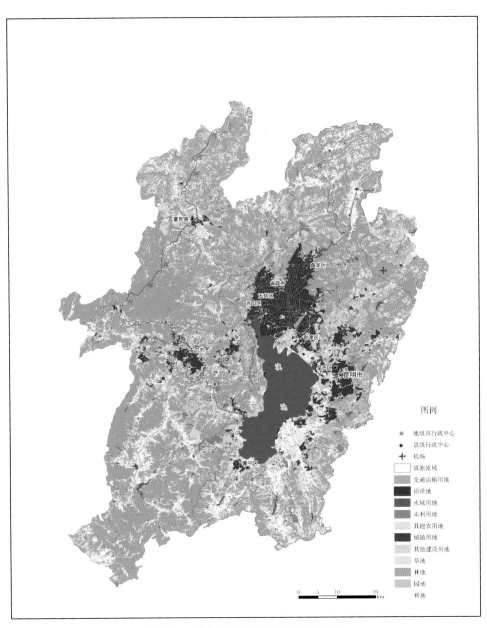

图例

⊛ 地级市行政中心

● 县级行政中心

✈ 机场

▢ 滇池流域

交通运输用地

沼泽地

水域用地

未利用地

其他农用地

城镇用地

其他建设用地

草地

林地

园地

耕地

0 5 10 20
km

附图 1 研究范围土地利用类型示意图

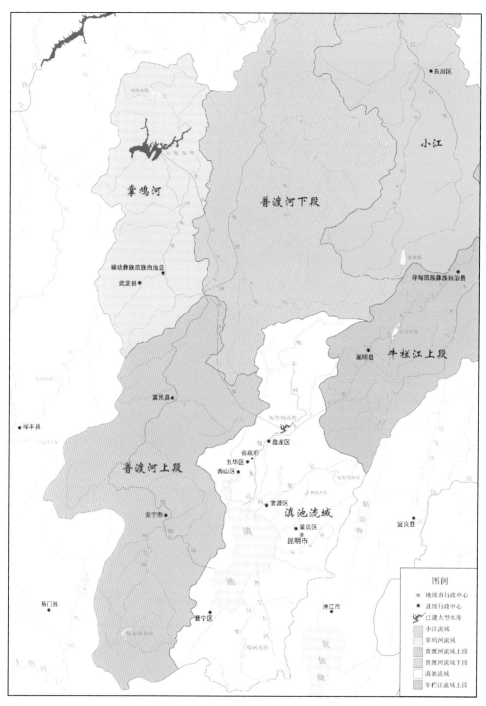

附图 2　研究范围水资源分区示意图

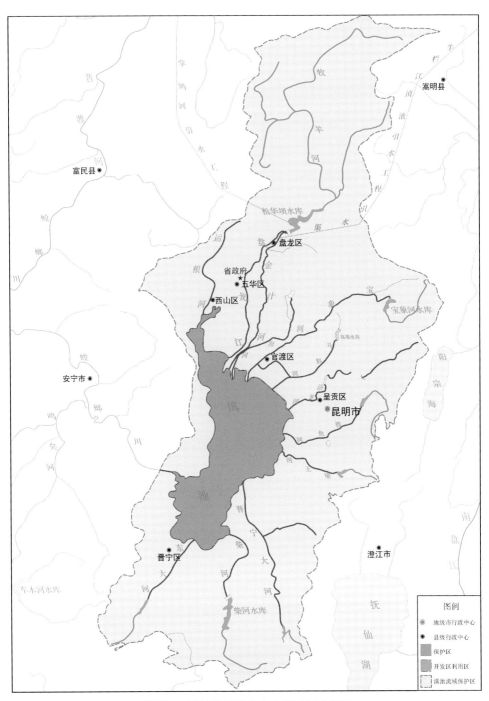

附图 3　滇池流域地表水功能区划示意图

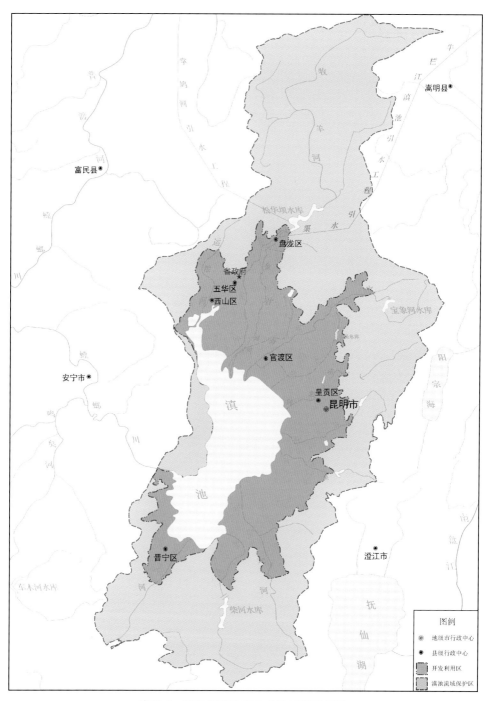

图例

◎ 地级市行政中心

● 县级行政中心

■ 开发利用区

■ 滇池流域保护区

附图 4 滇池流域地下水功能区划示意图

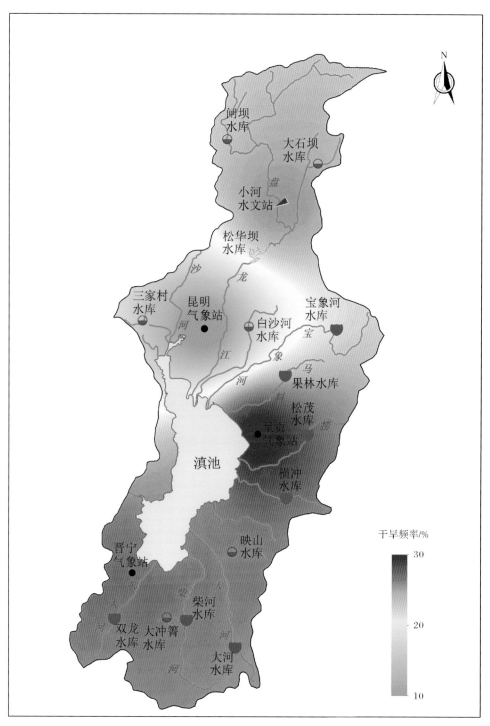

附图 5　滇池流域干旱频次分布图

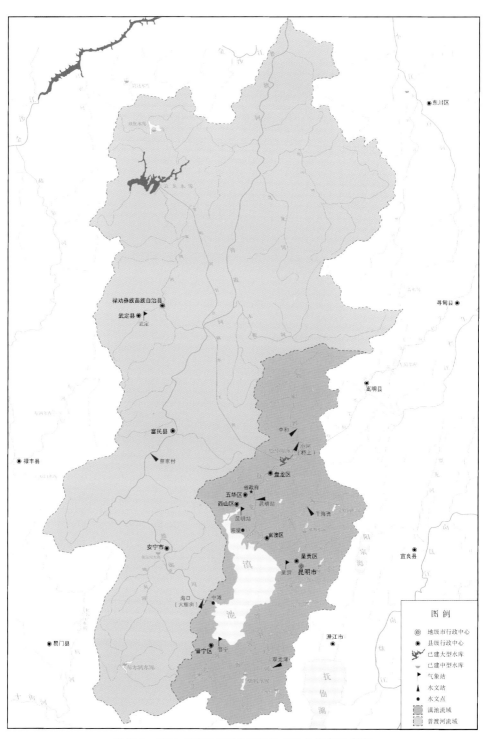

附图6 滇池-普渡河流域主要水文站点分布示意图

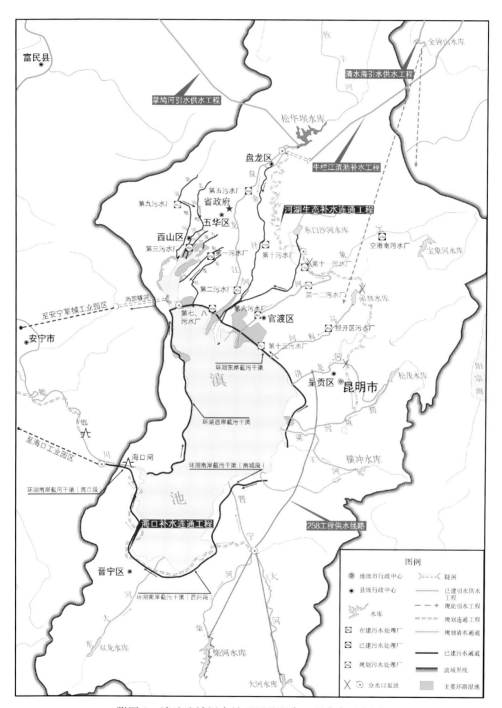

附图 7　滇池流域污水处理厂及配套工程分布示意图

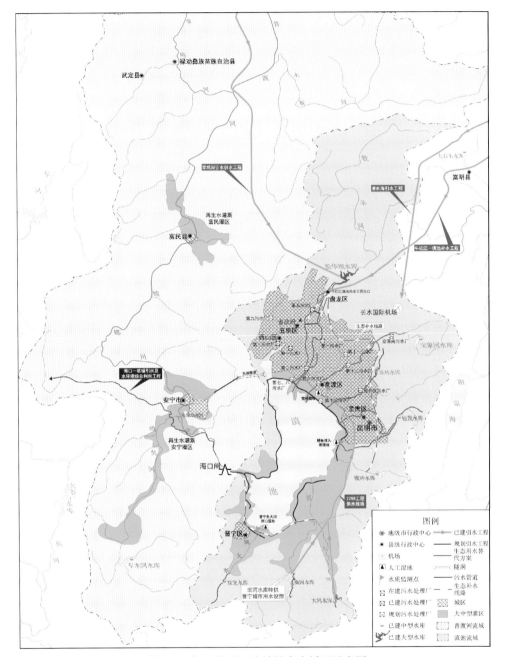

附图 8 滇池-普渡河流域健康水循环示意图